TURING

从0到1

Python
即学即用

计算机通识精品课

莫振杰 著

绿叶学习网计算机系列教程
累计超 **1000** 万人次学习

读完就学会，上手就能用

人民邮电出版社
北京

图书在版编目（CIP）数据

从0到1：Python即学即用 / 莫振杰著. -- 北京：
人民邮电出版社，2023.4
ISBN 978-7-115-61201-4

Ⅰ. ①从… Ⅱ. ①莫… Ⅲ. ①软件工具－程序设计
Ⅳ. ①TP311.561

中国国家版本馆CIP数据核字(2023)第029822号

内 容 提 要

本书是帮助 Python 新手入门的"红宝书"，涵盖了 Python 编程的方方面面。本书前半部分介绍了基础知识，从安装 Python、配置环境、列表、元组、字典、函数、类与对象等基本语法，到可迭代对象、迭代器、生成器、解包与压包、函数式编程等高级概念。本书后半部分向读者详尽介绍了当下最热门流行的 10 个 Python 项目的开发过程。

为了让读者更好地掌握，作者基于实际工作以及面试经验，精心挑选了大量高质量的练习题。此外，本书还配有课件 PPT 以及各种资源，以便各大高校的老师教学使用。

◆ 著　　　　莫振杰

责任编辑　赵　轩
责任印制　胡　南

◆ 人民邮电出版社出版发行　　北京市丰台区成寿寺路11号
邮编　100164　电子邮件　315@ptpress.com.cn
网址　https://www.ptpress.com.cn
北京市艺辉印刷有限公司印刷

◆ 开本：800×1000　1/16
印张：35　　　　　　2023年4月第1版
字数：827千字　　　2023年4月北京第1次印刷

定价：128.80元

读者服务热线：(010)84084456-6009　印装质量热线：(010)81055316
反盗版热线：(010)81055315
广告经营许可证：京东市监广登字 20170147 号

前　言

前不久，TIOBE 公布了编程语言排行榜。不出意外，Python 依旧占据榜首，后面几位分别是 C、Java、C++。自 2021 年 10 月第一次登顶 TIOBE 以来，Python 在 TIOBE 已经连续霸榜两年多了。

一本好书就如一盏指路明灯，不仅可以让小伙伴们学得更轻松，还可以让小伙伴们少走很多弯路。如果你需要的并不是大而全的图书，而是恰到好处的图书，那么不妨看看"从 0 到 1"这个系列的图书。

"第一眼看到的美，只是全部美的八分之一。"实际上，"从 0 到 1"系列图书是我多年从事开发的心血总结，除了技术介绍，也注入了自己非常多的思考。虽是我一名开发工程师，但实际上我是对文字非常敏感的一个人。对于技术写作来说，我更喜欢用最简单的语言来把最丰富的知识呈现出来。

在接触任何一门技术时，我都会记录初学时遇到的各种问题，以及自己的各种思考。所以我比较了解初学者的心态，也知道怎样才能让大家快速而无阻碍地学习。对于这个系列的图书，我更多是站在初学者的角度，而不是已学会的人的角度来编写。

"从 0 到 1"系列还包含前端开发、Python 开发等方面的图书，但本书独立于整个系列，你可以将其看成是一个包含了"基础语法、进阶技巧、十大项目、习题小册、源码素材与 PPT 课件"的"六边形"教程。相比于其他几本书，本书具有以下几个方面的特点。

❑ 针对 Python 最新版本（3.11）进行全面升级，补充了大量新增技术。

❑ 对基础语法进行更加细腻地讲解，利于初学者学习。

❑ 补充了很多高级内容，包括可迭代对象、解包与压包、函数式编程等。

❑ 为基础部分每一章重新设计习题，以帮助更好地掌握内容。

❑ 添加项目部分，采用 10 个热门流行的项目进行讲解。

最后想要跟大家说的是，或许这个系列并非十全十美，但我相信，独树一帜的讲解方式能够让小伙伴们走得更快、更远。

本书对象

❑ 零基础的初学者。

❑ 想要系统学习 Python 的工程师。

❑ 大中专院校相关专业的老师和学生。

资源下载

绿叶学习网是我开发的一个开源技术网站，也是"从 0 到 1"系列图书的配套网站。本书的所有配套资源（包括源码、习题答案、PPT 等）都可以在该网站上找到。你也可以注册、登录图灵社区本书页面下载本书配套文件。

本书为"基础语法"中的每一章都配套了练习，精心设计了共 449 道面试题。读者可以边学边练，以便更好地掌握本书内容。

此外，小伙伴们如果有任何技术问题，或者想要获取更多学习资源，或希望和更多技术人员进行交流，可以加入官方 QQ 群：280972684、387641216。

特别感谢

在写作本书的过程中，我得到了很多人的帮助。

感谢赵轩老师，他是一位非常专业 而不拘一格的编辑，有他的帮忙本书才能顺利出版。感谢五叶草团队的一路陪伴，感谢韦雪芳和莫振浩两位小伙伴花费大量时间对本书进行细致的审阅，并且给出了诸多非常棒的建议。

特别感谢我的妹妹莫秋兰，她一直在默默地支持和关心着我。有这样一个懂自己的人，是非常幸运的事情，她既是我的亲人也是我的朋友。

特别说明

本书中的数据均为虚拟数据，仅供学习操作使用，并无实际用途。

由于本人水平有限，书中难免会有错漏之处，小伙伴们如果发现问题或有任何意见，可以到绿叶学习网或发邮件（lvyestudy@qq.com）与我联系。

莫振杰

2023 年 4 月

目　　录

第 2 部分　项目开发

第 1 部分
基础语法

## 第 1 章

快速掌握基础知识 1

在本章中，我们将学习如何使用一门计算机能够"听"懂的语言（即 Python）控制计算机。这里没有什么太难的内容，即使你没有任何编程基础，只要按部就班地学习，就能轻松完成本章的所有示例。我将从最简单的基本知识开始，但鉴于 Python 功能强大，我们很快就能去挑战一些复杂的任务。

如果你使用的是 Windows 系统，需要自己手动安装 Python（参考附录 D）。macOS 或 Linux/UNIX 则自带 Python，你可以直接使用。

现在大多数应用程序都是基于 Python 3 开发的，因此我们不需要那么关注 Python 2 的语法了。需要说明的是，Python 可能会升级改版，比如从 3.11 升级到 3.12。但只要是 3.x 版本，语法就不会变化太大，你完全不用担心版本升级会带来问题。

1.1 交互式解释器：IDLE

Python 安装成功之后，会自带一个交互式解释器——IDLE。如果你使用的是 Windows 系统，可以在桌面左下角"开始"菜单中通过【Python 3.x】→【IDLE (Python 3.x 64-bit)】打开 IDLE，如图 1-1 所示。

IDLE 这个解释器采用的是类似命令行的方式，在 IDLE 中输入 print(1+1)，然后按下 Enter 键，此时可以看到输出了 2，如图 1-2 所示。

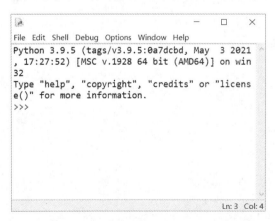

图 1-1

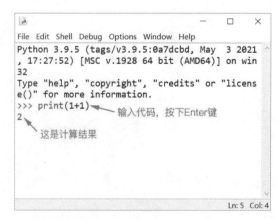

图 1-2

如果你熟悉其他计算机语言，可能习惯了在每行末尾都加上分号，但是在 Python 中无须这样做，因为在 Python 中，一行就是一行。当然，如果你愿意，也可以加上分号，这不会产生任何影响。

利用上面那种形式来编写代码，如果忘记保存，关闭 IDLE 后代码就会丢失，你不得不再次打开 IDLE 重新写一遍。实际上，我们可以把 Python 代码保存下来，以便下次打开的时候再次使用。

① **新建文件**：在 IDLE 左上角，选择【File】→【New File】，即可创建一个新文件，如图 1-3 所示。

② **保存文件**：在新建的文件中输入一句代码：print(1+1)，然后在左上角选择【File】→【Save As】，即可保存文件，如图 1-4 所示。其中，Python 文件后缀名是".py"。

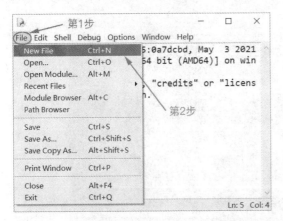

图 1-3

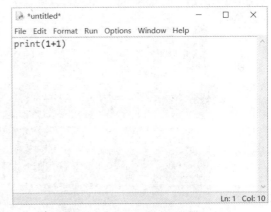

图 1-4

③ **运行文件**：想要打开保存的 Python 文件，在 IDLE 左上角选择【File】→【Open】，即可打开文件，如图 1-5 所示。在打开文件的界面中，按下 F5 键即可运行代码，运行结果如图 1-6 所示。或者在菜单栏找到【Run】→【Run Module】，也可以运行代码。

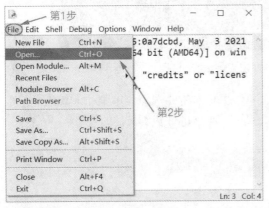

图 1-5

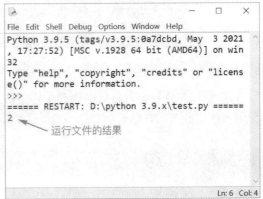

图 1-6

1.2 VSCode 编辑器

IDLE 这种交互式解释器的功能是非常有限的，比较适合运行一些简短的代码。对于长代码或者项目开发，推荐使用 VSCode 编辑器，专业又好用。

VSCode 是现在非常热门的一款主流开发编辑器，它的功能非常强大，不仅可以用于 Python 开发，还可以用于前端开发、后端开发等。

同样，首先需要在自己的计算机中安装 VSCode（参考附录 E）。下面将介绍如何在 VSCode 中编写和运行 Python 代码。

① 创建项目：首先在任意一个电脑盘中创建一个名为"python-test"的文件夹，然后在 VSCode 左上角选择【文件】→【打开文件夹】，打开我们刚刚创建的"python-test"，如图 1-7 所示。一个文件夹就相当于一个项目，就这么简单。

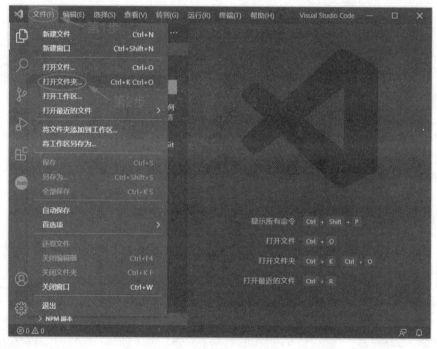

图 1-7

② 创建文件：接着将鼠标移到左栏空白处，单击鼠标右键并选择菜单中的【新建文件】，然后输入文件名"test.py"，如图 1-8 所示。其中，".py"是 Python 代码文件的后缀名。

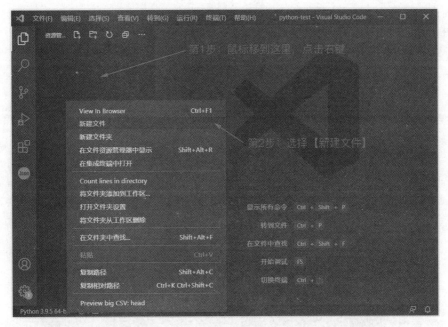

图 1-8

③ **编写代码**：接下来尝试在 test.py 中编写一段 Python 代码，如图 1-9 所示。编写完代码之后，一定要记得保存。很多初学者就是没有保存代码，才会导致一堆乱七八糟的问题。

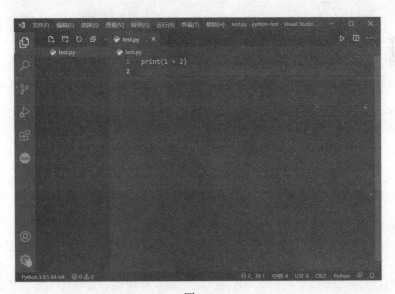

图 1-9

④ **运行代码**：在 VSCode 顶部依次选择【终端】→【新建终端】，打开一个终端窗口。这

个终端窗口非常重要，不管你是做 Python 开发，还是前端开发、C/C++ 开发等，都会用到这个终端窗口。

在终端窗口中输入 "python test.py"（注意有空格），按下 Enter 键就会执行代码，然后会输出一个结果 "3"（也就是 1+2 的和），如图 1-10 所示。

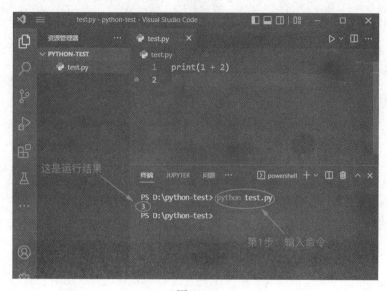

图 1-10

最后需要注意，每次修改 test.py 中的代码，一定要先保存了再运行，不然就会无法生效。

1.3　变量

学习一门语言，最先要了解的是什么？当然是词汇啊！就像学英语，再简单的一句话，我们也得先弄清楚每一个单词是什么意思，然后才知道这句话是什么意思，对吧？

学习 Python 也是如此。先来看一句代码：

```
year = 2024
```

上面这行代码就相当于 Python 中的 "一句话"，我们称之为 "**语句**"。每一条语句都有它特定的功能，这跟英语中每一句话都有它表达的意思是一样的道理。

1.3.1　变量的命名

变量就像是英语中的词汇。比如前面代码中的 year 就是 Python 中的变量。在 Python 中，变量指的是一个可以改变的量。也就是说，变量的值在程序运行过程中是可以改变的。想要使用变量，我们就得先给它起一个名字（命名），就像每个人都有自己的名字一样。当别人喊你的名字时，你就知道别人喊的是你，而不是别人。

当 Python 程序需要使用一个变量时，只需要使用这个变量的名字就行了，总不能说："喂，我要用这个变量。"变量那么多，计算机怎么知道你要用哪个变量呢？

变量的名字一般是不会变的，但是它的值却可以变。这就像人一样，名字一般都是固定下来的，但是每个人都会改变，都会从小孩成长为青年，再从青年慢慢变成老人。

在 Python 中，给一个变量命名，我们需要严格遵循以下两个原则。

□ 变量名只能由英文字母、下划线（_）或数字组成，并且第一个字符必须是"英文字母或下划线"。

□ 变量名不能是 Python 关键字。

对于第一点，变量只能包含字母（大写小写都行）、下划线或数字，不能包含除了这 3 种之外的字符（如空格、%、-、*、/ 等）。这是因为其他字符已经有其他用途（比如当作运算符）了。

对于第二点，Python 关键字（也叫"保留字"，见表 1-1），指的是 Python 本身"已经在使用"的名字，因此我们在给变量命名的时候，是不能使用这些名字的（因为 Python 自己要用，所以你不能用）。

表 1-1　Python 关键字（保留字）

True	False	None	and	as
assert	break	class	continue	def
del	elif	else	except	finally
for	from	global	if	import
in	is	lambda	nonlocal	not
or	pass	raise	return	try
while	with	yield		

▶ **示例：正确的变量名**

```
n123
current_time
totalSum
_class
hello
```

▶ **示例：错误的变量名**

```
123n                # 不能以数字开头
current-time        # 不能包含中划线
total sum           # 不能包含空格
class               # 不能跟关键字相同
'hello'             # 不能包含单引号
```

此外，变量的命名一定要区分大小写，例如 name 与 Name 在 Python 中就是两个不同的变量。尽管 Name 是一个有效的变量，但是变量名使用小写字母开头是 Python 中约定俗成的做法。

命名风格

　　变量常见的命名风格有两种：一种是"小驼峰命名法"，另一种是"蛇形命名法"。小驼峰命名法是指，如果有多个单词，那么第一个单词首字母为小写，从第二个单词开始，后面所有单词首字母一般为大写，比如 maxValue 或 isLeapYear。蛇形命名法是指，单词与单词之间使用下划线来连接，比如 max_value 或 is_leap_year。

　　Python 官方的 PEP 8 风格指南中，推荐给变量使用蛇形命名法（也就是使用下划线来连接）。

1.3.2　变量这样用

　　在 Python 中，对于变量的声明，只需要记住一句话：**所有变量都不需要声明，因为 Python 会自动识别数据类型**。在这一点上，Python 跟 C、Java 等语言是不同的。

▶ **语法：**

```
变量名 = 值
```

图 1-11 表示定义了一个名为 year 的变量，该变量的值为 2024。

图 1-11

▶ **示例：**

```
year = 2024
print(year)
```

运行结果如下：

```
2024
```

　　上面代码中，变量名为 year，变量的值为 2024，然后使用 print() 函数来输出这个变量的值。print() 是专门用来输出内容的一个函数，后面会大量使用。

　　对于变量的命名，我们尽量取一些有意义的名字。当然了，为了讲解方便，书中有些变量的命名可能比较简单。

▶ **示例：**

```
year = 2024
year = 2030
print(year)
```

运行结果如下：

```
2030
```

year 的值不是 2024 吗？怎么输出 2030 呢？我们可别忘了，year 是一个变量。变量，简单来说就是一个值会变的量。因此，后面的 year=2030 会覆盖前面的 year=2024。下面再来看一个示例。

▼ 示例：

```
year = 2024
year = year + 1
print(year)
```

运行结果如下：

```
2025
```

year=year+1 表示 year 的最终值是在原来 year 的基础上加 1，因此 year 的最终值为 2025（2024+1）。下面代码中，year 的最终值是 2020，大家可以思考一下为什么。

```
year = 2024
year = year + 6
year = year - 10
```

▼ 示例：

```
class = 1001
print(class)
```

运行结果如下：

```
（报错）SyntaxError: invalid syntax
```

上面代码尝试使用 class 作为变量名。由于 class 是 Python 的关键字，因此程序就直接报错了。

说明 为了照顾从未接触过编程的初学者，本书有些知识点会尽量讲得细致一点。如果你已经学过其他语言了，也建议认真看一遍，因为本书独树一帜的介绍，可以让你对编程语言有更深一层的理解。

1.4 数据类型

所谓“数据类型”，说白了就是图 1-12 中“值”的类型。这里先来介绍一下最常见的两种数据类型：数字和字符串。

图 1-12

1.4.1　数字

在 Python 中，数字是最基本的数据类型。所谓的数字，指的就是数学上的数字，比如 10、–10、3.14 等。在 Python 中，数字有 4 种不同的类型：整数（int）、浮点数（float）、复数（complex）和布尔值（bool）。

整数（int）指的就是数学中的整数，包括正整数、负整数和 0，例如 666、–666 等。

▶ **示例：**

```
a = 1001
print(a)
```

运行结果如下：

```
1001
```

浮点数（float）由"整数"和"小数"两个部分组成，例如 66.66、–0.66 等。

▶ **示例：**

```
a = 6.0
print(a)
```

运行结果如下：

```
6.0
```

复数（complex）由"实数"和"虚数"两个部分组成，可以用 a+bj 或 complex(a, b) 表示。其中，复数的实部 a 和虚部 b 都是浮点数。

整数、浮点数、复数这 3 种类型的值可以有无数多个，但是布尔类型的值只有两个：True 和 False。True 表示"真"，False 表示"假"。

可能你会觉得很奇怪："为什么这种数据类型叫布尔值呢？"实际上布尔是 bool 的音译，是以英国数学家、布尔代数的奠基人乔治·布尔（George Boole）的名字来命名的。

布尔值最大的用途就是：用于选择结构的条件判断。如果你不了解选择结构，也不要着急，在后面章节中会详细介绍。

▶ **示例：**

```
a = 10
b = 20
if a < b:
    print('a is less than b')
```

运行结果如下：

```
a is less than b
```

上面代码定义了两个数字类型的变量：a、b。然后在 if 语句中对 a 和 b 进行大小判断，如果 a 小于 b，则使用 print() 函数输出一个字符串：'a is less than b'。其中，if 语句是用来进行条件判断的，后面章节会介绍。

此外，对于 Python 中的布尔值，我们还需要清楚以下两点。

❑ True 和 False 这两个值的首字母必须大写，这一点跟其他编程语言不太一样。

❑ Python 中的布尔类型归属于"数字"这个数据类型，这一点跟其他编程语言也是不一样的。其中 True 等价于 1，False 等价于 0。

1.4.2　字符串

字符串，从名字上就很好理解，就是一串字符。在 Python 中，字符串都是用英文单引号或英文双引号（注意都是英文）括起来的。此外，字符串中的字符可以是 0 个（即空字符），也可以是 1 个或多个。

▶ **示例：**

```
a = 'Hello, world!'
b = "Hello, world!"
print(a)
print(b)
```

运行结果如下：

```
Hello, world!
Hello, world!
```

与数字一样，字符串也是值。在这个示例中，有一点你可能感到好奇：Python 在打印字符串时，有时候使用单引号，有时候使用双引号，两者有什么差别吗？

其实使用单引号和双引号的结果是完全相同的。那么为什么 Python 同时支持单引号和双引号呢？这是因为在有些情况下，这可能会很有用，请看下面一个示例。

▶ **示例：**

```
print("Let's go!")
print('"Hello, world!"she said.')
```

运行结果如下：

```
Let's go!
"Hello, world!"she said.
```

在上述代码中，第一个字符串包含一个单引号（就这里而言，可能称之为撇号更合适），因此不能用单引号将整个字符串括起，否则 Python 解释器将报错。

```
print('Let's go!')
```

上面代码的运行结果如下：

```
（报错）SyntaxError: invalid syntax
```

这里有 3 个单引号，Python 会认为前两个单引号包含起来的是一个字符串，也就是 'Let' 是一个字符串。但是后面还有一个单引号，此时 Python 就懵了，因为它没有可以配对的另一个单引号，所以就直接报错了。

想要使得运行结果是：Let's go!，我们除了使用一对双引号包含起来，还可以使用转义字符。Python 常见的转义字符如表 1-2 所示。

表 1-2   常见的转义字符

转义字符	说　　明
\'	英文单引号
\"	英文双引号
\n	换行符

Python 中的转义字符是一种特殊的字符，引入转义字符的目的有两个。

❑ 表示无法"看见"的字符，例如换行符 \n。
❑ 表示与语法冲突的字符，例如 \' 和 \"。

▶ 示例：

```
print("Let's go!")
print('Let\'s go!')
```

运行结果如下：

```
Let's go!
Let's go!
```

在上述代码中，两个 print() 函数的运行结果是一样的。在第二个 print() 函数中，"\"会和紧接着的单引号配对成一个 \'，这样这个单引号就不会和其他单引号进行配对。

也就是说，想要输出带有引号的字符串，我们有两种方式：一种是使用"单行号包含双引号"或者"双引号包含单引号"，另一种是使用"转义字符"。

提示 是不是觉得反斜杠（\）这种方式很烦琐？不要着急，你在后面字符串这一章将看到，在大多数情况下，还可以使用原始字符串来避免使用反斜杠（\）。

1.4.3   判断类型

在 Python 中，我们可以使用 type() 函数来判断一个变量或值属于什么类型。

▶ 语法：

```
type(变量或值)
```

▶ 示例：

```
a = 2024
b = '2024'
print(type(a))
print(type(b))
```

运行结果如下:

```
<class 'int'>
<class 'str'>
```

从结果可以看出，a 属于 int 类型，也就是整数。b 属于 str 类型，也就是字符串。

1.5 运算符

要完成各种各样的运算，是离不开运算符的。运算符一般用于对一个或几个值进行计算，从而得出运算结果，如图 1-13 所示。就像数学中的加减乘除也需要运算符一样。不过对于 Python 来说，我们需要遵循计算机语言运算的一套规则。

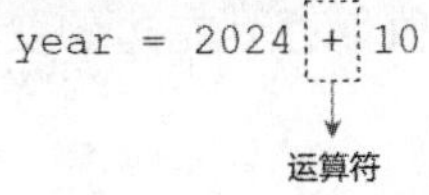

```
year = 2024 + 10
```
          运算符

图 1-13

在 Python 中，运算符指的是对"变量"或"值"进行运算操作的符号。这里先来介绍一下常用的运算符。

1.5.1 算术运算符

算术运算符一般用于实现数学运算，包括加、减、乘、除等。其中，常用的算术运算符如表 1-3 所示。

表1-3 算术运算符

运 算 符	说 明	示 例	
+	加	10 + 5	# 返回 15
–	减	10 – 5	# 返回 5
*	乘	10 * 5	# 返回 50
/	除	10 / 5	# 返回 2.0
%	求余	10 % 4	# 返回 2
**	求幂	2 ** 3	# 返回 8
//	取整除，即返回商的整数部分	9 // 2	# 返回 4

对于整数间的四则运算，只有"/"的运算结果是浮点数，其他运算结果均为整数。

注意 Python 中的乘号是"*"而不是"×"，除号是"/"而不是÷。为什么要这样定义呢？这是因为 Python 语言的开发者希望尽量使用键盘上已有的符号来表示这些运算符。我们仔细看看自己的键盘，是不是只有"*"和"/"，却没有"×"和"÷"？

▌ 示例：

```
a = 1
b = 2
c = 3
print(a + b * c)
```

运行结果如下：

```
7
```

在上述代码中，print(a+b*c) 等价于 print(1+2*3)，因此运行结果为 7。

1.5.2　赋值运算符

赋值运算符用于将右边表达式的值保存到左边的变量中去。其中，常用的赋值运算符如表 1-4 所示。

表1-4　赋值运算符

运　算　符	示　　例
=	name = 'Python'
+=	a += b 等价于 a = a + b
-=	a -= b 等价于 a = a - b
*=	a *= b 等价于 a = a * b
/=	a /= b 等价于 a = a / b
%=	a %= b 等价于 a = a % b

a += b 其实就是 a = a + b 的简化形式。+=、-=、*= 以及 /= 这几个运算符，其实就是为了简化代码而出现的，有经验的开发人员大多喜欢用这种简写形式。我们还是要熟悉一下这种写法，以免看不懂别人的代码。

▌ 示例：

```
a = 10
b = 5
a += b
b += a
print(a)
print(b)
```

运行结果如下：

```
15
20
```

首先定义变量 a 的值为 10，变量 b 的值为 5。当执行 a += b 后，此时 a 的值为 15（10 + 5），b 的值没有变化，依旧是 5。由于程序是自上而下执行的，当执行 b += a 时，由于之前 a 的值已经变为 15 了，因此执行后，a 的值为 15，b 的值为 20（即 15+5）。

　　这里要清楚一点：a 和 b 都是变量，它们的值会随着程序的执行而变化。

1.5.3　比较运算符

　　比较运算符用于将运算符两边的值或表达式进行比较，如果比较结果是对的，则返回 True；如果比较结果是错的，则返回 False。True 和 False 是布尔值，前面已经介绍了。其中，常用的比较运算符如表 1-5 所示。

表1-5　比较运算符

运　算　符	说　　明	示　　例	
>	大于	2 > 1	# 返回 True
<	小于	2 < 1	# 返回 False
>=	大于等于	2 >= 2	# 返回 True
<=	小于等于	2 <= 2	# 返回 True
==	等于	1 == 2	# 返回 False
!=	不等于	1 != 2	# 返回 True

　　需要注意的是，运算符"<="中的"<"和"="之间不能有空格，类似的还有 >=、== 和 !=。

▶ **示例：**

```
a = 20
b = 10
result1 = (a > b)
result2 = (a == b)
result3 = (a != b)
print(result1)
print(result2)
print(result3)
```

运行结果如下：

```
True
False
True
```

对于一条赋值语句来说，总是先运算右边，然后再将右边的结果赋值给左边的变量。

= 和 == 的区别

　　等号（=）是赋值运算符，用于将右边的值赋值给左边的变量。双等号（==）是比较运算符，用于比较左右两边的值是否相等。

　　如果想要比较两个值是否相等，写成 a＝b 就是错误的，正确写法应该是 a＝＝b。

1.5.4 逻辑运算符

逻辑运算符用于执行"布尔值的运算"，且经常和比较运算符结合使用。逻辑运算符只有 3 种，如表 1-6 所示。

表1-6 逻辑运算符

运 算 符	说 明
and	"与"运算
or	"或"运算
not	"非"运算

1. "与"运算

与运算使用"and"表示。如果 and 两边的值都为 True，则结果返回 True ；如果有一个为 False 或者两个都为 False，则结果返回 False。

真 and 真 → 真
真 and 假 → 假
假 and 真 → 假
假 and 假 → 假

▶ 示例：

```
a = 20
b = 10
c = 10
result = (a < b) and (b == c)
print(result)
```

运行结果如下：

```
False
```

a < b 返回 False，b == c 返回 True，因此 result = False and True。根据与运算的规则，result 最终的值为 False。

2. "或"运算

或运算使用"or"表示。如果 or 两边的值都为 False，则结果返回 False ；如果有一个为 True 或者两个都为 True，则结果返回 True。

真 or 真 → 真
真 or 假 → 真
假 or 真 → 真
假 or 假 → 假

▶ 示例：

```
a = 20
b = 10
```

```
c = 10
result = (a < b) or (b == c)
print(result)
```

运行结果如下：

```
True
```

a < b 返回 False，b == c 返回 True，因此 result = False or True。根据或运算的规则，result 最终的值为 True。

3."非"运算

非运算使用 "not" 表示。非运算跟与运算、或运算不太一样，非运算操作的对象只有一个。当 not 右边的值为 True 时，最终结果为 False；当 not 右边的值为 False 时，最终结果为 True。

```
not 真 → 假
not 假 → 真
```

非运算其实很简单，直接取反就行，这个家伙就是专门跟你唱反调的。

▀ 示例：

```
result1 = not True
result2 = not False
print(result1)
print(result2)
```

运行结果如下：

```
False
True
```

▀ 示例：

```
a = 20
b = 10
c = 10
result = not a < b and not b == c
print(result)
```

运行结果如下：

```
False
```

a < b 返回 False，故 not a < b 返回 True。b == c 返回 True，故 not b == c 返回 False。not a < b and not b == c 等价于 True and False，结果返回 False。

当把上面示例中的 "and" 换成 "or" 后，返回结果为 True，你可以自行测试一下。此外，我们也不要被这些看起来复杂的运算吓到了。实际上，再复杂的运算，一步步来，也是非常简单的。

关于 "与" "或" "非" 的逻辑运算，我们需要清楚以下几点。

❑ True 的 not 为 False，False 的 not 为 True。

> ❑ A and B：当 A、B 全为 True 时，结果为 True，否则结果为 False。
> ❑ A or B：当 A、B 全为 False 时，结果为 False，否则结果为 True。

运算符优先级

优先级，其实就是"执行顺序"。我们都知道，在数学中，先算括号里面的，接下来算"乘除"，最后算"加减"。

Python 的运算符也是有优先级的，规则很简单：**优先级高的先运算，优先级低的后运算。优先级相同的，从左到右进行运算。**

Python 的运算符比较多，优先级也比较复杂，具体请参考本书"附录 C 运算符优先级"。不过平常我们只需要关注常见运算符的优先级就可以了，主要包括以下 3 点。

❑ 对于算术运算来说，"乘除"比"加减"优先级要高。另外"求余"和"乘除"的优先级相同。

❑ 对于逻辑运算来说，非（not）、与（and）、或（or）的优先级依次降低。

❑ 对于赋值运算来说，这些赋值运算符的优先级都非常低，所以对于一个表达式来说，往往最后才是赋值操作。

1.6　类型转换

类型转换，指的是将一种数据类型转换为另一种数据类型。这一节首先介绍"数字"与"字符串"这两种类型的数据是怎么互相转换的。

1.6.1　把"数字"转换为"字符串"

在 Python 中，我们可以使用 str() 函数来将一个数字转换为一个字符串。

▼ **语法：**

```
str(数字)
```

▼ **示例：**

```
result = 'This year is ' + 2024
print(result)
```

运行结果如下：

```
（报错）TypeError: can only concatenate str (not "int") to str
```

这里我们希望使用字符串拼接的方式，使得运行结果为"This year is 2024"，但是运行程序后却发现报错了。这是为什么呢？原因很简单：字符串不能与数字相加！在这个例子中，'This year is ' 是字符串，而 2024 是数字。

如果想把字符串与数字拼接成字符串，可以使用 str() 函数来将数字转化为字符串，代码如下：

```
result = 'This year is ' + str(2024)
print(result)
```

1.6.2　把"字符串"转换为"数字"

在 Python 中，我们可以使用 int() 函数将"数字型字符串（只能是整数）"转换为整数，也可以使用 float() 函数将"数字型字符串（可以是整数，也可以是浮点数）"转换为浮点数。

那什么叫数字型字符串呢？像 '123'、'3.1415' 等这样只有数字的字符串就是数字型字符串，而 'Python123'、'666com' 这样的就不是。

▶ **语法：**

```
int(字符串)
float(字符串)
```

▶ **示例：int()**

```
a = int('123')
print(a)
b = int('3.1415')
print(b)
```

运行结果如下：

```
123
(报错) ValueError: invalid literal for int() with base 10: '3.1415'
```

从上面示例可以看出，int() 函数只能将"整数型字符串"转换为整数。如果该字符串是浮点数型字符串，或者包含其他字符，则会直接报错。

▶ **示例：float()**

```
a = float('123')
print(a)
b = float('3.1415')
print(b)
c = float('Python123')
print(c)
```

运行结果如下：

```
123.0
3.1415
(报错) ValueError: could not convert string to float: 'Python123'
```

从上面示例可以看出，float() 函数可以将"整数型字符串"或"浮点数型字符串"转换为浮点数。但如果该字符串包含其他字符，则会直接报错。

1.6.3 "整数"与"浮点数"互转

在 Python 中，我们可以使用 int() 函数将"浮点数"转换为"整数"，也可以使用 float() 函数将"整数"转换为"浮点数"。

▶ **语法：**

```
int(浮点数)
float(整数)
```

▶ **示例：**

```
a = float(123)
b = int(3.1415)
print(a)
print(b)
```

运行结果如下：

```
123.0
3
```

▶ **示例：**

```
a = int(3.6)
b = int(-3.4)
print(a)
print(b)
```

运行结果如下：

```
3
-3
```

int() 函数将浮点数转化为整数时，不会进行四舍五入求值，只会简单地截取整数部分。换句话说，我们可以使用 int() 函数来获取一个浮点数的整数部分。

1.7　注释

在 Python 中，给一些关键代码作注释是非常有必要的。注释的好处有很多，比如方便理解、方便查找以及方便项目组里的其他开发人员了解你编写的代码，而且也方便你以后对自己的代码进行修改。

当注释的内容比较少，只有一行时，我们可以使用单行注释的方式。单行注释使用 "#"（井号）表示。

▶ **示例：**

```
width = 10
height = 20
# 打印矩形的周长
print((width + height) * 2)
```

运行结果如下:

```
60
```

注释一般是给开发者看的,而不是给计算机看的,因此编辑器在运行程序时,碰到注释的内容,就会直接忽略。也就是说,从"#"开始到这一行的末尾的内容,编辑器会直接忽略。

当注释的内容比较多,用一行表达不出来时,我们可以使用多行注释的方式。多行注释使用三引号表示。

▶ 示例:

```
width = 10
height = 20
'''
功能:打印矩形的周长
width:宽度
height:高度
'''
print((width + height) * 2)
```

运行结果如下:

```
60
```

注释务必言而有物,不要重复去讲通过代码很容易获得的信息。无用而重复的注释还不如没有。例如,下述代码中的注释根本就是多余的:

```
# 获取用户的名字
username = input('What is your name?')
```

在任何情况下,都应确保代码即便没有注释也易于理解。所幸 Python 是一种卓越的语言,能让人很容易编写出易于理解的程序。

1.8 输出内容

在之前的学习中,我们都是使用 print() 函数来输出内容。可能你不知道的是,print() 函数远比想象中还要强大。

在 Python 中,print() 函数不仅可以输出一个变量,还可以同时输出多个变量。其中变量与变量之间使用英文逗号隔开即可。

▶ 示例:

```
name = 'Jack'
age = 18
print(name, age)
```

运行结果如下:

```
Jack 18
```

实际上，print() 函数还有很多丰富的功能，这些功能都是通过它的参数来自定义的。其语法格式如下：

```
print(值列表, sep='分割符', end='结束符', file=文件对象)
```

print() 函数后面的 3 个参数都是可选的。参数 sep 用于设置分隔符，默认分隔符是一个空格。参数 end 用于设置结束符，默认结束符是 "\n"（换行）。参数 file 用于指定输出到哪一个文件中，这个参数很少用到。

▶ 示例：

```
name = 'Jack'
age = 18
print(name, age, sep='*')
```

运行结果如下：

```
Jack*18
```

如果不需要分隔符，可以直接设置 sep=''。特别注意，sep='' 和 sep=' ' 是不一样的，前者是一个空字符串，后者是包含一个空格的字符串。

▶ 示例：

```
print(10, end='')
print(20, end='')
print(30, end='')
```

运行结果如下：

```
102030
```

end='' 表示设置结束符为一个空字符串，也就是输出后不再换行。

▶ 示例：

```
print('Python')
print()
print('Java')
```

运行结果如下：

```
Python

Java
```

调用 print() 函数，并且在 "()" 内留空，此时表示输出一个空行。

强大的"海龟"绘图法

编写简单示例时，print() 函数很有用，因为几乎在任何地方都可以使用它。如果你想要尝试更有趣的输出，比如绘制一个图案，应该考虑使用 turtle 模块。turtle 是 Python 自带的一个模块，只需要在使用前加上下面这一句代码就可以轻松使用它。

```
from turtle import *
```

海龟绘图法（turtle graphic），说白了就是使用 turtle 模块进行绘图。它的理念源自形如海龟的"机器人"。这种机器人可前进和后退，还可向左和向右旋转一定的角度。模块 turtle 让你能够模拟这样的机器人。例如，下面的代码演示了如何绘制一个三角形。

▶ 示例：

```
from turtle import *

forward(100)
left(120)
forward(100)
left(120)
forward(100)
```

如果你运行这些代码，将出现一个新窗口，其中有一个箭头形如"海龟"不断地移动，并在身后留下移动轨迹。要将铅笔抬起，可使用 penup()；要将铅笔重新放下，可使用 pendown()。

要了解如何绘图，可尝试在网上搜索"turtle 绘图"。学习更多的概念后，你就可以绘制更加复杂的图案了。你亲自尝试之后，就能体会海龟绘图法有多有趣。

1.9 输入内容

对于输出内容，我们知道怎么实现了，就是使用 print() 函数。如果想要输入内容，又该怎么办呢？

Python 可以使用 input() 函数来输入内容。input() 函数的作用非常简单，用一句话来说就是：**通过键盘输入内容，给某一个变量赋值。**

▶ 示例：

```
a = input()
print(type(a))
```

当运行代码之后，控制台的光标会卡顿，如图 1-14 所示。为什么会卡顿呢？其实是为了等待我们输入内容。输入内容之后，按下 Enter 键，才会继续执行下一步代码。

图 1-14

对于上述代码来说，不管输入任何内容，比如 10、3.14、abc，运行结果都是一样的，如下所示。

```
<class 'str'>
```

实际上，通过 input() 函数输入的内容，全部会被当成一个字符串来处理。但是我们可以通过类型转换函数将其转换成想要的类型。

▶ 示例：

```
a = input()
result = int(a) + 2024
print(result)
```

运行之后，我们输入 "10"，其结果如下。

```
2034
```

因为 a 本身是一个字符串，这里需要使用 int() 函数将其转换成一个整数。问大家一个问题：上面几个示例的代码有什么弊端呢？

细心的朋友应该也看出来了，控制台的光标只会卡顿，并没有提示我们输入什么内容。实际上 input() 函数可以接收一个字符串作为参数，请看下面示例。

▶ 示例：

```
a = input('Please enter an integer: ')
print(a)
```

运行代码之后，我们输入 "2024"，其结果如下：

```
2024
```

从结果可以看出来，input() 内部的字符串只是起了一个提示的作用，并不会作为值的一部分。

▶ 示例：

```
a = input('Please enter the 1st integer: ')
b = input('Please enter the 2nd integer: ')
```

```
result = int(a) + int(b)
print(result)
```

运行代码之后，我们依次输入"10"和"20"，其结果如下：

```
30
```

从 VSCode 的终端控制台可以看出来，在 input() 函数中添加提示之后，效果就直观很多了，如图 1-15 所示。

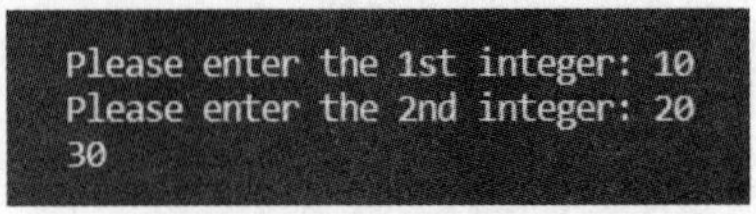

```
Please enter the 1st integer: 10
Please enter the 2nd integer: 20
30
```

图 1-15

1.10　试一试：交换两个变量的值

在实际开发中，交换两个变量的值，是经常用到的一种操作。请编写一个程序来交换两个变量的值。

实现代码如下：

```
a = 10
b = 20
temp = a
a = b
b = temp
print('a=', a)
print('b=', b)
```

运行结果如下：

```
a=20
b=10
```

你可能会觉得很奇怪："为什么这里还要多此一举地定义一个 temp 变量呢？使用下面这种方式不一样也可以交换两个变量的值吗？"

```
a = 10
b = 20
a = b
b = a
```

其实上面这种方式是行不通的。原因很简单，a 和 b 都是变量，首先执行 a = b 之后，a 的值是 20，b 的值也是 20。由于此时 a 的值变成了 20，再执行下一步的 b = a，a 的值还是 20，b 的值也是 20。

因为 a = b 会修改 a 的值，为了交换两个变量的值，需要定义一个中间变量来"暂时保存"a 的值才行。这就像有两杯水（A 和 B），我们需要借助第 3 个杯子（即一个空杯子 C）才能交换这两个杯子里面的水，如图 1-16 所示。

图 1-16

很多初学者肯定大呼："妙呀！我怎么没想到上面这种办法呢？"刚开始学编程都是这样的。对于常用的算法操作，我们尽量都记一下，往后代码写多了，自然就会了。

1.11 试一试：交换个位和十位

请输入一个两位整数，然后将它的个位数和十位数互换，最后输出这个新的整数。
实现代码如下：

```
n = input('Please enter a two digit integer: ')
n = int(n)

a = n % 10                # 拿到个位数
b = int(n/10)             # 拿到十位数
result = a * 10 + b       # 组装成新的整数
print(result)
```

运行代码之后，当我们输入"84"，其结果如下：

```
48
```

1.12 小结

本章介绍的内容很多，先来看看你都学到了什么，咱们再接着往下讲。

- **变量**：变量是表示值的名称。通过赋值，可将新值赋给变量，如 year = 2024。赋值是一种语句。
- **语句**：语句就是 Python 的一句话。这种操作可能是修改变量（通过赋值）、将信息打印或者输出到屏幕上、导入模块或执行众多其他任务。
- **数字**：数字是最基本的数据类型。所谓的数字，指的就是我们数学上的数字，比如 10、-10、3.14 等。数字有 4 种：整数（int）、浮点数（float）、复数（complex）和布尔值（bool）。
- **字符串**：字符串就是一串字符，可以使用单引号或双引号括起来。如果引号包含 0 个字符，那就代表是一个空字符串。
- **运算符**：运算符一般用于对一个或几个值进行计算，从而得出运算结果，它们类似于数学中的加减乘除。常用的运算符包括算术运算符、赋值运算符、比较运算符和逻辑运算符。

- **类型转换**：类型转换，指的是将一种数据类型转换为另一种数据类型。这一章学过的类型转换函数有 str()、int() 和 float()。
- **注释**：注释的好处有很多，比如方便理解、方便查找以及方便项目组里的其他开发人员了解你编写的代码，而且也方便你以后对自己的代码进行修改。
- **输出内容**：输出内容使用的是 print() 函数。print() 函数可以同时输出多个变量。它还有很多丰富的功能，这些功能都是通过它的参数自定义的。
- **输入内容**：输入内容使用的是 input() 函数。input() 函数的作用非常简单，那就是通过键盘输入内容，给某一个变量赋值。

## 第 2 章

流程控制

到目前为止，在你编写的程序中，语句都是从上到下逐条执行的，这种方式也叫作"顺序结构"。顺序结构是 Python 中最基本的结构。

```
s1 = 'Python'
s2 = 'tutorial'
result = s1 + s2
print(result)
```

上面这段代码，根据"从上到下"的原则，Python 会按照以下顺序执行。

① 执行：s1 = 'Python'。

② 执行：s2 = 'tutorial'。

③ 执行：result = s1 + s2。

④ 执行：print(result)。

可能你会觉得：就算不说，我也知道 Python 是这样执行的啊！说得一点都没错，Python 一般情况下就是按照顺序结构来执行的。不过在某些场合，单纯只用顺序结构就没法解决问题了，此时还得使用其他结构。

所谓的流程控制，指的是控制程序按照怎样的顺序执行。Python 共有 3 种流程控制方式，其实绝大多数语言也只有这三种。

❑ 顺序结构。

❑ 选择结构。

❑ 循环结构。

在本章中，我来带大家快速学习这三种结构，然后你就能轻松实现一些非常有用的功能了，比如快速计算 1+2+⋯+100 的和、输出有趣的图案等。

2.1 选择结构

选择结构指的是根据"条件判断"来决定执行哪一段代码。选择结构有单向选择、双向选择以及多向选择，但不管是哪一种，Python 都只会执行其中的一个分支。

2.1.1 单向选择：if

在 Python 中，单向选择使用的是 if 语句，其流程如图 2-1 所示。

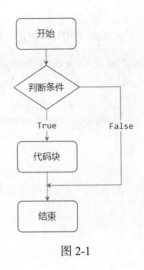

图 2-1

▶ **语法：**

```
if 条件:
    ......
```

这里的"条件"一般是一个比较表达式。如果"条件"返回为 True，则会执行冒号下面缩进的代码块；如果"条件"返回为 False，则会直接跳过冒号下面缩进的代码块。然后按照顺序来执行后面的程序。

▶ **示例：**

```
score = input('Please enter an integer between 0 and 100: ')
score = int(score)
if score > 60:
    print('Pass!')
print('The exam is over!')
```

运行之后，我们输入"90"，此时结果如下：

```
Pass!
The exam is over!
```

由于变量 score 的值为 90，所以 score > 60 返回 True，因此会执行冒号下面缩进的代码块。重新运行上面的代码，如果输入的是"50"，此时运行结果如下：

```
The exam is over!
```

由于 50>60 返回 False，因此 Python 会跳过冒号下面缩进的代码，直接跳到最后一个 print() 函数。最后需要注意的是，上面示例中的 print('Pass!') 属于 if 语句，但 print('The exam is over!') 并不属于。

> ### Python 中的"缩进"
>
> Python 是使用"缩进"的方式来告诉计算机这个代码块属于哪一个 if、else 或 while，这一点跟 C、C++ 等语言使用大括号"{}"的方式不一样。对于缩进，一般是缩进 4 个空格或者一个 Tab 键。

2.1.2 双向选择：if-else

在 Python 中，双向选择使用的是 if-else 语句，其流程如图 2-2 所示。

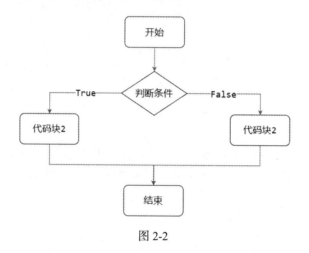

图 2-2

▶ **语法：**

```
if 条件：
    ……
else：
    ……
```

if-else 相对 if 来说，仅仅是多了一个选择。当条件返回为 True 时，会执行 if 后面缩进的代码块；当条件返回为 False 时，会执行 else 后面缩进的代码块。

▶ **示例：**

```
score = input('Please enter an integer between 0 and 100: ')
score = int(score)
if score < 60:
    print('Fail!')
else:
    print('Pass!')
```

运行之后，我们输入 "90"，此时结果如下：

```
Pass!
```

由于变量 score 的值为 90，而 score<60 返回 False，此时执行的就不是 if 代码块，而是 else 代码块了。

2.1.3 多向选择：if-elif-else

所谓的多向选择，指的是在双向选择的基础上增加多个选择分支。

▼ **语法：**

```
if 条件 1：
    # 当条件 1 为 True 时执行的代码
elif 条件 2：
    # 当条件 2 为 True 时执行的代码
else：
    # 当条件 1 和条件 2 都为 False 时执行的代码
```

多向选择语法看似复杂，其实它只是在双向选择基础上增加一个或多个选择分支罢了。对比一下两者的语法格式，你就知道了。其中，elif 指的是 "else if"，表示带有条件的 else 子句。

▼ **示例：**

```
time = 20
if time < 12:
    print('Good morning!')
elif time >= 12 and time < 18:
    print('Good afternoon!')
else:
    print('Good evening!')
```

运行结果如下：

```
Good evening!
```

对于多向选择，Python 会从第一个 if 开始判断，如果第一个 if 条件不满足，则判断第二个 if 条件……直到满足为止。一旦满足，就会退出整个 if 结构。

这里再告诉你好用的技巧，对于连续范围的判断，还可以对其进行简写。比如 time>=12 and time<18 可以简写为：12 <= time < 18，去试试吧。

提示　比较运算符可以连续使用，其效果与使用 and 连接多个表达式的效果相同，比如 x < y < z 相当于 x < y and y < z、x == y == z 相当于 x == y and y == z。

2.1.4 if 语句的嵌套

if 语句是可以嵌套使用的，也就是 if 语句的内部还可以定义 if 语句。

▰ **语法：**

```
if 条件 1:
    if 条件 2:
        # 当"条件 1"和"条件 2"都为 True 时执行的代码
    else:
        # 当"条件 1"为 True、"条件 2"为 False 时执行的代码
else:
    if 条件 2:
        # 当"条件 1"为 False、"条件 2"为 True 时执行的代码
    else:
        # 当"条件 1"和"条件 2"都为 False 时执行的代码
```

对于 if 语句的嵌套，你只需要从外到内根据条件一个个去判断，就像剥洋葱一样简单。Python 是用"缩进"的方式来表示哪一个代码块属于哪一个 if 或 else 的，所以你可以根据缩进来判断哪两个 if 和 else 是一对的。

▰ **示例：公交车检票**

```
ticket = 1
seat = 0
if ticket:
    if seat:
        print('Get on, take a seat!')
    else:
        print('Get on, just stand!')
else:
    print('Please wait for the next bus!')
```

运行结果如下：

```
Get on, just stand!
```

▰ **示例：判断 x 和 y 的大小**

```
x = 12
y = 8
if x < 10:
    if y < 10:
        print('x is less than 10, y is less than 10.')
    else:
        print('x is less than 10, y is greater than 10.')
else:
    if y < 10:
        print('x is greater than 10, y is less than 10.')
    else:
        print('x is greater than 10, y is greater than 10.')
```

运行结果如下：

```
x is greater than 10, y is less than 10.
```

对于 if 语句，有 3 个重点需要说明一下。

❑ Python 中 if 后面表达式的小括号可加可不加。

❑ Python 使用的是 elif，而不是 else if。

❑ Python 只有 if 语句，没有 switch 语句，这一点和其他语言不同。

Python 的代码格式

Python 每条语句末尾不需要加分号，也不使用大括号 "{}" 来实现代码块的包裹，这些其实都是考虑到一点：在大型项目的开发中，问题往往都是由一些小细节导致的，例如多了一个分号，或者少了一个大括号等。

因此，Python 舍弃这些方式，而使用更为简洁的方式，这也体现了 Python 本身"美与哲学"的特点。

2.1.5 条件表达式

如果你来自 C/C++ 或 Java 的世界，那么你很难忽略的一个事实就是：Python 在很长一段时间里都没有条件表达式（或称"三元运算符"），也就是 C ? X : Y 这样的语法（C 是条件表达式，X 是条件为 True 时的结果，Y 是条件为 False 时的结果）。

直到后来，Python 创建者 Guido van Rossum 才选择了一个最被看好也是他最喜欢的方案，把它运用于标准库中，最终其语法确定为：X if C else Y。

条件表达式其实是很简单的，也就是"二选一"，比如你只能选择一个人做你的同桌。

▌ 示例：

```
result = 'Lucy' if 2 > 1 else 'Lily'
print(result)
```

运行结果如下：

```
Lucy
```

由于条件 2>1 返回 True，所以最终选择的是 'Lucy'。可能初学者一开始会觉得 Python 的条件表达式很奇怪，其实它是很好理解和记忆的。我们只需要把条件表达式拆分为 3 部分即可：中间是条件，左边放的是条件为 True 时的结果，右边放的是条件为 False 时的结果，如图 2-3 所示。

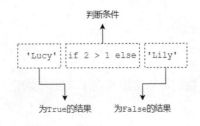

图 2-3

◤ **示例：求两个数字之差**

```
a = int(input('Please enter the 1st integer: '))
b = int(input('Please enter the 2nd integer: '))
result = b - a if a < b else a - b
print(result)
```

运行之后，当输入"5"和"12"，其结果如下：

```
7
```

2.1.6 真假判断

我们都知道，布尔值只有两种：True 和 False。可以使用比较运算符来判断两个值。如果判断为正确，就返回 True ；如果判断为错误，就返回 False。

对于 if 条件判断来说，大多数初学者以为只有"比较结果为 False"，其条件才会为假。实际上，if 条件判断为假的条件还包括：False、None、0、''、[]、()、{}。

换而言之，False、None、0、所有数据结构的空值如空列表、空元组、空字典、空集合等（这些后面章节会介绍），都会被解释器视为"假"，而其他值都视为"真"。乍一看令人迷惑，但在实际开发中却是非常有用的。

◤ **示例：**

```
if None:
    print('Python')
else:
    print('Java')
```

运行结果如下：

```
Java
```

在上面的示例中，None 会被视为假，所以执行的是 else 子句。

◤ **示例：**

```
if 2024:
    print('Python')
else:
    print('Java')
```

运行结果如下：

```
Python
```

在上面的示例中，2024 会被视为真，所以执行的是 if 子句。

判断一个值是真还是假，我们可以使用 bool() 函数来实现，其语法格式为：bool(值)。再来看一个简单的例子。

▼ 示例：

```
print(bool(None))
print(bool(2024))
```

运行结果如下：

```
False
True
```

也就是说，bool(None) 等价于 False，而 bool(2024) 等价于 True。现在你应该知道了吧？其实 Python 判断一个值是真还是假，本质上依赖于 bool() 函数的结果。

空值

与 C 语言不同，Python 中是没有 NULL 的，但存在相近意义的 None。在 Python 中，我们可以使用 None 来表示一个空值。对于 None 来说，它具有以下特征。

- None 是一个特殊的 Python 对象，本身是占用一定内存的。
- None 不支持任何运算，也没有任何内建方法。
- None 和 0、空字符串、空列表是不一样的。
- None 和任何其他数据类型比较，都会返回 False。
- 一个函数没有使用 return 来显式返回一个值，那么 Python 就会自动在末尾加上一个 return None。

▼ 示例：

```
print(type(None))
```

运行结果如下：

```
<class 'NoneType'>
```

从结果可以看出，None 是一个独特的 NoneType 类型，而不属于 int、float、str 等类型。

▼ 示例：

```
print(None == 0)
print(None == '')
print(None == [])
print(None == None)
```

运行结果如下：

```
False
False
False
True
```

None 除了和它本身比较会返回 True 之外，和任何其他数据类型比较都会返回 False。

2.2　循环结构

循环语句，指的是在“满足某个条件下”反复执行某些操作的语句。这就很有趣了，现在像 1 + 2 + 3 + … + 100、1 + 3 + 5 + … + 99 这种计算就可以通过编程轻松实现了。循环结构的流程如图 2-4 所示。

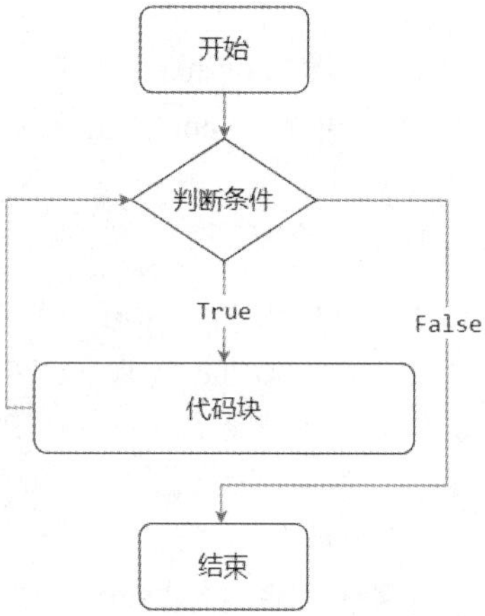

图 2-4

在 Python 中，循环语句有两种：while 语句和 for 语句。和其他编程语言不同，Python 是没有 do-while 语句的。

2.2.1　while 语句

在 Python 中，while 语句是最简单的循环语句。

◤ 语法：

```
while 条件 :
    ……
```

如果“条件”返回为 True，则会执行冒号后的代码块。当执行完冒号后的代码块，会再次判断“条件”。如果条件依旧还是 True，则会继续重复执行代码块……循环执行直到条件为 False 才结束整个循环，最后才会接着执行 while 语句后面的程序。

你肯定听过大数学家高斯的故事。老师让班里的小学生们计算 1+2+3+…+100 的和。聪明的高斯想到了一个非常巧妙的办法，在很短时间内就算出了答案。现在让我们用 Python 中的循环语句来帮高斯解决这个问题。

◤ 示例：计算 1+2+3+…+100 的值

```
n = 1
total = 0
```

```
while n <= 100:
    total += n                    # 等价于 total = total + n
    n += 1                        # 等价于 n = n + 1
print(total)
```

运行结果如下：

```
5050
```

在上面的代码中，变量 n 用于递增（也就是不断加 1），其初始值为 1。total 用于求和，初始值为 0。对于 while 循环，我们一步步来给大家分析一下：

第 1 次执行 while 循环之后，total=0+1，n=2。

第 2 次执行 while 循环之后，total=0+1+2，n=3。

第 3 次执行 while 循环之后，total=0+1+2+3，n=4。

……

第 100 次执行 while 循环之后，total=0+1+…+100，n=101。

记住，每一次执行 while 循环之前，都需要判断条件是否满足。如果满足，则继续执行 while 循环；如果不满足，则退出 while 循环。

当第 101 次执行 while 循环时，由于此时 n=101，而判断条件 n<=100 返回 False，此时 while 循环不再执行，也就是退出 while 循环。由于退出了 while 循环，接下来就不会再执行 while 内部的程序，而是执行后面的 print(total)。

对于上面的示例的循环来说，用流程图表示如图 2-5 所示。

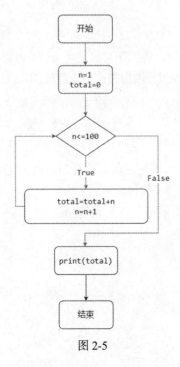

图 2-5

思考   如何使用 while 循环来计算 1+3+5+…+99 的和呢？

▌ **示例：死循环**

```
while 1 == 1:
    print('Hello!')
```

运行结果如下：

```
Hello!
Hello!
……
```

这就是最简单的"死循环"，也叫"无限循环"。对于死循环而言，它的判断条件一直为 True，因此会一直执行 while 循环，然后不断输出内容。如果想要在 VSCode 中停止死循环，可以按下"Ctrl+C"这个快捷键。在实际项目开发中，应该尽量要避免"死循环"的出现，因为这是一个很低级的错误。

说明   死循环并非一无是处，某些实际应用需要用到死循环。例如 Windows 操作系统下窗口程序中的窗口都是通过一个叫消息循环的死循环实现的。而在单片机、嵌入式编程中也经常用到死循环。在各类编程语言中，死循环都有多种实现的方法。因此，我们不能一味否定死循环。

2.2.2   for 语句

在 Python 中，除了 while 语句，我们还可以使用 for 语句来实现循环。for 语句是 Python 中最常用的循环语句，它的语法比 while 语句更简洁也更好用。

▌ **语法：**

```
for i in range(n):
    ……
```

n 是一个正整数，for 语句一般情况下都是结合 range() 函数来实现循环的。i 只是一个普通变量名，当然你也可以使用 a、j 等来代替。

▌ **示例：输出 0~4**

```
for i in range(5):
    print(i)
```

运行结果如下：

```
0
1
2
3
4
```

　　要特别注意一点：i 是从 0 开始的，而不是从 1 开始的。每一次 for 循环，i 的值都会自动加 1。range(5) 表示循环的次数是 5。此外，i 是从 0 开始的，因此最终运行结果为：0、1、2、3、4。

　　当然，上面这个示例也可以使用 while 语句来实现。因为程序是活的，想要实现某一个功能，方式是多种多样的。其中，使用 while 语句的实现代码如下：

```
i = 0
while i < 5:
    print(i)
    i += 1
```

▶ **示例：字符串拼接**

```
for i in range(5):
    result = 'Start counting:' + str(i + 1)
    print(result)
```

运行结果如下：

```
Start counting: 1
Start counting: 2
Start counting: 3
Start counting: 4
Start counting: 5
```

i+1 是一个数字，我们必须使用 str() 函数将数字转换为字符串，才可以进行字符串拼接。

　　学会了怎么使用 for 循环之后，我们再来深入了解 range() 这个函数。在 Python 中，我们还可以使用 range() 函数的不同参数来定义各种类型的 for 循环。

▶ **语法：**

```
for i in range(start, end, step)
```

　　在该语法中，参数 start 表示开始值，参数 end 表示结束值，参数 step 表示步长。其中参数 step 的默认值为 1。

　　当 range() 只有 1 个参数时，表示 range() 只有结束值，此时循环是从 0 开始的。

　　当 range() 有 2 个参数时，表示 range() 只有开始值和结束值，此时循环是从"开始值"开始的。

　　当 range() 有 3 个参数时，表示 range() 有开始值、结束值和步长。所谓的步长，也叫"间隔"，指的是每次循环后变量增加或减少的值。

▶ **示例：只有结束值**

```
for i in range(5):
    print(i)
```

运行结果如下：

```
0
1
2
```

```
3
4
```

range(5) 表示循环的结束值为 5，从运行结果可以看出，结束值是不被包含进去的。只需要记住这一点就可以了：**不管 range() 的参数是怎样的形式，结束值都不会被包含进去**。

下面 3 种方式是等价的，你可以思考一下为什么。

```
range(5)
range(0, 5)
range(0, 5, 1)
```

示例：设置初始值

```
for i in range(2, 5):
    print(i)
```

运行结果如下：

```
2
3
4
```

range(2, 5) 表示循环的开始值为 2，结束值为 5，也就是取值范围为：[2, 5)。

示例：设置步长（正数）

```
for i in range(0, 5, 2):
    print(i)
```

运行结果如下：

```
0
2
4
```

range(0, 5, 2) 表示循环开始的值为 0，结束的值为 5，步长为 2。也就是说，每次循环，i 不再是加 1，而是加 2。

示例：设置步长（负数）

```
for i in range(5, 0, -1):
    print(i)
```

运行结果如下：

```
5
4
3
2
1
```

range(5, 0, -1) 表示循环开始的值为 5，结束的值为 0，步长为 -1。也就是说，每次循环，i 的值就减 1。使用这种方式，我们可以实现递减效果（类似于倒计时）。

说明 变量的值每次只增加 1，这种行为被称为"递增"。而变量的值每次只减少 1，这种行为被称为"递减"。

实际上使用 for 循环可以做与 while 循环同样的事，只是 for 循环更加简洁。下面尝试使用 for 循环来计算 $1 + 2 + 3 + \cdots + 100$ 的结果，你会发现它更加优雅！

▶ 示例：for 循环实现累加

```
total = 0
for i in range(1, 101):
    total += i
print(total)
```

运行结果如下：

```
5050
```

思考 为什么这里设置的 range() 函数是 range(1, 101)，而不是 range(1, 100) 呢？

2.2.3 循环中的 else

在学习条件语句时，我们了解到 else 应该和 if 搭配使用。其实在 Python 中，也可以在 while 循环或 for 循环中加入 else 子句。这是一种非常罕见的用法，我只在 Python 这门语言中见过，但这个功能是绝对值得拥有的。

else 用在循环结构中时，只有当循环条件正常结束时，else 子句中的代码才会执行。如果在循环结构中执行了 break 语句或发生了异常（即报错），else 子句中的代码都不会执行。

▶ 示例：

```
i = 0
while i < 10:
    if i == 5:
        print(i)
        break
    i += 1
else:
    print('Normal end!')
```

运行结果如下：

```
5
```

从结果可以看出，由于这里的循环中使用了 break 语句，所以并不会执行后面的 else 子句。如果把 "break" 删除，再次运行的结果如下：

```
5
Normal end!
```

2.2.4　pass 语句

在 Python 中，我们可以使用 pass 语句表示一个空代码块。pass 语句表示不做任何事情，而仅仅起了一个占位的作用。

▼ 示例：

```
for i in range(0, 10):
    if i%2 == 0:
        print(i)
    else:
        pass
```

运行结果如下：

```
0
2
4
6
8
```

上面的示例使用 for 循环遍历 0~10（不包括 10），如果是偶数就直接输出，如果是奇数，就使用 pass 语句占一个位置。为什么要占一个位置呢？主要是为了进行标识，以方便后面再对奇数进行处理。

在实际项目开发中，对于 if 语句、while 语句、for 语句或者函数来说，如果暂时不确定代码块的逻辑怎么编写，可以先使用 pass 语句来代表一个空代码块，后面等有思路了再回去编写代码。

可能你会问："不加 pass 不行吗？这里直接让代码块为空。"这样还真不行，比如上面的示例，如果把 pass 去掉，此时就直接报错了，因为 else 子句必须要有一定的内容，否则会报出语法错误。

2.3　break 和 continue

break 和 continue 这两种语句也叫"中断语句"，专门用来控制循环执行时的中断。

2.3.1　break 语句

在 Python 中，我们可以使用 break 语句来退出"本层"循环（每一层可以包含多次循环）。break 语句只能用于循环语句中，而不能用于其他地方。

▼ 示例：

```
while True:
    print('Hello!')
    break
```

运行结果如下。

Hello!

这里的 while 本身是一个死循环，本来应该会不断重复执行 print('Hello!')。但是由于加上了 break。执行一次 print() 后，遇到 break 就会直接退出 while 循环。

对于循环中的 break 语句，前面一般有一个 if 判断条件，然后当满足某个条件之后，就会退出循环，请看下面的示例。

▶ 示例：单层循环

```
n = 5
for i in range(1, 11):
    if i == n:
        break
    print(i)
```

运行结果如下：

```
1
2
3
4
```

i 的取值范围是 1~10（注意不包括 11），所以循环应该执行 10 次才对。但是当执行第 5 次循环时，i 的值为 5，此时判断条件 i==n 返回 True，随即执行 break 语句，此时就会直接退出整个循环，并且也不会执行当次循环后面的 print(i) 了。

需要注意的是，如果有多层循环（即嵌套循环），那么 break 语句只会退出本层循环，而不是退出所有层的循环，请看下面的示例。

▶ 示例：多层循环

```
n = 2
for i in range(1, 4):
    for j in range(1, 4):
        if i == n:
            break
        print(i)
```

运行结果如下：

```
1
1
1
3
3
3
```

n 的值为 2，i 和 j 的取值范围都是 1~3（不包括 4），具体分析如下。

❑ 当 i=1 时，由于 j 循环了 3 次，并且 i==n 返回 False，并不会执行 break 语句，此时输出为：1、1、1。

- 当 i=2 时，由于 i==n 返回 True，然后会执行 break 语句，直接退出本层循环，没有任何输出。
- 当 i=3 时，由于 j 循环了 3 次，并且 i==n 返回 False，并不会执行 break 语句，此时输出为：3、3、3。

2.3.2 continue 语句

在 Python 中，我们可以使用 continue 语句退出"本次"循环。同样地，continue 语句也只能用于循环语句中，而不能用于其他地方。

▶ 示例：

```
n = 5
for i in range(1, 11):
    if i == n:
        continue
    print(i)
```

运行结果如下：

```
1
2
3
4
6
7
8
9
10
```

i 的取值范围是 1~10（注意不包括 11），所以循环应该执行 10 次才对。当执行第 5 次时，i 的值为 5，此时 i==n 会返回真，然后就会执行 continue 语句，此时就会直接退出"本次"循环了。

continue 语句只会退出"本次"循环，并不会退出"本层循环"。此时还会执行后面的第 6、7、...、10 次循环。所以从运行结果可以看出，输出并没有 5。

注意 break 退出的是"本层"循环，而 continue 退出的是"本次"循环。

2.4 试一试：获取月份对应的季节

输入一个整数，然后输出该月份对应的季节。比如输入"3"，就应该输出"spring"。输入"6"，就应该输出"summer"，以此类推。如果输入的整数不在 1~12 之间，则输出"This month does not exist."。

实现代码如下：

```
month = int(input('Please enter an integer: '))
if 3 <= month <= 5:
```

```
    print('spring')
elif 6 <= month <= 8:
    print('summer')
elif 9 <= month <= 11:
    print('autumn')
elif month == 1 or month == 2 or month == 12:
    print('winter')
else:
    print('This month does not exist.')
```

运行之后，当输入"8"，此时结果如下：

```
summer
```

像 3 <= month <= 5 这种表达式，其实是一种简写方式，等价于 3 <= month and month <=5。上面的代码中最后一个 elif 的表达式比较复杂，在编写较长表达式时可以使用小括号"()"包含多行代码，从而使其换行显示。这是一种增强可读性的实用技巧。

下面两种方式是等价的，不过后者的可读性更佳。

```
# 方式1
elif month == 1 or month == 2 or month == 12:
    print('winter')

# 方式2
elif ( month == 1 or
    month == 2 or
    month == 12
):
    print('winter')
```

2.5 试一试：找出"水仙花数"

所谓"水仙花数"是指一个 3 位数，其各位数字的立方和等于该数的本身。例如 153 就是一个水仙花数，因为 $153 = 1^3 + 5^3 + 3^3$。接下来，我们尝试编写一个程序来找出所有的水仙花数。

实现代码如下：

```
# 初始化 i 值
i = 100

while i < 1000:
    a = i % 10              # 提取个位数
    b = (i/10) % 10         # 提取十位数
    b = int(b)              # 舍弃小数部分
    c = i / 100             # 提取百位数
    c = int(c)              # 舍弃小数部分
    if i == a**3 + b**3 + c**3:
        print(i)
    i = i + 1
```

运行结果如下：

```
153
370
371
407
```

思考　如果只想获取第一个水仙花数，应该怎么实现呢？（提示：break 语句）

2.6　试一试：求 0~100 之间所有质数

质数也叫作"素数"，它指的是只能被 1 和它本身整除的正整数。需要注意的是，1 不是质数。接下来，我们尝试编写一个程序来获取 0~100 之间的所有质数。

实现代码如下：

```
# 定义一个变量来保存结果
result = ''
for i in range(2, 101):
    # 定义一个变量 flag 作为标识，flag=True 表示是质数，flag=False 表示不是质数
    flag = True
    for j in range(2, i-1):
        # 如果 i 可以整除 j，设置 flag 为 False，也就是该数是非质数
        if i % j == 0:
            flag = False
            break
    if flag == True:
        result += str(i) + ', '
print(result)
```

运行结果如下：

```
2, 3, 5, 7, 11, 13, 17, 19, 23, 29, 31, 37, 41, 43, 47, 53, 59, 61, 67, 71, 73, 79,
83, 89, 97,
```

如果想要判断一个正整数 n 是否为质数，只需要让 2、3、…、n-1 去整除 n 就可以了。只要有一个能整除它，那么 n 就不是质数。如果没有一个数能整除它，则 n 就是质数。

算法非常简单，只需要用两层 for 循环来控制即可。第 1 层 for 循环用于逐个取出 2~100 之间的整数 i，第 2 层 for 循环用于取出 2~i-1（i 为当前整数）之间的整数 j，然后判断 i%j 是否等于 0。一旦发现 i%j 的值等于 0，那么就代表当前整数不是一个质数。

需要清楚的是，break 退出的是本层循环，而不是退出所有层循环。在循环中如果遇到了 break 之后，不仅仅会退出本层循环，并且本层循环中 break 后面的代码也不会被执行。实际上，break 本身也包含了 continue 的功能，也会跳出本次循环。

2.7　试一试：输出一个图案

接下来，我们尝试编写一个程序来实现下面这个平行四边形图案，如图 2-6 所示。实现的思路很简单：使用两层 for 循环，一层用于控制行数，另一层用于控制每一行字符的个数。

```
            * * * * *
             * * * * *
              * * * * *
               * * * * *
```

图 2-6

实现代码如下：

```
# 控制行数
for i in range(1, 5):
    # 控制每一行前面的空格
    for j in range(1, i):
        print('  ', end='')
    # 控制每一行的星号输出
    for j in range(1, 6):
        print('* ', end='')
        # 换行
        if j == 5:
            print('\n', end='')
```

运行结果如下：

```
* * * * *
  * * * * *
    * * * * *
      * * * * *
```

可能有些人会想到使用下面这种方式来输出。虽然效果是一样的，但是这种实现方式其实是很无聊也没什么意义。因为它不具备扩展性，也无法体现你的编程水平。假如我改一下题目，将上面的行数改为 n，其中 n 是由你手动输入的，此时使用下面这种方式就无法实现了。

```
# 不推荐的方式
print('* * * * *')
print(' * * * * *')
print('   * * * * *')
print('     * * * * *')
```

2.8 小结

下面来回顾一下本章介绍的一些最重要的概念。

❑ **顺序结构**：Python 一般情况下就是按照顺序结构来执行的，也就是从上到下依次执行。

❑ **选择结构**：选择结构指的是根据"条件判断"来决定使用哪一段代码。选择结构有单向选择、双向选择以及多向选择 3 种，但不管是哪一种，Python 都只会执行其中的一个分支。

❑ **代码块**：C、C++ 等语言都使用"{}"来表示一个代码块，而 Python 使用"缩进"的方式来表示代码块。

- **条件表达式**：语法为 X if C else Y。所谓的条件表达式，也就是"二选一"。
- **真假判断**：False、None、0、所有数据结构的空值如空列表、空元组、空字典、空集合等，都会被解释器视为"假"，而其他值都视为"真"。
- **循环结构**：循环语句指的是在"满足某个条件下"循环反复执行某些操作的语句。在 Python 中，循环语句分为 while 语句和 for 语句。和其他编程语言不同，Python 中是没有 do-while 语句的。
- **死循环**：当循环的判断条件一直为 True 时，循环就会无限执行下去，这就叫"死循环"。
- **中断语句**：中断语句有 break 和 continue 两种。break 退出的是"本层"循环，而 continue 退出的是"本次"循环。
- **pass 语句**：pass 语句表示不做任何事情，而仅仅起了一个占位的作用。某些语法结构（如 if、while 等）必须要有语句的位置，如果不需要进行任何操作，则放置 pass 语句。

第 3 章 列表与元组

本章将介绍一个新概念——数据结构。所谓数据结构，是以某种方式（如通过编号）组合起来的一组数据。在同一种数据结构中，数据与数据之间存在着特定的联系。Python 中最基本的数据结构为序列（sequence）。序列其实是一个总称，它可以细分为 3 种：列表、元组和字符串，如图 3-1 所示。

列表（list）
序列（sequence）
元组（tuple）
字符串（str）

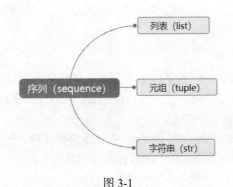

图 3-1

序列（如图 3-2 所示）中的每个元素都有一个编号，这个编号也叫“下标”“位置”或“索引”。我们要清楚这几种叫法，它们指的都是一个意思。其中第一个元素的下标为 0，第二个元素的下标为 1，依此类推。请特别注意，元素的下标是从 0 开始，而不是从 1 开始的。

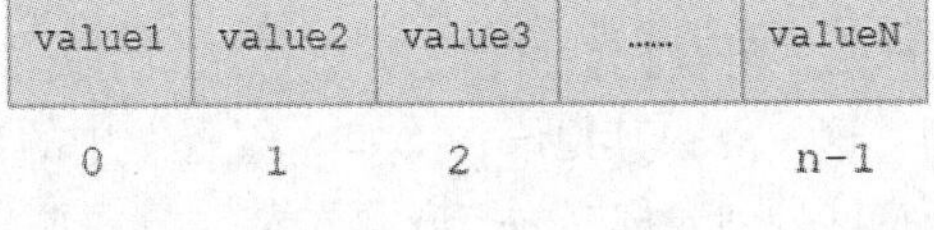

value1
value2
value3
......
valueN
0
1
2
n-1

图 3-2

本章首先来介绍序列的前两种：列表与元组，下一章再来介绍字符串。等把这些序列都学完了，我们再来总结一下它们的共性，这样可以更好地理解序列究竟是怎样一个东西。

3.1　列表概述

通过之前的学习，我们知道：**一个变量可以存储一个值**。比如想要存储一个字符串 'ant'，可以这样来写。

```
animal = 'ant'
```

如果使用变量来存储 5 个字符串：'ant'、'bee'、'cat'、'dog' 和 'ewe'，这个时候大家会怎么写呢？你可能很快就写下了这段代码。

```
animal1 = 'ant'
animal2 = 'bee'
animal3 = 'cat'
animal4 = 'dog'
animal5 = 'ewe'
```

写完之后，是不是觉得这种方式有点笨？假如让你存储十几个甚至几十个字符串，那岂不是每个字符串都要定义一个变量？这可就难为我们程序员了。

在 Python 中，我们可以使用**列表**来存储 "一组数据"。再回到例子中，像上面的一堆变量，可以使用列表来实现，如下所示。

```
animals = ['ant', 'bee', 'cat', 'dog', 'ewe']
```

简单来说，我们可以用一个列表来保存多个值。现在来看，是不是清晰多了？如果想要获取列表的某一项，比如 'cat' 这一项，我们可以使用 animals[2] 来获取。再或者 'ewe' 这一项，我们可以使用 animals[4] 来获取。

实际上，列表属于序列的一种。**在 Python 中，序列有 3 种：列表、元组和字符串**。这三种序列的很多方法都是相似的，大家在学习的过程中一定要多对比，这样才能加深理解和记忆。

3.2　创建列表

在 Python 中，我们可以使用中括号 "[]" 来创建一个列表。

▶ **语法：**

```
listname = [value1, value2, ... , valueN]
```

创建列表，用中括号括起来一堆数据就可以了，数据之间用英文逗号 "," 隔开。列表中的元素可以是不同的数据类型，这一点跟其他语言（如 Java 等）中的数组不太一样。此外，列表元素还可以是列表，Python 将这种列表称之为 "嵌套列表"。

注意　请不要使用 "list" 作为列表名，因为它会跟 Python 内置的 list() 函数冲突，可能会导致一些难以发现的问题。

▶ 示例：

```
lst = []                              # 创建一个空列表
lst = ['ant', 'dog', 'ewe']           # 创建一个包含 3 个元素的列表
lst = [1, 2, 'Python', True, False]   # 列表元素可以是不同的数据类型
lst = [[1, 2], [3, 4], [5, 6]]        # 列表元素还可以是列表
```

如果你不确定给列表起什么名字，可以使用"lst"这个名字，它其实是"list"的缩写。当然如果是实际项目开发，我们更推荐使用一些有意义的命名。

> **列表与数组**
>
> 如果你接触过其他编程语言，肯定就会好奇了："为什么 Python 把这种数据结构叫作列表，而不是叫作数组呢？"其实 Python 中也存在叫作"数组"的数据结构。其中，列表这种数据结构是 Python 自带的，但是数组却需要引入 numpy 模块才能使用。numpy 是数据分析中必备的一个模块，学完 Python 基础之后，有兴趣可以去自学一下 Python 数据分析。
>
> 列表和数组这两种数据结构非常相似，但也存在以下 3 点区别。
> ❑ 数组元素的数据类型必须相同，但是列表元素却不需要。
> ❑ 数组可以进行四则运算，但是列表不可以。
> ❑ 数组和列表的很多操作方法不一样。

3.3 基本操作

对于列表元素的操作，主要有 4 种：获取元素、修改元素、添加元素、删除元素。其实如果你接触过其他编程语言，会发现很多数据结构都有类似的 4 种操作。

3.3.1 获取元素

在 Python 中，想要获取列表某一项的值，我们都是使用"下标"的方式来获取的。

```
animals = ['ant', 'bee', 'cat', 'dog', 'ewe']
```

上面表示创建了一个名为 animals 的列表，该列表中有 5 个元素，都是字符串。如果想要获取 animals 某一项的值，就可以使用下标的方式来获取。其中，animals[0] 表示获取第 1 项的值，也就是 'ant'。animals[1] 表示获取第 2 项的值，也就是 'bee'……依此类推。

这里重点说一下：列表的下标是从 0 开始的，而不是从 1 开始的。如果你以为获取第 1 项应该用 animals[1] 的话，那就错了。初学者很容易犯这种低级错误，一定要特别注意。

▶ 示例：正数下标

```
animals = ['ant', 'bee', 'cat', 'dog', 'ewe']
print(animals[2])
```

运行结果如下：

```
cat
```

animals[2] 表示获取列表 animals 中的第 3 个元素，而不是第 2 个元素，如图 3-3 所示。

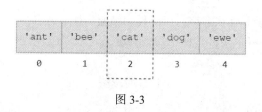

图 3-3

▌ 示例：负数下标

```
animals = ['ant', 'bee', 'cat', 'dog', 'ewe']
print(animals[-2])
```

运行结果如下：

```
dog
```

在 Python 中，列表的下标虽然从 0 开始并向上增长，但也可以使用负整数作为下标，如图 3-4 所示。例如，−1 表示列表最后一个下标，−2 表示列表倒数第二个下标，依此类推。

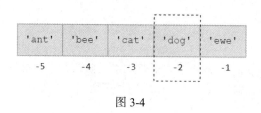

图 3-4

注意　如果是正数下标，最左边元素的下标是 0。而如果是负数下标，最右边元素的下标是 −1。

3.3.2　修改元素

获取列表某一项的值我们是知道了，但如果想要给某一个项赋一个新的值，又该怎么做呢？其实也是通过列表下标来实现的。

▌ 语法：

```
list[n] = value
```

list 是一个列表或一个列表名，n 是一个整数（0、负整数或正整数）

▶ 示例：

```
users = ['Jack', 'Lucy', 'Tony']
users[2] = 'Lily'
print(users)
```

运行结果如下：

```
['Jack', 'Lucy', 'Lily']
```

users[2]='Lily' 表示给 users[2] 这一项重新赋值为 'Lily'，也就是 'Tony' 被替换成了 'Lily'。此时，列表 users 的值就是 ['Jack', 'Lucy', 'Lily']。

▶ 示例：

```
users = ['Jack', 'Lucy', 'Tony']
users[3] = 'Lily'
print(users)
```

运行结果如下：

```
（报错）IndexError: list assignment index out of range
```

对于列表来说，我们不能使用下标形式为一个不存在的位置赋值，否则程序就会报错。如果想要为列表添加新元素，可以使用后面介绍的 insert() 和 append() 方法。

3.3.3　添加元素

在 Python 中，如果想要往一个列表中加入一个新元素，我们有两种方法：insert() 和 append()，它们的区别如下。

❑ insert() 方法是在列表的"任意位置"插入一个新元素。
❑ append() 方法是在列表的"末尾"增加一个新元素。

▶ 语法：

```
list.insert(n, value)
list.append(value)
```

▶ 示例：

```
users = ['Jack', 'Lucy', 'Tony']
users.insert(0, 'Lily')
print(users)
```

运行结果如下：

```
['Lily', 'Jack', 'Lucy', 'Tony']
```

users.insert(0, 'Lily') 表示在下标为 0 处，也就是列表的开始处插入一个新元素，该新元素的值为 'Lily'。

▶ 示例：

```
users = ['Jack', 'Lucy', 'Tony']
users.insert(0, 'Lily')
users.insert(0, 'Tim')
users.insert(0, 'Alice')
print(users)
```

运行结果如下：

```
['Alice', 'Tim', 'Lily', 'Jack', 'Lucy', 'Tony']
```

上面这个示例，其实就是在列表的开头处连续插入 3 个新元素

▶ 示例：

```
users = ['Jack', 'Lucy', 'Tony']
users.append('Lily')
print(users)
```

运行结果如下：

```
['Jack', 'Lucy', 'Tony', 'Lily']
```

实际上，如果想要往上面示例中列表的末尾处添加一个新元素，下面两种方式是等价的。

```
# 方式1
users.append('Lily')
```

```
# 方式2
users.insert(3, 'Lily')
```

可能你就会问了："既然 insert() 方法也可以在列表末尾处添加新元素，那么是不是意味着 append() 方法没有存在的意义呢？"并非如此。使用 insert() 方法的前提是知道列表有多少个元素，这样才能获取最后一个元素的下标。如果不知道列表有多少个元素，就没法使用 insert() 方法来给列表末尾添加新元素。

但使用 append() 方法就不需要知道列表有多少个元素，可以直接在列表的最后添加新元素。在实际开发中，append() 比 insert() 有用得多。

方法与函数

之前我们都用过函数这个东西，比如 print() 函数、input() 函数等。而方法，简单来说就是基于某个对象的一个函数。方法跟函数相似，都可以传入参数，但是两者也有不同。函数在调用时，前面一般不需要加上任何东西。但是方法在调用时，前面都需要加上对象名，而且方法需要使用点运算符来调用，语法格式如下。其中 object 是对象名，method 是方法名。

```
object.method()
```

3.3.4 删除元素

在 Python 中，如果想要删除列表中的某个元素，我们可以使用 3 种方式：del、pop() 和 remove()。

1. del

在 Python 中，我们可以使用 del 关键字来删除列表中的某一个元素。del 这种方式是根据 "下标" 来删除元素的。

▼ **语法：**

```
del list[n]
```

n 是列表的下标，从 0 开始。需要注意的是，del 会修改原列表。

▼ **示例：**

```
animals = ['ant', 'bee', 'cat', 'dog', 'ewe']
del animals[2]
print(animals)
```

运行结果如下：

```
['ant', 'bee', 'dog', 'ewe']
```

del 关键字的用法非常简单，直接根据列表下标来删除元素。

2. pop()

在 Python 中，我们可以使用 pop() 方法删除列表中的某一个元素（默认是最后一个元素），并且返回该元素的值。

▼ **语法：**

```
list.pop(n)
```

n 是列表下标，从 0 开始。当 n 省略时，表示删除的是列表最后一个元素；当 n 不省略时，表示删除下标为 n 的元素。需要注意的是，pop() 会修改原列表。

▼ **示例：n 省略**

```
animals = ['ant', 'bee', 'cat', 'dog', 'ewe']
animals.pop()
print(animals)
```

运行结果如下：

```
['ant', 'bee', 'cat', 'dog']
```

当然，我们也可以使用多次 pop() 方法来删除列表末尾多个元素。

▶ 示例：n 不省略

```
animals = ['ant', 'bee', 'cat', 'dog', 'ewe']
animals.pop(2)
print(animals)
```

运行结果如下：

```
['ant', 'bee', 'dog', 'ewe']
```

可能你又会问了："使用 del 关键字也能删除列表元素，为什么 Python 还多此一举推出一个 pop() 方法呢？"在实际开发中，当不知道列表元素个数，也就是不知道列表最后一个元素下标时，如果让你删除列表最后一个元素，这个时候使用 del 关键字就做不到了，而必须使用 pop() 方法才可以实现。

3. remove()

在 Python 中，我们还可以使用 remove() 方法来删除列表中某一个元素。remove() 这种方式是根据"值"来删除元素的。

▶ 语法：

```
list.remove(value)
```

如果列表存在多个相同的值，那么 remove() 方法只会删除"第一个匹配到的值"。同样，remove() 方法也会修改原列表。

▶ 示例：

```
animals = ['ant', 'bee', 'cat', 'dog', 'ant']
animals.remove('ant')
print(animals)
```

运行结果如下：

```
['bee', 'cat', 'dog', 'ant']
```

列表 animals 中存在两个 'ant'，因此 animals.remove('ant') 只会删除第一个 'ant'，也就是第一个匹配上的元素。使用 remove() 方法删除元素时，如果指定的元素不存在，就会报错。为了避免这种情况，我们最好先判断元素是否存在。

▶ 示例：

```
animals = ['ant', 'bee', 'cat', 'dog', 'ant']
if 'ant' in animals:
    animals.remove('ant')
print(animals)
```

运行结果如下：

```
['bee', 'cat', 'dog', 'ant']
```

　　if 'ant' in animals 表示判断 'ant' 是否存在于 animals，in 运算符在本章后面会介绍。animals. remove('ant') 只会删除第一个 'ant'，而后面如果还有 'ant'，就不会进行删除。如果想要把列表中所有的某个值删除，此时应该怎么实现呢？最简单的就是使用 for 循环来实现。

▶ **示例：删除所有的某个值**

```python
animals = ['ant', 'bee', 'cat', 'dog', 'ant']
result = []
for i in range(len(animals)):
    if animals[i] != 'ant':
        result.append(animals[i])
print(result)
```

运行结果如下：

```
['bee', 'cat', 'dog']
```

　　上面示例中定义了一个空的列表 result，它主要用于保存结果。接下来使用 for 循环对列表进行遍历，如果当前项的值不是 'ant'，就使用 append() 方法添加到 result 中。此外，len(animals) 表示使用 len() 函数来获取 animals 的长度，这个函数在后面会介绍。

　　最后总结一下删除元素的方法，有以下 4 点。

❑ del、pop()、remove() 这 3 种方式都会修改原列表。

❑ 如果知道想要删除的值在列表中的下标，可以使用 del 和 pop()。

❑ 如果不知道想要删除的值在列表中的下标，只知道值是什么，可以使用 remove()。

❑ 如果不知道列表元素个数，却想要删除最后一个元素，可以使用 pop()。

3.4　列表方法

　　列表本质上是一个对象，Python 为它内置了非常多有用的方法，常用的如表 3-1 所示。

表3-1　列表的方法

方　　法	说　　明
count()	获取元素个数
index()	获取元素下标
reverse()	颠倒元素顺序
sort()	元素大小排序
join()	连接元素
extend()	合并列表
clear()	清空列表

3.4.1　统计元素的个数：count()

　　在 Python 中，我们可以使用 count() 方法来统计某个元素在列表中出现的次数。

▶ 语法：

```
list.count(value)
```

▶ 示例：

```
nums = [2, 1, 2, 3, 4, 2, 5]
result = nums.count(2)
print(result)
```

运行结果如下：

```
3
```

由于 2 在列表中出现了 3 次，因此 nums.count(2) 返回的结果为 3。

▶ 示例：

```
animals = ['ant', 'bee', 'cat', 'dog', 'ewe', 'ant']
n = animals.count('ant')
print(n)
```

运行结果如下：

```
2
```

由于 'ant' 在列表中出现了 2 次，因此 animals.count('ant') 返回的结果为 2。

3.4.2   获取元素下标：index()

在 Python 中，我们可以使用 index() 方法来获取列表中某个元素的下标。

▶ 语法：

```
list.index(value)
```

如果列表中存在重复的元素，就返回它第一次出现的下标；如果不存在这个元素，就会报错。

注意   列表只有 index() 方法，并没有类似于字符串的 rindex() 方法。

▶ 示例：**没有重复元素**

```
animals = ['ant', 'bee', 'cat', 'dog', 'ewe']
n = animals.index('dog')
print(n)
```

运行结果如下：

```
3
```

▶ 示例：**有重复元素**

```
nums = [3, 8, 32, 8, 59]
n = nums.index(8)
print(n)
```

运行结果如下:

```
1
```

列表 nums 中有两个 8,但使用 index() 方法只会返回第一个 8 的下标。

▶ 示例:不存在元素

```
languages = ['Python', 'Java', 'Go']
result = languages.index('Rust')
print(result)
```

运行结果如下:

```
(报错) ValueError: 'Rust' is not in list
```

使用 index() 方法是存在一定隐患的,因为如果元素不存在,就会导致程序直接报错。

3.4.3 颠倒元素顺序:reverse()

在 Python 中,我们可以使用 reverse() 方法来颠倒列表元素的顺序。reverse 就是"反向"的意思。

▶ 语法:

```
list.reverse()
```

reverse() 方法没有参数,它会改变原来列表的值。

▶ 示例:

```
nums = [1, 2, 3, 4, 5]
nums.reverse()
print(nums)
```

运行结果如下:

```
[5, 4, 3, 2, 1]
```

3.4.4 元素大小排序:sort()

在 Python 中,我们可以使用 sort() 方法对列表中所有元素进行大小比较,然后按"升序"或者"降序"来进行排列。

▶ 语法:

```
list.sort(reverse=False or True)
```

在该语法中,当 reverse=False 时,表示升序(从小到大)。当 reverse=True 时,表示降序(从大到小)。如果 sort() 不写参数,就默认使用 reverse=False。

▼ 示例：从小到大

```
nums = [3, 9, 1, 12, 50, 21]
nums.sort()
print(nums)
```

运行结果如下：

```
[1, 3, 9, 12, 21, 50]
```

nums.sort() 等价于 nums.sort(reverse=False)。在实际开发中，我们一般采用 sort() 这种简写方式。

▼ 示例：从大到小

```
nums = [3, 9, 1, 12, 50, 21]
nums.sort(reverse=True)
print(nums)
```

运行结果如下：

```
[50, 21, 12, 9, 3, 1]
```

▼ 示例：字符串排序

```
animals = ['cat', 'ant', 'badger', 'elephant', 'dog']
animals.sort()
print(animals)
```

运行结果如下：

```
['ant', 'badger', 'cat', 'dog', 'elephant']
```

sort() 方法不仅可以对数字排序，还可以对字符串进行排序。当使用 sort() 方法对字符串排序时，比较的是字符的 ASCII 码。首先，比较字符串的第一个字符，如果第一个字符的 ASCII 码相等，接着再比较第二个字符，依此类推。

ASCII 码

ASCII 码其实是一种编码方式。在计算机中，任何数据都以二进制的形式存储。很明显，我们是没办法把字符（如 a、b、c 等）直接存到计算机中的，而是需要先定义一个规则，让这些字符与某些数字对应起来，再把对应的数字（需要转换为二进制数）存到计算机中。简单来说，ASCII 码就是字符对应的数字。

3.4.5   连接元素：join()

在 Python 中，使用 join() 方法可以将列表中的所有元素连接成一个字符串。

▼ 语法：

```
str.join(list)
```

在该语法中，str 是一个连接符，它是可选参数，表示连接元素之间的符号。

▸ 示例：

```
animals = ['ant', 'bee', 'cat', 'dog', 'ewe']
result1 = ''.join(animals)
result2 = ','.join(animals)
print(result1)
print(result2)
```

运行结果如下：

```
antbeecatdogewe
ant,bee,cat,dog,ewe
```

''.join(animals) 表示不用分隔符来连接，','.join(animals) 表示使用 "，" 作为分隔符来连接。此外需要注意的是，join() 方法要求列表的每一个元素都是字符串，否则就会报错。

▸ 示例：

```
nums = [1, 2, 3, 4, 5]
result = ','.join(nums)
print(result)
```

运行结果如下：

```
（报错）TypeError: sequence item 0: expected str instance, int found
```

解决上面这种情况其实也很简单，只需要把列表每一个元素转换为字符串就可以了，实现代码如下。

```
nums = [1, 2, 3, 4, 5]
strs = []
for item in nums:
    strs.append(str(item))
result = ','.join(strs)
print(result)
```

3.4.6　合并列表：extend()

在 Python 中，我们可以使用 extend() 方法来合并两个列表。

▸ 语法：

```
A.extend(B)
```

extend() 表示将列表 B 合并到列表 A 中，最终会改变列表 A 的值。

▸ 示例：extend()

```
nums1 = [1, 2, 3]
nums2 = [4, 5, 6]
nums1.extend(nums2)
```

```
print(nums1)
print(nums2)
```

运行结果如下：

```
[1, 2, 3, 4, 5, 6]
[4, 5, 6]
```

nums1.extend(nums2) 表示将 nums2 合并到 nums1 中，最后 nums1 的值会改变，但是 nums2 的值不会改变。

▼ 示例：相加（+）

```
nums1 = [1, 2, 3]
nums2 = [4, 5, 6]
result = nums1 + nums2
print(nums1)
print(result)
```

运行结果如下：

```
[1, 2, 3]
[1, 2, 3, 4, 5, 6]
```

从上面两个示例可以看出，如果想要合并两个列表，我们可以使用两种方式：一是 extend()，二是列表相加。但是这两种方式也有本质上的区别。

- ❏ extend() 会修改原列表，例如第一个例子的 nums1 就被修改了，最终返回的是合并后的列表。
- ❏ 列表相加（＋）不会修改原列表，例如第二个例子的 nums1 就没有被修改，如果想要得到合并的列表，我们需要使用一个新的变量来保存。

3.4.7   清空列表：clear()

在 Python 中，我们可以使用 clear() 方法来清空一个列表。

▼ 语法：

```
list.clear()
```

clear() 方法没有参数，并且它会改变原来的列表。

▼ 示例：

```
users = ['Jack', 'Lucy', 'Tony']
users.clear()
print(users)
```

运行结果如下：

```
[]
```

除了使用 clear() 方法之外，还可以将一个空列表赋值给变量，从而达到清空列表的目的。

e

```
users = ['Jack', 'Lucy', 'Tony']
users = []
print(users)                    # 输出: []
```

3.5　切片

在 Python 中，我们可以使用"切片"的方式来截取列表的某一部分。

▼ **语法:**

```
list[m:n]
```

其中，m 是开始下标，n 是结束下标。m 和 n 可以是正数，也可以是负数，不过 n 一定要大于 m。list[m:n] 的截取范围为 [m, n)，也就是包含 m 不包含 n。其中 m 和 n 都可以省略。

- ❑ 当 n 省略时，获取的范围为: m 到结尾位置。
- ❑ 当 m 省略时，获取的范围为: 开头位置到 n。
- ❑ 当 m 和 n 同时省略，获取范围为: 整个列表。

▼ **示例: 正数下标**

```
animals = ['ant', 'bee', 'cat', 'dog', 'ewe']
print(animals[0:3])
print(animals[2:5])
```

运行结果如下:

```
['ant', 'bee', 'cat']
['cat', 'dog', 'ewe']
```

对于上面的示例来说，具体分析如图 3-5 所示。

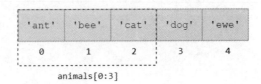

图 3-5

▼ **示例: 负数下标**

```
animals = ['ant', 'bee', 'cat', 'dog', 'ewe']
print(animals[-3:-1])
print(animals[-5:-2])
```

运行结果如下：

```
['cat', 'dog']
['ant', 'bee', 'cat']
```

对于上面的示例来说，具体分析如图 3-6 所示。

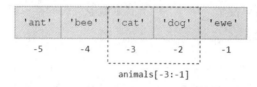

图 3-6

▐ 示例：[m:]

```
animals = ['ant', 'bee', 'cat', 'dog', 'ewe']
print(animals[2:])
print(animals[-2:])
```

运行结果如下：

```
['cat', 'dog', 'ewe']
['dog', 'ewe']
```

对于上面的示例来说，具体分析如图 3-7 所示。

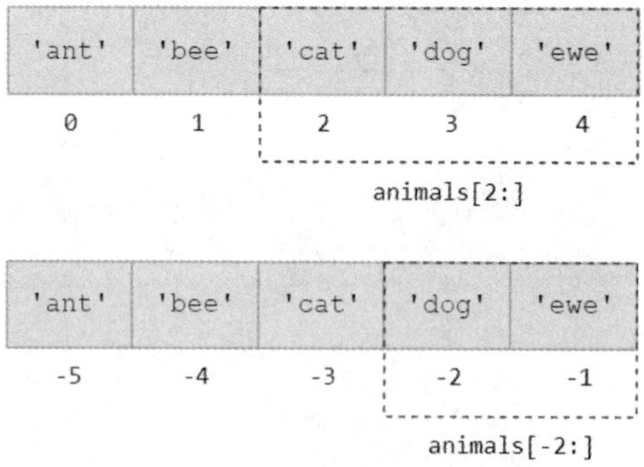

'ant'	'bee'	'cat'	'dog'	'ewe'
0	1	2	3	4

animals[2:]

'ant'	'bee'	'cat'	'dog'	'ewe'
-5	-4	-3	-2	-1

animals[-2:]

图 3-7

▶ 示例: [:n]

```
animals = ['ant', 'bee', 'cat', 'dog', 'ewe']
print(animals[:2])
print(animals[:-2])
```

运行结果如下:

```
['ant', 'bee']
['ant', 'bee', 'cat']
```

对于上面的示例来说, 具体分析如图 3-8 所示。

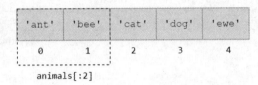

图 3-8

▶ 示例: [:]

```
animals = ['ant', 'bee', 'cat', 'dog', 'ewe']
print(animals[:])
print(animals[:] == animals)
```

运行结果如下:

```
['ant', 'bee', 'cat', 'dog', 'ewe']
True
```

[:] 表示 m 和 n 都省略, 此时 list[:] 返回的就是列表本身。

提示   list[:] 这种切片方式可以用于复制一个列表, 这是一个很实用的技巧。

▶ 示例: [m:n] 和 [n]

```
animals = ['ant', 'bee', 'cat', 'dog', 'ewe']
part = animals[0:1]
item = animals[0]

print(type(part))
print(type(item))
```

运行结果如下:

```
<class 'list'>
<class 'str'>
```

需要注意一点，list[m:n] 返回的结果是一个列表，而 list[m] 返回的结果是一个元素。在这个例子中，animals[0:1] 返回的结果是 ['ant']，animals[0] 返回的结果是 'ant'。虽然 ['ant'] 只有一个元素，但它依然是一个列表。

最后总结一下切片的技巧，如表 3-2 所示。

表 3-2　切片技巧

切　　片	说　　明
list[:]	所有元素
list[:n]	开头 n 个元素
list[n:]	从 list[n] 开始到结尾
list[-n:]	末尾 n 个元素
list[m:n]	截取范围为 [m, n)

3.6　更多实用操作

除了前面介绍的内容，还有一些比较有用的列表操作，包括获取列表长度、遍历列表、检索列表、数值计算等。

3.6.1　获取长度：len()

在 Python 中，我们可以使用 len() 函数获取一个列表的长度。所谓的"列表长度"，指的是列表中元素的个数。

▶ **语法：**

```
len(list)
```

▶ **示例：**

```
nums1 = []
nums2 = [1, 2, 3, 4, 5]
print(len(nums1))
print(len(nums2))
```

运行结果如下:

```
0
5
```

注意，nums1=[] 表示创建一个名为 nums1 的列表，由于列表内没有任何元素，所以列表的长度为 0。

▼ 示例：

```
users = []
print(len(users))

users.append('Jack')
users.append('Lucy')
users.append('Tony')
print(len(users))
```

运行结果如下：

```
0
3
```

在上面的示例中，首先使用 users=[] 创建了一个名为 users 的列表，此时列表长度为 0。但是后面又用 append() 方法为 users 添加了 3 个元素，因此列表最终长度为 3。

3.6.2　遍历列表：for-in

在 Python 中，想要遍历列表的每一项，我们也是使用 for 循环来实现的。

▼ 语法：

```
for item in list:
    ......
```

在该语法中，item 表示当前遍历的列表元素，当然你使用其他名字也是可以的。

▼ 示例：

```
animals = ['ant', 'bee', 'cat', 'dog', 'ewe']
for animal in animals:
    print(animal)
```

运行结果如下：

```
ant
bee
cat
dog
ewe
```

对于上面的示例来说，下面两种方式是等价的，不过方式 1 比方式 2 简单很多。

```
# 方式1
animals = ['ant', 'bee', 'cat', 'dog', 'ewe']
for animal in animals:
    print(animal)

# 方式2
animals = ['ant', 'bee', 'cat', 'dog', 'ewe']
for i in range(len(animals)):
    print(animals[i])
```

3.6.3   检索列表：in 和 not in

在 Python 中，我们可以使用 in 运算符来判断某个值是否"存在"于列表中，也可以使用 not in 运算符来判断某个值是否"不存在"于列表中。其中，in 和 not in 也叫"成员运算符"。

▼ **语法：**

```
value in list
value not in list
```

在该语法中，in 和 not in 这两个运算符会返回一个布尔值，也就是 True 或 False。

▼ **示例：**

```
a = 10
b = 5
nums = [1, 2, 3, 4, 5]

print(a in nums)
print(b not in nums)
```

运行结果如下：

```
False
False
```

3.6.4   数值计算：max()、min() 和 sum()

在 Python 中，如果一个列表是数值型的列表，我们可以使用 max()、min() 和 sum() 函数进行计算。

▼ **语法：**

```
max(list)
min(list)
sum(list)
```

max() 函数用于获取列表中的最大值，min() 函数用于获取列表中的最小值，而 sum() 函数用于计算所有列表元素之和。

▼ **示例：**

```
nums = [3, 9, 1, 12, 50, 21]
print('The max:', max(nums))
print('The min:', min(nums))
print('The sum:', sum(nums))
```

运行结果如下：

```
The max: 50
The min: 1
The sum: 96
```

3.6.5 列表运算

在 Python 中，列表也是可以运算的。但是列表只有加法和乘法运算，没有减法和除法运算。

▶ 示例：加法

```
result1 = [1, 2, 3] + [4, 5, 6]
result2 = ['ant', 'bee', 'cat'] + ['dog', 'ewe']
result3 = ['ant', 'bee', 'cat'] + [1, 2, 3]

print(result1)
print(result2)
print(result3)
```

运行结果如下：

```
[1, 2, 3, 4, 5, 6]
['ant', 'bee', 'cat', 'dog', 'ewe']
['ant', 'bee', 'cat', 1, 2, 3]
```

两个列表相加，其实就是合并两个列表。当然也可以使用之前介绍的 extend() 方法来合并两个列表。

▶ 示例：乘法

```
result1 = [1, 2] * 3
print(result1)

result2 = ['ant', 'bee'] * 3
print(result2)

result3 = [1, 2] * ['ant', 'bee']
print(result3)
```

运行结果如下：

```
[1, 2, 1, 2, 1, 2]
['ant', 'bee', 'ant', 'bee', 'ant', 'bee']
（报错）TypeError: can't multiply sequence by non-int of type 'list'
```

列表只能跟正整数相乘，表示重复多次，但是不能跟另外一个列表相乘。

3.6.6 列表推导式

在 Python 中，我们可以使用"推导式"快速生成一个列表。这种方式叫"列表推导式"或"列表生成式"。

列表推导式是"very Python"的循环方式，它不仅体现了 Python 简洁优美的思想，而且比普通的循环方式更加简洁高效。

▶ 语法：

```
列表名 = [表达式 for 变量 in 可迭代对象]
```

在该语法中，前面的"表达式"一般需要用到后面的"变量"，这是列表推导式非常重要的特点。

可迭代对象

在编写 for 循环时，并不是所有对象都可以用作循环主体，只有"可迭代对象"（iterable）才行。其中，列表、元组、字符串和字典都是可迭代对象。可迭代对象是 Python 中一个比较高深的概念，后续章节再详细介绍。

▼ 示例：快速生成数字列表

```
nums = [n * 2 for n in range(1, 6)]
print(nums)
```

运行结果如下：

```
[2, 4, 6, 8, 10]
```

使用列表推导式的方式，可以快速生成一个数字列表，比如偶数列表、前 100 个整数的列表。

▼ 示例：大小写转换

```
animals = ['ant', 'bee', 'cat', 'dog', 'ewe']
result = [animal.upper() for animal in animals]
print(result)
```

运行结果如下：

```
['ANT', 'BEE', 'CAT', 'DOG', 'EWE']
```

▼ 示例：加上判断条件

```
nums = [3, 9, 1, 12, 50, 21]
result = [num for num in nums if num > 10]
print(result)
```

运行结果如下：

```
[12, 50, 21]
```

如果想要给列表推导式加上判断条件，需要把条件放在最后，不然会报错。

```
# 正确
result = [num for num in nums if num > 10]

# 错误
result = [if num > 10 num for num in nums]
```

3.7 二维列表

前面接触的都是一维列表，在实际开发中，列表很多时候是二维甚至更多维的，不过更常见的还是二维列表。一维列表只有 1 个下标，二维列表有 2 个下标。当然，n 维列表就肯定有 n 个下标。下面来学习一下二维列表。

▶ **示例：**

```
nums = [[10, 20, 30], [40, 50, 60]]
print(nums[0][0])
print(nums[1][0])
```

运行结果如下：

```
10
40
```

对于这个示例来说，nums 的结构如图 3-9 所示。nums[0][0] 表示获取第 1 行第 1 个元素，nums[1][0] 表示获取第 2 行第 1 个元素。实际上，二维列表可以看成由一维列表嵌套而成的。对于二维列表来说，它的每一个元素本身又是一个一维列表。

10	20	30
40	50	60

图 3-9

▶ **示例：计算二维列表所有元素之和**

```
nums = [[2, 4, 6, 8], [10, 12, 14, 16], [18, 20, 22, 24]]
result = 0
for i in range(3):
    for j in range(4):
        result += nums[i][j]
print(result)
```

运行结果如下：

```
156
```

上面示例的 nums 结构如图 3-10 所示。对于一维列表来说，只需要用 1 层 for 循环就可以遍历完。但是对于二维列表来说，需要 2 层 for 循环才能遍历完。第 1 层用于控制"行数"的变化，第 2 层用于控制"列数"的变化。对于多维列表来说，有多少维，就应该使用多少层 for 循环。

2	4	6	8
10	12	14	16
18	20	22	24

图 3-10

对于上面这个示例，还可以使用另外一种方式来实现，实现代码如下。我们好好对比一下这两种方式，这样可以对列表有更深刻的理解。

```
nums = [[2, 4, 6, 8], [10, 12, 14, 16], [18, 20, 22, 24]]
result = 0
for row in nums:
    for item in row:
        result += item
print(result)
```

3.8 　 元组

在 Python 中，元组是一种跟列表非常相似的数据类型。我们都知道，列表是使用中括号"[]"创建的，而元组是使用小括号"()"创建的。

▼ **语法：**

```
tuplename = (value1, value2, ..., valueN)
```

创建元组，用小括号括起来一堆数据就可以了，数据之间用英文逗号","隔开。元组跟列表非常相似，两者的很多操作都是相同的，但是它们之间也有着本质上的区别（也是两者唯一的区别）：**元组的元素不能修改，而列表的元素可以修改**。或者，你可以把元组看成是一种特殊的列表。

注意 　 请不要使用"tuple"作为元组名，因为它会跟 Python 内置的 tuple() 函数冲突，可能会导致一些难以发现的问题。

▼ **示例：判断类型**

```
lst = [1, 2, 3]
tup = (1, 2, 3)
print(type(lst))
print(type(tup))
```

运行结果如下：

```
<class 'list'>
<class 'tuple'>
```

从结果可以看出，列表的类型为"list"，而元组的类型为"tuple"，两者是完全不同的数据类型。

▶ 示例：不能修改元组

```
animals = ('ant', 'bee', 'cat', 'dog', 'ewe')
print(animals[2])

animals[2] = 'purple'
print(animals[2])
```

运行结果如下：

```
cat
（报错）TypeError: 'tuple' object does not support item assignment
```

在上面的示例中，我们可以使用下标的方式来获取元组中某一个元素。但是元组一旦定义，内部的元素便不可以修改了，如果修改就会报错，这一点跟列表不一样。

▶ 示例：定义一个空元组

```
tup = ()
print(type(tup))
```

运行结果如下：

```
<class 'tuple'>
```

在 Python 中，我们可以使用小括号"()"定义一个空元组。

▶ 示例：定义只有一个元素的元组

```
a = (123)
b = (123, )
print(type(a))
print(type(b))
```

运行结果如下：

```
<class 'int'>
<class 'tuple'>
```

要知道，小括号"()"除了在数学中具有运算的意义，在 Python 中还可以用于定义元组。为了避免歧义，如果想要定义只有一个元素的元组，必须在元素后加上一个英文逗号","。

在 Python 中，元组的大多数操作跟列表的操作是相同的。但是由于元组一旦定义，内部元素不可变动，因此不能增加元素、删除元素、修改元素，不能进行加法和乘法运算，也不能颠倒顺序和大小排序。总而言之：**凡是改变元组内部元素的操作都不允许。**

列表是可变类型，元组是不可变类型，这是两者的根本差异。正是因为元组是不可变的，所以元组也不存在列表推导式这样的语法。

下面在介绍元组的各种操作时，我们尽量讲解得详细一点，这样你可以顺便复习一下列表的操作。

▶ **示例：获取某一项**

```
animals = ('ant', 'bee', 'cat', 'dog', 'ewe')
print(animals[0])
```

运行结果如下：

```
ant
```

▶ **示例：切片**

```
animals = ('ant', 'bee', 'cat', 'dog', 'ewe')
print(animals[0: 3])
print(animals[-3: -1])
print(animals[2:])
```

运行结果如下：

```
('ant', 'bee', 'cat')
('cat', 'dog')
('cat', 'dog', 'ewe')
```

▶ **示例：遍历**

```
tup = (1, 2, 3)
for item in tup:
    print(item)
```

运行结果如下：

```
1
2
3
```

▶ **示例：获取元素下标**

```
animals = ('ant', 'bee', 'cat', 'dog', 'ewe')
print(animals.index('dog'))
```

运行结果如下：

```
3
```

▶ **示例：获取元素个数**

```
nums = (2, 1, 2, 3, 4, 2, 5)
print(nums.count(2))
```

运行结果如下：

```
3
```

▶ **示例：最大值和最小值**

```
nums = (1, 2, 3, 4, 5)
print('The max:', max(nums))
print('The min:', min(nums))
```

运行结果如下：

```
The max: 5
The min: 1
```

学完元组之后，你肯定感到疑惑："Python 明明已经有列表了，为什么还要搞一个元组出来呢？"这是因为在实际项目开发中，不可变的数据很多时候比可变的数据更可靠。

大型项目都是团队合作开发的，而不是一个人完成的。对于团队合作的项目，元组这种不可改变的数据类型是非常有优势的。因为一旦有人修改了这些数据，程序马上就会报错，根本无法运行。这样可以避免一些隐藏的错误。

因此如果你不允许某个数据被修改，此时使用元组比使用列表更合适，也更安全。在实际开发中，你应该根据程序来判断，如果数据长度并不固定，那么可能用列表更好。

3.9 试一试：列表去重

有一个列表：[15, 15, 33, 8, 17, 45, 8, 15]，请编写一个程序来去除列表中重复的元素，最终列表的值为：[15, 33, 8, 17, 45]。

实现代码如下：

```
nums = [15, 15, 33, 8, 17, 45, 8, 15]
result = []
for item in nums:
    if item not in result:
        result.append(item)
print(result)
```

运行结果如下：

```
[15, 33, 8, 17, 45]
```

首先定义一个列表 result 来保存结果，然后使用 for 循环遍历原列表中的每一个元素，如果 result 中不包含当前遍历的元素，就把它添加到 result 中，直到把原列表所有元素遍历完成之后，result 保存的就是没有重复值的列表了。

3.10 试一试：输出月份

输入一个 1 到 12 之间的整数，然后输出对应的月份名称。比如输入"1"，就应该输出"January"。输入"2"，就应该输出"February"，依此类推。

实现代码如下：

```
months = ['January', 'February', 'March', 'April', 'May', 'June',
          'July', 'August', 'September', 'October', 'November', 'December']
n = input('Please enter an integer between 1 and 12: ')
n = int(n)
result = months[n - 1]
print(result)
```

运行代码之后，当我们输入 "8"，此时结果如下：

```
August
```

实现思路很简单，只需要用一个列表来保存月份名称的结果，然后根据输入的数字来获取对应的下标就可以了。

3.11　试一试：求列表中的最大值

请编写一个 Python 程序，要求：将任意 5 个整数输入到一个列表中，然后求出该列表的最大值，并且输出这个最大值。其中，不允许使用 max() 函数。

实现代码如下：

```python
nums = []
# 输入数据
for i in range(5):
    a = input('please enter the ' + str(i + 1) + ' number: ')
    a = int(a)
    nums.append(a)

# 获取最大值
result = None
for i in range(5):
    if result == None:
        result = nums[0]
    elif result < nums[i]:
        result = nums[i]

print('The max number is:', result)
```

运行代码之后，依次输入 5 个整数：12、9、3、50、15，此时结果如下。

```
The max number is: 50
```

输入 5 个整数很简单，只需要使用一个 for 循环就可以搞定。对于判断列表中得最大值，我们首先定义一个变量 result，它的初始值为 None（即空值）。接下来使用一个循环来遍历后面的每一个元素，每一次两两对比，然后将最大值保存到 result 中。等到遍历完成，result 保存的就是列表中的最大值了。

思考　如果想要获取列表的最小值和平均数，且不能借助 min()，此时应该怎么做呢？

3.12　小结

本章学习了序列的前两种：列表和元组，下面来回顾这一章中介绍的一些重要概念。

- □ **数据结构**：数据结构，是以某种方式（如通过编号）组合起来的一组数据。在同一种数据结构中，数据与数据之间有一定的共性，并且以某种方式关联起来。

❑ **序列**：序列是一类数据结构，其中的元素带编号（编号从 0 开始）。Python 中的序列有 3 种，分别是列表、元组和字符串。其中列表是可变的（可修改其内容），而元组和字符串是不可变的（一旦创建，内容就是固定的）。

❑ **列表**：Python 使用中括号"[]"来创建列表。列表是可变的，你除了可以获取列表的元素，还可以对其元素进行修改、添加、删除等操作。

❑ **数组**：列表是 Python 内置的数据结构，但数组需要导入 numpy 模块才能使用。对于初学的你，只需要关心列表怎么使用即可。如若有兴趣，后面学习了 Python 数据分析再去了解数组。

❑ **元组**：Python 使用小括号"()"来创建元组。元组是不可变的，凡是改变元组内部元素的操作都不允许，包括修改元素、添加元素、删除元素等。

❑ **方法与函数**：方法跟函数相似，都可以传入参数，但是两者也有不同。函数在调用时，前面一般不需要加上任何东西。但是方法在调用时，前面都需要加上对象名，格式为 object.method()。

## 第 4 章

字符串

在此之前，你已经接触过字符串，并且知道如何简单地使用它，比如两个字符串相加可以拼接成一个新字符串。本章中将进一步介绍字符串的使用，包括多行字符串、原始字符串、字符串方法和切片等。

序列有 3 种：列表、元组和字符串。上一章已经学习过列表和元组了，由于这三种序列的很多操作都是相同的，所以在学习字符串时，你应该多对比，这样更能加深理解和记忆。

很多编程语言（如 C 语言）会将单一字符作为"字符"，而将多个字符形成的内容作为"字符串"。在数据类型上，Python 则没有区分"字符"和"字符串"，单一字符会被当成只有一个字符的字符串处理。对于字符串而言，它的每一个字符都是一个元素。

最后你应该清楚的是，字符串是一种不可变的数据结构，所以像修改元素、添加元素、删除元素操作都是不合法的，Python 会直接报错。

4.1 多行字符串

一般情况下，代码里面的字符串是不能分行写的，但当字符串过长时，为了代码的可读性，往往需要将字符串截断分行显示。在 Python 中，如果想要表示一个多行字符串，有两种方式：一种是引号搭配反斜杠"\"，另一种是使用三引号。

▶ 示例：引号搭配反斜杠

```
s = '\
Python tutorial\
Python tutorial\
Python tutorial\
'
print(type(s))
```

运行结果如下：

```
<class 'str'>
```

如果使用的是引号（单引号或双引号），只需要在每一行的末尾加上反斜杠"\"，就可以实现多行字符串了。虽然字符串分成多行了，但是它本质上还是一个字符串。

▼ 示例：三引号

```
s = '''
Python tutorial
Python tutorial
Python tutorial
'''
print(type(s))
```

运行结果如下：

```
<class 'str'>
```

在 Python 中，我们还可以使用一对"三引号"来表示多行字符串。这个"三引号"可以是 3 个英文单引号，也可以是 3 个英文双引号。

你可能会感到疑惑："前面不是说三引号是用来实现多行注释的吗？为什么还可以表示多行字符串呢？"事实上，三引号既可以用来实现多行注释，也可以用来实现多行字符串。

当三引号用来实现多行注释时，我们不需要使用变量来保存。当三引号用来实现多行字符串时，一般都是使用一个变量来保存。在真实的项目开发中，我们可以根据这一点来区分。

注意　请不要使用"str"作为字符串的变量名，因为它会跟 Python 内置的 str() 函数冲突，可能会导致一些难以发现的问题。

4.2　原始字符串

在 Python 中，我们可以在字符串前面加上一个"r"或"R"，以表示这是一个原始字符串。那原始字符串究竟有什么用呢？先来看一个简单的示例。

▼ 示例：

```
s = 'C:\northwest\northwind'
print(s)
```

运行结果如下：

```
C:
orthwest
orthwind
```

在文件操作中，我们经常要获取一个文件的路径。上面的示例本来想输出一个文件的路径，但是却发现运行结果跟预期不一样。这是因为 Python 把"\n"看成一个转义字符了。想要解决这个问题，我们可以在"\"前面加上一个"\"，此时 Python 就会把"\\"看成一个转义字符。

```
s = 'C:\\northwest\\northwind'
print(s)
```

但上面这种方式并不直观，显得比较麻烦。那还有没有更好的解决方法呢？这个时候原始字符串就可以派上用场了，实现代码如下：

```
s = r'C:\northwest\northwind'
print(s)
```

当一个字符串前面加上 "r" 或 "R" 时，表示这不是一个普通字符串，而是一个原始字符串。所谓 "原始字符串"，就是你看到的字符串是怎样的，最终它就是怎样的，Python 不会对这个字符串进行转义。比如 Python 看到反斜杠，那就是反斜杠，此时 Python 就不会把 "\n" 看成一个转义字符。简单来说，原始字符串可以视为一条声明："不要处理该字符串中的特殊字符。"

当一个字符串中有很多需要转义的字符时，如果每一个都用反斜杠 "\" 来取消，这是一件很麻烦的事情。在这种情况下，使用原始字符串就会更加方便与直观。

4.3　基本操作

对于列表来说，我们可以进行 4 种操作：获取元素、修改元素、添加元素、删除元素。但是字符串和列表不一样，它是一种不可变的数据结构。也就是说，凡是会改变字符串的操作都是不允许的，包括修改元素、添加元素、删除元素。

在 Python 中，我们可以使用 "下标" 的方式来获取字符串中的某一个字符。

▼ **语法：**

```
str[n]
```

在该语法中，str 是一个字符串或字符串名。n 是整数，表示字符串中第 n+1 个字符。注意，字符串第 1 个字符的下标是 0，第 2 个字符的下标是 1，……，第 n 个字符的下标是 n-1，依此类推。这个与列表下标是一样的。

▼ **示例：正数下标**

```
s = 'Python'
print('The 1st char:', s[0])
print('The 4th char:', s[3])
```

运行结果如下：

```
The 1st char: P
The 4th char: h
```

对于上面的示例来说，具体分析如图 4-1 所示。

图 4-1

▶ 示例：负数下标

```
s = 'Python'
print(s[-1])
print(s[-3])
```

运行结果如下：

```
n
h
```

对于上面的示例来说，具体分析如图 4-2 所示。

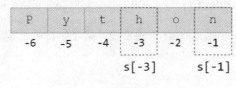

图 4-2

▶ 示例：比较字符串

```
s1 = 'ABC'
s2 = 'ABD'
s3 = 'ABCD'
print(s1 < s2)
print(s1 < s3)
```

运行结果如下：

```
True
True
```

在比较两个字符串大小时，程序会从两个字符串的第一个字符开始比较对应的 ASCII 码。如果 ASCII 码相同，则比较下一个字符，如此循环直到出现不同的字符或者遍历完其中一个字符串的所有字符。

对于 s1<s2 而言，当比较到第 3 个字符时，'D' 的 ASCII 码值比 'C' 的大，因此 s2 更大。对于 s1<s3 而言，前 3 个字符相同，但 s3 的字符数更多，程序会判断字符数更多的字符串大。

▶ 示例：找出字符串中小于某个字符的所有字符

```
s = 'Have a nice day!'
# 定义一个空列表, 用来保存结果
result = []
for char in s:
    if (char < 'h'):
        result.append(char)
print(result)
```

运行结果如下：

```
['H', 'a', 'e', ' ', 'a', ' ', 'c', 'e', ' ', 'd', 'a', '!']
```

在上面的示例中，s 表示最初字符串，result 是一个空列表，用于保存结果。在 for 循环遍历 s，变量 char 表示当前字符，然后与 "h" 比较。如果当前字符小于 "h"，则保存到 result 中。

两个字符之间比较的也是 ASCII 码的大小。请注意，空格在字符串中也是被当成一个字符来处理的。

4.4　字符串方法

字符串本质上是一个对象，Python 同样为它内置了非常多实用的方法。

4.4.1　统计字符个数：count()

在 Python 中，我们可以使用 count() 方法来统计某个字符的个数。实际上，所有的序列（列表、元组、字符串）都有 count() 方法。

▼ 语法：

```
str.count(char)
```

str 是一个字符串，char 是一个字符。

▼ 示例：

```
s = 'I love Python!'
n = s.count('o')
print(n)
```

运行结果如下：

```
2
```

由于字符 "o" 在字符串中出现了 2 次，因此 s.count('o') 的返回结果为 2。

4.4.2　获取子串的下标：index()

在 Python 中，我们可以使用 index() 方法来获取 "某个子串（即字符串的一部分）" 在字符串中 "首次出现" 的下标位置。

▼ 语法：

```
str.index(substr)
```

在该语法中，substr 是一个子串，它可以包含一个字符，也可以包含多个字符。如果字符串中存在重复的子串，就返回此子串第一次出现的下标。

提示　index() 方法查找的是符合条件的 "第一个" 子字符串，如果想要查找符合条件的 "最后一个" 子字符串，可以使用 rindex() 方法。

▼ **示例：单个字符**

```
s = 'Hello Python!'
print(s.index('o'))
```

运行结果如下：

```
4
```

字符串中有两个"o"，但是使用 index() 方法只会返回第一个的下标。实际上，index() 方法不仅可以用来检索单个字符，还可以用于检索多个字符。

▼ **示例：多个字符**

```
s = 'Hello Python!'
print(s.index('Python'))
print(s.index('python'))
print(s.index('Pythoner'))
```

运行结果如下：

```
6
（报错）ValueError: substring not found
（报错）ValueError: substring not found
```

对于 s.index('Python')，由于 s 包含"Python"，所以返回"Python"首次出现的下标位置。注意，字符串的位置是从 0 开始的。

对于 s.index('python')，由于 s 不包含"python"，所以会报错。

对于 s.index('Pythoner')，由于 s 不包含"Pythoner"，所以会报错。特别注意，s 包含"Python"，但不包含"Pythoner"。

4.4.3 替换字符串：replace()

在 Python 中，我们可以使用 replace() 方法表示用一个字符串替换另一个字符串的某一部分。

▼ **语法：**

```
str.replace(old, new, n)
```

在该语法中，old 是必选参数，表示"原子字符串"。new 也是必选参数，表示"替换字符串"。n 是一个可选参数，表示替换不超过 n 次，默认值为 1（也就是替换 1 次）。

▼ **示例：**

```
s = 'I love Python!'
result = s.replace('Python', 'Java')
print(result)
```

运行结果如下：

```
I love Java!
```

result = s.replace('Python', 'Java') 表示用"Java"来替代 s 中的"Python"。

▼ 示例：

```
s = 'I love Python Python Python!'
result = s.replace('Python', 'Java')
print(result)
```

运行结果如下：

```
I love Java Java Java!
```

默认情况下，replace() 方法会将字符串中所有符合条件的字符都替换掉，如果只想替换第 1 个或者前 n 个，可以使用 replace() 方法第 3 个参数，修改后的代码如下：

```
s = 'I love Python Python Python!'
result = s.replace('Python', 'Java', 1)
print(result)
```

此时运行结果如下：

```
I love Java Python Python!
```

4.4.4　分割字符串：split()

在 Python 中，我们可以使用 split() 方法来把一个字符串分割成一个列表，该列表存放的是原来字符串的所有字符片段。有多少个片段，列表就有多少个元素。

▼ 语法：

```
str.split(delimiter)
```

参数 delimiter 是一个分割符。split() 方法可以不接收任何参数，也可以接收参数。当接收分割符作为参数时，分割符可以是一个字符或多个字符。此外，分割符并不作为返回列表元素的一部分。有点难理解？还是先来看一个例子吧。

▼ 示例：split(' 分割符 ')

```
s = 'red,green,blue'
colors = s.split(',')
print(colors)
```

运行结果如下：

```
['red', 'green', 'blue']
```

s.split(',') 表示使用英文逗号作为分割符，最后会得到一个列表：['red', 'green', 'blue']。我们再把这个列表赋值给变量 colors 保存起来。可能你就会问了："为什么要将字符串分割成一个列表呢？"这是因为很多时候字符串提供的方法能力有限。转换为列表后，我们就可以借助列表的方法进行操作了。

▶ 示例：split()

```
s = 'red  green  blue'
colors = s.split()
print(colors)
```

运行结果如下：

```
['red', 'green', 'blue']
```

当 split() 方法不接收参数时，表示把空格当成分隔符，而且空格的个数不限。换句话说，split() 会把连续的非空格字符当成一个元素来处理。下面再来看两个例子就很好理解了。

▶ 示例：

```
s = '  red**green  blue   '
colors = s.split()
print(colors)
```

运行结果如下：

```
['red**green', 'blue']
```

▶ 示例：

```
s = 'red,green,blue'
colors = s.split()
print(colors)
```

运行结果如下：

```
['red,green,blue']
```

在上面的示例中，s 中没有空格，因此会把字符串当成一个整体，作为列表中唯一一个元素。返回的结果就是只有一个元素的列表。这个方法，可以很方便地把一个字符串转换为一个列表。

split() 方法在实际开发中用得非常多，请一定要重点掌握。当然，在后续章节中，我们也会大量使用到。

4.4.5 去除首尾符号：strip()

在 Python 中，我们可以使用 strip() 方法来去除字符串首尾指定的字符。

▶ 语法：

```
str.strip(char)
```

参数 char 是一个可选参数，用于指定去除的字符。当参数 char 省略时，表示去除首尾的空白符（比如空格、换行等）。当参数不省略时，表示去除指定的字符。

提示 如果仅仅想去除"左边的"指定字符，可以使用 lstrip() 方法。如果仅仅想去除"右边的"
指定字符，可以使用 rstrip() 方法。

▶ 示例：strip() 不带参数

```
s = '  Python  '
print('Before:', len(s))
result = s.strip()
print('After:', len(result))
```

运行结果如下：

```
Before: 10
After: 6
```

对于 s 这个字符串，"Python"前后都各有两个空格，因此长度为 2+6+2=10。

▶ 示例：strip() 带参数

```
s = '***Python***'
print('Before:', len(s))
result = s.strip('*')
print('After:', len(result))
```

运行结果如下：

```
Before: 12
After: 6
```

4.4.6 大小写转换

对于字母的大小写转换，Python 提供了 5 种方法，如表 4-1 所示。

表4-1 大小写转换的方法

方　　法	说　　明
lower()	全部转换为小写
upper()	全部转换为大写
swapcase()	如果是大写，则转换为小写；如果是小写，则转换为大写
capitalize()	将第一个字母设为大写，其余为小写
title()	将每个单词的首字母设为大写，其余为小写

表中所有方法都不会修改原来的字符串，而是返回一个新的字符串，因此一般需要定义一
个变量来保存返回值。

▶ 示例：

```
s = 'Hello everyone'
```

```
result1 = s.lower()
result2 = s.upper()
result3 = s.swapcase()
result4 = s.capitalize()
result5 = s.title()

print('origin:', s)
print('lower:', result1)
print('upper:', result2)
print('swapcase:', result3)
print('capitalize:', result4)
print('title:', result5)
```

运行结果如下：

```
origin: Hello everyone
lower: hello everyone
upper: HELLO EVERYONE
swapcase: hELLO EVERYONE
capitalize: Hello everyone
title: Hello Everyone
```

需要注意的是，title() 方法确定单词边界的方式可能导致结果不合理，比如：

```
s = "that's all right"
print(s.title())                        # 输出：That'S All Right
```

要实现真正的词首大写（根据你采用的写作风格，冠词、并列连词以及不超过 5 个字母的介词等可能全部小写），你得自己编写代码。

4.4.7　判断字符串

Python 为字符串提供了一类与判断相关的方法，比如判断是否全为字母、是否全为数字、是否全为大写等。与判断相关的方法如表 4-2 所示。

表4-2　与判断相关的方法

方　　法	说　　明
A.find(B)	A 是否包含 B
A.startswith(B)	A 是否以 B 开头
A.endswith(B)	A 是否以 B 结尾
str.isalpha()	是否全为字母
str.isdigit()	是否全为数字
str.isalnum()	是否全为字母或数字
str.islower()	是否全为小写字母
str.isupper()	是否全为大写字母
str.istitle()	是否首字母为大写

使用 find() 方法检索，如果找到子字符串，则返回子字符串开始的位置；如果没找到子字符串，则返回 -1。也就是说，如果 find() 返回的值不等于 -1，那就表示包含了这个子字符串。

除了 find() 方法，其他所有方法返回的都是一个布尔值，也就是 True 或 False。

▼ 示例：find()

```
s = 'Life is simple, I use Python.'
if s.find('Life') != -1:
    print('Yes!')
else:
    print('No!')
```

运行结果如下：

```
Yes!
```

find() 方法和 index() 方法非常相似，都可以获取某个子字符串在字符串中出现的位置。但是两者也有细微的区别：**当子串不存在时，find() 不会报错，而是返回 -1。而 index() 会报错，并且影响程序的正常执行**。实际上，判断一个字符串是否包含另一个字符串，还有更简单的方式：使用 in 运算符。

```
s = 'Life is simple, I use Python.'
if 'Life' in s:
    print('Yes!')
else:
    print('No!')
```

▼ 示例：find()

```
s = 'I love Python.'
print(s.find('python'))
print(s.find('Python'))
print(s.find('Java'))
```

运行结果如下：

```
-1
7
-1
```

对于 s.find('python')，由于 s 不包含 "python"，所以返回 -1。

对于 s.find('Python')，由于 s 包含 "Python"，所以返回 "Python" 首次出现的下标位置。

对于 s.find('Java')，由于 s 不包含 "Java"，所以返回 -1。

▼ 示例：find()

```
s = 'I love Python, Java and Python.'
print(s.find('Python'))
```

运行结果如下：

```
7
```

对于 find() 方法，如果字符串中有多个符合条件的子字符串，则会返回第一次出现的位置。需要注意的是，find() 方法返回的并非布尔值。如果 find() 返回一个 0，意味着它在下标 0 处找到了指定的子字符串。

提示　find() 方法查找的是符合条件的"第一个"子字符串，如果想要查找符合条件的"最后一个"子字符串，可以使用 rfind() 方法。

▼ 示例：startswith() 和 endswith()

```
s = "Rome wasn't built in a day"

print(s.startswith('Rome'))
print(s.startswith('rome'))

print(s.endswith('Day'))
print(s.endswith('day'))
```

运行结果如下：

```
True
False
False
True
```

实际上，find()、startswith() 和 endswith() 方法还可以接收另外两个参数，它们的完整语法如下：

```
A.find(B, start, end)
A.startswith(B, start, end)
A.endswith(B, start, end)
```

在该语法中，start 和 end 都属于可选参数，start 表示开始下标，end 表示结束下标。如果这两个都省略，则表示检索整个字符串。

由于 start 和 end 这两个参数很少用到，所以一般情况下只需要记住 A.find(B) 这样的语法就可以了，这样可以大大减轻我们的记忆负担（非常有用）。

▼ 示例：

```
s = 'I love Python, Java and Python.'
print(s.find('Python', 10))
print(s.find('Python', 5, 30))
```

运行结果如下：

```
24
7
```

s.find('Python', 10) 表示检索的范围为 [10, ∞)，也就是下标 10 到结束。s.find('Python', 5, 30) 表示检索的范围为 [5, 30)。在实际开发中，一般很少用到 find() 后面两个参数。

▶ **举例：其他方法**

```
s = 'Python'
print(s.isalpha())
print(s.isdigit())
print(s.isalnum())
print(s.islower())
print(s.isupper())
print(s.istitle())
```

运行结果如下：

```
True
False
True
False
False
True
```

如果对空字符串使用 isupper()、islower() 或 istitle() 方法，返回的结果都为 False。

Python 这些与判断相关的方法很有用，特别是在 Web 开发的表单验证中。当用户在表单中输入内容之后，我们就可以使用这些方法，以判断是否符合预期。

4.4.8　对齐方式

在 Python 中，我们可以使用 ljust()、rjust() 和 center() 方法来指定字符串的对齐方式。

▶ **语法：**

```
str.ljust(width, fillchar)
str.rjust(width, fillchar)
str.center(width, fillchar)
```

这三个方法的参数都是一样的，width 表示宽度（即字符串的长度），fillchar 表示用于填充的字符。

ljust() 方法实现的是左对齐，如果不够指定长度，则会在右边补全；rjust() 方法实现的是右对齐，如果不够指定长度，则会在左边补全；center() 方法实现的是居中对齐，如果不够指定长度，则会在两边补全。

▶ **示例：**

```
s = 'Python'
result1 = s.ljust(10, '*')
result2 = s.rjust(10, '*')
result3 = s.center(10, '*')

print(result1)
print(result2)
print(result3)
```

运行结果如下：

```
Python****
****Python
**Python**
```

我们在处理日期时间时，总会遇到这样一种需求：对于月份或日数，如果不满两位数的，需要在前面补全一个 0。例如"2024-5-1"应该补全为"2024-05-01"，而"2024-10-1"应该补全成"2024-10-01"，依此类推。

▌ 示例：

```
year = input('Please enter the year: ')
month = input('Please enter the month: ')
day = input('Please enter the day: ')

month = month.rjust(2, '0')
day = day.rjust(2, '0')

result = year + '-' + month + '-' + day
print(result)
```

运行之后，依次输入 2024、5、1，此时结果如下：

```
2024-05-01
```

像上面这种日期的处理方式，除了应用在日历组件上，也常用于开发电商网站的倒计时效果。

4.5 切片

在 Python 中，所有的序列（列表、元组、字符串）都可以使用"切片"的方式来截取其中的一部分。这一节来介绍一下字符串的"切片"。

▌ 语法：

```
str[m:n]
```

在该语法中，m 是范围开始时的下标，n 是范围结束时的下标。m 和 n 可以是正数，也可以是负数，不过 n 一定要大于 m。str[m:n] 的截取范围为 [m, n)，也就是包含 m 不包含 n。其中 m 和 n 都可以省略。

❑ 当 n 省略时，获取的范围为：m 到结尾位置。
❑ 当 m 省略时，获取的范围为：开头位置到 n。
❑ 当 m 和 n 同时省略，获取范围为：整个字符串。

▌ 示例：正数下标

```
s = 'classroom'
print(s[2:5])
```

运行结果如下：

```
ass
```

s[2:5] 表示截取的范围为 [2，5)，也就是包含 2 但不包含 5（如图 4-3 所示）。一定要注意，截取的下标是从 0 开始的，也就是说 0 表示第 1 个字符，1 表示第 2 个字符，依此类推。实际上，在字符串的各种操作中，凡是涉及下标的，都是从 0 开始，这一点和列表的下标是一样的。

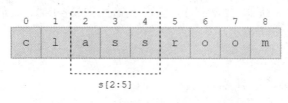

图 4-3

注意　对于 str[m:n] 而言，切片取出的最后一个元素不是 str[n]，而是 str[n] 的前一个元素，也就是 str[n-1]。

▼ 示例：负数下标

```
s = 'classroom'
print(s[-7: -4])
```

运行结果如下：

```
ass
```

对于上面的示例，具体分析如图 4-4 所示。

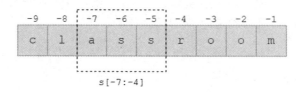

图 4-4

▼ 示例：[m:]

```
s = 'classroom'
print(s[5:])
print(s[-4:])
```

运行结果如下：

```
room
room
```

对于上面的示例，具体分析如图 4-5 所示。

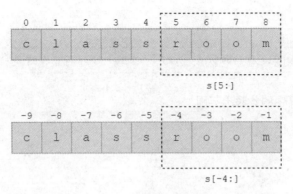

图 4-5

▶ 示例：[:n]

```
s = 'classroom'
print(s[:5])
print(s[:-4])
```

运行结果如下：

```
class
class
```

对于上面的示例，具体分析如图 4-6 所示。

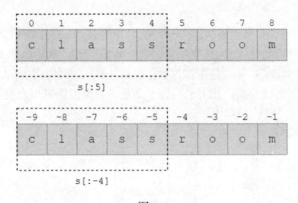

图 4-6

▶ 示例：[:]

```
s = 'classroom'
print(s[:])
print(s[:] == s)
```

运行结果如下：

```
classroom
True
```

提示   与列表一样，str[:] 这种切片方式可以用于复制一个字符串，这是一个很实用的技巧。

▶ 示例：str[m: n] 中的 n 超出范围

```
s = 'classroom'
print(s[5:6])
print(s[5:7])
print(s[5:8])
print(s[5:9])
print(s[5:])
```

运行结果如下：

```
r
ro
roo
room
room
```

从上面的示例可以看出，当 str[m:n] 中的 n 超出范围时，运行结果跟 str[m:] 一样，获取的范围都是 m 到结尾位置。这里你可能就会问了："Python 提供 str[m:n] 这一种方式不就够了吗？为什么还要搞出 str[m:]、str[:n]、str[-m: -n] 那么多方式呢？"想要知道为什么，我们还是先来看一个例子：

```
s = 'Hello Java C# PHP Ruby Python'
```

对于上面这一句代码，如果想要截取 "Python"，单纯使用正数下标就非常麻烦了，因为需要从左到右一个个地数字符的个数。但使用负数下标（str[-m: -n]），就简单多了。再者，如果想要截取 "Java C# PHP Ruby Python"，单纯使用正数下标也非常麻烦，而使用 str[m:] 的方式却非常简单。

之所以 Python 提供多种方式，其实也是为了满足各种开发需求以及提高开发效率。

4.6   更多实用操作

除了前面介绍的内容，还有一些比较有用的字符串操作，主要包括获取字符串长度、类型转换、字符串运算、字符串拼接等。

4.6.1   获取长度：len()

在 Python 中，我们可以使用 len() 函数来获取字符串的长度，也就是字符的个数。

▶ 语法：

```
len(str)
```

你应该清楚的是，所有序列（列表、元组、字符串）都可以使用 len() 函数来获取长度。

▼ 示例：获取字符串长度

```
s = 'I love Python!'
print(len(s))
```

运行结果如下：

```
14
```

对于 s 这个字符串，大家数来数去都觉得它的长度应该是 12，怎么运行结果是 14 呢？我们别忘了，空格本身也算作一个字符，这一点很容易忽视，一定要特别注意。

▼ 示例：获取中文字符串长度

```
s = '落霞与孤鹜齐飞'
print(len(s))
```

运行结果如下：

```
7
```

在字符串中，一个英文字母是一个字符长度，一个汉字也是一个字符长度。

▼ 示例：获取整数的长度

```
n = 5201314
length = len(str(n))
result = 'The length is:' + str(length)
print(result)
```

运行结果如下：

```
The length is: 7
```

len() 函数只能获取序列（列表、元组、字符串）的长度，不能用来获取数字的长度。不过我们可以先使用str()函数将数字转化为字符串，再使用len()函数来获取长度，思路灵活一些嘛。

4.6.2 类型转换：list() 和 tuple()

对于类型转换，我们在"1.6 类型转换"这一节中已经接触过了。不过那个时候只是学习了"数字"和"字符串"之间的转换。在这一节中，我们再来介绍一下 3 种序列（列表、元组和字符串）之间是怎么相互转换的。

在 Python 中，对于序列之间的类型转换，要用到两个函数：list() 和 tuple()。

▼ 语法：

```
list(seq)
tuple(seq)
```

seq 是一个序列名，可以是元组名，也可以是字符串名。list() 函数用于将"元组"或"字符串"转化为一个列表，tuple() 函数用于将"列表"或"字符串"转化为一个元组。

▌ 示例：将元组转化为列表

```
tup = (3, 1, 2, 5, 4)
result = list(tup)
print(result)
print(type(result))
```

运行结果如下：

```
[3, 1, 2, 5, 4]
<class 'list'>
```

▌ 示例：将字符串转化为列表

```
s = 'Python'
result = list(s)
print(result)
print(type(result))
```

运行结果如下：

```
['P', 'y', 't', 'h', 'o', 'n']
<class 'list'>
```

使用 list() 函数将字符串转换为列表时，会把每一个字符拆分为列表的一个元素。如果想要把字符串当成一个整体，然后转换成只有一个元素的列表，可以参考下面的示例。

▌ 示例：

```
s = 'Python'
result = s.split()
print(result)
```

运行结果如下：

```
['Python']
```

▌ 示例：将列表转换为元组

```
items = [3, 1, 2, 5, 4]
result = tuple(items)
print(result)
print(type(result))
```

运行结果如下：

```
(3, 1, 2, 5, 4)
<class 'tuple'>
```

▌ 示例：将字符串转换为元组

```
s= 'Python'
result = tuple(s)
print(result)
print(type(result))
```

运行结果如下：

```
('P', 'y', 't', 'h', 'o', 'n')
<class 'tuple'>
```

使用 tuple() 函数将字符串转换为元组时，也会把每一个字符拆分为元组的一个元素。

4.6.3　字符串运算

与列表一样，字符串也是可以运算的。在 Python 中，字符串有加法和乘法运算，但是没有减法和除法运算。

▎ 示例：加法

```
s1 = 'class' + 'room'
s2 = 'home' + 'work'
print(s1)
print(s2)
```

运行结果如下：

```
classroom
homework
```

两个字符串相加，其实就是合并两个字符串，也叫"字符串拼接"。字符串拼接在实际开发中用得非常多。

▎ 示例：乘法

```
s1 = 'class' * 2
s2 = 'home' * 3
print(s1)
print(s2)
```

运行结果如下：

```
classclass
homehomehome
```

字符串只能跟正整数相乘，不能跟另外一个字符串相乘。

4.6.4　字符串拼接

在之前的学习中，对于字符串拼接，大多数情况下都是使用"+"来实现的。实际上，还有3 种实现字符串拼接的方式：%s、format() 和 f-string。

1. %s

在 Python，我们可以使用"%s"来实现字符串的拼接，也就是字符串的格式化。

▎ 示例：

```
result = 'Jack is %s years old' % 18
print(result)
```

运行结果如下：

```
Jack is 18 years old
```

在上面的示例中，'Jack is %s years old' 其实是一个字符串，不过这个字符串中使用了 "%s" 作为占位符，该占位符在格式化时会使用后面的 "18" 来填充。注意，'Jack is %s years old' 和 18 之间，要用一个 "%" 来隔开。

▶ 示例：

```
a = 10
b = 20
result = a + b
print('10 + 20 = %s' % result)
```

运行结果如下：

```
10 + 20 = 30
```

"%s" 看似复杂，其实你只需要认真把这两个例子琢磨透，就可以一通百通了。

2. format()

format() 的语法格式为 str.format()。那么它跟 %s 相比，有什么优势呢？

▶ 示例：

```
result = 'Jack is {age} years old'.format(age=18)
print(result)
```

运行结果如下：

```
Jack is 18 years old
```

▶ 示例：

```
result = '{name} is {age} years old'.format(name='Jack', age=18)
print(result)
```

运行结果如下：

```
Jack is 18 years old
```

我们可以很容易地看出，format() 是和占位符 "{}" 结合使用的，把 format() 方法中对应的参数内容插入占位符中，如图 4-7 所示。跟 %s 方式相比，format() 方法更加直观，也更加灵活。

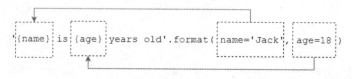

图 4-7

对于上面这个例子，如果不想使用变量，也可以像下面这样写。

```
result = '{0} is {1} years old'.format('Jack', 18)
print(result)
```

3. f-string

f-string，是 Python3.6 新增的一种字符串拼接的方法。如果一个字符串前面加上"f"，那么该字符串就是一个 f-string。对于 f-string 来说，我们可以使用"{}"来插入想要拼接的内容。

▶ 示例：插入一个变量

```
age = 18
result = f'Jack is {age} years old'
print(result)
```

运行结果如下：

```
Jack is 18 years old
```

f-string 可以结合"{}"来实现字符串拼接。比如想要往 f-string 中插入一个变量，我们可以使用"{}"把这个变量包裹起来。需要注意的是，只有 f-string 才可以使用这种方式，普通字符串是无法使用这种方式的。

```
# 正确
age = 18
result = f'Jack is {age} years old'
```

```
# 错误
age = 18
result = 'Jack is {age} years old'
```

注意 使用 f-string 进行字符串拼接，不需要额外进行类型转换，也就是不需要先将数字等类型转换为字符串，然后才能进行拼接，而是直接就可以拼接。

▶ 示例：插入多个变量

```
name = 'Jack'
age = 18
result = f'{name} is {age} years old'
print(result)
```

运行结果如下：

```
Jack is 18 years old
```

对于 f-string 来说，根据开发需求，我们可以使用"{}"插入多个变量。

▶ 示例：插入表达式

```
age = 18
result = f'Jack is {age + 10} years old'
print(result)
```

运行结果如下：

```
Jack is 28 years old
```

对于 f-string 来说，"{}" 内部除了可以插入变量，还可以插入一个表达式。学了 f-string 之后，在后面的章节中，凡是字符串拼接，我们都使用 f-string 来实现。

注意 f-string 的 "{}" 内部不仅可以插入变量和表达式，还可以插入一个函数调用。但是在实际项目开发中，大多数情况都是插入一个变量。

4.7 序列的通用操作

到这里，你已经把 3 种序列（列表、元组与字符串）都学完了。如果你足够细心的话，也许已经发现它们之间有些操作是通用的。下面对其进行归纳总结（如表 4-3 所示）。

表4-3   通用操作

操　　作	说　　明
len(seq)	获取长度
seq[n]	获取元素
seq[m:n]	切片操作
var in seq	判断成员
for var in seq	循环遍历
seq + seq	连接相加
seq * n	重复多次

4.8 试一试：统计单词的个数

如果有一个字符串 'Where there is a will,there is a way.'，请编写一个程序来统计其中有多少个单词。

实现代码如下：

```
s = 'Where there is a will,there is a way.'
count = 0
for char in s:
    if char == ' ' or char == ',' or char == '.':
        count = count + 1
print('Number of words:', count)
```

运行结果如下：

```
Number of words: 9
```

想要统计单词的个数，可以使用一种"曲线救国"的方式来实现，也就是统计空格、逗号、句号的总数。

4.9 试一试：将首字母转换成大写

有一个字符串 'a friend in need is a friend indeed.'，请将每一个单词的首字母转换成大写，然后输出转换后的字符串（不能使用 title() 方法）。

实现代码如下：

```
s = 'a friend in need is a friend indeed.'
result = ''
for i in range(len(s)):
    # 如果是整个字符串的第一个字符
    if i == 0:
        result += s[i].upper()
    else:
        # 如果前一个字符是一个空格
        if s[i-1] == ' ':
            result += s[i].upper()
        else:
            result += s[i]
print(result)
```

运行结果如下：

```
A Friend In Need Is A Friend Indeed.
```

思路很简单，除了第一个单词，其他单词前面都有一个空格。我们只需要先找到空格，然后将它的下一个字符换成大写就可以了。此外需要注意的是，字符串是一种不可变的数据类型，因此无法使用下标的方式来修改某一个位置的字符。

4.10 小结

下面来回顾一下本章中介绍过的最重要的概念。

❏ **多行字符串**：多行字符串可以使用"三引号"来表示，也可以在每一行的末尾加上反斜杠（\）来表示。当三引号用来实现多行注释时，我们不需要使用变量来保存。当三引号用来实现多行字符串时，一般都使用一个变量来保存。

❏ **原始字符串**：字符串前面加上一个"r"或"R"，表示这是一个原始字符串。Python 并不会将原始字符串进行转义，而是原样输出。

❏ **f-string**：如果一个字符串前面加上"f"，那么该字符串就是一个 f-string。f-string 是最好用的字符串拼接方式，它一般需要结合"{}"来插入一个变量、表达式或函数。

第5章

字典与集合

如果需要将一组值组合成一个数据结构，并通过下标（或编号）来访问各个值，那么列表会很有用。本章将介绍一种可通过名称来访问其各个值的数据结构，这种数据结构称为"映射（mapping）"。字典是 Python 中唯一的内置映射类型，它的值不按顺序排列，而是存储在对应的名称下面。

5.1 字典概述

字典，顾名思义就是一种类似于各种《英汉字典》那样的数据结构。如果使用各种《英汉字典》，我们可以通过单词找到对应的汉语解释。而使用 Python 中的字典，我们可以通过"键"（key）来查找"值"（value）。

举个简单例子，网站会使用一个表来存储用户信息，像用户表中的名字和 ID，使用字典表示如下：

```
users = {'Jack': 1001, 'Lucy': 1002, 'Tony': 1003}
```

在该字典中，'Jack'、'Lucy'、'Tony' 这几个就是键（key），而 1001、1002、1003 这几个就是值（value）。你可以通过用户的名字找到其对应的 ID。

所谓的字典，其实是由一对对的"键：值"组合而成的。每一个键都跟一个值相关联，你可以通过键来访问与之对应的值。在很多情况下，使用字典比使用列表更合适。下面是 Python 字典的一些用途。

- ❑ 保存用户的电话号码，其中键是用户名，值是电话号码。
- ❑ 存储文件的修改时间，其中键是文件名，值是修改时间。
- ❑ 表示棋盘的状态，其中键是由坐标组成的元组，值是状态。

5.2 创建字典

在 Python 中，我们可以使用大括号 "{}" 来创建一个字典。

▼ 语法：

```
dictname = { key1: value1, key2: value2, ... , keyN: valueN }
```

　　字典是由多个"键值对"组成的。键与值之间用英文冒号":"分开，然后键值对之间用英文逗号","隔开。键值对是两个相关的值，你可以使用键来访问对应的值，与键相关联的值可以是数字、字符串、列表乃至字典。事实上，你可以将任何 Python 对象作为字典中的值。

　　对于 Python 中的字典，需要特别注意以下 3 点。

- ❑ 键（key）必须是唯一的，字典中不能出现重复的键。
- ❑ 键（key）必须是不可变的，可以使用数字、字符串或元组，但不能使用列表。
- ❑ 值（value）可以不唯一，可以是任意数据类型（包括数字、字符串、列表、元组和字典）。

▶ **示例：**

```
# 创建一个空字典
users = {}

# 创建包含 3 个键值对的字典
users = {'Jack': 1001, 'Lucy': 1002, 'Tony': 1003}
```

注意 请不要使用"dict"作为字典名，因为它跟 Python 内置的 dict() 函数冲突，可能会导致一些难以发现的问题。

5.3 基本操作

　　与列表相似，对于字典键值对的基本操作，主要有 4 种：获取某个键的值、修改某个键的值、添加键值对、删除键值对。

5.3.1 获取某个键的值

　　如果想要获取字典中某一个键的值，有两种方式可以实现：一种是使用 dict[key]，另一种是使用 get() 方法。

▶ **语法：**

```
dict[key]
dict.get(key)
```

　　在该语法中，dict 表示字典名，key 表示键。对于 dict[key] 方法来说，如果字典中存在该键，则返回对应的值；如果字典不存在该键，则会报错。对于 dict.get() 方法来说，如果字典中存在该键，则返回对应的值；如果字典中不存在该键，则返回 None。

▶ **示例：dict[key]**

```
users = {'Jack': 1001, 'Lucy': 1002, 'Tony': 1003}
print(users['Lucy'])
print(users['Lily'])
```

运行结果如下：

```
1002
（报错）KeyError: 'Lily'
```

▶ **示例：get()**

```
users = {'Jack': 1001, 'Lucy': 1002, 'Tony': 1003}
print(users.get('Lucy'))
print(users.get('Lily'))
```

运行结果如下：

```
1002
None
```

如果你可以确定某个键是存在的，那么一般都是使用 dict[key] 这种方式来获取该键的值。但如果指定的键可能不存在时，你应该考虑使用 dict.get(key) 这种方式。因为如果键不存在，使用 dict[key] 这种方式会直接报错。

5.3.2 修改某个键的值

获取字典的某一键的值我们是知道了，但如果想要给某一个键赋一个新值，此时又应该怎么做呢？也是通过 dict[key] 这种方式来实现的。

▶ **语法：**

```
dict[key] = value
```

▶ **示例：修改值**

```
users = {'Jack': 1001, 'Lucy': 1002, 'Tony': 1003}
users['Tony'] = 6666
print(users)
```

运行结果如下：

```
{ 'Jack': 1001, 'Lucy': 1002, 'Tony': 6666 }
```

在上面示例中，users['Tony']=6666 表示给 'Tony' 这个键重新赋值为 6666，也就是 1003 被替换成了 6666。

5.3.3 增加键值对

在 Python 中，如果想要为字典增加一个新的键值对，也是使用 dict[key] 这种方式来实现。

▶ **语法：**

```
dict[key] = value
```

▶ **示例：增加新的键值对**

```
users = {'Jack': 1001, 'Lucy': 1002, 'Tony': 1003}
users['Lily'] = 1004
print(users)
```

运行结果如下：

```
{ 'Jack': 1001, 'Lucy': 1002, 'Tony': 1003, 'Lily': 1004 }
```

获取值、修改值、增加键值对，我们都是使用 dict[key] 这种方式来实现的。

注意 从 Python 3.7 之后，字典中元素的排列顺序与定义时的相同。如果将字典打印出来，将发现元素的排列顺序与添加顺序相同。

5.3.4 删除键值对

与列表一样，我们也是使用 del 关键字来删除字典中的键值对。

▶ **语法：**

```
del dict[key]
```

▶ **示例：删除键值对**

```
users = {'Jack': 1001, 'Lucy': 1002, 'Tony': 1003}
del users['Jack']
print(users)
```

运行结果如下：

```
{'Lucy': 1002, 'Tony': 1003}
```

5.4 字典方法

字典的方法很有用（如表 5-1 所示），但其使用频率可能没有列表和字符串的方法那么高。你可大致浏览一下本节，了解字典提供了哪些方法，等需要使用特定方法时再回过头来详细研究其工作原理。

表5-1　字典的方法

方　　法	说　　明
clear()	清空字典
copy()	复制字典
update()	更新字典
fromkeys()	创建新字典
setdefault()	设置默认值
keys()	获取所有的键
values()	获取所有的值
items()	获取所有的键和值

5.4.1   清空字典：clear()

在 Python 中，我们可以使用 clear() 方法用于清空一个字典。

▶ **语法：**

```
dict.clear()
```

▶ **示例：**

```
users = {'Jack': 1001, 'Lucy': 1002, 'Tony': 1003}
users.clear()
print(users)
```

运行结果如下：

```
{}
```

除了使用 clear() 方法，还可以将一个空字典赋值给变量，从而达到清空字典的目的。

```
users = {'Jack': 1001, 'Lucy': 1002, 'Tony': 1003}
users = {}
print(users)                        # 输出：{}
```

5.4.2   复制字典：copy()

在 Python 中，我们可以使用 copy() 方法复制一个字典。

▶ **语法：**

```
dict.copy()
```

copy() 方法会返回一个具有相同键值对的新字典。

▶ **示例：**

```
d1 = {'Jack': 1001, 'Lucy': 1002, 'Tony': 1003}
d2 = d1.copy()
print(d1)
print(d2)
```

运行结果如下：

```
{'Jack': 1001, 'Lucy': 1002, 'Tony': 1003}
{'Jack': 1001, 'Lucy': 1002, 'Tony': 1003}
```

▶ **示例：**

```
d1 = {'Jack': 1001, 'Lucy': 1002, 'Tony': 1003}
d2 = d1.copy()
d2['Jack'] = 6666
print(d1)
print(d2)
```

运行结果如下：

```
{'Jack': 1001, 'Lucy': 1002, 'Tony': 1003}
{'Jack': 6666, 'Lucy': 1002, 'Tony': 1003}
```

注意　copy() 方法实现的是浅拷贝，而不是深拷贝。如果想要实现深拷贝，可以使用 copy 这个内置模块的 deepcopy() 函数。deepcopy() 函数不仅可以深拷贝一个字典，还可以深拷贝一个列表（一般指多维列表）。

5.4.3　更新字典：update()

在 Python 中，我们可以使用一个字典所包含的键值对来更新已有的字典。

▶ **语法：**

```
dict1.update(dict2)
```

上面语法表示使用 dict2 来更新 dict1，最后会改变 dict1 的值。其中，如果 dict2 中已经包含 dict1 中已有的键值对，那么 dict1 中的 value 就会被覆盖。如果 dict2 中包含 dict1 中不存在的键值对，那么就会把该键值对添加到 dict1 中。

▶ **示例：**

```
d1 = {'one': 1, 'two': 2, 'three': 3}
d2 = {'three': 3.4, 'four': 4}
d1.update(d2)
print(d1)
```

运行结果如下：

```
{'one': 1, 'two': 2, 'three': 3.4, 'four': 4}
```

5.4.4　创建新字典：fromkeys()

在 Python 中，我们可以使用 fromkeys() 方法来创建一个新字典。

▶ **语法：**

```
dict.fromkeys(seq, value)
```

seq 是一个必选参数，它是一个序列，用于设置字典的键。value 是一个可选参数，用于设置字典的值（默认值为 None）。

▶ **示例：不设置 value**

```
result = dict.fromkeys(['one', 'two', 'three'])
print(result)
```

运行结果如下：

```
{'one': None, 'two': None, 'three': None}
```

▼ 示例：设置 value

```
result = dict.fromkeys(['one', 'two', 'three'], 6666)
print(result)
```

运行结果如下：

```
{'one': 6666, 'two': 6666, 'three': 6666}
```

简单来说，fromkeys() 方法用于将一个序列转换为一个字典，以符合你预期的数据结构。

5.4.5　设置默认值：setdefault()

字典的 setdefault() 方法和 get() 方法相似。如果键存在于字典中，则返回该键对应的值；如果键不存在于字典中，则将该键添加到字典中且设置一个默认值，最后返回其默认值。

▼ 语法：

```
dict.setdefault(key, value)
```

参数 key 表示键，参数 value 表示默认值。如果参数 value 省略，则表示默认值为 None。

▼ 示例：键存在

```
users = {'Jack': 1001, 'Lucy': 1002, 'Tony': 1003}
result = users.setdefault('Jack')
print(result)
print(users)
```

运行结果如下：

```
1001
{'Jack': 1001, 'Lucy': 1002, 'Tony': 1003}
```

▼ 示例：键不存在

```
users = {'Jack': 1001, 'Lucy': 1002, 'Tony': 1003}
result = users.setdefault('Lily')
print(result)
print(users)
```

运行结果如下：

```
None
{'Jack': 1001, 'Lucy': 1002, 'Tony': 1003, 'Lily': None}
```

5.4.6　获取所有键：keys()

在 Python 中，我们可以使用 keys() 方法来获取字典中所有的键。

▼ 语法：

```
dict.keys()
```

在只需要键而不需要值时，keys() 方法非常有用。例如在下面的示例中，我们只需要用户名字，不需要用户的 ID。

▼ 示例：

```
users = {'Jack': 1001, 'Lucy': 1002, 'Tony': 1003}
print(users.keys())
print(type(users.keys()))
```

运行结果如下：

```
dict_keys(['Jack', 'Lucy', 'Tony'])
<class 'dict_keys'>
```

从结果可以看出，keys() 方法返回的是一个可迭代对象（类似于列表）。对于这种可迭代对象，有两个特性：一是可以使用 list() 函数转化成一个列表；二是可以直接使用 for-in 来遍历。

▼ 示例：转化成列表

```
users = {'Jack': 1001, 'Lucy': 1002, 'Tony': 1003}
keys = list(users.keys())
print(keys)
print(type(keys))
```

运行结果如下：

```
['Jack', 'Lucy', 'Tony']
<class 'list'>
```

使用 list() 函数可以直接将这种可迭代对象转化成一个列表，这样就可以使用列表的方式来操作了。

▼ 示例：遍历

```
users = {'Jack': 1001, 'Lucy': 1002, 'Tony': 1003}
for name in users.keys():
    print(name)
```

运行结果如下：

```
Jack
Lucy
Tony
```

对于这种可迭代对象，我们可以直接使用 for-in 来遍历，而不需要先转化成列表再去使用 for-in。

5.4.7　获取所有值：values()

在 Python 中，我们可以使用 values() 方法来获取字典中所有的值。

▼ 语法：

```
dict.values()
```

在只需要值而不需要键时，values() 方法则非常有用。例如在下面的示例中，我们只需要用户的 ID，而不需要用户的名字。

▼ 示例：

```
users = {'Jack': 1001, 'Lucy': 1002, 'Tony': 1003}
print(users.values())
```

运行结果如下：

```
dict_values([1001, 1002, 1003])
```

从结果可以看出，values() 方法返回的是一个可迭代对象（类似于列表），该对象中包含字典所有的值。同样，我们可以使用 list() 函数将其转化成一个列表，或者直接使用 for-in 来遍历。

▼ 示例：转化成列表

```
users = {'Jack': 1001, 'Lucy': 1002, 'Tony': 1003}
values = list(users.values())
print(values)
print(type(values))
```

运行结果如下：

```
[1001, 1002, 1003]
<class 'list'>
```

▼ 示例：遍历

```
users = {'Jack': 1001, 'Lucy': 1002, 'Tony': 1003}
for item in users.values():
    print(item)
```

运行结果如下：

```
1001
1002
1003
```

5.4.8 获取所有键值：items()

在 Python 中，我们可以使用 items() 方法来同时获取字典中所有的键和值。

▼ 语法：

```
dict.items()
```

items() 方法会返回一个二维的可迭代对象，类似于二维的元组列表。需要清楚的是，keys() 方法只是获取字典所有的键，values() 方法只是获取字典所有的值，而 items() 方法可以同时获取字典中所有的键和所有的值。

▶ **示例：**

```
users = {'Jack': 1001, 'Lucy': 1002, 'Tony': 1003}
print(users.items())
```

运行结果如下：

```
dict_items([('Jack', 1001), ('Lucy', 1002), ('Tony', 1003)])
```

items() 方法会返回一个二维的可迭代对象。同样地，我们可以使用 list() 函数将其转化成一个列表，或者直接使用 for-in 来遍历。

▶ **示例：转化成列表**

```
users = {'Jack': 1001, 'Lucy': 1002, 'Tony': 1003}
items = list(users.items())
print(items)
print(type(items))
```

运行结果如下：

```
[('Jack', 1001), ('Lucy', 1002), ('Tony', 1003)]
<class 'list'>
```

▶ **示例：遍历**

```
users = {'Jack': 1001, 'Lucy': 1002, 'Tony': 1003}
for key, value in users.items():
    result = f'key: {key}, value: {value}'
    print(result)
```

运行结果如下：

```
key: Jack, value: 1001
key: Lucy, value: 1002
key: Tony, value: 1003
```

字典视图对象

　　keys()、values() 和 items() 这 3 种方法返回的结果都不是列表，而是一种视图（view），也叫作字典视图对象。视图在字典内容变化时会动态更新，这就是需要使用 list() 函数来将结果转换为列表的原因。另外，该视图本质上是一个可迭代对象，因此我们可以使用 for 循环来迭代，并且可以使用 in 或 not in 来检查成员的资格。

5.5 更多实用操作

　　除了前面介绍的内容之外，还有一些比较有用的字典操作，主要包括获取字典长度、检索字典、合并字典等。

5.5.1　获取长度：len()

在 Python 中，我们也是使用 len() 函数来获取一个字典的长度。所谓"字典的长度"，指的是键值对的个数。

▼ **语法：**

```
len(dict)
```

▼ **示例：**

```
users = {'Jack': 1001, 'Lucy': 1002, 'Tony': 1003}
print(len(users))
```

运行结果如下：

```
3
```

5.5.2　检索字典：in、not in

我们可以使用 in 运算符来判断某个键是否"存在"于字典中，也可以使用 not in 运算符来判断某个键是否"不存在"于字典中。

▼ **语法：**

```
key in dict
key not in dict
```

对于 in，如果键存在于字典中，则返回 True；如果键不存在于字典，则返回 False。对于 not in，如果键存在于字典中，则返回 False；如果键不存在于字典中，则返回 True。

▼ **示例：in**

```
users = {'Jack': 1001, 'Lucy': 1002, 'Tony': 1003}
print('Lucy' in users)
print('Lily' in users)
```

运行结果如下：

```
True
False
```

▼ **示例：not in**

```
users = {'Jack': 1001, 'Lucy': 1002, 'Tony': 1003}
print('Lucy' not in users)
print('Lily' not in users)
```

运行结果如下：

```
False
True
```

提示 相比检查列表是否包含指定的值，检查字典是否包含指定的键效率更高。数据量越大，
效率差距就越大。这是因为列表的时间复杂度为 O(n)，而字典的时间复杂度为 O(1)。

5.5.3 合并字典

Python 3.9 新增了一个"|"运算符，它可以用来快速合并两个或多个字典。

▼ **语法：**

```
dict1 | dict2
```

"|"运算符会返回一个新的字典，而不会修改原来的字典。

▼ **示例：**

```
dict1 = {'a': 1, 'b': 2}
dict2 = {'c': 3, 'd': 4}
result = dict1 | dict2
print(result)
```

运行结果如下：

```
{'a': 1, 'b': 2, 'c': 3, 'd': 4}
```

5.5.4 字典推导式

在 Python 中，我们可以使用"推导式"来快速生成一个字典。这种方式叫作"字典推导式"
或"字典生成式"。

▼ **语法：**

```
字典名 = {key: value for (key, value) in seq}
```

字典推导式和列表推导式相似，也是通过循环和条件判断的配合来实现的，不同的是字典
推导式返回的是一个字典，所以整个表达式需要写在"{}"内部。

▼ **示例：**

```
items = [('a', 1), ('b', 2), ('c', 3)]
result = {key: value for (key, value) in items}
print(result)
```

运行结果如下：

```
{'a': 1, 'b': 2, 'c': 3}
```

▼ **示例：**

```
names = ['Jack', 'Lucy', 'Tony']
ids = [1001, 1002, 1003]
```

```
result = {key: value for (key, value) in zip(names, ids)}
print(result)
```

运行结果如下：

```
{'Jack': 1001, 'Lucy': 1002, 'Tony': 1003}
```

zip() 是 Python 的一个内置函数，它可以接收多个可迭代对象（如列表）作为参数，然后将这些对象相同位置的元素组成一个个元组，最后返回由这些元组组成的可迭代对象。比如这里的 zip(names, ids) 内部其实是 [('Jack', 1001), ('Lucy', 1002), ('Tony', 1003)] 这样的数据。

在实际项目开发中，字典推导式用得并不算多，更多使用的是列表推导式。因此对于字典推导式，你只需要简单过一遍即可。

5.6　集合概述

Python 中的集合，与数学中的集合是一样的。集合跟字典非常相似，同样也是使用大括号 "{}" 来创建的。但实际上两者有着本质上的区别：集合只有值（value）没有键（key），字典有 key 也有 value。

5.6.1　集合简介

在 Python 中，我们也是使用大括号 "{}" 来创建一个集合。

▶ 语法：

```
setname = {value1, value2, ... , valueN }
```

集合是由多个值组成的，两个值之间用英文逗号 "," 隔开。对于集合，你需要注意以下 3 点。
❑ 集合不会出现相同的值，如果有相同的值，则只会保留一个，这个跟数学中的集合一样。
❑ 序列（列表、元组、字符串）是有序的，而字典跟集合是无序的。
❑ 序列是有序的，因此可以通过下标的方式来获取某一个元素，但是字典和集合都不可以。

▶ 示例：

```
items = set()                     # 创建一个空集合
items = {3, 1, 2, 5, 4}           # 创建一个包含 5 个值的集合
```

空集合不是使用大括号 "{}" 来创建的，因为空字典已经占用了。想要创建空集合，应该使用 "set()" 来创建，这是很重要的一个知识点。

▶ 示例：

```
items = {3, 1, 2, 2, 5, 4, 4}
print(items)
```

运行结果如下：

```
{ 1, 2, 3, 4, 5 }
```

在集合中，如果有相同的值，则只会保留一个。从上面示例还可以看出，使用 print() 输出一个集合时，还会对集合进行从小到大的排列（注意是排列，而不是排序，因为集合是无序的）。

5.6.2 基本操作

由于集合是无序的，因此不能使用下标的方式来获取某一项的值。不过，集合有些操作与列表操作是相似的，接下来给大家一一介绍。

▶ **示例：获取长度**

```
items = {3, 1 ,2, 5, 4}
print(len(items))
```

运行结果如下：

```
5
```

▶ **示例：in 和 not in**

```
items = {3, 1 ,2, 5, 4}
print(3 in items)
print(10 not in items)
```

运行结果如下：

```
True
True
```

▶ **示例：将集合转换为列表**

```
items = {3, 1 ,2, 5, 4}
result = list(items)
print(result)
print(type(result))
```

运行结果如下：

```
[1, 2, 3, 4, 5]
<class 'list'>
```

▶ **示例：添加元素 add()**

```
items = {'red', 'orange', 'yellow'}
items.add('green')
items.add('blue')
print(items)
```

运行结果如下：

```
{'red', 'orange', 'yellow', 'green', 'blue'}
```

▶ **示例：删除元素 remove()**

```
items = {'red', 'orange', 'yellow'}
if 'orange' in items:
```

```
    items.remove('orange')
print(items)
```

运行结果如下:

```
{'red', 'yellow'}
```

对于 remove() 方法,如果元素不存在,则 Python 会报错。因此需要先使用 in 判断元素是否存在。实际上,还有一种更好的方式,那就是使用集合独有的 discard() 方法。它们之间的区别如下。

❑ remove():如果元素存在,则删除该元素。如果元素不存在,则 Python 会报错。

❑ discard():如果元素存在,则删除元素;如果元素不存在,则不执行任何操作。

▶ **示例:删除元素 pop()**

```
items = {'red', 'orange', 'yellow'}
items.pop()
print(items)
```

运行结果如下:

```
{'red', 'yellow'}
```

集合的 pop() 方法不能指定删除的元素,而是删除随机选择的元素。你可以多次运行上面代码,可以发现结果是不一致的。

▶ **示例:清空集合 clear()**

```
items = {'red', 'orange', 'yellow'}
items.clear()
print(items)
```

运行结果如下:

```
set()
```

除了使用 clear() 方法之外,还可以将一个空集合赋值给变量,从而达到清空集合的目的。

```
items = {'red', 'orange', 'yellow'}
items = set()
print(items)                    # 输出: set()
```

5.6.3　集合操作

在数学中,集合常见的操作有 3 种:求交集、求并集、求差集。实际上,Python 中的集合也有这 3 种操作。

▶ **语法:**

```
{} & {}      # 求交集
```

```
{}  |  {}        # 求并集

{} - {}        # 求差集
```

求交集使用的是"&"符号，求并集使用的是"|"符号，求差集使用的是"-"符号。

▶ **示例：求交集**

```
result = {1, 2, 3, 4, 5} & {4, 5, 6}
print(result)
```

运行结果如下：

```
{4, 5}
```

▶ **示例：求并集**

```
result = { 1, 2, 3, 4, 5 } | { 6, 7, 8 }
print(result)
```

运行结果如下：

```
{1, 2, 3, 4, 5, 6, 7, 8}
```

▶ **示例：求差集**

```
result = {1, 2, 3, 4, 5} - {4, 5}
print(result)
```

运行结果如下：

```
{1, 2, 3}
```

提示　Python 还提供了非常多用于判断两个集合关系的方法，比如使用 isdisjoint() 方法来判断两个集合是否相交等。

5.6.4　集合推导式

在 Python 中，我们可以使用"推导式"的方式来快速生成一个集合。这种方式叫作"集合推导式"或"集合生成式"。

▶ **语法：**

```
集合名 = { 表达式 for 变量名 in 可迭代对象 }
```

你可能已经发现，可变类型（如列表、字典和集合）都有推导式的语法，而不可变类型（如字符串和元组）是没有的。

列表、字典和集合这三个的推导式，都是通过循环和条件判断的配合来实现的，它们之间的区别如下。

❑ 列表推导式返回一个列表，整个表达式需要写在"[]"内部。

❑ 字典推导式返回一个字典，整个表达式需要写在"{}"内部。
❑ 集合推导式返回一个集合，整个表达式需要写在"{}"内部。

▶ 示例：

```
nums = {n + 10 for n in range(1, 6)}
print(nums)
```

运行结果如下：

```
{11, 12, 13, 14, 15}
```

5.6.5 应用场景

如果不借助集合，想要实现列表去重是一件比较麻烦的事。我们可以先看一下常规做法是怎样实现的。

▶ 示例：常规做法

```
items = ['red', 'red', 1, 1, 2, False]
result = [];
for item in items:
    if item not in result:
        result.append(item)
print(result)
```

运行结果如下：

```
['red', 1, 2, False]
```

在上面示例中，首先我们定义了一个空列表 result 用于保存结果。接下来遍历列表 items，如果当前元素不存在于 result 中，那么就把当前元素添加到 result 中。最后得到的 result 就是去重的列表了。

▶ 示例：set

```
items_list = ['red', 'red', 1, 1, 2, False]
items_set = set(items_list)
result = list(items_set)
print(result)
```

运行结果如下：

```
['red', 1, 2, False]
```

set() 函数可以将一个列表转换为一个集合，set(items_list) 的结果就是：{'red', 1, 2, False}。然后再使用 list() 函数来将一个集合转换为一个列表。对于这个例子来说，你甚至只需要用到两句代码就可以实现了。

```
items_list = ['red', 'red', 1, 1, 2, False]
print(list(set(items_list)))
```

到现在为止，你已经把 Python 所有的数据类型都学完了。很多人觉得平常只会用到数字、字符串等，而其他数据类型却很少用得到，然后就会问了："我们有必要把每一个数据类型都认真掌握吗？"我可以很肯定地告诉大家："那是必须的！"

任何数据类型都有自己的适用场景，只是在初学阶段用得不是那么多而已。从事过开发工作的人都知道，在技术上升时总会遇到瓶颈期。之所以会这样，其实主要有两个重要的原因：一是基础不够扎实，二是视野不够开阔。为了打牢基础，你应该把每一种数据类型都牢记于心，这样才能在实际开发中做到游刃有余。

5.7 试一下：统计数字出现的次数

请输入一串数字，然后统计每一个数字出现的次数，并且把结果保存到一个字典中。
实现代码如下：

```python
nums = input('Please enter a string of numbers: ')
result = {}
for num in nums:
    # 如果当前数字不存在于字典的键中，就增加一项，并且设置其值为1
    if num not in result.keys():
        result[num] = 1
    # 如果当前数字存在于字典的键中，就将其值加1
    else:
        result[num] += 1
print(result)
```

运行代码之后，我们输入"20240804"，其结果如下：

```python
{'2': 2, '0': 3, '4': 2, '8': 1}
```

需要注意的是，input() 输入的内容本质上是一个字符串，所以 nums 是一个字符串，而不是一个数字。

5.8 试一试：统计出现次数最多的字母

如果有一个字符串 "PythonGoJavaScriptPHP"，请统计出现次数最多的字母，这里不区分大小写。
实现代码如下：

```python
s = 'PythonGoJavaScriptPHP'
# 转换成纯小写
s = s.lower()
# 定义一个字典
letters = {}

# 记录字母出现次数
for char in s:
    if char not in letters.keys():
        letters[char] = 1
    else:
        letters[char] += 1
```

```
# 获取次数最多的字母
count = max(letters.values())
for key, value in letters.items():
    if value == count:
        print(key)
```

运行结果如下:

```
p
```

因为统计字母时不区分大小写，所以需要先使用 lower() 方法将其全部转换为小写字母，然后再进行统计。接下来使用一个字典 letters 来保存字母以及它出现的次数，字典形式如下。

```
{'a': 1, 'b': 2, 'c': 3}
```

统计完成之后，只需要遍历 letters 这个字典，就可以拿到最多次数对应的字母了。这个例子非常有用，大家要好好琢磨一下。

5.9   小结

至此你已经把 Python 所有常见的数据类型学完了，下面来回顾这一章中接触到的几个新概念。

❑ **映射**：映射是一类数据结构，跟序列是一类数据结构，是一样的道理。映射类型只有一种：字典，而序列类型有 3 种：列表、元组和字符串。

❑ **字典**：字典是由多个"键值对"组成的，每一个键（key）都跟一个值（value）相关联，你可以通过键来访问与之对应的值。

❑ **键值对**：键值对的形式为"key: value"，它是字典特有的。键值对这个概念很常见，很多编程语言都有，包括 Java、C++、JavaScript 等。

❑ **集合**：Python 中的集合与数学上的集合的特点是一样的，集合有两个最重要的特点：一是不会出现相同的值，如果有相同值，则只会保留一个；二是内部的值是无序的，而序列（列表、元组、字符串）是有序的。

## 第 6 章

函　数

在前面的章节中，你已经熟悉了 print()、input() 和 len() 这几个函数的使用。实际上，这些函数是 Python 内置好的，你无需定义就可以直接使用它。本章将带你学习如何去编写自己的函数，从而更好地管理代码，使得代码的可读性和可维护性更高。

6.1　函数简介

我们并不希望像其他书那样，一上来就抛出一大堆术语"函数定义、函数参数、函数调用……"，然后滔滔不绝地开始介绍函数的语法。这样会导致很多人几乎把函数这一章看完了，都不知道函数究竟是怎样一个东西！

为了避免这种悲剧的发生，在讲解函数语法之前，先来带大家感性认识一下函数是怎样的一个东西。请看下面一个例子。

▎ 示例：

```
total = 0
n = 1
while n <= 100:
    total += n
    n += 1
print(total)
```

运行结果如下：

```
5050
```

大家一看上面这段代码，就知道它想要实现的功能是：**计算 100 以内所有整数之和**。如果让你分别计算"100 以内所有整数之和"以及"200 以内所有整数之和"，此时应该怎么实现呢？不少人很快就写下了以下代码。

```
# 计算 100 以内所有整数之和
total1 = 0
n1 = 1
while n1 <= 100:
    total1 += n1
    n1 += 1
print(total1)
```

```
# 计算200以内所有整数之和
total2 = 0
n2 = 1
while n2 <= 200:
    total2 += n2
    n2 += 1
print(total2)
```

写完之后，是不是觉得这种写法有点笨？那我现在再提一个问题：如果让你分别实现“100 以内、200 以内、300 以内、400 以内、500 以内”所有整数之和，此时又该怎么做呢？如果按照上面的做法，岂不是要重复写 5 次相同的代码？

为了减轻这种重复编码的负担，Python 引入了函数的概念。实现上面 5 个范围内所有整数之和，如果使用函数，可以像下面这样来写。

示例：

```
# 定义函数
def getsum(num):
    total = 0
    n = 1
    while n <= num:
        total += n
        n += 1
    print(total)

# 调用函数，计算100以内所有整数之和
getsum(100)
# 调用函数，计算200以内所有整数之和
getsum(200)
# 调用函数，计算300以内所有整数之和
getsum(300)
# 调用函数，计算400以内所有整数之和
getsum(400)
# 调用函数，计算500以内所有整数之和
getsum(500)
```

运行结果如下：

```
5050
20100
45150
80200
125250
```

对于上面这段代码，你暂时看不懂没关系，学完这一章就懂了。从上面可以看出，使用函数可以减少大量重复工作，这简直是编程的一大神器！

函数一般用来实现某一种重复使用的功能，在需要该功能的时候，直接调用函数就可以了，而不需要编写一大堆重复的代码。并且在需要修改该函数功能的时候，也只需要修改和维护这一个函数就行，而不会影响其他代码。

函数一般会在两种情况下使用：一种是"需要重复使用的功能"，另一种是"特定用途的功能"。在 Python 中，如果我们想要使用函数，一般只需要简单两步就可以了：①定义函数；②调用函数。

6.2 函数的定义

在 Python 中，函数可以分两种：一种是"没有返回值的函数"，另一种是"有返回值的函数"。不管是哪一种函数，都必须使用 def 关键字来定义。其中，def 是"define（定义）"的缩写。

6.2.1 没有返回值的函数

没有返回值的函数，指的是函数执行完就算了，不会返回任何值。

▼ **语法：**

```
def 函数名 ( 参数 1 , 参数 2 , ... , 参数 n ):
    ......
```

在 Python 中，我们也是使用"缩进"的方式来表示哪一个代码块属于函数。函数一定要用 def 关键字来定义。准确来说，函数其实就是一个可重复使用的、具有特定功能的语句块。

函数跟变量是非常相似的，变量需要取一个变量名，而函数也需要取一个函数名。在定义函数的时候，函数名不要乱取，尽量取有意义的英文名，让人一看就知道这个函数是干什么的。

函数的参数是可以省略的（即不写），当然也可以是 1 个、2 个或 n 个。如果有多个参数，则参数之间用英文逗号 ","隔开。此外，函数参数的个数一般取决于开发的实际需要。

▼ **示例：**

```
# 定义函数
def getsum(a, b):
    result = a + b
    print(result)

# 调用函数
getsum(10, 20)
```

运行结果如下：

```
30
```

在上面示例中，我们使用 def 关键字定义了一个名为"getsum"的函数，它用于计算任意两个数之和。其中函数名是可以随便取的，不过一般取能够表示函数功能的英文名。

def getsum(a, b) 是函数的定义部分，这里的 a、b 是参数，也叫"形参"（即形式参数），如图 6-1 所示。参数的名字也是随便取的。你可能就会问了："怎么判断需要多少个参数呢？"其实这很简单，由于这个函数用于计算任何两个数之和，那肯定就是需要两个参数了。

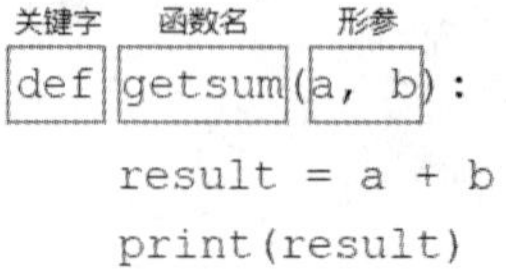

```
    关键字   函数名    形参
    def getsum(a, b):
        result = a + b
        print(result)
```

图 6-1 定义函数

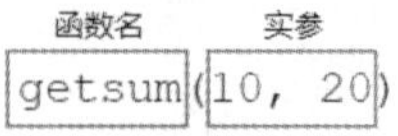

```
    函数名    实参
    getsum(10, 20)
```

图 6-2 调用函数

getsum(10, 20) 是函数的调用，这里的 10、20 也是参数，叫"实参"（即实际参数），如图 6-2 所示。实际上，函数调用是对应于函数定义的，像 getsum(10, 20) 就刚好对应于 getsum(a, b)，其中 10 对应 a，20 对应 b，因此 getsum(10, 20) 等价于下面代码。

```
def getsum(10, 20):
    result = 10 + 20
    print(result)
```

也就是说，函数的调用，其实就是把"实参"（即 10 和 20）传递给"形参"（即 a 和 b），然后把函数执行一遍，就这么简单。在这个例子中，你可以改变函数调用的参数，也就是把 10 和 20 换成其他的数，然后看看运行结果如何。

此外还需要说明一点：函数只有定义部分，却没有调用部分，这是没有任何意义的。如果函数只定义而不调用，那么 Python 就会自动忽略这个函数，也就是不会执行这个函数。函数只有调用的时候，才会被执行。

6.2.2   有返回值的函数

有返回值的函数，指的是函数执行完之后，会返回一个值，然后这个值可以供我们使用。

▼ **语法：**

```
def 函数名 ( 参数 1 , 参数 2 , ... , 参数 n):
    ......
    return 返回值
```

"有返回值的函数"相对"没有返回值的函数"来说，只是多了一个 return 语句罢了。return 语句就是用来返回一个结果的。

▼ **示例：**

```
# 定义函数
def getsum(a,b):
    result = a + b
    return result

# 调用函数
result = getsum(10, 20) + 100
print(result)
```

运行结果如下：

```
130
```

这里定义了一个名为 getsum 的函数，这个函数跟之前那个例子的函数功能是一样的，也是用来计算任何两个数之和。唯一不同的是，getsum() 函数会返回相加的结果。

为什么要返回相加的结果呢？因为这个相加结果在后面要用到啊！现在你应该知道什么时候该用 return，什么时候不用 return 了吧？一般情况下，如果后面的程序需要用到函数的运行结果，就应该使用 return 返回。如果后面的程序不需要用到函数的运算结果，就不需要使用 return 返回。

▶ 示例：

```python
def compute(width, height):
    girth = (width + height) * 2
    area = width * height
    return (girth, area)

result = compute(10, 20)
print(f'girth: {result[0]}')
print(f'area: {result[1]}')
```

运行结果如下：

```
girth: 60
area: 200
```

函数的返回值只能是一个，如果想要返回多个值，可以使用变通的方式，也就是返回一个元组。注意，此时函数返回值其实还是一个，只不过该值是一个元组而已。

说明 对于没有返回值的函数，它本质上是使用 return 语句返回一个 None 值，也就是 return None。

6.2.3　变量作用域

在 Python 中，变量是有一定的作用域（也就是变量的有效范围）的。根据变量的作用域，我们可以将变量分为两种：①全局变量；②局部变量。

全局变量一般在主程序中定义，其有效范围是从定义开始，一直到整个程序结束为止。说白了，全局变量在任何地方都可以用。

局部变量一般在函数中定义，其有效范围只限于在函数之中，函数执行完了就没了。说白了，局部变量只能在函数中使用，函数外部是不能使用函数内部定义的变量的。

▶ 示例：函数内可以使用全局变量

```python
a = 'Python'
```

```
# 定义函数
def getmes():
    b = a + ' tutorial'
    print(b)

# 调用函数
getmes()
```

运行结果如下：

```
Python tutorial
```

变量 a 由于是在主程序中定义的，因此它是全局变量，也就是在程序的任何地方（包括函数内）都可以使用。变量 b 由于是在函数内部定义的，因此它是局部变量，也就是只限在 getmes() 函数内部使用。

▼ 示例：函数外不可以使用函数内的变量

```
a = 'Python'

# 定义函数
def getmes():
    b = a + ' tutorial'
    print(b)

# 尝试使用函数内的变量 b
result = 'TURING: ' + b
print(result)
```

运行结果如下：

```
（报错）NameError: name 'b' is not defined
```

为什么这里会报错呢？这是因为变量 b 是局部变量，只能在函数之内使用，不能在函数之外使用。如果我们想要在函数外部使用函数内部的变量，可以使用 return 语句返回该变量的值，请看下面的示例。

▼ 示例：

```
a = 'Python'

# 定义函数
def getmes():
    b = a + ' tutorial'
    return b

# 在表达式内调用函数
result = 'TURING: ' + getmes()
print(result)
```

运行结果如下：

```
TURING: Python tutorial
```

6.3 函数的调用

如果一个函数仅仅是定义而没有被调用的话，则函数本身是不会执行的。Python 是从上到下执行代码的，如果遇到函数定义部分就会直接跳过（忽略掉），然后只有遇到函数调用时，才会返回去执行函数定义部分。也就是说，函数定义之后只有被调用才有意义。

在 Python 中，函数调用方式有两种：①直接调用；②在表达式中调用。

6.3.1 直接调用

直接调用，是常见的函数调用方式，一般用于"没有返回值的函数"。

▶ **语法**：

函数名（实参1，实参2，... ，实参n）

从外观上来看，函数调用与函数定义是非常相似的，大家可以对比一下。一般情况下，函数定义有多少个参数，函数调用时就有多少个参数。

▶ **示例**：

```
# 定义函数
def getmes():
    print('Python')

# 调用函数
getmes()
```

运行结果如下：

```
Python
```

可能你会心存疑惑："为什么这里的函数没有参数呢？"其实函数不一定都要有参数的。如果函数体内不需要用到传递过来的数据，就不需要参数。有没有参数，或者有多少个参数，都是根据实际开发需求来决定的。

此外还有一点要强调，那就是"函数的定义"一定要放到"函数的调用"前面，不然就会报错，请看下面示例。

▶ **示例**：

```
# 调用函数
getmes()

# 定义函数
def getmes():
    print('Python')
```

运行结果如下：

```
（报错）NameError: name 'getmes' is not defined
```

6.3.2　在表达式中调用

在表达式中调用，一般用于"有返回值的函数"，函数的返回值会参与表达式的计算。

▶ 示例：

```
# 定义函数
def getsum(a,b):
    result = a + b
    return result

# 调用函数
total = getsum(10, 20) + 100
print(total)
```

运行结果如下：

```
130
```

从 total=getsum(10, 20)+100 这句代码可以看出，函数是在表达式中调用的。这种调用方式一般只适用于有返回值的函数，函数的返回值会作为表达式的一部分参与运算。

6.4　函数参数

下面来深入了解一下函数的参数，主要包括形参和实参、参数可以是任何类型、位置参数、关键字参数、参数默认值等。

6.4.1　形参和实参

在 Python 中，函数的参数可以分为两种：形参和实参。其中函数在定义时的参数叫作"形参"（形式上的参数），而函数在调用时的参数叫作"实参"（实际上的参数）。

▶ 示例：

```
def getsum(a, b):              # a 和 b 是形参
    return a + b
result = getsum(10, 20)        # 10 和 20 是实参
print(result)
```

运行结果如下：

```
30
```

从名字上就可以很容易区分，形参本质上是一个变量，实参本质上是一个数值。我们调用函数时，其实就是把实参作为值，然后赋值给形参。是不是感觉很熟悉？其实这个跟变量的赋值是一样的，非常的简单。

对于 getsum(10, 20) 来说，它其实就是将 10 赋值给 a，并且将 20 赋值给 b，此时相当于执行下面代码。

```
a = 10
b = 20
```

6.4.2 参数可以是任何类型

之前接触的参数都是一些基本类型，比如数字、字符串等。实际上在 Python 中，所有数据类型都可以作为函数的参数，包括列表、元组、字典等。

▼ **示例：列表作为参数**

```
def getsum(nums):
    n = 0
    for num in nums:
        n += num
    return n

nums = [3, 9, 1, 12, 50, 21]
result = getsum(nums)
print(result)
```

运行结果如下：

```
96
```

上面示例定义了一个函数 getsum()，用于求列表所有元素之和。其中，函数的参数是一个列表。

▼ **示例：字典作为参数**

```
def exchange(d):
    lst = []
    for key, value in d.items():
        lst.append((key, value))
    return lst

users = {'Jack': 101, 'Lucy': 102, 'Tony': 103}
result = exchange(users)
print(result)
```

运行结果如下：

```
[('Jack', 101), ('Lucy', 102), ('Tony', 103)]
```

上面示例定义了一个函数 exchange()，用于将一个字典转换成一个元组型的列表。其中，函数的参数是一个字典。

6.4.3 位置参数

默认情况下，函数定义的参数都属于位置参数。其中，位置参数具有以下两个特点。

❑ **个数相同**：实参和形参的个数必须相同。

❑ **位置相同**：实参和形参的位置必须相同。

此外，位置参数也叫作"必要参数"或"必须参数"。很多地方的叫法不同，你要知道这几种叫法指的是一个意思。再次强调一次，一般情况下定义的参数都是位置参数。

▌ **示例：个数不一致**

```
def getinfo(name, age, gender):
    result = name + str(age) + gender
    print(result)

getinfo('Jack', 18)
```

运行结果如下：

```
（报错）TypeError: getinfo() missing 1 required positional argument: 'gender'
```

当形参个数跟实参个数不一致时，会抛出异常（即报错）。因此我们一定要保证函数调用时的实参个数跟函数定义时的形参个数相同。

▌ **示例：位置不一致**

```
def getinfo(name, age, gender):
    result = name + str(age) + gender
    print(result)

getinfo('Jack', 'male', 18)
```

运行结果如下：

```
（报错）TypeError: can only concatenate str (not "int") to str
```

当形参位置跟实参位置不一致时，如果数据类型不同，也会抛出异常。如果数据类型相同，那么不会抛出异常，但是会产生跟预期结果不符的问题。

因此在实际开发中，我们也要保证"函数调用时的实参位置"与"函数定义时的形参位置"一致，不然就会产生预想不到的问题。

6.4.4　关键字参数

在 Python 中，如果想要使得"函数调用时的实参位置"跟"函数定义时的形参位置"顺序不一致时，也能达到相同的预期结果，应该怎么做呢？这个时候可以使用关键字参数来实现。

▌ **示例：**

```
def getinfo(name, age, gender):
    result = name + str(age) + gender
    print(result)
getinfo(name='jack', gender='male', age=18)
```

运行结果如下：

```
jack18male
```

　　在上面示例中，虽然实参的顺序和形参的顺序不一致，但是使用了关键字参数之后，运行结果和预期结果是一样的。所谓的关键字参数，指的是在函数调用时，直接给与形参相同的名字进行赋值。

　　关键字参数非常有用，它最大的好处就是：**只要把参数名写对就可以了，避免还需要去对比各个参数位置的麻烦。** 在实际开发中，如果一个函数的参数比较少，我们使用一般参数（也就是位置参数）就可以了。但是如果一个函数参数非常多，此时关键字参数就非常有用了。

6.4.5　参数默认值

　　在 Python 函数中，我们可以给形参设置一个默认值。当函数调用时，如果该参数没有传实参进来，就会使用指定的默认值作为这个参数的值。

　　默认参数也叫作"带默认值的参数"，你要清楚这两种叫法指的是同一个东西。在函数定义时，对于需要设置默认值的参数，我们必须将它们放在所有参数的最后，不然就会产生语法错误。

▶ **示例：**

```
def ball(color, radius=10):
    print(color, radius)
ball('red')
```

运行结果如下：

```
red 10
```

在这个示例中，由于给参数 radius 设置了一个默认值 10，因此在调用函数时，如果没有给参数 radius 传入值，那么函数就会使用这个默认值。

▶ **示例：**

```
def ball(radius=10, color):
    print(radius, color)
ball('red')
```

运行结果如下：

```
（报错）SyntaxError: non-default argument follows default argument
```

　　这里要清楚一点，对于需要设置默认值的参数，一定要放在不需要设置默认值的参数的后面，否则就会报错。原因其实很简单，如果写成上面示例这样，ball('red') 其实是将 'red' 赋值给第 1 个参数 radius，此时 radius 的值是 'red'。这样就会导致第 2 个参数 color 没有传入值，所以就会报错。

▶ **示例：覆盖默认值**

```
def ball(color, radius=10):
    print(color, radius)
ball('red', 20)
```

运行结果如下：

```
red 20
```

从结果可以看出来，“实参的值”会覆盖“形参的默认值”，因此 radius 最终的值是 20，而不是 10。

有些时候想查看函数所有参数的默认值，应该怎么做呢？我们可以使用“**函数名.__defaults__**”这种方式。

示例：查看默认值

```
def ball(color, radius=10):
    print(color, radius)
print(ball.__defaults__)
```

运行结果如下：

```
(10,)
```

__defaults__ 得到的是一个元组。此外要注意一点，如果使用可变对象（比如列表）作为函数参数的默认值时，多次调用会导致一些问题，请看下面示例。

示例：默认值是列表

```
def fn(colors=['red', 'green', 'blue']):
    print(colors)
    colors.append('red')
fn()
```

运行结果如下：

```
['red', 'green', 'blue']
```

如果只调用一次 fn()，结果是没有问题的。但是如果连续多次调用 fn()，又会怎么样呢？比如调用 2 次 fn()，此时运行结果如下。

```
['red', 'green', 'blue']
['red', 'green', 'blue', 'red']
```

如果调用 3 次 fn()，此时运行结果如下。

```
['red', 'green', 'blue']
['red', 'green', 'blue', 'red']
['red', 'green', 'blue', 'red', 'red']
```

从上面结果来看，这显然不是我们想要的结果。为了防止出现这种情况，最好使用 None 作为可变对象的默认值，并且还需要进行代码检查。

示例：改进后

```
def fn(colors=None):
    if colors == None:
        colors = ['red', 'green', 'blue']
```

```
    print(colors)
    colors.append('red')
fn()
fn()
fn()
```

运行结果如下：

```
['red', 'green', 'blue']
['red', 'green', 'blue']
['red', 'green', 'blue']
```

对代码改进之后，不管我们调用多少次 fn()，此时 colors 的默认值其实都是 ['red', 'green', 'blue']。

最后，对于参数的默认值，我们可以总结出以下 3 点。

❑ 指定默认值的参数必须放在所有参数的最后，不然就会报错。

❑ 可以使用"函数名 .__defaults__"来查看所有参数的默认值。

❑ 参数的默认值不要直接指定一个可变对象，而是应该采用变通方法。

6.5 嵌套函数

嵌套函数，简单来说就是在一个函数的内部定义另外一个函数。不过在内部定义的函数只能在内部调用，如果在外部调用，就会出错。

▌ 示例：嵌套函数用于计算阶乘

```
def fn(a):
    # 定义内部函数
    def multi(x):
        return x * x
    m = 1
    for i in range(1, multi(a) + 1):
        m = m * i
    return m

result = fn(2) + fn(3)
print(result)
```

运行结果如下：

```
362904
```

上面示例定义了一个名为 fn 的函数，该函数有一个参数 a。然后在 fn() 内部定义了一个函数 multi()。其中 multi() 作为一个内部函数，只能在函数 fn() 内部使用。

对于 fn(2)，我们把 2 作为实参传进去，此时 fn(2) 等价于下面代码。

```
def fn(2):
    def multi(2):
        return 2 * 2
    m = 1
    for i in range(1, multi(2) + 1):
```

```
    m = m * i
  return m
```

从上面可以看出，fn(2) 实现的是 $1 \times 2 \times 3 \times 4$，也就是 4 的阶乘。同理，fn(3) 实现的是 $1 \times 2 \times \cdots \times 9$，也就是 9 的阶乘。

提示　嵌套函数的功能非常强大，并且与"闭包"这个高级概念有着直接的关系。如果你是刚接触 Python，暂时不必深入了解闭包。

6.6　递归函数

如果一个函数在其函数体内部调用该函数的本身，这样的函数就叫作"递归函数（recursive function）"。递归函数的原理就是，使用一个函数通过不断地调用函数自身，从而循环地处理数据。直到处理到最后一步，再将每一步的计算结果向上一步逐级返回。

特别注意，在使用递归函数的过程中一定要有结束递归的判断条件，否则递归会无限制地执行下去，造成死循环，直到程序报错。

▮ 示例：n 的阶乘

```
# 定义函数
def multi(n):
    if n == 1:
        return 1
    else:
        return n * multi(n - 1)

# 调用函数
print(multi(3))
```

运行结果如下：

```
6
```

上面示例定义了一个名为 multi 的函数，由于该函数内部使用了函数本身，所以它是一个递归函数。multi 函数满足下面的递归关系。这种递归关系，表示的是 1~n 的乘积可以由 n 乘以 1~n-1 的乘积计算得到。如果 n 等于 1，则可以直接得到结果。

$$\text{multi(n)} = \begin{cases} 1 & n = 1 \\ n * multi(n-1) & n > 1 \end{cases}$$

使用递归函数 multi() 来计算 3 阶乘，也就是执行 multi(3)，需要以下几步：

❑ **第 1 步**：multi(3) 等价于 3*multi(3 - 1)，也就是执行 3*multi(2)，此时等待 multi(2) 返回结果。

❑ **第 2 步**：multi(2) 等价于 2*multi(2 - 1)，也就是执行 2*multi(1)，此时等待 multi(1) 返回结果

❏ **第3步**：对于 multi(1) 来说，此时 n 等于1，返回结果为1，然后就会将结果返回第2步。
第2步拿到了 multi(1) 的返回值，就可以计算得到 multi(2) 的结果，也就是 2*1=2。最后
把 multi(2) 的结果返回给第1步，就可以计算得到 multi(3) 的结果，也就是 3*2=6。

需要特别注意的是，递归一定要有一个退出条件，否则就会一直递归下去。对于上面这个
例子来说，它的递归退出条件就是 n==1。

知道递归函数怎么使用之后，再来看一个经典的递归实例：斐波那契数列。斐波那契数列，
又称"黄金分割数列"或"兔子数列"，它指的是这样一个数列：0、1、1、2、3、5、8、13、
21、34……。对于斐波那契数列，它从第3项开始，每一项都等于前两项之和，所以满足下面
的公式。

$$F(n) = \begin{cases} 0, & n = 0 \\ 1, & n = 1 \\ F(n-1) + F(n-2), & n \geq 2 \end{cases}$$

接下来尝试使用递归函数的方式来求出斐波那契数列前20项数字（从0项开始），并且将
结果保存到一个列表里面去。

▶ **示例：斐波那契数列**

```
# 定义函数，获取第 n 个数
def fibonacci(n):
    if n < 2:
        return n
    else:
        return fibonacci(n - 1) + fibonacci(n - 2)

result = []
for i in range(20):
    result.append(fibonacci(i))
print(result)
```

运行结果如下：

```
[0, 1, 1, 2, 3, 5, 8, 13, 21, 34, 55, 89, 144, 233, 377, 610, 987, 1597, 2584, 4181]
```

在上面示例中，我们定义了一个名为 fibonacci 的函数，该函数是一个递归函数。对于
fibonacci() 函数来说，它递归的退出条件为 n<2。

实际上，递归函数并没有想象中那么复杂，你只需要把递归的条件找出来，然后在函数体
内根据一定的规则不断调用函数本身就可以了。

思考　*如何使用递归函数来实现 1+2+3+…+100 的和呢？请编写程序来实现一下。*

6.7　内置函数

Python 中的函数可以分为"自定义函数"和"内置函数"。自定义函数，指的是需要你自己去定义的函数，前面几节学习的就是自定义函数。

内置函数，指的是 Python 内部已经定义好的函数，也就是说我们不需要自己去写函数定义部分，而是直接调用就可以了。其中，常见的内置函数如表 6-1 所示。

表6-1　内置函数

类型转换	
int()	转换为"整数"
float()	转换为"浮点数"
str()	转换为"字符串"
list()	转换为"列表"
tuple()	转换为"元组"
set()	转换为"集合"
统计函数	
len()	计算长度
sum()	计算总和
max()	求最大值
min()	求最小值
数学计算	
abs()	求绝对值
round()	求四舍五入值
其他函数	
type()	判断类型
print()	输出内容
input()	输入内容

上表列出的是最常用的内置函数，对于不常用的就不列出来了。对于数学计算相关的两个函数，在后面章节会详细介绍。对于其他这些内置函数，前面都已经学习过了，相信你也比较熟悉了。下面再来深入了解一下 len()、sum()、max() 和 min() 这 4 个统计函数。

在 Python 中，len()、sum()、max() 和 min() 这 4 个其实是一类函数，也叫作"统计函数"。它们几乎可以用于所有的数据类型，不过一般情况下不会这样去用。对于统计函数，你需要注意以下 3 点。

❑ 除了数字类型，len() 函数可以获取其他所有类型的长度，包括：序列（列表、元组、字符串）、字典、集合。

❑ sum()、max()、min() 这 3 个不仅可以用于一个列表，还可以用于一个集合。

❑ max() 和 min() 可以用于一组数，但是 sum() 不可以用于一组数。

▶ 示例：len()

```
a = ['red', 'green', 'blue']
b = ('red', 'green', 'blue')
c = 'Python'
d = {'Jack': 101, 'Lucy': 102, 'Tony': 103}
e = {21, 15, 8}

print(len(a))
print(len(b))
print(len(c))
print(len(d))
print(len(e))
```

运行结果如下：

```
3
3
6
3
3
```

▶ 示例：列表

```
nums = [12, 6, 6, 9, 15]
print('The max:', max(nums))
print('The min:', min(nums))
print('The sum:', sum(nums))
```

运行结果如下：

```
The max: 15
The min: 6
The sum: 48
```

▶ 示例：集合

```
nums = {21, 15, 8}
print('The max:', max(nums))
print('The min:', min(nums))
print('The sum:', sum(nums))
```

运行结果如下：

```
The max: 21
The min: 8
The sum: 44
```

▶ 示例：一组数

```
a = max(3, 9, 1, 12, 50, 21)
b = min(3, 9, 1, 12, 50, 21)
print('The max:', a)
print('The min:', b)
```

运行结果如下：

```
The max: 50
The min: 1
```

需要注意的是，sum() 不能用于求一组数的和，比如执行 sum(3, 9, 1, 12, 50, 21) 来求和，那么程序就会报错，你可以自行试一下。

6.8　试一试：判断某一年是否闰年

这里我们将尝试定义一个函数，来判断任意一个年份是否为闰年。其中对于闰年的判断条件，有以下两个。

❑ 对于普通年，如果能被 4 整除且不能被 100 整除的是闰年。

❑ 对于世纪年，能被 400 整除的是闰年。

实现代码如下：

```
# 定义函数
def is_leap_year(year):
    # 判断闰年的条件
    if (year % 4 == 0) and (year % 100 != 0) or (year % 400 == 0):
        return f'{year} is leap year'
    else:
        return f'{year} is not leap year'

# 调用函数
print(is_leap_year(2020))
print(is_leap_year(2030))
```

运行结果如下：

```
2020 is leap year
2030 is not leap year
```

6.9　试一试：冒泡排序

有一个包含 10 个元素的列表：[36, 42, 33, 64, 97, 15, 84, 21, 75, 52]，如果想要将这 10 个整数按从小到大的顺序排列，应该怎么实现呢？关于排序的算法有非常多，最常见的就是使用"冒泡排序"。

冒泡排序（Bubble Sort）是最基础的交换排序。之所以叫冒泡排序，是因为每一个元素都可以像小气泡一样，根据自身大小一个一个地向列表的一侧移动。冒泡排序的原理是：从左到右每次拿出一个数字，然后将它与后面的数字两两比较，根据大小来交换位置。经过一轮比较下来，就可以找到该轮最大值或最小值，这个数就会从列表的最右边冒出来。

以从小到大排序为例，第一轮比较后，所有数中最大的那个数就会浮到最右边；第二轮比较后，所有数中第二大的那个数就会浮到倒数第二个位置……就这样一轮一轮地比较，最后就可以将所有数从小到大排序了。

实现代码如下：

```python
# 定义函数
def bubble_sort(nums):
    length = len(nums)
    # 冒泡排序只需要比较 length-1 次
    for i in range(length-1):
        # 注意这里是 length-1-i，而不是 length-i，因为我们不需要跟自身比较
        for j in range(length-1-i):
            # 如果前一个数比后一个数大，就交换位置
            if nums[j] > nums[j + 1]:
                temp = nums[j]
                nums[j] = nums[j + 1]
                nums[j + 1] = temp

nums = [36, 42, 33, 64, 97, 15, 84, 21, 75, 52]
# 调用函数
bubble_sort(nums)
print(nums)
```

运行结果如下：

```
[15, 21, 33, 36, 42, 52, 64, 75, 84, 97]
```

对于初学者来说，如果让你自己去想，比较难想到冒泡排序这种算法。不过想不到没关系，这里学了之后，我们把它记住就可以了。

思考 上面示例会修改原列表的值，如果不希望修改原列表的值，并且函数要返回一个新列表，此时应该怎么实现呢？

6.10 小结

本章介绍的新概念比较多，下面来简单回顾一下。

❑ **函数定义**：函数是使用 def 关键字定义的。函数本身是一个代码块，它们从外部接收值（参数），并可能返回 0 个、1 个或多个值。

❑ **作用域**：根据作用域（也就是变量的有效范围）的不同，变量可以分为全局变量和局部变量。全局变量一般在主程序中定义，其有效范围是从定义开始，一直到整个程序结束为止。局部变量一般在函数中定义，其有效范围只限于在函数之中，函数执行完了就没了。

❑ **函数调用**：如果一个函数仅仅是定义而没有被调用的话，则函数本身是不会执行的。函数可以直接调用，也可以在表达式中调用。

❑ **参数**：函数的参数分为形参和实参，函数在定义时的参数叫"形参"（形式上的参数），而函数在调用时的参数叫"实参"（实际上的参数）。所有数据类型都可以作为函数的参数，包括列表、元组、字典等。

- **位置参数**：位置参数也叫"必要参数"或"必须参数"，一般情况下定义的参数都是位置参数。位置参数有两个特点：一是实参和形参的个数必须相同，二是实参和形参的位置必须相同。
- **关键字参数**：关键字参数指的是在函数调用时，直接给与形参相同的名字进行赋值。关键字参数使得"函数调用时的实参位置"跟"函数定义时的形参位置"顺序不一致。
- **参数默认值**：可以给形参设置一个默认值。当函数调用时，如果该参数没有传实参进来，就会使用指定的默认值作为这个参数的值。
- **嵌套函数**：嵌套函数指的是在一个函数的内部定义另外一个函数。不过在内部定义的函数只能在内部调用，如果在外部调用，就会出错。嵌套函数与"闭包"这个高级概念有着直接关系。
- **递归函数**：如果一个函数在其函数体内部调用该函数的本身，这种函数就叫作"递归函数"。递归函数需要设置退出条件，否则会无限执行下去。
- **内置函数**：内置函数指的是 Python 内部已经定义好的函数，你不需要自己去写函数定义部分就可以直接调用该函数。常见的内置函数有：print()、input()、len()、str()、list() 等。

## 第 7 章

类与对象

7

可能你听过这么一句话："在 Python 中，一切皆对象。"实际上前面接触的所有数据类型（如数字、字符串、列表、元组、字典、集合等）本质上都是对象。在本章中，你将学会如何定义一个类，然后通过这个类来创建一个对象。

你可能会问："自定义一个对象好像很酷，但它们能用来干什么呢？到现在为止，我们已经有列表、元组、字符串、字典等对象可以用了，难道它们还不够用吗？"确实还不够，等你学完这一章心里就有答案了。

在本章中，你将学习如何创建对象，还将学习封装、方法、属性和继承等。需要学习的内容很多，现在就开始吧。

7.1 面向对象

面向对象本身是比较复杂的，我们并不希望像其他教程那样，一上来就铺天盖地地介绍一大堆概念。在这一章中，我会尽量通俗易懂并且循序渐进地介绍，以便让大家能够有一个清晰的学习思路。

面向对象这个名词，大家在其他地方或多或少都听说过。实际上，Python 本身就是一门面向对象编程的语言。面向对象是一种编程思想，那怎样才算是面向对象呢？在理解什么是"对象"之前，我们先来了解一下"类"是什么。类和对象，这两个是面向对象中最基本也是最重要的概念。

拿现实生活中的例子来说，像我们人类就是一个"类"，每个人就是一个"对象"。类是总体，对象是个体。对于"人"这个类来说，具有以下的特点。

❑ **人的属性**：有五官、有双手、有双腿等。

❑ **人的方法**：会直立行走、会使用工具、会用语言交流等。

拿游戏开发中的例子来说，在 *DOTA* 中，所有英雄就是一个"类"，每一个英雄就是一个"对象"。对于"英雄"这个类来说，具有以下的特点。

❑ **英雄的属性**：有类型、有装备、有生命值、有魔法值等。

❑ **英雄的方法**：可以发动物理攻击、可以发动法术攻击等。

想要使用 Python 来开发一个类似 *DOTA* 的游戏，如果使用面向过程的方式，那么对于每一个英雄来说，我们都要定义一遍它们的属性和方法。有多少个英雄，就要定义多少次。从这一点可以看出，面向过程这种方式的重复工作量是非常大的。

但是如果使用面向对象的方式，就变得非常简单了。面向对象，其实就是抽象出相同的属性和方法（方法，也叫作行为），然后把这些属性和方法封装到一个"类"中。以后每一个"对象"只需要继承这个"类"的属性和方法就可以了，而不需要重复性地去定义。实际上，"物以类聚，人以群分。"这句话就有面向对象的味道在里面。

面向对象，说白了就是让软件世界更像现实世界。它是对现实世界的一种模仿，用类和对象来描述。实际上，大多数编程语言（包括 Python、Java、C++ 等）都有面向对象的概念。

7.2　创建对象

从前面可以知道，如果想要创建一个对象，首先要定义一个类。在 Python 中，我们可以使用 class 这个关键字来定义一个类。

▼ **语法：**

```
class 类名:
    属性名 = 值
    def 方法名(self):
        ……
```

对于一个类来说，一般都具有"属性"和"方法"。其中，属性的定义跟变量的定义相似，而方法的定义跟函数的定义相似。不过对于方法的定义，要求传入 self 作为第 1 个参数，这是语法规定，不然就会报错。类的定义语法比较复杂，我们还是结合下面的示例多多理解一下。

▼ **示例：**

```
# 定义一个类
class Hero:
    name = '船长'
    type = '力量型'
    def skill(self):
        print('放大招啦！')

# 实例化对象
h = Hero()
# 调用对象的属性
print(h.name)
# 调用对象的方法
h.skill()
```

运行结果如下：

```
船长
放大招啦！
```

我们都知道，使用函数需要两步：第一步是"定义函数"，第二步是"调用函数"。实际上，使用对象也需要两步：第一步是"类的定义"，第二步是"类的实例化"。

在这个示例中，我们首先使用 class 关键字定义了一个类，这个类的名字叫 Hero。不过此时只有一个"抽象"的类，却没有"具体"的对象。实际上，对象是由类来创建的。

注意 类名的首字母一定要大写。对于类名来说，如果包含多个单词，则应该采用"大驼峰命名法"，比如 DotaHero、UserInfo。

---

h = Hero() 表示使用 Hero 这个类来实例化一个对象，这个对象名叫"h"。实例化一个对象，也就是创建一个对象，我们一定要搞清楚"实例化对象"指的是什么意思。此时，h 这个对象就具备 Hero 类的属性和方法。准确来说，**类和对象之间是通过"实例化"关联起来的**（这句话很重要）。

很多编程语言如 C++、Java 等，对于类的实例化，都需要用到 new 这个关键字，但在 Python 中不需要。也就是说，h = new Hero() 这种方式是错误的。

获取对象的属性，或者执行对象的方法，我们都是通过点运算符（.）来实现的，语法如下。

```
对象名.属性名
对象名.方法名()
```

像上面这个例子，h.name 表示调用对象的 name 属性，h.skill() 表示调用对象的 skill() 方法。

"类"和"对象"这两个是面向对象中最重要的概念。对于类和对象之间的关系，我们可以这样去比喻：**类就像是一个模板，通过这个模板，我们可以做出各种各样的对象**，如图 7-1 所示。例如，你可以通过 Hero 类生成一个英雄 A，也可以通过 Hero 类生成一个英雄 B。虽然每个英雄的姓名和类型不同，但是它们都有共同的特征，那就是都拥有"姓名"和"类型"这两个属性。

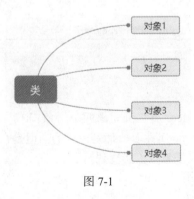

图 7-1

类的 3 种创建方式

可能有人会问："Python 在创建一个类时，类名后面加上 () 和没加上 ()，两者有什么区别呢？"其实这两者是没有区别的。对于创建一个类，下面 3 种方式是等价的。

```
# 方式 1
class A:
    ......


# 方式 2
class A():
    ......


# 方式 3
class A(object):
    ......
```

7.3　构造函数：__init__()

在介绍构造函数之前，我们先来看一个例子。

```
# 定义类
class Hero():
    name = '船长'
    type = '力量型'
    def skill(self):
        print('放大招啦！')

# 实例化第 1 个对象
h1 = Hero()
print(f'name: {h1.name}, type: {h1.type}')

# 实例化第 2 个对象
h2 = Hero()
print(f'name: {h2.name}, type: {h2.type}')
```

运行结果如下：

```
name: 船长, type: 力量型
name: 船长, type: 力量型
```

在上面示例中，我们使用 Hero 类实例化出两个对象：h1、h2。从运行结果可以看出，h1、h2 这两个对象的 name 属性和 type 属性取值都是一样的。但是在实际开发中，每一个英雄的名字和类型都是不一样的，此时又该怎么去实现呢？

在 Python 中，我们可以使用 "__init__()" 这个构造函数来为每一个对象定义独特的属性值。

▶ 语法：

```
class 类名():
    def __init__(self, A, B, C):
        self.A = xxx
        self.B = xxx
        self.C = xxx
    def 方法名(self):
        ......
```

  __init__() 就是我们所说的构造函数。这个函数跟普通函数是一样的,只不过它是在类的内部定义,并且这个函数名是固定的。

  __init__() 的意思是初始化,是 "initialization" 的简写。这个方法的书写方式是: 先输入两个下划线(注意是两个,而不是一个),然后输入 init,最后再输入两个下划线。

  __init__() 的第 1 个参数必须是 self,这跟类的方法定义是一样的。然后在构造函数内部,我们都是使用 "self.xxx" 这种方式来接收参数,self 指向的就是当前的对象。

  构造函数的作用在于: 接收不同的参数,让你的类具备 "模板" 功能,然后可以生成不同的对象。这跟普通函数传入不同的参数有点类似。

▶ **示例:**

```
# 定义类
class Hero():
    def __init__(self, name, type):
        self.name = name
        self.type = type
    def skill(self):
        print('开始放大招啦! ')

# 实例化第 1 个对象
h1 = Hero('船长', '力量型')
print(f'name: {h1.name}, type: {h1.type}')

# 实例化第 2 个对象
h2 = Hero('先知', '智力型')
print(f'name: {h2.name}, type: {h2.type}')
```

运行结果如下:

```
name: 船长, type: 力量型
name: 先知, type: 智力型
```

  在这个例子中,我们使用构造函数 __init__() 来为每一个对象初始化两个属性: name 和 type。在 __init__() 中,self 指向的是当前实例化的对象。例如执行 h1 = Hero('船长', '力量型') 之后,self 指向的是 h1 这个对象,而执行 h2 = Hero('先知', '智力型') 之后,self 指向的是 h2 这个对象。

  对于构造函数,我们只需要记住一句话就可以了: **构造函数用于接收不同的参数,让你的类可以生成不同的对象。**

魔法方法

  在类的定义中,可以使用 __init__() 这样的方法。像这种在类中自带的、被双下划线前后包围的方法,被称为 "魔法方法" (Magic Method)。在 Python 中,魔法方法其实有数十种之多,常用的有以下几种。

□ __init__()：初始化对象。

□ __new__()：创建实例对象。

□ __del__()：销毁对象。

□ __str__()：返回对象的描述信息。

□ __bool__()：返回对象逻辑值，使用bool()时调用。

□ __len__()：返回对象长度，使用len()时调用。

这些魔法方法都是在类中定义的，并且名称是固定的。魔法方法在类或对象进行特定的操作时会"自动调用"，我们可以重写这些魔法方法来添加各种特殊的功能以满足实际开发需求。

7.4　类属性和实例属性

在介绍类属性和实例属性之前，我们还是先来看一个简单的例子。

```
class Hero:
    title = 'DOTA hero'
    def __init__(self, name, type):
        self.name = name
        self.type = type
    def skill(self):
        print('放大招啦! ')
```

在这个例子中，title 是一个类属性，而 name 和 type 是实例属性。一般来说，直接在 class 中定义的属性（变量）就是一个"类属性"，只有在构造函数 __init__() 中使用 self 关键字定义的才是"实例属性（又叫"对象属性"）。请一定要清楚，一个实例就是一个对象。

▶ **示例：类属性**

```
class Hero:
    title = 'DOTA hero'

h1 = Hero()
h2 = Hero()

print(h1.title)
print(h2.title)
print(Hero.title)
```

运行结果如下：

```
DOTA hero
DOTA hero
DOTA hero
```

上面这个 title 是一个类属性，而不是实例属性，因为它是在 class 中直接定义的。从运行结果可以看出，虽然类属性是归于类所有，但是类的所有实例都可以访问到它。

想要访问类属性，不建议使用"实例名 . 类属性"的方式，而应该使用"类名 . 类属性"的方式。比如在上面这个例子中，虽然 h1.title 和 h2.title 都可以访问到类属性，但是在实际开发中并不建议使用这种不规范的方式，而是应该使用 Hero.title 这种方式。

▶ 示例：类属性和实例属性同名

```
class Hero:
    name = 'DOTA 英雄 '
    def __init__(self, name, type):
        self.name = name
        self.type = type
    def skill(self):
        print(' 放大招啦！ ')

h1 = Hero(' 船长 ', ' 力量型 ')
print(h1.name)
```

运行结果如下：

```
船长
```

上面示例定义了一个名为 name 的类属性，然后在 __init__() 内又定义了一个同名的实例属性。从结果可以看出来，实例属性会覆盖类属性。因此大家要记住一点：在实际开发中，不要对类属性和实例属性使用相同的名字。

▶ 示例：在实例方法中访问类变量

```
class Hero:
    title = 'DOTA hero'
    def skill(self):
        print(Hero.title)
        print(self.__class__.title)

h1 = Hero()
h1.skill()
```

运行结果如下：

```
DOTA hero
DOTA hero
```

在实例方法中访问实例变量很简单，直接使用 self.xxx 就可以访问了。不过想要在实例方法中访问类变量，就不是使用 self.xxx 方式，而是使用"类名 . 类属性"或者"self.__class__. 类属性"的方式。

你可能会有这么一个疑问：大多数情况下我们只会用到实例属性，那么类属性这东西到底有什么用呢？不要着急嘛，我们先来看一个简单的例子。

▶ 示例：统计实例的个数

```
class Hero():
    count = 0
```

```
      def __init__(self, name, type):
          self.name = name
          self.type = type
          self.__class__.count += 1

h1 = Hero('船长', '力量型')
h2 = Hero('先知', '智力型')
print(Hero.count)
```

运行结果如下：

```
2
```

上面示例定义了一个类属性 count 用于统计实例的个数。构造函数 __init__() 有一个特点，就是在实例化一个对象的同时，__init__() 函数就会自动执行一次，因此我们可以使用类属性 count 来统计实例的个数。此外，self.__class__.count += 1 等价于 Hero.count += 1。

对于类属性和实例属性，可以总结出以下 3 点。

❑ 实例属性属于各个实例所有，互不干扰。

❑ 类属性属于类所有，所有实例共享一个属性。

❑ 不要对实例属性和类属性使用相同的名字，否则实例属性会覆盖类属性。

7.5　类方法和实例方法

在 Python 中，我们可以使用 @classmethod 关键字来定义一个类方法。

▶ 语法：

```
@classmethod
def 方法名(cls):
    ......
```

类方法在定义时，需要在定义的上面加上 @classmethod，而且类方法的第 1 个参数是 cls，它指向的是类本身。cls 只是一个参数名，你也可以使用任意变量名，不过为了规范，这里还是建议使用 cls。

▶ 示例：

```
class Hero:
    count = 0
    def __init__(self, name, type):
        self.name = name
        self.type = type

    # 定义实例方法
    def skill(self):
        print(f'{self.name}放大招啦！')

    # 定义类方法
    @classmethod
```

```
    def getcount(cls):
        cls.count += 1
        print(cls.count)

h1 = Hero('船长', '力量型')
h1.skill()
Hero.getcount()

h2 = Hero('先知', '智力型')
h2.skill()
Hero.getcount()
```

运行结果如下：

```
船长放大招啦!
1
先知放大招啦!
2
```

虽然实例方法可以操作类属性，但是我们并不建议这样做。类方法的出现，其实就是用来操作类属性的。请一定要记住：**实例方法关联的是实例属性，类方法关联的是类属性。**

7.6 静态方法

如果你接触过其他编程语言，可能会知道类的静态成员包括静态变量和静态方法这两种。不过 Python 是不支持静态变量的，因为 Python 是一门动态语言，不存在完全静态的变量。不过 Python 却是支持静态方法的。

在 Python 中，我们可以使用 @staticmethod 关键字来定义一个静态方法。

▶ **语法：**

```
@staticmethod
def 方法名():
    ......
```

静态方法在定义时，需要在定义的上面加上一个 @staticmethod，然后定义部分跟普通函数的定义是一样的。

类方法和实例方法都需要强制传入指定的参数，其中类方法需要传入"cls"作为第 1 个参数，而实例方法需要传入"self"作为第 1 个参数。但是对于静态方法来说，它不需要强制传入任何参数。

▶ **示例：**

```
class Hero():
    count = 0
    def __init__(self, name, type):
        self.name = name
        self.type = type
```

```
    # 定义实例方法
    def skill(self):
        print(f'{self.name} 放大招啦！')

    # 定义类方法
    @classmethod
    def getcount(cls):
        cls.count += 1
        print(cls.count)

    # 定义静态方法
    @staticmethod
    def add(x, y):
        print(x + y)

h1 = Hero(' 船长 ', ' 力量型 ')
# 调用静态方法
Hero.add(1,2)
h1.add(1,2)
```

运行结果如下：

```
3
3
```

从上面可以看出，类或实例都可以调用静态方法，这两种方式没有什么区别。其中 Hero.
add(1, 2) 是通过类名来调用静态方法的，而 h1.add(1, 2) 是通过实例名来调用静态方法的。

静态方法无法访问实例属性，一般也不会和类本身进行交互，它只是起了一个类似函数工
具库的作用。从这也可以看出，静态方法就跟普通函数差不多。在实际开发中，我们并不建议
经常使用静态方法，这是因为静态方法跟面向对象的关联性非常弱。

7.7　继承

在实际开发中，你可能会碰到这样的情况：需要定义多个类，但是这些类之间有相当一部
分的属性和方法都是相同的。也就是说，对于这些相同的属性和方法，我们在每个类中都要定
义一遍。

在 Python 中，我们可以把这些相同的部分提取成一个父类，然后让这些子类去“继承”
父类，这样就不用写那么多重复的代码了。比如有两个类：Teacher 和 Student，这两个类都有
“人”的共同特征，我们可以把这两个类的共同部分提取出来，然后将其定义成一个 Person 类，
之后再让 Teacher 和 Student 这两个类去继承这个 Person 类。

▼ **语法：**

```
class 子类名 ( 父类名 )：
        ……
```

想要让子类继承父类的属性和方法，只需要在类名后面加上一个“()”，并且在“()”内写
上“父类名”就可以了。这个有点类似于函数传参。

▶ 示例：

```python
# 定义父类
class Person:
    type = 'human'
    def walk(self):
        print('walking')

# 定义子类，并继承父类
class Student(Person):
    def __init__(self, name, age):
        self.name = name
        self.age = age
    def getname(self):
        print(self.name)

# 实例化对象
s = Student('Jack', 18)
print(s.type)
s.walk()
```

运行结果如下：

```
human
walking
```

上面示例定义了两个类：Person 和 Student，然后让 Student 类继承 Person 类。s = Student('Jack', 18) 表示实例化一个 Student 对象，我们看到 s 可以调用父类的 type 属性和 walk() 方法。

当然了，我们也可以让多个类继承同一个父类，请看下面示例。

▶ 示例：

```python
# 定义父类
class Person:
    type = 'human'
    def walk(self):
        print('walking')

# 定义子类
class Student(Person):
    def __init__(self, name, age):
        self.name = name
        self.age = age
    def getname(self):
        print(self.name)

# 定义子类
class Teacher(Person):
    def __init__(self, name, course):
        self.name = name
        self.course = course
    def getname(self):
        print(self.name)

# Student 实例化
s = Student('Jack', 18)
```

```
print(s.type)
s.walk()

# Teacher 实例化
t = Teacher('Mr. Lincoln', 40)
print(t.type)
t.walk()
```

运行结果如下：

```
human
walking
human
walking
```

从结果可以看出，Student 和 Teacher 这两个类都继承了 Person 这个类，所以它们实例化出来的对象，都拥有 type 属性和 walk() 方法。

7.8　试一试：封装一个矩形类

定义一个矩形类 Rect，它的实例有两个属性：width、height，还有两个方法：get_girth() 和 get_area()。其中 get_girth() 用于获取矩形的周长，get_area() 用于获取矩形的面积。

实现代码如下：

```
# 定义类
class Rect:
    def __init__(self, width, height):
        self.width = width
        self.height = height
    def get_girth(self):
        girth = (self.width + self.height) * 2
        return girth
    def get_area(self):
        area = self.width * self.height
        return area

# 实例化对象
rect = Rect(10, 20)
print('The girth:', rect.get_girth())
print('The area:', rect.get_area())
```

运行结果如下：

```
The girth: 60
The area: 200
```

7.9　试一试：封装一个银行账户类

定义一个银行账户类 BankUser，它的实例有两个属性：id 和 money。然后还有 3 个方法：addmoney()、drawmoney() 和 getmoney()。其中 addmoney() 用于存钱，drawmoney() 用于取钱，getmoney() 用于查看余额。

实现代码如下：

```
class BankUser():
    def __init__(self, id, money):
        self.id = id
        self.money = money
    def addmoney(self, money):
        self.money += money
        print(f'add: {money}, remain: {self.money}')
    def drawmoney(self, money):
        self.money -= money
        print(f'draw: {money}, remain: {self.money}')
    def getmoney(self):
        print(f'remain: {self.money}')

user = BankUser(1, 10)
user.addmoney(90)
user.drawmoney(60)
user.getmoney()
```

运行结果如下：

```
add: 90, remain: 100
draw: 60, remain: 40
remain: 40
```

7.10 小结

本章介绍的内容很多，下面来总结一下。

❑ **面向对象**：面向对象是一种编程思想，与之对应的是另外一种编程思想：面向过程。面向过程是以过程为中心的，它是具体化、流程化的。而面向对象是以对象为中心的，它是模型化的，它将（具有共同属性和行为的）对象抽象成类。

❑ **类和对象**：类是一种抽象，它就像模板一样。对象是由类创建出来的，它是一种具体化的结果。类和对象之间是通过"实例化"关联起来的。

❑ **属性和方法**：属性代表一个对象的特点，而方法代表一个对象的行为。属性类似于一个变量，只不过这个变量是描述对象特征的。而方法类似于一个函数，是对象的行为操作。

❑ **构造函数**：构造函数需要在类内部定义，并且它的名字是固定的，也就是 __init__()。在实例化一个对象时，构造函数会自动执行。其中，构造函数的作用在于：接收不同的参数，让你的类具备"模板"功能，然后可以生成不同的对象。

❑ **类属性和实例属性**：直接在类中定义的属性（变量）就是"类属性"，只有在构造函数 __init__() 中使用 self 关键字定义的才是"实例属性（又叫"对象属性"）。

❑ **类方法和实例方法**：一个方法在定义时，如果在定义的上面加上 @classmethod 关键字，那么该方法就是一个类方法。而没有加上 @classmethod 关键字的方法，代表的都是实例方法。

❑ **静态方法**：Python 并不支持静态变量，只支持静态方法。一个方法在定义时，如果在定义的上面加上 @staticmethod 关键字，那么该方法就是一个静态方法。

❑ **继承**：想要让子类继承父类的属性和方法，只需要在类名后面加上一个"()"，并且在"()"内写上"父类名"就可以了。这有点类似于函数传参。

第8章

异　常

在之前的学习中，经常可以看到程序运行后会出现各种报错，举个简单的例子。

```
>>> print(a)
Traceback (most recent call last):
  File '<pyshell#0>', line 1, in <module>
    print(a)
NameError: name 'a' is not defined
```

这种情况，你是不是感到很熟悉呢？当检测到一个 bug（即错误）时，Python 解释器就无法继续执行了，反而出现了一些错误的提示，这就是所谓的"异常"。程序产生异常时，首先会打印错误信息，然后中断程序的运行。

异常，其实是一个事件，这个事件会在程序运行过程中发生。一般情况下，Python 无法正常处理程序时就会发生异常。Python 中的每一个异常都是一些类的实例，因此我们可以使用对应的方法进行捕获，使得错误可以被处理，而不是让整个程序失败。

对于一些简单的程序来说，是否对异常进行处理，并不显得那么重要。但是随着代码量的增加，比如在一个大型程序中发生异常，如果没有做恰当的处理，就很可能导致整个程序崩溃。由于程序崩溃了，你也崩溃了，最后 boss（老板）也崩溃了。

在本章中，你将了解到常见的异常有什么，然后会学习到如何处理这些异常，从而使得你的程序更加健壮。

8.1　常见异常

了解常见的异常，可以帮助我们快速地判断该异常是什么，以便更快地解决异常。在 Python 中，常见的异常如表 8-1 所示。

表8-1　常见异常

异　　常	说　　明
NameError	变量不存在
AttributeError	属性不存在
KeyError	键不存在
SyntaxError	语法错误

（续）

异　　常	说　　明
TypeError	类型错误
ZeroDivisionError	除数为 0
IndexError	索引超出范围
IOError	输入输出异常

对于表中这些异常，你不需要记住，但是要尽量认得。事实上，除了上表列出的这些，Python 还有很多其他的异常，如果你是刚开始接触 Python，只需要掌握上面这些就够了。

1. NameError

当尝试访问一个不存在的变量时，就会抛出 NameError 异常，例如：

```
>>> print(a)
Traceback (most recent call last):
  File '<pyshell#13>', line 1, in <module>
    print(a)
NameError: name 'a' is not defined
```

2. AttributeError

当尝试访问对象一个不存在的属性时，就会抛出 AttributeError 异常，例如：

```
>>> colors = []
>>> print(colors.name)
Traceback (most recent call last):
  File '<pyshell#3>', line 1, in <module>
    colors.name
AttributeError: 'list' object has no attribute 'name'
```

3. KeyError

当尝试访问字典中一个不存在的键时，就会抛出 KeyError 异常，例如：

```
>>> nums={'one': 1, 'two': 2, 'three': 3}
>>> print(nums['four'])
Traceback (most recent call last):
  File '<pyshell#14>', line 1, in <module>
    print(dict['four'])
KeyError: 'four'
```

4. SyntaxError

当 Python 语法发生错误时，就会抛出 SyntaxError 异常，例如：

```
>>> students=['Jack': 1001]
SyntaxError: invalid syntax
```

对于字典，我们应该使用大括号 {}，而这里却使用中括号 []，因此会抛出 SyntaxError 异常。

5. TypeError

当对不同类型的数据进行计算时，就会抛出 TypeError 异常，例如：

```
>>> print(1 + '2')
Traceback (most recent call last):
  File '<pyshell#16>', line 1, in <module>
    print(1+'2')
TypeError: unsupported operand type(s) for +: 'int' and 'str'
```

6. ZeroDivisionError

我们都知道，除数是不能为 0 的，否则会抛出 ZeroDivisionError 异常，例如：

```
>>> result = 666 / 0
Traceback (most recent call last):
  File '<pyshell#17>', line 1, in <module>
    result=666/0
ZeroDivisionError: division by zero
```

7. IndexError

当索引超出序列（列表、元组、字符串）的范围时，就会抛出 IndexError 异常，例如：

```
>>> nums = [1, 2, 3, 4, 5]
>>> print(nums[8])
Traceback (most recent call last):
  File '<pyshell#5>', line 1, in <module>
    print(numbers[8])
IndexError: list index out of range
```

8. IOError

IOError 指的是系统输入输出时产生的异常，例如打开一个不存在的文件就会引发
FileNotFoundError。这个 FileNotFoundError 就是 IOError 的子类，例如：

```
>>> file = open(r'D:\hello.txt')
Traceback (most recent call last):
  File '<pyshell#0>', line 1, in <module>
    file=open(r'D:\hello.txt')
FileNotFoundError: [Errno 2] No such file or directory: 'D:\\hello.txt'
```

8.2　处理异常

程序员之间流传着一个老笑话："写代码占了编程工作量的 90%，而调试 bug 占了剩余工作
量的 90%。" bug 是比较恼人的，如果一个大型程序出现难以排查的 bug，很可能让你几天都夜
不能寐。

前面了解了常见的异常，接下来将介绍一些有用的技巧，以帮助你更快、更容易地处理这
些"异常（bug）"。

关于"bug"的故事

可能你会觉得很奇怪，为什么会使用"bug（小虫子）"这个单词来形容程序中出现的
错误呢？其实这来源于计算机先驱 Grace Murray Hopper 的故事。

1946 年，当 Hopper 退役后，她加入了哈佛大学计算实验室，在那里她继续研究计算机 Mark II 和 Mark III。在研究过程中，她发现了 Mark II 中的一个错误，而这个错误是一只小虫子（其实是飞蛾）被困在继电器中所导致的。而后，这个"bug"被霍珀小心翼翼地移下继电器，并用胶带粘到了日志簿上，成为了计算机的第一个"bug"。

8.2.1　try-except 语句

在 Python 中，我们可以使用 try-except 语句来捕获异常或处理异常。

▶ **语法：**

```
try:
    # 需要检测的代码
except Exception as reason:
    # 出现异常后的处理代码
```

try 语句后面接的是你认为可能会出错的代码，except 语句后面接的是出现异常后的处理代码。try 语句后面的代码块中，一旦有一句代码出现异常，则剩下的语句将不会被执行。

except 语句中，Exception 是一个参数，表示异常类型（比如 NameError、IndexError 这些），异常类型可以是一个或者多个。如果是多个，则使用元组来保存，表示对这些异常进行统一的处理。

as reason 是一个可选语句，我们可以通过 reason 这个参数来捕获异常的详细信息。此外，对于 try-except 语句，我们还可以使用多个 except 子句来处理不同的异常。

说了那么多，你现在感到一头雾水是很正常的，我们多结合下面介绍的例子来理解，就很简单了。

▶ **示例：处理单个异常**

```
try:
    print(a)
except NameError:
    print('Variable does not exist!')
```

运行结果如下：

```
Variable does not exist!
```

如果你认为某一段代码有问题，你可以把这段代码放到 try 语句中，然后利用 except 语句进行处理。其中 except 语句后面要接一个异常类型。也就是说，你认为某一段代码有问题后，你要预估这段代码会出现什么异常，然后只有出现了这个异常后，except 后面接的处理代码才会执行。

像下面这段代码，你预估代码会出现 TypeError，但是实际上代码出现的是 NameError，则 except 后面接的处理代码不会执行。

```
try:
    print(a)
except TypeError:
    print('Variable does not exist!')
```

对于这个例子，我们还可以使用 as reason 捕获详细异常信息，实现代码如下：

```
try:
    print(a)
except NameError as reason:
    print(reason)
```

运行结果如下：

（报错）name 'a' is not defined

到这里就有人会问了："except 语句后面要接一个异常类型，并且还需要预估这段代码会出现什么异常。很奇怪为什么还需要用 try-except 用去捕获异常啊？不是事先都能猜到了吗？"

其实并不是这样的，我们都知道，一旦发生了异常，所有程序就会被中断。处理异常的目的并不是想要知道发生了什么异常，而是在于程序某段代码发生异常后，还能保证该异常代码后面的程序还能继续执行，而不是中断整个程序。请看下面的示例。

▼ 示例：没有加上异常处理

```
print(a)
print(1 + 1)
```

运行结果如下：

（报错）NameError: name 'a' is not defined

在上面例子中，由于变量 a 不存在，因此执行 print(a) 后会发生异常，接下来后面的 print(1+1) 也不会执行了。如果想要使得不管前面代码是否发生异常，后面的 print(1+1) 依旧会执行，该怎么办呢？此时异常处理就用得上了。

▼ 示例：加上异常处理

```
try:
    print(a)
except NameError:
    print('Variable does not exist!')
print(1 + 1)
```

运行结果如下：

```
Variable does not exist!
2
```

异常处理可以使得你编写的代码更加健壮，即使发生了异常，也不会影响后面代码的执行，这才是异常处理的目的所在，所以大家一定要把异常处理的目的搞清楚。

▼ 示例：处理多个异常

```
try:
    result = 1 + '2'
    nums = [1, 2, 3, 4, 5]
    print(result)
    print(nums[8])
except (TypeError, IndexError) as reason:
    print(reason)
```

运行结果如下：

```
(报错) unsupported operand type(s) for +: 'int' and 'str'
```

(TypeError，IndexError) 是一个元组，这个元组有两个元素：TypeError、IndexError。对于处理多个异常，都是使用元组的语法来实现的。

正常来说，上面这个示例的代码应该有两个异常，为什么这里只输出 TypeError 这一个异常的信息呢？原因是这样的：try 语句后面的代码块中，一旦有一句代码出现异常，则剩下的语句将不会被执行，也就是说我们只能使用 as reason 捕获到第一个异常。

即便如此，捕获多个异常的方式还是很有用的。为了简化，没有必要用多个 except 子句来输出同样的信息，而应改为用同一个 except 语句来处理。请看下面例子：

▼ 示例：处理多个异常

```
try:
    result = 1 + '2'
    nums = [1, 2, 3, 4, 5]
    print(result)
    print(nums[8])
except IndexError:
    print('May be IndexError or TypeError or SyntaxError')
except TypeError:
    print('May be IndexError or TypeError or SyntaxError')
except SyntaxError:
    print('May be IndexError or TypeError or SyntaxError')
```

运行结果如下：

```
May be IndexError or TypeError or SyntaxError
```

像上面这种情况，最好的办法就是使用捕获多个异常的语法来处理，实现代码如下。

```
try:
    result = 1 + '2'
    numbers = [1, 2, 3, 4, 5]
    print(result)
    print(numbers[8])
except (IndexError,TypeError, SyntaxError):
    print('May be IndexError or TypeError or SyntaxError ')
```

▼ 示例：处理所有异常

```
try:
    result = 1 + '2'
```

```
except:
    print('Something goes wrong!')
```

运行结果如下：

```
Something goes wrong!
```

即使程序处理了好几种异常，还是可能有一些漏网之鱼。如果你无法确定要对哪一类异常进行处理，只是希望在 try 语句块中一旦出现任何异常，可以给出一个"看得懂"的提醒，就可以像上面那样简单处理。不过在实际开发中，并不特别建议这样做，因为它会隐藏所有未想到并且未做好准备的错误。

8.2.2　else 子句

从上面可以知道，except 语句是代码块发生异常时的处理代码。如果希望代码块没有发生异常时去做一些事情，此时该怎么办呢？实际上，Python 为我们提供了 else 子句来实现该功能，也就是 try-except-else。

▼ **语法：**

```
try:
    ......
except Exception as reason:
    ......
else:
    ......
```

当程序没有发生异常时，通过添加一个 else 子句做一些事情（比如输出一些信息）很有用，可以帮助我们更好地判断程序的执行情况。

从之前的学习可以知道，else 子句不仅可以跟 if、while 等语句搭配，还可以跟 try 语句搭配。

▼ **示例：**

```
try:
    a = 1
    print(a)
except NameError:
    print('Variable does not exist!')
else:
    print('Program runs correctly!')
```

运行结果如下：

```
1
Program runs correctly!
```

8.2.3　finally 子句

如果希望代码块不管有没有发生异常，都继续执行某些语句，我们可以使用 finally 子句来实现。

▶ 语法：

```
try:
    ......
except Exception as reason:
    ......
finally:
    ......
```

▶ 示例：

```
try:
    file = open(r'files\A.txt', 'r', encoding='utf-8')
    result = file.read() + 1000
    file.close()
except TypeError as reason:
    print(reason)
```

运行结果如下：

（报错）TypeError: can only concatenate str (not 'int') to str

在上面示例中，程序从上到下执行，但是执行到 result=file.read()+1000 这一句代码时就会发生异常，后面的 file.close() 就不会执行了。此时文件已经被打开了，却没有被关闭，这不符合预期。关于文件操作的语法，你将在后面第 9 章学习到。

如果希望不管 try 代码块中是否发生异常，我们都要执行 file.close() 关闭文件，就可以使用 finally 子句来实现，代码如下：

```
try:
    file = open(r'files\A.txt', 'r', encoding='utf-8')
    result = file.read() + 1000
except TypeError as reason:
    print(reason)
finally:
    file.close()
```

对于 try-except-finally 语句，如果 try 语句块中没有发生任何异常，则会跳过 except 语句块，然后执行 finally 语句块。如果 try 语句块中发生异常，则会先执行 except 语句块，再执行 finally 语句块。也就是说，finally 语句块是无论是否发生异常，都一定会被执行的内容。

异常是一个类，捕获异常就是捕获类的实例。前面介绍的都是用于处理 Python 内置的异常，实际上我们还可以自定义异常类。如果要抛出异常，可以根据需要定义一个异常类，然后使用 raise 语句抛出异常类的实例。

需要清楚的是，只有在必要的时候才去自定义一个异常类。平常开发时我们应该尽量使用 Python 内置的异常类（如 NameError、TypeError 等）。因此对于初学者而言，你并不需要过多关注自定义异常类以及 raise 语句。

最后总结一下异常处理，主要有以下 3 点。

❏ except 语句可以有多个，Python 会按照顺序执行。如果异常已经被处理，后面的 except 就不会被执行了。

- ❏ except 语句可以用元组的形式同时指定多个异常。
- ❏ except 语句后面如果不指定异常，则表示捕获所有异常。

提示　如果在实际项目中要忽略某类异常，可以使用标准库模块 contextlib 里的 suppress 函数，它提供了现成的"忽略异常"功能。

8.3　错误级别

程序主要是由语法和数据组成的，这两者只要任何一个出现问题，都会导致程序出错。很多时候，即使你是技术大牛，这种出错也是不可避免的。

对于程序中的错误，可以简单分为 3 种：低级错误、中级错误和高级错误。

8.3.1　低级错误

低级错误一般指的是语法错误，主要是在编写代码或调试代码时就报出的错误。

▼ 示例：

```
>>> print(1 + '2')
Traceback (most recent call last):
  File '<pyshell#16>', line 1, in <module>
    print(1+'2')
TypeError: unsupported operand type(s) for +: 'int' and 'str'
```

上面这样的错误，就是初学者最容易犯的语法错误之一，数字与字符串是不能直接相加的，否则就会报 TypeError 异常。

8.3.2　中级错误

中级错误一般是一些隐性的错误，主要是指代码存在逻辑缺陷或逻辑错误。

▼ 示例：隐性错误

```
def reverse(nums):
    nums.reverse()
    print(nums)
reverse([1, 2, 3, 4, 5])
```

运行结果如下：

```
[5, 4, 3, 2, 1]
```

上面代码经过测试后发现没什么问题，然后投放到实际环境中去使用。这里注意一下，函数传输的数据是一个列表，程序运行很正常。

但是在实际使用中，用户有可能会给函数传递一个字典，此时代码如下。

```
def reverse(nums):
    nums.reverse()
```

```
    print(nums)
reverse({'Jack': 1001, 'Lucy': 1002, 'Tony': 1003})
```

运行结果如下：

（报错）AttributeError: 'dict' object has no attribute 'reverse'

错误的传递对象导致了正常程序出错，这就是隐性错误。隐性错误的特点是正常情况下程序运行正常，特殊情况下（比如传入数据没有检查类型、边界值没有考虑周到等）就会出错。有些隐性错误甚至不报错，而是直接输出错误结果，这样更加糟糕。

实际上，我们这一章介绍的异常处理，主要是处理中级错误（也就是隐性错误）。像上面的错误，就可以这样来实现。

▶ **示例：加上异常处理**

```
def reverse(nums):
    try:
        nums.reverse()
        print(nums)
    except:
        print('It must be a list!')
reverse({'Jack': 1001, 'Lucy': 1002, 'Tony': 1003})
reverse([1, 2, 3, 4, 5])
```

运行结果如下：

```
It must be a list!
[5, 4, 3, 2, 1]
```

这里要说明一点，except 语句不接任何内容时，表示捕获所有异常。你就会问了："之前不是说不推荐使用这样的方式吗？"实际上，当我们可以确定该程序只会出现某一种异常，不太可能会出现其他异常的时候，使用这样的方式处理起来更加简单。

当然了，对于上面这个例子，像下面这样来写也是完全没问题的。

```
def reverseList(nums):
    try:
        nums.reverse()
        print(nums)
    except AttributeError:
        print(' It must be a list!')
reverse({'Jack': 1001, 'Lucy': 1002, 'Tony': 1003})
reverse([1, 2, 3, 4, 5])
```

8.3.3　高级错误

高级错误指的是不确定性的异常错误，主要指软件代码本身没有问题，输入的数据也能得到控制，但是在运行过程中环境会带来一些不确定性的异常，主要包括：

❑ 软件尝试打开一个文件，但这个文件已经被破坏或被独占。

❑ 硬件出现故障，软件无法正常运行。

　❑ 数据库被破坏，软件无法读写数据。

　❑ 往数据库插入数据时，突然网络中断，导致数据丢失。

　❑ ……

在实际开发中，你应该尽量考虑周到，避免软件出现上面介绍的这些错误。如果一个软件到处冒 bug，用户体验是非常差的，这样会导致大量的用户流失。

学了那么多，如果你感觉对异常处理理解还是不够彻底，这个也没有关系。等接触真正的项目，自然就知道了。我们这里只是先打好基础，这样在真实的项目中才能做到游刃有余。

8.4　试一试：处理计算异常

编写一个程序，从键盘输入一个计算表达式（如 2 * 4、10/5 等），然后运算结果。代码已经写好了，如下所示。其中 eval() 函数可以将一个字符串当成有效表达式来执行，例如 eval('2*4') 会返回 8，而 eval('10/5') 会返回 2 等。

```
s = input('Enter a calculation expression:')
result = eval(s)
print(result)
```

由于可能包含除以 0 的计算，需要把这段代码放在 try/except 语句中，如果发生 ZeroDivisionError 异常，则输出 "除数不能为 0"。然后不管是否发生异常，都打印字符串 'It is done!'。

实现代码如下：

```
try:
    s = input('Enter a calculation expression:')
    result = eval(s)
    print(result)
except ZeroDivisionError:
    print('The divisor cannot be 0!')
finally:
    print('It is done!')
```

8.5　小结

下面回顾一下本章介绍的重要概念。

❑ **异常**：异常也就是 "报错"，Python 中的每一个异常都是一些类的实例，因此我们可以使用对应的方法进行捕获，使得错误可以被处理，而不是让整个程序失败。

❑ **处理异常**：处理异常使用的是 try-except 语句。对异常进行处理，可以使得异常出现之后，后面的程序还能正常运行。

❑ **else 子句**：except 语句是代码块发生异常时的处理代码。如果希望代码块没有发生异常时去做一些事情，可以使用 else 子句来实现。

❑ **finally 子句**：如果希望代码块不管有没有发生异常，都继续执行某些语句，可以使用 finally 子句来实现。

❑ **错误级别**：错误级别，也就是异常级别，可以分为 3 种：低级错误、中级错误和高级错误。

## 第 9 章

模　块

至此，你已经掌握了 Python 的大部分基础知识。Python 这门语言之所以能够这么流行，除了它语法简单易上手之外，更重要的是它提供了大量可以直接使用的模块。除了标准库模块（如 math、random 等）之外，还有非常多好用的第三方模块，比如：

- ❑ 用于网络爬虫的 requests 模块。
- ❑ 用于数据分析的 pandas 模块。
- ❑ 用于数据可视化的 matplotlib 模块。
- ❑ 用于机器学习的 scikit-learn 模块。

事实上，根据不同的来源，Python 中的模块可以分为以下 3 类。

- ❑ **内置模块**：也叫作标准库。此类模块是 Python 自带的，不需要安装就可以使用。
- ❑ **第三方模块**：也叫作第三方库。此类模块是由非 Python 官方开发的，需要安装才能使用。
- ❑ **自定义模块**：也就是你自己定义的模块。此类模块需要自己手动编写代码实现。

在本章中，你将先了解如何自定义包和模块，然后再学习一些常用的标准库模块，包括 math、random、time、datetime 等。

9.1　包与模块

这里先介绍一下包与模块分别是什么，然后再来介绍如何自定义包以及如何自定义模块。

9.1.1　包是什么

在 Python 中，一个包就是一个文件夹，只不过该文件夹中必须要有一个名为 "__init__.py" 的文件。没错，包的概念就这么的简单。其中，__init__.py 用于标识当前文件夹是一个包，而不是普通文件夹。

在实际开发中，通常情况下我们会创建多个包用于存放不同的文件，以方便管理。比如在开发一个网站时，可能会创建如图 9-1 所示的目录结构。

图 9-1

在图 9-1 中，首先创建了一个名为 app 的包，然后在该包下又创建了 admin、home、template 三个子包。最后在每个子包里面，又创建了相应的模块。

创建一个包，说白了就是创建一个文件夹。不过请一定要记住：**在一个包中，必须要存在一个名为 __init__.py 的文件**。在 __init__.py 文件中，可以不编写任何代码，也可以编写一些 Python 代码。在 __init__.py 文件中编写的代码，导入包的时候会自动执行。

举个简单的例子，我们在当前项目下新建一个名为 "shape" 的文件夹，然后在该文件夹中创建一个空的 __init__.py 文件。这样一个包就创建好了，如图 9-2 所示。

图 9-2

注意　包必须包含一个 __init__.py 文件，这个文件是必须存在的，否则 Python 就会把该文件夹当成普通文件夹，而不是一个包。

9.1.2　模块是什么

模块，简单来说就是封装好的代码。每一个后缀名为 ".py" 的文件，你都可以把它看成是一个模块。本章后面会介绍一些常用的标准库模块，比如处理日期时间的 time 模块、处理数学运算的 math 模块和处理文件操作的 os 模块等。

在上面创建的 shape 包中，我们可以手动创建几个模块，如图 9-3 所示。此时 shape 这个包就包含了 3 个模块，分别是：circle 模块、rect 模块和 triangle 模块。

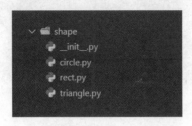

图 9-3

9.1.3　自定义包

对于自定义包，其实在上一节中就已经自定义了一个名为"shape"的包，这个包有 3 个模块：circle、rect 和 triangle。下面来看看怎么去使用自定义的包。

在 Python 中，如果想要从包中加载某个模块，我们有以下 4 种方式。

▶ **语法：**

```
import 包名.模块名
import 包名.模块名 as 别名

from 包名 import 模块名
from 包名 import 模块名 as 别名
```

这 4 种方式都是借助 import 语句来实现的。接下来我们来看一下这 4 种方式是怎么来使用的。首先，在 circle.py 文件中，添加以下两行代码：

```
radius = 10
color = 'red'
```

然后，在当前项目下新建一个 test.py 文件，接着使用这个 test.py 来导入 shape 包。这里一定要注意，test.py 和 shape 包是位于同一级目录下的，如图 9-4 所示。

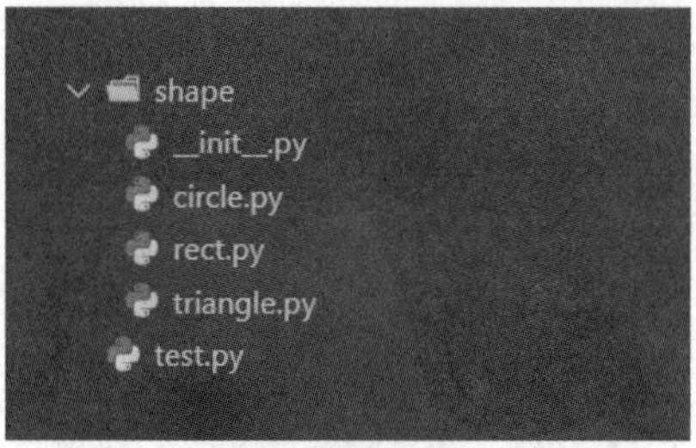

图 9-4

示例：

```
# 方式 1
import shape.circle
print(shape.circle.radius)

# 方式 2
import shape.circle as sc
print(sc.radius)

# 方式 3
from shape import circle
print(circle.radius)

# 方式 4
from shape import circle as sc
print(sc.radius)
```

上面 4 种方式是等价的，都是表示引入 shape 这个包中的 circle 模块。其中 2、4 这两种方式表示将 circle 模块重新命名为 sc。当模块名比较长的时候，就可以使用这种重命名方式。当然了，不管是导入自定义包，还是导入第三方包，我们都有这 4 种方式。

可能你会问，如果只导入包，而不是导入包中的模块，能不能使用到这个包中的模块呢？比如采用下面这种方式：

```
import shape
print(shape.circle.radius)
```

实际上，这种方式是行不通的。我们一定要把包中的模块导进来，才可以使用这个模块的功能，请一定要记住这一点。

最后还有一个问题："在上面这个例子中，要求当前程序所在的 .py 文件跟包是位于同一目录中的。如果想要使得任何目录中的 .py 文件，都能导入这个自定义包，应该怎么来实现呢？"这个时候，就要使用 Python 发布包和安装包的功能。由于在实际开发中，很少会这样去做，这里就不展开介绍了。

__pycache__ 文件

当导入一个模块时，你可能会发现其所在目录中除了源代码文件外，还新建了一个名为 __pycache__ 的子目录。这是因为 Python 解释器会将当前 .py 文件进行编译，并将编译结果保存到 __pycache__ 目录中。

在下次运行项目代码时，如果发现这个 .py 文件没有被修改过，那么就会跳过编译这一步，而是直接执行 __pycache__ 中已经编译过的 .py 文件。这样的好处是，对于运行代码量比较大的工程文件，可以节省非常多的时间。

9.1.4　自定义模块

前面介绍的是自定义包，但是在实际开发中，更多时候只需要用到自定义模块。下面来介绍一下怎么去使用自定义模块。

在 Python 中，自定义模块有两个作用：一是提高代码的可读性和可维护性，二是方便其他程序使用编写好的代码，提高开发效率。

在 Python 中，想要实现自定义模块，一般需要两步：①创建模块；②导入模块。

从上一节可以知道，一个模块说白了就是一个".py"文件。因此创建一个模块，就是创建一个".py"文件，非常简单。对于导入模块来说，在 Python 中，我们有以下 4 种常用方式。

▶ **语法：**

```
# 方式 1
import 模块名

# 方式 2
import 模块名 as 别名

# 方式 3
from 模块名 import 名称

# 方式 4
from 模块名 import 名称 as 别名
```

导入模块的方式，跟导入包的方式非常相似，你可以对比理解一下。当然了，不管是导入自定义模块，还是导入内置模块或第三方模块，我们都有这 4 种方式。

▶ **示例：导入内置模块**

```
# 方式 1
import math
print(math.pow(2, 3))

# 方式 2
import math as mt
print(mt.pow(2, 3))
```

```
# 方式 3
from math import pow
print(pow(2, 3))

# 方式 4
from math import pow as mp
print(mp(2, 3))
```

上面 4 种方式都是等价的，你可以自行测试一下。对于第 3 或第 4 种方式，当我们从模块中导入函数时，后面就不需要添加 "math." 前缀了，有时会非常方便。当然也可以一次性导入模块中所有的变量、函数或类，只需要像下面这样写即可。

```
from 模块名 import *
```

上面这种方式只能用于导入模块中的所有变量、函数或类，但是不能用于导入包中所有的模块。此外，如果想要一次性导入多个模块，可以这样写：

```
import 模块 1, 模块 2, ... , 模块 n
```

▼ 示例：导入自定义模块

```
import circle
print(circle.radius)
print(circle.color)
```

运行结果如下：

```
（报错）ModuleNotFoundError: No module named 'circle'
```

运行代码之后，VSCode 会报错。从报错信息可以知道，这里找不到名为 "circle" 的模块。实际上，我们需要把模块放到特定的目录位置，import 语句才能找到，不然的话就会报错。

那么这个 "特定的目录位置" 具体是什么呢？这里可以使用 sys 模块的 path 变量来获取。

```
import sys
print(sys.path)
```

运行结果如下：

```
['D:\\python-test', 'E:\\python 3.10\\python310.zip', 'E:\\python 3.10\\DLLs', 'E:\\
python 3.10\\lib', 'E:\\python 3.10', 'E:\\python 3.10\\lib\\site-packages']
```

如果导入的模块不在上面这些目录中，Python 就会报错。我们可以把 circle.py 这个文件放到 Python 安装目录下的 "Lib\site-packages" 子目录中，然后重启一下 VSCode。再次运行该示例，此时就会发现不再报错了，其结果如下：

```
10
red
```

最后要清楚的是，Python 搜索一个模块的顺序为：**当前文件夹➡环境变量 pythonpath 设定的文件夹➡标准库的模块文件夹➡第三方库的文件夹。**

9.1.5　以主程序形式执行

在介绍主程序形式之前，先来看一个简单的例子。首先在当前项目下创建一个名为"mytools"的包，然后在这个包里面创建一个模块：compute.py，整个项目结构如图 9-5 所示。

图 9-5

compute.py 代码如下：

```
def add(x, y):
    return x + y

# 测试部分
print('The 1st test:', add(10, 20))
print('The 2nd test:', add(30, 40))
```

test.py 代码如下：

```
import mytools.compute as cp
print(cp.add(50, 60))
```

运行 test.py 之后，运行结果如下：

```
The 1st test: 30
The 2nd test: 70
110
```

这显然不是我们想要的结果，预期的结果应该只有 110 才对，但是这里却把 compute 模块中的测试部分也执行了。想要避免 compute 模块中的测试部分被执行，这时就应该使用主程序形式来执行，修改后的 compute.py 代码如下：

```
def add(x, y):
    return x + y

# 测试部分
if __name__ == '__main__':
    print('The 1st test:', add(10, 20))
    print('The 2nd test:', add(30, 40))
```

再次运行 test.py，此时运行结果如下：

```
110
```

在 Python 中，对于主程序形式，我们使用的是下面这种语法格式。

▼ **语法：**

```
if __name__ == '__main__':
    ......
```

__name__ 是一个内置变量，它有两个作用：①如果模块是被导入的，则 __name__ 的值为该模块名字；②如果模块是被直接执行的，则 __name__ 的值为 '__main__'。比如在当前 .py 文件中执行下面这一句代码，输出的结果就是 '__main__'。

```
print(__name__)
```

if __name__ =='__main__' 相当于 Python 模拟的程序入口，有点类似于 C 或 C++ 中的 main()。对于 if __name__ =='__main__' 来说，需要分为以下两种情况来考虑。

- ❑ 如果当前 .py 文件是被直接执行的，那么 if __name__ =='__main__' 内部的代码块将被执行。
- ❑ 如果当前 .py 文件是以模块的方式被其他 .py 导入时，if __name__ =='__main__' 内部的代码就不会被执行。

从上面可以知道，当直接运行修改后的 compute.py（注意是修改后，也就是加上 if __name__ =='__main__'），输出的结果如下所示。也就是说，此时 if __name__ =='__main__' 内部的代码块将被执行了。

```
The 1st test: 30
The 2nd test: 70
```

但是当我们运行 test.py，这个时候 compute.py 是以模块的方式被导入的，输出的结果如下。也就是说，此时 if __name__ =='__main__' 内部的代码块没有被执行。

```
110
```

9.2　数学模块：math

与数学相关的标准库模块有 4 个：math、random、decimal 和 fractions。由于 math 和 random 使用最为广泛，所以本书会重点介绍一下这两个模块的使用。

在 Python 中，我们可以导入 math 模块来实现基本的数学运算。math 模块提供了大量"内置"的数学常量和数学函数，极大地满足了实际开发需求。

▼ **语法：**

```
import math
```

想要使用一个模块的功能，需要先使用 import 语句来导入该模块。

▼ **示例：dir() 函数**

```
import math
print(dir(math))
```

运行结果如下：

```
['__doc__', '__loader__', '__name__', '__package__', '__spec__', 'acos', 'acosh',
'asin', 'asinh', 'atan', 'atan2', 'atanh', 'ceil', 'comb', 'copysign', 'cos',
'cosh', 'degrees', 'dist', 'e', 'erf', 'erfc', 'exp', 'expm1', 'fabs', 'factorial',
'floor', 'fmod', 'frexp', 'fsum', 'gamma', 'gcd', 'hypot', 'inf', 'isclose',
'isfinite', 'isinf', 'isnan', 'isqrt', 'lcm', 'ldexp', 'lgamma', 'log', 'log10',
'log1p', 'log2', 'modf', 'nan', 'nextafter', 'perm', 'pi', 'pow', 'prod', 'radians',
'remainder', 'sin', 'sinh', 'sqrt', 'tan', 'tanh', 'tau', 'trunc', 'ulp']
```

想要查看一个模块都有哪些东西，比如都有哪些类、属性、方法和函数等，可以使用 dir() 这个内置函数。

从结果可以看出，math 提供了各类计算的函数。比如计算乘方，可以使用 pow() 函数。但是，这些函数怎么用呢？Python 非常周到，它早就提供了一个 help() 函数，可以方便你查看各个函数的使用语法。

示例：help() 函数

```
import math
help(math.pow)
```

运行结果如下：

```
Help on built-in function pow in module math:
pow(...)
    pow(x, y)
    Return x**y (x to the power of y).
```

从运行结果可以看出，pow() 是 math 模块内置的一个函数，而不是一个方法。运行结果中还显示了 pow() 函数的使用语法。

示例：type() 函数

```
from pathlib import Path
import matplotlib.pyplot as plt

print(type(plt.plot))
print(type(Path().exists))
```

运行结果如下：

```
<class 'function'>
<class 'method'>
```

上面示例的模块，你现在并不需要了解，因为后面章节会介绍到。使用 type() 函数可以判断一个模块内部的东西是一个函数还是一个方法，这个技巧非常有用。

示例：特殊情况

```
import math
print(type(math.pow))
```

运行结果如下：

```
<class 'builtin_function_or_method'>
```

上面情况比较特殊，type() 函数返回的结果只能模糊判断其是一个"内置函数或内置方法"。像这种情况，我们可以借助 help() 函数来做更准确的判断。help(math.pow) 返回的结果如下。此时可以清楚知道，这是一个内置函数，而不是一个内置方法。

```
Help on built-in function pow in module math:
......
```

9.2.1　圆周率：pi

在 Python 中，我们可以使用 math 模块的 pi 属性来表示圆周率。

▼ 语法：

```
math.pi
```

实际项目中所有角度都是以"弧度"为单位的，例如 180° 就应该写成 math.pi，而 360° 就应该写成 math.pi * 2，以此类推。对于角度来说，推荐下面这种写法。

```
度数 * math.pi / 180
```

这种写法一目了然，可以让我们很直观地看出角度是多少，例如：

```
90 * math.pi / 180                      # 90°
120 * math.pi / 180                     # 120°
```

▼ 示例：

```
import math
print(math.pi)
```

运行结果如下：

```
3.141592653589793
```

对于圆周率，可能你会喜用数字（如 3.1415）来表示。其实这种表示方式是不够精确的，而且可能会导致比较大的计算误差。正确的方式应该是使用 math.pi 来表示。

9.2.2　平方根：sqrt()

在 Python 中，我们可以使用 math 模块的 sqrt() 函数来求一个数的平方根。

▼ 语法：

```
math.sqrt(x)
```

math.sqrt(x) 表示求 x 的平方根，它返回的是一个浮点数。

▼ 示例：

```
import math

result1 = math.sqrt(16)
result2 = math.pow(2, 3)
print(result1)
print(result2)
```

运行结果如下：

```
4.0
8.0
```

思考 为什么这里的 math.sqrt() 叫做“函数”，而不是“方法”呢？（提示：使用 type() 和 help() 函数判断）

9.2.3 幂运算：pow()

在 Python 中，我们可以使用 math 模块的 pow() 函数求一个数的 n 次幂。

▼ 语法：

```
math.pow(x, n)
```

math.pow(x, n) 表示求 x 的 n 次幂，它返回的也是一个浮点数。

▼ 示例：

```
import math

result1 = math.pow(2, 3)
result2 = 2 ** 3
print(result1)
print(result2)
```

运行结果如下：

```
8.0
8
```

Python 的幂运算其实有两种方式：一种是使用 math.pow() 函数，另一种是使用“**”运算符。对于上面示例来说，math.pow(2, 3) 和 2**3 都是用于求 2 的 3 次幂。不过两者也略有区别，math.pow() 函数返回的结果是一个浮点数，而“**”运算符返回的结果是一个整数。

9.2.4 向上取整：ceil()

在 Python 中，我们可以使用 math 模块的 ceil() 函数对一个数进行向上取整。所谓“向上取整”，指的是返回大于或等于指定数的最小整数。

▼ **语法：**

```
math.ceil(x)
```

math.ceil(x) 表示返回大于或等于 x 的最小整数。

▼ **示例：**

```
import math

print('math.ceil(3):', math.ceil(3))
print('math.ceil(0.4):', math.ceil(0.4))
print('math.ceil(0.6):', math.ceil(0.6))
print('math.ceil(-1.1):', math.ceil(-1.1))
print('math.ceil(-1.9):', math.ceil(-1.9))
```

运行结果如下：

```
math.ceil(3): 3
math.ceil(0.4): 1
math.ceil(0.6): 1
math.ceil(-1.1): -1
math.ceil(-1.9): -1
```

从上面示例可以看出：在 math.ceil(x) 中，如果 x 为整数，则返回 x；如果 x 为小数，则返回大于 x 的最近的那个整数。这就是所谓的"向上取整"，分析如图 9-6 所示。

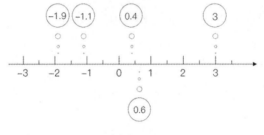

图 9-6

9.2.5　向下取整：floor()

在 Python 中，我们可以使用 math 模块的 floor() 函数对一个数进行向下取整。所谓"向下取整"，指的是返回小于或等于指定数的最小整数。

▼ **语法：**

```
math.floor(x)
```

math.floor(x) 表示返回小于或等于 x 的最小整数。ceil() 和 floor() 这两个函数的命名很有意思，ceil 表示"天花板"，也就是向上取整。floor 表示"地板"，也就是向下取整。

在以后的学习中，任何一种属性或方法，根据它们的英文意思去理解，这样可以让我们学得更加轻松。

▼ 示例：

```
import math

print('math.floor(3):', math.floor(3))
print('math.floor(0.4):', math.floor(0.4))
print('math.floor(0.6):', math.floor(0.6))
print('math.floor(-1.1):', math.floor(-1.1))
print('math.floor(-1.9):', math.floor(-1.9))
```

运行结果如下：

```
math.floor(3): 3
math.floor(0.4): 0
math.floor(0.6): 0
math.floor(-1.1): -2
math.floor(-1.9): -2
```

从上面示例可以看出：在 math.floor(x) 中，如果 x 为整数，则返回 x；如果 x 为小数，则返回小于 x 的最近的那个整数。这就是所谓的“向下取整”，分析如图 9-7 所示。

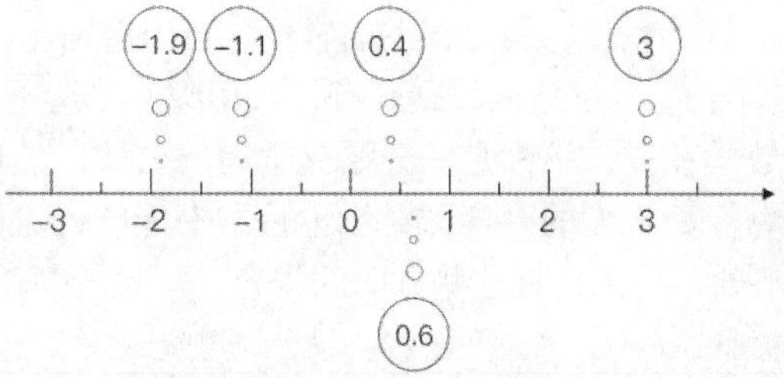

图 9-7

学完这一节，你可能会问：“floor() 和 ceil() 都是用于取整的，那它俩具体都怎么用呢？”先别急嘛，俗话说得好：“心急吃不了热豆腐。”等到实践时你就知道了。

9.2.6 三角函数

对于三角函数，你在中学的时候肯定接触过了。在 math 模块中，用于三角函数操作的常用函数如表 9-1 所示。

表9-1 三角函数

函 数	说 明
sin(x)	正弦
cos(x)	余弦
tan(x)	正切

（续）

函　　数	说　　明
asin(x)	反正弦
acos(x)	反余弦
atan(x)	反正切

参数 x 表示角度值，用弧度来表示，常用形式为：度数 *math.pi/180。

▶ 示例：

```
import math

print('sin30° :', math.sin(30 * math.pi/180))
print('cos60° :', math.cos(60 * math.pi/180))
print('tan45° :', math.tan(45 * math.pi/180))
```

运行结果如下：

```
sin30° : 0.49999999999999994
cos60° : 0.5000000000000001
tan45° : 0.9999999999999999
```

这里的结果有点奇怪，sin30° 不是等于 0.5 么？为什么会出现上面这种结果呢？事实上，这是因为 Python 计算会有一定的精度，但是误差非常小，可以忽略不计。

然后你可能会有新的疑问了："三角函数到底有什么用呢？"请不要着急，实际上这些是动画开发的基础。就像学习数学一样，不都是一开始先学运算公式，然后才知道用在哪些地方的吗？像动画开发、科学计算等高难度的内容，显然不是本书能够讨论的内容，所以请按部就班地学习。因为有了坚实的基础，再去接触这些方向的内容，就比较简单了。

特殊的数学函数

如果你经常需要使用 Python 进行数学运算，可能会发现有些数学函数不需要导入 math 模块就可以直接使用了。在 Python 中，这样的函数有两个：abs() 和 round()。

abs() 函数用于求某个数的绝对值，而 round() 函数用于求某个数的四舍五入值。

```
# abs()
print(abs(10))              # 10
print(abs(-10))             # 10
print(abs(-3.14))           # 3.14

# round()
print(round(3.1415))        # 3
print(round(3.1415, 3))     # 3.142
```

round() 函数的语法格式为：round(x, n)。参数 x 是一个数，参数 n 表示保留 n 位小数。如果 n 省略，表示只保留整数部分；如果 n 不省略，表示保留 n 位小数。

9.3　随机数模块：random

随机数在实际项目开发中是随处可见的，比如登录一个网站，很多时候需要一个验证码。这种验证码就是使用随机数的方式来实现的，如图 9-8 所示。

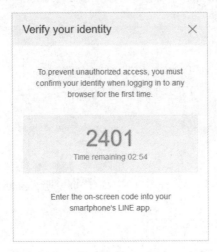

图 9-8

在 Python 中，我们可以使用 random 模块来生成各种随机数。下面分为随机整数、随机浮点数以及随机序列这 3 个主题来介绍。

9.3.1　随机整数

在 random 模块中，想要获取随机整数，可以使用这两个函数：randint() 和 randrange()。

1. randint()

在 Python 中，randint() 函数用于生成指定范围内的随机整数。

▶ **语法：**

```
random.randint(start, stop)
```

randint(start, stop) 表示生成的随机整数范围是 [start, stop]（即 start ≤ n ≤ stop），包含 start 也包含 stop。其中 stop 一定要大于或等于 start，否则会报错。

另外，randint(start, stop) 等价于 randrange(start, stop+1)。

▶ **示例：随机生成 0~100 之间的整数**

```
import random

result = random.randint(0, 100)
print(result)
```

运行结果如下：

```
93
```

每次运行的结果都是不同的，否则就不是随机数了。后面示例中的随机数亦是如此。
randint(start, stop) 中的 start 和 stop 也可以是负数，比如 randint(-100, -50) 表示生成 -100~-50 之间的随机整数，你可以自行试一下。

▀ 示例：测试取值范围

```
import random

result = random.randint(1,2)
print(result)
```

运行结果如下：

```
1
```

当多次运行上面代码时，结果可能是 1 或 2。这也说明，randint(x, y) 的取值范围是包含 x 也包含 y 的。

2. randrange()

在 Python 中，randrange() 函数表示在指定范围内，按照一定"步数"递增来生成一个随机整数。

▀ 语法：

```
random.randrange(start, stop, step)
```

参数 start 表示开始值，参数 stop 表示结束值，参数 step 表示步长。所谓"步长"，这里指的是"间隔"或"递增量"。

randrange(start, stop, step) 表示生成的随机整数范围是 [start, stop)（即 start ≤ n < stop），包含 start 但不包含 stop。此外，start 和 stop 必须是整数，不然就会报错。

▀ 示例：随机生成 0~100 之间的偶数

```
import random

result = random.randrange(0, 101, 2)
print(result)
```

运行结果如下：

```
64
```

random.randrange(0, 101, 2) 其实相当于从 [0, 2, 4, …, 100] 这个列表中随机获取一个元素。

思考   为什么上面的 randrange() 函数要写成 randrange(0, 101, 2)，而不是写成 randrange(0, 100, 2) 呢？

9.3.2　随机浮点数

在 random 模块中，想要获取随机浮点数，可以使用这两个函数：random() 和 uniform()。

1. random()

在 Python 中，random() 函数用于生成 0~1 之间的随机浮点数。

▶ **语法：**

```
random.random()
```

random() 没有参数，它表示生成的随机浮点数范围是：$0 \leq n < 1$。特别注意，这里的范围是不包含 1 的。

▶ **示例：生成 0~1 之间的浮点数**

```
import random

result = random.random()
print(result)
```

运行结果如下：

```
0.7966744498415815
```

random() 函数生成的随机浮点数位数比较多，我们可以使用 round() 函数来四舍五入取 n 位小数。

▶ **示例：取前 n 位小数**

```
import random

rnd = random.random()
print(round(rnd, 2))
```

运行结果如下：

```
0.69
```

round(rnd, 2) 表示对 rnd 四舍五入取前两位小数。

2. uniform()

在 Python 中，uniform() 函数用于生成"指定范围内"的随机浮点数。

▶ **语法：**

```
random.uniform(start, stop)
```

uniform(start, stop) 表示生成的随机浮点数范围是 [start, stop)（即 $start \leq n < stop$），包含 start 但不包含 stop。其中 stop 一定要大于或等于 start，否则会报错。

示例：

```
import random

result1 = random.uniform(0, 5)
result2 = random.uniform(1, 1)
print(result1)
print(result2)
```

运行结果如下：

```
2.688527779625643
1.0
```

对于 uniform(start, stop) 来说，当 stop 与 start 相等时，返回值只有一种情况：stop。

9.3.3　随机序列

在 random 模块中，如果想要对序列进行随机操作，可以使用 3 个函数：choice()、sample() 和 shuffle()。

这里再次强调一下，"序列"并非特指某一种数据结构，而是泛指某一类的数据结构。在 Python 中，序列包含 3 种：列表、元组和字符串。

1. choice()

在 Python 中，choice() 函数用于从序列中随机获取一个元素。

语法：

```
random.choice(seq)
```

参数 seq 表示一个序列（列表、元组或字符串）。

示例：用于序列

```
import random

# 用于列表
animals = ['ant', 'bee', 'cat', 'dog', 'ewe']
print(random.choice(animals))

# 用于元组
nums = (3, 9, 1, 12, 50, 21)
print(random.choice(nums))

# 用于字符串
s = 'Python'
print(random.choice(s))
```

运行结果如下：

```
cat
9
h
```

2. sample()

在 Python 中，sample() 函数用于从序列中随机获取 n 个元素，然后组合成一个列表。sample，也就是"样本"的意思。

▶ **语法**：

```
random.sample(seq, n)
```

参数 seq 表示一个序列，参数 n 表示获取 n 个元素。使用 sample() 函数生成的列表中，每一个元素的值都是不重复的。

▶ **示例**：

```
import random

# 用于列表
animals = ['ant', 'bee', 'cat', 'dog', 'ewe']
print(random.sample(animals, 3))

# 用于元组
nums = (3, 9, 1, 12, 50, 21)
print(random.sample(nums, 3))

# 用于字符串
s = 'Python'
print(random.sample(s, 3))
```

运行结果如下：

```
['dog', 'bee', 'ant']
[3, 50, 9]
['P', 'o', 'n']
```

3. shuffle()

在 Python 中，我们可以使用 shuffle() 函数将一个列表的元素顺序打乱。shuffle，就是"混乱"的意思。

▶ **语法**：

```
random.shuffle(list)
```

shuffle() 函数只能用于列表，不能用于元组、字符串等。

▶ **示例**：

```
import random

nums = [3, 9, 1, 12, 50, 21]
random.shuffle(nums)
print(nums)

animals = ['ant', 'bee', 'cat', 'dog', 'ewe']
```

```
random.shuffle(animals)
print(animals)
```

运行结果如下：

```
[12, 1, 21, 50, 9, 3]
['cat', 'bee', 'ant', 'ewe', 'dog']
```

9.4 时间模块：time 和 datetime

在日常工作中，经常可以看到各种有关日期时间方面的操作，比如在线时钟、在线日历或博客时间等，如图 9-9 所示。

图 9-9

对于处理日期时间，Python 为我们提供了以下两个模块：time 和 datetime。

9.4.1 time 模块

time 模块偏重于底层平台，该模块中大多数函数会调用当前计算机的 C 链接库。后面介绍的 datetime 模块也是基于 time 模块实现的。

1. 获取时间

在 Python 中，我们可以使用 time 模块的各种方法来操作时间。

▶ 语法：

```
time.方法名()
```

time 模块内置的方法非常多，不过常用的只有 3 种，如表 9-2 所示。

表9-2   time模块常用方法

方　　法	说　　明
time()	获取时间戳
localtime(时间戳)	将 "时间戳" 转化为 "本地时间"
strftime(格式化字符串，本地时间)	将 "本地时间" 转化为 "指定格式"

所谓的时间戳，指的是从 1970 年 1 月 1 日 0 分 0 秒到当前时间的总秒数。无论在哪一种语言中，时间戳都是一种非常有用的东西。

使用 time 模块，如果想要获取当前时间，需要以下 3 步。

① time() 获取时间戳

```
import time
print(time.time())
```

运行结果如下：

```
1667128377.2994165
```

② localtime() 将时间戳转化为本地时间

```
import time
local = time.localtime(time.time())
print(local)
```

运行结果如下：

```
time.struct_time(tm_year=2024, tm_mon=5, tm_mday=20, tm_hour=13, tm_min=14, tm_
sec=30, tm_wday=6, tm_yday=136, tm_isdst=0)
```

③ strftime() 将本地时间转化为想要的格式

```
import time
local = time.localtime(time.time())
result = time.strftime('%Y-%m-%d', local)
print(result)
```

运行结果如下：

```
2024-05-20
```

2. 格式化时间

在 time 模块中，我们可以使用 strftime() 方法来将时间进行格式化。时间格式化，指的是将时间转化为想要的格式（自定义格式）。

其中，strftime 是 "string format time" 的缩写。

▶ 语法：

```
time.strftime(format, tuple)
```

参数 format 是格式，tuple 是一个元组。其中，format 中常用的格式化符号如表 9-3 所示。

表9-3　时间格式化符号

符　号	说　明
%Y	年，如 2024
%m	月，01~12
%d	日，01~31
%H	时，00~23

（续）

符　　号	说　　明
%M	分，00~59
%S	秒，00~59
%a	简写星期，例如 Mon、Tues、Wed 等
%A	完整星期，例如 Monday、Tuesday、Wednesday 等

在实际开发中，我们可以使用这些格式化符号自由组合，以得到想要的时间格式。

▀ 示例：获取完整时间

```
import time

local = time.localtime(time.time())
result = time.strftime('The current time: %Y-%m-%d %H:%M:%S %A', local)
print(result)
```

运行结果如下：

```
The current time: 2024-05-20 13:14:30 Monday
```

如果想要单独获取年、月、日，或者时、分、秒，此时应该怎么做呢？其实很简单，我们只需要使用正确的单个格式符就可以实现了。

▀ 示例：获取年、月、日

```
import time

local = time.localtime(time.time())
year = time.strftime('%Y', local)
month = time.strftime('%m', local)
day = time.strftime('%d', local)

print('year:', year)
print('month:', month)
print('day:', day)
```

运行结果如下：

```
year: 2024
month: 05
day: 20
```

想要单独获取年份，strftime() 的第 1 个参数应该是 "%Y"。想要单独获取月份，strftime() 的第 1 个参数应该是 "%m"。大家好好对照表 9-3 就知道了。

▀ 示例：获取时分秒

```
import time

local = time.localtime(time.time())
```

```
hour = time.strftime('%H', local)
minute = time.strftime('%M', local)
second = time.strftime('%S', local)

print('hour:', hour)
print('minute:', minute)
print('second:', second)
```

运行结果如下：

```
hour: 13
minute: 14
second: 30
```

可能你就会问了：如果希望输出的是"星期一"，而不是"Monday"这样的格式，应该怎么做呢？我们可以使用一个字典来实现。

▶ **示例：获取星期几**

```
import time

days = {
    'Monday': '星期一',
    'Tuesday': '星期二',
    'Wednesday': '星期三',
    'Thursday': '星期四',
    'Friday': '星期五',
    'Saturday': '星期六',
    'Sunday': '星期日'
}
local = time.localtime(time.time())
wd = time.strftime('%A', local)
result = days[wd]
print(result)
```

运行结果如下：

```
星期一
```

这个示例定义了一个字典 days。该字典的键是英文星期几，值是中文星期几。因此我们只需要拿到英文星期几，就可以获取对应的中文星期几了。

3. struct_time元组

从前面可以知道，使用 time 模块来获取时间需要 3 步，其中第 2 步获取的本地时间就是一个 struct_time 元组。

struct_time 元组共有 9 个元素：年、月、日、时、分、秒、星期几、一年中第几天、是否为夏令时。struct_time 元组的属性如表 9-4 所示。

表9-4 struct_time 元组的属性

属 性	说 明
tm_year	年，如 2024
tm_mon	月，01~12
tm_mday	日，01~31
tm_hour	时，00~23
tm_min	分，00~59
tm_sec	秒，00~59
tm_wday	星期几，0~6，其中 0 是星期一
tm_yday	一年的第几日，1~366
tm_isdst	夏令时

接下来尝试使用 struct_time 元组来获取年月日、时分秒以及星期几。

▶ 示例：获取年、月、日

```
import time

local = time.localtime(time.time())
year = local.tm_year
month = local.tm_mon
day = local.tm_mday

print('year:', year)
print('month:', month)
print('day:', day)
```

运行结果如下：

```
year: 2024
month: 05
day: 20
```

▶ 示例：获取时、分、秒

```
import time

local = time.localtime(time.time())
hour = local.tm_hour
minute = local.tm_min
second = local.tm_sec

print('hour:', hour)
print('minute:', minute)
print('second:', second)
```

运行结果如下：

```
hour: 13
minute: 14
second: 30
```

▼ 示例：获取星期几

```
import time

days = ['星期一', '星期二', '星期三', '星期四', '星期五', '星期六', '星期日']
local = time.localtime(time.time())
wd = local.tm_wday
print(days[wd])
```

运行结果如下：

星期一

上面定义了一个列表 days，用来存储 0~6 对应是星期几。变量 local 其实就是一个 struct_time 元组，local.tm_wday 返回表示当前星期几的数字。然后通过该数字就可以找到 days 中对应的星期几了。

对于年、月、日、时、分、秒，如果是使用 time 模块，我们有两种方式可以实现：① 格式化符号；② struct_time 元组。

9.4.2 datetime 模块

datetime 模块是基于 time 模块实现的，它对 time 模块进行了封装，提供了更加方便的方法。因此在实际项目开发中，推荐优先使用 datetime 模块来操作日期时间。

在 datetime 模块中，有 3 个核心的类，如表 9-5 所示。

表9-5 datetime 模块中的类

类	说　明
datetime	既可以操作日期，也可以操作时间
date	只能操作日期，也就是年月日
time	只能操作时间，也就是时分秒

由于 datetime 类包含了 date 和 time 这两个类的功能，为了减轻记忆负担，你只需要掌握 datetime 这一个类即可。

▼ 语法：

```
import datetime as dt
dt.datetime.方法名()
```

datetime 类有两个静态方法：一个是 now() 方法，另一个是 strftime() 方法。

1. 获取日期时间

在 Python 中，我们可以使用 datetime 模块的 datetime 类来获取时间，主要包括年月日、时分秒、星期几。

▌ 示例：获取完整时间

```
import datetime as dt

result = dt.datetime.now()
print(result)
```

运行结果如下：

```
2024-05-20 13:14:30.596295
```

now() 方法获取的是完整日期时间。如果仅仅希望获取日期，我们可以对 now() 的返回值进一步使用 date() 方法。如果仅仅希望获取时间，我们可以对 now() 的返回值进一步使用 time() 方法。

▌ 示例：获取一部分

```
import datetime as dt

result = dt.datetime.now()
d = result.date()                        # 仅仅获取日期
t = result.time()                        # 仅仅获取时间
print(d)
print(t)
```

运行结果如下：

```
2024-05-20
13:14:30.596295
```

▌ 示例：格式化时间

```
import datetime as dt

now = dt.datetime.now()
result = now.strftime('The current time: %Y-%m-%d %H:%M:%S %A')
print(result)
```

运行结果如下：

```
The current time: 2024-05-20 13:14:30 Monday
```

如果想要单独获取年、月、日，或者时、分、秒，同样只需要使用正确的单个格式符就可以实现了。

▌ 示例：获取年、月、日

```
import datetime as dt

now = dt.datetime.now()
year = now.strftime('%Y')
month = now.strftime('%m')
day = now.strftime('%d')
```

```
print('year:', year)
print('month:', month)
print('day:', day)
```

运行结果如下：

```
year: 2024
month: 05
day: 20
```

▌ 示例：获取时、分、秒

```
import datetime as dt

now = dt.datetime.now()
hour = now.strftime('%H')
minute = now.strftime('%M')
second = now.strftime('%S')

print('hour:', hour)
print('minute:', minute)
print('second', second)
```

运行结果如下：

```
hour: 13
minute: 14
second: 30
```

▌ 示例：获取星期几

```
import datetime as dt

days = {
    'Monday': '星期一',
    'Tuesday': '星期二',
    'Wednesday': '星期三',
    'Thursday': '星期四',
    'Friday': '星期五',
    'Saturday': '星期六',
    'Sunday': '星期日'
}
now = dt.datetime.now()
wd = now.strftime('%A')
result = days[wd]
print(result)
```

运行结果如下：

星期一

2. 设置日期时间

在 Python 中，我们可以使用 datetime 模块的 datetime() 方法来设置日期时间。

▼ 语法：

```
dt.datetime(year, month, day, hour, minute, second)
```

datetime()方法有6个参数，year、month、day是必选参数，hour、minute、second是可选参数。

▼ 示例：

```
import datetime as dt

d = dt.datetime(2024, 5, 20, 13, 14, 30)
print(d)
```

运行结果如下：

```
2024-05-20 13:14:30
```

9.5　试一试：生成随机验证码

在实际项目开发中，随机验证码这东西经常可以看到。它其实非常简单，只需要使用生成随机数的技巧，然后结合字符串与列表操作就可以轻松实现。

实现代码如下：

```
import random

# 定义函数
def create_random_code(n):
    s = 'abcdefghijklmnopqrstuvwxyzABCDEFGHIJKLMNOPQRSTUVWXYZ1234567890'
    letters = random.sample(s, n)           # 随机选取 n 个字符
    codes = ''.join(letters)                # 连接成字符串
    return codes

# 调用函数
result = create_random_code(4)
print(result)
```

运行结果如下：

```
AroN
```

上面示例定义了 create_random_code() 函数，用于生成一个 n 位数的随机验证码。在 create_random_code() 函数中，我们使用 random.sample() 方法从字符串中随机选取 4 个字符，此时得到的 letters 是一个列表。接下来使用 join() 方法将 letters 连接成一个字符串，这个字符串就是最终的验证码了。

9.6　试一试：计算函数执行时间

我们尝试计算一个函数的执行时间。实现思路很简单：在函数执行前获取一次当前时间戳，然后在函数执行后再获取一次当前时间戳。那么这两个时间戳之差，就是函数的执行时间了。

实现代码如下：

```python
import time

# 定义函数
def getsum(n):
    total = 0
    for i in range(n+1):
        total += n
    print(total)

# 获取开始时的时间戳
start = time.time()
# 调用函数
getsum(10000000)
# 获取结束时的时间戳
end = time.time()

# 获取函数的执行时间
result = end - start
print('Running time:', result)
```

运行结果如下：

```
100000010000000
Running time: 0.5542445182800293
```

如果你获取的结果和上面有一定的出入，也就是有一定的误差，这个是很正常的。

提示　如果想要在实际项目中测试代码性能，应该使用 timeit 模块而不是 time 模块。timeit 模块专门用于帮助你测试某一段代码的执行时间，以便更好地优化代码性能。

9.7　其他标准库模块

虽然本章介绍的内容很多，但这只是标准库的冰山一角。下面简单说说其他几个很棒的模块，感兴趣的你可以自行探索了解。

- ❑ functools：该模块提供了一些常用的高阶函数，也就是处理其他函数的特殊函数。该模块的作用是，为可调用对象（callable objects）和函数定义高阶函数或操作。
- ❑ itertools：该模块包含大量用于创建和合并迭代器（或其他可迭代对象）的函数，用于高效循环创建迭代器。需要注意的是，这些函数返回的不是 list，而是 iterator。
- ❑ logging：该模块提供了一系列标准函数，可用于管理一个或多个中央日志，它还支持多种优先级不同的日志消息。
- ❑ enum：该模块可以让你使用类似于其他编程语言中的"枚举"这种数据类型。使用枚举类型，可以限制该变量在某个范围内取值。
- ❑ difflib：该模块让你能够确定两个序列的相似程度，还让你能够从很多序列中找出与指定序列最为相似的序列。例如，可使用 difflib 来创建简单的搜索程序。

- statistics：如果你需要经常进行数据统计操作，比如求中位数、众数、标准差等，此时可以使用 statistics 模块轻松帮你完成。
- decimal：浮点数缺乏精确性，并不适用于金融应用或其他需要精确表达的情况。而使用 decimal 模块可以帮你解决浮点数精确度的问题。
- platform：使用该模块，可以帮助你获取操作系统的详细信息（包括类型、版本等），以及与 Python 相关的各种信息。
- collections：该模块提供了非常多高级的数据结构，主要包括：命名元组（namedtuple）、双向队列（deque）、链式映射表（ChainMap）等。使用 collections 模块，可以提高常见数据结构的实现效率。

9.8 小结

本章介绍了模块的分类、自定义模块以及常用标准库模块，下面来回顾一下新的概念以及知识点。

- 包：一个包就是一个文件夹，只不过该文件夹中必须要有一个名为"__init__.py"的文件。在一个包里面，可以创建多个模块。
- 模块：模块就是封装好的代码。每一个后缀名为".py"的文件，你都可以把它看成是一个模块。
- 以主程序形式执行：模块包含测试代码时，应将这些代码放在一条检查 __name__ == '__main__' 的 if 语句中。这样在导入该模块时，测试代码才不会被执行。
- math 模块：使用 math 模块可以实现各种数学运算，该模块提供了大量"内置"的数学常量和数学函数，包括圆周率、求平方根、取整运算等。
- random 模块：该模块提供了大量生成各种随机数的函数，包括随机整数、随机浮点数以及随机序列。
- time 模块：time 是操作日期时间最基础的一个模块。time 模块偏重于底层平台，该模块中大多数函数会调用当前计算机的 C 链接库。
- datetime 模块：该模块提供可以获取和操作日期时间的函数，相比于 time 模块，datetime 模块的接口在很多方面都更加直观。

第 10 章

文件

当程序运行时，变量是保存数据的好方法。但是当数据越来越大时，使用变量保存数据这种方式就不妥了。实际上，你可以使用文件的方式来保存大量的数据。

文件可以存储各种各样的数据，比如天气数据、交通数据、文学作品等。如果想要处理文件中的数据，就需要涉及文件操作了。其实你可以把一个文件看成是一个"超大型"的字符串，操作一个文件就像操作一个字符串。这样去对比，相信你能更好地理解文件操作是怎么一回事。

在本章中，你将了解路径的分类、文件的各种操作以及常见模块的使用，包括 pathlib、os、shutil、send2trash 和 zipfile 这 5 大模块。需要清楚的是，本章所有操作都是在 Windows 系统下进行的。

10.1 文件路径

根据平常的经验，如果想要找到某一个文件，需要事先知道这个文件放在哪个位置。其中，文件所处的位置就是经常所说的"文件路径"。在 Python 中，文件路径可以分为两种：一种是"**绝对路径**"，另一种是"**相对路径**"。

首先在 D 盘目录下创建一个名为"outer"的文件夹，该文件夹子级包含一个名为"inner"的文件夹以及 A.txt，然后 inner 文件夹内部包含一个 B.txt，整个目录结构如图 10-1 所示。

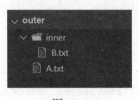

图 10-1

10.1.1 绝对路径

绝对路径，指的是文件在你电脑中的完整路径。我们平常使用电脑时都知道，文件夹上方会有一个路径，这个就是绝对路径，如图 10-2 所示。

图 10-2

对于 A.txt 这个文件，它的绝对路径如下：

```
D:\outer\A.txt
```

对于 B.txt 这个文件，它的绝对路径如下：

```
D:\outer\inner\B.txt
```

不同系统的路径

不同系统的路径是不一样的，主要体现在"分隔符"和"大小写"这两个方面。首先是分隔符上，Windows 系统使用反斜杠（\）作为路径分隔符，比如 c:\users\public。而 Linux 和 OS X 这两个系统使用正斜杠（/）作为路径分隔符，比如：/etc/hosts。

然后是大小写上，Windows 系统的文件或文件夹是不区分大小写的，而 Linux 和 OS X 这两个系统是严格区分大小写的。

10.1.2　相对路径

相对路径，指的是文件相对于当前工作目录的路径。所谓"当前工作目录"，指的是当前程序所在的这个 .py 文件所处的目录，也就是 .py 文件所在的文件夹的整个路径。

大多数情况下，你想要操作的文件跟当前程序文件都是不在一个目录下的，但可以使用相关操作（如后面章节介绍的 os.chdir() 方法），来切换当前工作目录。

如果切换当前工作目录到 "D:" 这个目录下，此时对于 A.txt 这个文件，它的相对路径为：

```
outer\A.txt
```

而对于 B.txt 这个文件，它的相对路径为：

```
outer\inner\B.txt
```

如果切换当前工作目录到"D:\outer"目录下，此时对于 A.txt 这个文件，它的相对路径为：

```
A.txt
```

而对于 B.txt 这个文件，它的相对路径为：

```
inner\B.txt
```

至此，两种路径已经介绍完了。为了方便后面的学习，我们需要在 D 盘中创建一个名为"python-test"的文件夹，并且在该文件夹中添加一个 test.py，如图 10-3 所示

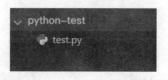

图 10-3

在本章后面几节中，如果没有特殊说明，所有示例的代码都是在该目录的 test.py 中运行的。记得每次要先把 test.py 原来的代码清空，接着编写当前示例的代码，然后保存后再来运行。

10.2　读取文件

想要对文件的内容进行操作，首先需要把内容读取出来。Python 读取文件有两种方式：.一种是"读取所有内容"，另一种是"逐行读取内容"。

10.2.1　读取所有内容：read()

在 Python 中，我们可以使用 File 对象的 read() 方法来一次性读取文件所有内容。而想要实现读取文件的操作，一般都需要 3 步：打开文件、读取文件和关闭文件，如图 10-4 所示。

图 10-4

▼ **语法：**

```
# 第 1 步：打开文件
file = open(path, 'r')

# 第 2 步：读取文件
txt = file.read()

# 第 3 步：关闭文件
file.close()
```

open() 函数是 Python 内置函数，它用于打开一个文件。只有把文件打开之后，才能读取文

件的内容。参数 path 表示文件的路径，'r' 表示读文件模式（read）。如果采用读文件模式，第 2 个参数 'r' 可以省略。

open() 函数会返回一个 File 对象。你可以把每一个文件都看成一个 File 对象。只有获取到 File 对象，才可以对文件进行各种操作。这个跟"如果你想要操作一个文件，事先要拿到这个文件"是一样的道理。

read() 是 File 对象的一个方法，用于读取文件的内容。read() 方法会返回一个字符串，也就是文本的内容。此外，不管是读取文件，还是写入文件，操作之后一定要使用 File 对象的 close() 方法来关闭文件。

接下来，在当前项目下建立一个名为"data"的文件夹，然后在该文件夹下面再创建一个 hello.txt，如图 10-5 所示。并且在 hello.txt 添加三行文本，如图 10-6 所示。

图 10-5　　　　　　　　　　　　　　　　图 10-6

▶ 示例：

```
file = open(r'data\hello.txt', 'r')
txt = file.read()
print(txt)
file.close()
```

运行结果如下：

```
Hello Python!
Hello Java!
Hello C++!
```

我们把文件的内容看成是一个"大字符串"，read() 方法返回的就是保存在这个文件中的这个大字符串，这样去理解就很简单了。

open() 函数第一个参数是一个字符串，该字符串就是文件的路径。这个字符串一定要使用原始字符串模式，也就是在字符串前面加上一个"r"或"R"。如果不使用原始字符串，而使用普通字符串的话，就可能会出现转义的问题。

由于这个示例的代码是在 test.py 中，也就是说"当前工作目录"就是 test.py 所在的目录。此时 hello.txt 的相对路径是：data\hello.txt，而绝对路径是：D:\python-test\data\hello.txt。对于这个例子来说，下面两种方式是等价的。

```
# 方式 1：相对路径
file = open(r'data\hello.txt', 'r')

# 方式 2：绝对路径
file = open(r'D:\python-test\data\hello.txt', 'r')
```

上面示例只能读取英文文本，如果想要读取中文文本，则需要在 open() 函数中加上一个 encoding='utf-8' 的参数，修改后的代码如下。为了避免乱码，以后所有的 open() 函数都建议加上这个参数。

```
file = open(r'data\hello.txt', 'r', encoding='utf-8')
```

最后你可能会问："file.read() 以及后面介绍的 file.write() 等可以用来操作一个 TXT 文件，那么它们能不能用于操作 Word、Excel、PDF 等格式文件呢？"其实是不可以的，这是因为 file.read()、file.write() 等只能用于操作纯文本文件，而不能操作二进制文件。

其中，像 TXT、JSON、CSV 等格式文件就是纯文本文件，而 Word、Excel、PDF 等就是二进制文件。如果想要对二进制文件进行读写操作，需要使用对应的模块才行。比如想要读写 Word 文件，需要借助 python-docx 模块。

注意　open() 函数和 file.read()、file.write() 等不一样。不管是纯文本文件，还是二进制文件，都可以使用 open() 函数来打开的。

10.2.2　逐行读取内容：readlines()

前面介绍的 read() 方法是一次性读取文件所有内容。而在 Python 中，我们还可以使用 File 对象的 readlines() 方法来"逐行"读取文件中的内容。

想要实现逐行读取文件的操作，也需要 3 步：打开文件、读取文件和关闭文件，如图 10-7 所示。

图 10-7

▼ **语法：**

```
# 第 1 步：打开文件
file = open(path, 'r', encoding='utf-8')

# 第 2 步：读取文件
txt = file.readlines()

# 第 3 步：关闭文件
file.close()
```

read() 方法返回的结果是一个字符串，而 readlines() 方法返回的结果是一个列表。其中，每一行的文本就是列表中的一个元素。

▼ **示例：readlines()**

```
file = open(r'data\hello.txt', 'r', encoding='utf-8')
txt = file.readlines()
```

```
print(txt)
file.close()
```

运行结果如下：

```
['Hello Python!\n', 'Hello Java!\n', 'Hello C++!']
```

在一个文件中，每一行文本后面的换行符本质上是一个字符，即 \n。所以这里会看到前面两个元素后面包含了"\n"这个换行符。此外由于 readlines() 方法返回的是一个列表，因此可以使用列表的各种方法来进行操作，请看下面的示例。

▼ 示例：读取每一行文本

```
file = open(r'data\hello.txt', 'r', encoding='utf-8')
lines = file.readlines()
for i in range(len(lines)):
    content = lines[i].strip('\n')
    result = f'Line {i + 1}: {content}'
    print(result)
file.close()
```

运行结果如下：

```
Line 1: Hello Python!
Line 2: Hello Java!
Line 3: Hello C++!
```

由于每一行文本最后都有一个换行符，因此这里使用 strip('\n') 来去除换行符。实际上，想要读取每一行文本，除了 readlines() 方法，还有一个 readline() 方法。下面两种方式是等价的。

```
# 方式 1: readlines()
file = open(r'data\hello.txt', 'r', encoding='utf-8')
lines = file.readlines()
for line in lines:
    print(line)
file.close()
```

```
# 方式 2: readline()
file = open(r'data\hello.txt', 'r', encoding='utf-8')
while True:
    line = file.readline()
    if line:
        print(line)
    else:
        break
file.close()
```

准确来说，readlines() 方法是一次性读取所有内容，然后再使用列表的方式来逐行处理。而 readline() 方法才是真正地逐行读取内容。不过也正是因为 readline() 方法每次只能读取一行，因此处理速度通常会比 readlines() 方法慢很多。在实际开发中，建议优先使用 readlines() 方法，仅当没有足够内存可以一次读取整个文件时，再去使用 readline() 方法。

10.3 写入文件

前面了解了如何读取一个文件的内容，接下来介绍如何往一个文件写入内容。在 Python 中，写入文件有两种方式：一种是"以'覆盖'方式写入文件"，另一种是"以'追加'方式写入文件"。

10.3.1 以"覆盖"方式写入文件

在 Python 中，我们可以使用 File 对象的 write() 方法结合 'w' 模式，来以覆盖的方式写入文件。

▼ **语法：**

```python
# 第 1 步：打开文件
file = open(path, 'w', encoding='utf-8')

# 第 2 步：写入文件
file.write( 内容 )

# 第 3 步：关闭文件
file.close()
```

与读取文件一样，想要写入文件，首先需要使用 open() 函数打开一个文件，并且获取到 File 对象，接下来才可以写入文件。在 open() 函数中，'w' 表示以覆盖的方式写入文件。

为了测试后面的示例，接下来需要在 data 文件夹中创建一个 hi.txt，其中 hi.txt 的内容如下。

```
Hi, Python!
```

▼ **示例：文件已存在**

```python
mypath = r'data\hi.txt'

# 读取修改前的文件
file = open(mypath, 'r', encoding='utf-8')
print('Before: ', file.read())

# 写入文件
file = open(mypath, 'w', encoding='utf-8')
file.write('Hi, Java!')

# 读取修改后的文件
file = open(mypath, 'r', encoding='utf-8')
print('After: ', file.read())

file.close()
```

运行结果如下：

```
Before: Hi, Python!
After: Hi, Java!
```

当我们第 2 次读取文件时，发现文件的内容已经被修改了。或者直接打开 hi.txt 这个文件，也可以看到内容已经被修改了，是不是觉得非常神奇呢?

不管是读取文件还是写入文件，每次都需要使用 open() 函数来打开文件，然后才能对文件进行进一步操作。在所有操作完成之后，还需要使用一个 close() 方法来关闭已经打开的文件。

▼ 示例：文件不存在

```
mypath = r'data\welcome.txt'

# 写入文件
file = open(mypath, 'w', encoding='utf-8')
file.write('Welcome to Turing Community!')

# 读取文件
file = open(mypath, 'r', encoding='utf-8')
print(file.read())

file.close()
```

运行结果如下：

```
Welcome to Turing Community!
```

welcome.txt 这个文件一开始是不存在的。对于写模式 'w'，如果文件不存在，则 Python 会创建一个文件，并且把内容写入新创建的文件中。

10.3.2 以"追加"方式写入文件

在 Python 中，我们可以使用 File 对象的 write() 方法结合 'a' 模式，来以追加的方式写入文件。

▼ 语法：

```
# 第 1 步：打开文件
file = open(path, 'a', encoding='utf-8')

# 第 2 步：写入文件
file.write(内容)

# 第 3 步：关闭文件
file.close()
```

这两种写入文件的方式，使用的都是 File 对象的 write() 方法，唯一的区别在于选取的模式不同，也就是 open() 函数的第 2 个参数不一样。其中，以覆盖方式写入文件使用的是 'w'，而以追加方式写入文件使用的是 'a'。

对于文件操作，常见的操作模式如表 10-1 所示。

表 10-1 文件操作模式

模　　式	说　　明
r	读纯文本文件
w	写纯文本文件
a	追加内容
rb	读二进制文件（如图片等）
wb	写二进制文件（如图片等）

r 指的是“read（读）”，w 指的是“write（写）”，a 指的是“append（追加）”。

为了测试后面的示例，需要在 data 文件夹中创建一个 book.txt，其中 book.txt 的内容如下。

```
Python Basic Tutorial
```

▼ 示例：

```
mypath = r'data\book.txt'

# 读取修改前的文件
file = open(mypath, 'r', encoding='utf-8')
print('Before:', file.read())

# 写入文件
file = open(mypath, 'a', encoding='utf-8')
file.write(' (Third Edition)')

# 读取修改后的文件
file = open(mypath, 'r', encoding='utf-8')
print('After:', file.read())

file.close()
```

运行结果如下：

```
Before: Python Basic Tutorial
After: Python Basic Tutorial (Third Edition)
```

book.txt 这个文件一开始的内容是“Python Basic Tutorial”，然后以追加的方式写入文件后，内容就变为“Python Basic Tutorial (Third Edition)”了。

10.4 pathlib 模块

在自动化任务中，我们经常需要对大量文件和大量路径进行操作，此时就得借助 pathlib 和 os 这两个模块了。其中，pathlib 模块主要是操作路径，而 os 模块主要是操作文件或文件夹。

在 Python 3.4 之前，凡是涉及路径的操作，我们都是使用 os 模块来实现的。不过在 Python 3.4 之后，pathlib 成为标准库模块。此后对于路径的操作，Python 官方都建议使用 pathlib 模块。

pathlib 模块有两个主要的类：PurePath 和 Path。在实际项目开发中，一般使用的是 Path 这个类，其使用语法如下：

```
from pathlib import Path
p = Path(path)
```

Path() 返回一个 Path 对象，该对象包含比较多的属性和方法。Path 本身是一个类，它也有非常多的静态方法。

10.4.1 基本属性

对于 Path 对象来说，它包含非常多的属性，常用的如表 10-2 所示。

表 10-2　Path 对象的属性

属　　性	说　　明
stem	获取文件名
suffix	获取后缀名
name	获取文件名 + 后缀名
suffixes	获取后缀名列表
parent	上级目录
parents	上级目录列表

为了测试后面的示例，需要在 data 文件夹中创建一个 book.txt，整个目录结构如图 10-8 所示。

图 10-8

▶ 示例：

```
from pathlib import Path

p = Path(r'data\book.txt')

print('stem:', p.stem)
print('suffix:', p.suffix)
print('name: ', p.name)
print('suffixes: ', p.suffixes)
print('parent: ', p.parent)
print('parents: ', p.parents)
```

运行结果如下：

```
stem: book
suffix: .txt
name: book.txt
suffixes: ['.txt']
parent: data
parents: <WindowsPath.parents>
```

10.4.2　重命名

在 pathlib 模块中，我们可以使用 rename() 方法来对一个文件进行重新命名。rename() 方法除了可以改变文件名之外，还可以改变文件的后缀名。

▼ 语法：

```
object.rename(target)
```

object 是一个 Path 对象，target 是一个包含新文件名的路径。我们在当前项目下新建一个名为 "img" 的文件夹，并且往该文件夹中放入一张图片：logo.png，整个项目结构如图 10-9 所示。

图 10-9

▼ 示例：改变文件名

```
from pathlib import Path

p = Path(r'img\logo.png')
p.rename(r'img\leaf.png')
```

运行之后，logo.png 就被改为 leaf.png 了，如图 10-10 所示。

图 10-10

▼ 示例：改变后缀名

```
from pathlib import Path

p = Path(r'img\leaf.png')
p.rename(r'img\leaf.jpg')
```

运行之后，leaf.png 就被改为 leaf.jpg 了，如图 10-11 所示。

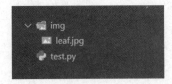

图 10-11

10.4.3 判断路径

在 pathlib 模块中，判断路径的方法如表 10-3 所示。这几个既可以作为 Path 对象的方法，也可以作为 Path 类的方法。

表 10-3　判断路径的方法

方　　法	说　　明
is_file()	是否为一个文件
is_dir()	是否为一个目录（即文件夹）
is_absolute()	是否为一个绝对路径
exists()	路径是否存在

▌ 示例：

```
from pathlib import Path

p = Path(r'data\book.txt')

print('is_file:', p.is_file())
print('is_dir:', p.is_dir())
print('is_absolute:', p.is_absolute())
print('exists:', p.exists())
```

运行结果如下：

```
is_file: True
is_dir: False
is_absolute: False
exists: True
```

需要注意的是，is_file()、is_dir()、is_absolute() 和 exists() 这几个方法，既可以作为 Path 对象的方法，也可以作为 Path 类的方法。怎么理解呢？我们拿 is_file() 方法试验一下，请看下面示例。

▌ 示例：

```
from pathlib import Path

p = Path(r'data\book.txt')
# 对象方法
print(p.is_file())
# 类方法
print(Path.is_file(p))
```

运行结果如下：

```
True
True
```

事实上，pathlib 模块提供的大多数方法都有这个特点，在后面的学习中，你也可以自行测试一下。

10.4.4　拼接路径

在 pathlib 模块中，我们可以使用 joinpath() 方法来将两个或多个路径拼接到一起，然后组成一个新的路径。

▶ **语法**：

```
object.joinpath(path1, path2, ... , pathN )
```

这里的路径可以是相对路径，也可以是绝对路径。两个路径之间使用英文逗号隔开。

▶ **示例**：

```
from pathlib import Path

p = Path(r'D:\python-test')
result = p.joinpath('data', 'book.txt')
print(result)
```

运行结果如下：

```
D:\python-test\data\book.txt
```

对于上面示例来说，下面两种方式是等价的。

```
# 方式1
p.joinpath('data', 'book.txt')

# 方式2
p.joinpath(r'data\book.txt')
```

在实际项目开发中，一般都不知道当前工作目录是什么，但又想获取当前工作目录下的某些文件的完整路径，此时你就可以使用 Path.cwd() 结合 joinpath() 来实现了，请看下面示例。

▶ **示例**：

```
from pathlib import Path

p = Path.cwd()
result = p.joinpath(r'img\logo.png')
print(result)
```

运行结果如下：

```
D:\python-test\img\logo.png
```

Path.cwd() 获取的是当前的工作路径，它与后面介绍的 os.getcwd() 是等价的，你只需要掌握其中一个即可。

10.4.5 创建与删除路径

在 pathlib 模块中，与路径创建或删除相关的方法有 3 个，如表 10-4 所示。

表10-4   路径创建或删除的方法

方 法	说 明
mkdir()	创建目录
rmdir()	删除目录，目录必须为空
unlink()	删除文件

在执行后面操作之前，需要在当前项目目录下创建一个名为 test.txt 的文件，然后保证整个项目结构如图 10-12 所示。

图 10-12

▉ 示例：创建目录

```
from pathlib import Path

p = Path(r'D:\python-test\data')
# 定义函数
def create_dir(p):
    if p.exists():
        print('Directory already exist!')
    else:
        p.mkdir()
# 调用函数
create_dir(p)
```

运行之后，当前项目目录下多了一个 data 文件夹，如图 10-13 所示。

图 10-13

示例：删除目录

```
from pathlib import Path

p = Path(r'D:\python-test\data')

# 定义函数
def del_dir(p):
    if p.exists():
        p.rmdir()
    else:
        print('Directory does not exist!')
# 调用函数
del_dir(p)
```

运行之后，当前项目目录下的 data 文件夹已经被删除了，如图 10-14 所示。

图 10-14

示例：删除文件

```
from pathlib import Path

p = Path(r'D:\python-test\test.txt')

# 定义函数
def del_file(p):
    if p.exists():
        p.unlink()
    else:
        print('File does not exist!')
# 调用函数
del_file (p)
```

运行之后，当前项目目录下的 test.txt 这个文件已经被删除了，如图 10-15 所示。

图 10-15

思考　你已经知晓如何创建目录、删除目录以及删除文件，那么如何创建一个文件呢？（提示：使用 open() 函数以“w”模式打开，如果文件不存在，就会自动创建）

10.5　os 模块

pathlib 模块主要用于操作路径，而 os 模块主要用于操作目录和文件。在 Python 中，os 模块提供的函数有很多，常用的如表 10-5 所示。

表 10-5　os 模块的函数

函　　数	说　　明
os.getcwd()	获取工作目录
os.chdir()	切换工作目录
os.listdir()	列举所有文件和目录（即文件夹）
os.walk()	遍历目录
os.path.getsize()	获取文件大小
os.path.getctime()、os.path.getmtime()、os.path.getatime()	获取文件时间

需要清楚的是，os 提供的都是"函数"，而不是"方法"。os.getcwd() 指的是 os 模块下的 getcwd() 函数，而不是 os 对象下的 getcwd() 方法。而 os.path.getsize() 指的是 os 模块下 path 子模块的 getsize() 函数。至于如何判断"函数"和"方法"，上一章已经介绍过了。

10.5.1　获取工作目录

在 Python 中，我们可以使用 os.getcwd() 函数来获取当前工作目录，也就是当前 .py 文件所在的文件夹的路径。

▶ **语法：**

```
os.getcwd()
```

getcwd 是"get current work directory（获取当前工作目录）"的缩写。

▶ **示例：获取当前工作目录**

```
import os
print(os.getcwd())
```

运行结果如下：

```
D:\python-test
```

在 VSCode 的控制台中，也可以很直观地看出当前工作目录是什么，如图 10-16 所示。

图 10-16

可能你就会问了："如果想要获取包含当前文件名的完整路径，那又该怎么实现呢？"其实非常简单，我们可以使用"__file__"来实现。特别注意，__file__ 的前后都是双下划线。

▶ **示例：获取当前 .py 文件的完整路径**

```
print(__file__)
```

运行结果如下：

```
D:\python-test\test.py
```

__file__ 是 Python 内置的变量，所以不需要引入 os 模块。

10.5.2 改变工作目录

在 Python 中，我们可以使用 os.chdir() 函数来将当前工作目录切换为其他路径。

▶ **语法：**

```
os.chdir(路径)
```

由于 chdir() 函数需要将当前工作目录切换为"其他路径"，因此需要提供一个路径给它。

▶ **示例：**

```
import os

print('Before:', os.getcwd())
os.chdir(r'E:\python-test')
print('After:', os.getcwd())
```

运行结果如下：

```
Before: D:\python-test
After: E:\python-test
```

在上面示例中，由于 test.py 文件是在 "D:\python-test" 这个目录下的，因此第一个 os.getcwd() 获取的结果是 "D:\python-test"。接着使用 os.chdir() 函数来将当前工作目录切换为 "E:\python-test"，再使用 getcwd() 函数来获取当前工作目录，因此第二个 os.getcwd() 获取的结果是 "E:\python-test"。

由于这里已经改变了当前工作目录，可能会影响后面示例的效果。所以一定要执行下面的代码，来把当前工作目录切换成原来的工作目录。

```
import os
os.chdir(r'D:\python-test')
```

10.5.3 列举所有文件

在 Python 中，我们可以使用 os.listdir() 函数来列举某个目录下的所有文件和目录（即文件夹）。

▼ **语法**：

```
os.listdir(path)
```

接下来，在当前项目下创建一个名为"files"的文件夹，然后放入一些文件（本书配套文件可以找到），整个项目结构如图 10-17 所示。

图 10-17

▼ **示例**：

```
import os
files = os.listdir(r'files')
print(files)
```

运行结果如下：

```
['animal', 'planet', 'test.docx', 'test.jpg', 'test.pdf', 'test.txt',
'test.xlsx', 'test.zip']
```

listdir() 函数返回的是一个列表，列表中每一个元素对应一个文件或目录。如果是文件，则包含文件名和后缀名。

10.5.4　遍历文件

在 Python 中，我们可以使用 os.walk() 函数来遍历一个文件夹。

▼ **语法**：

```
for root, dirs, files in os.walk(path):
    ……
```

root 表示当前正在访问的文件夹路径，dirs 表示该文件夹下一级都有哪些子文件夹，files 表示该文件夹下一级都有哪些文件。

接下来，将当前项目结构重塑成图 10-18 所示结构。在当前项目下创建一个 src 文件夹，然后 src 子级有两个子文件夹：animal 和 planet，并且还有两个文件：A.txt 和 B.txt。此外，animal 和 planet 这两个文件夹还有下一级的文件。

图 10-18

▶ 示例：

```
import os

for root, dirs, files in os.walk(r'src'):
    print(root)
    print(dirs)
    print(files)
```

运行结果如下：

```
src
['animal', 'planet']
['A.txt', 'B.txt']

src\animal
[]
['ant.txt', 'bee.txt']

src\planet
[]
['apple.txt', 'banana.txt']
```

os.walk() 其实是使用递归的方式来进行遍历，从结果可以看出，这里其实是遍历了 3 次。

第 1 次遍历，当前遍历的文件夹是 src，子文件夹有：['animal', 'planet']，子文件有：['A.txt', 'B.txt']。

第 2 次遍历，当前遍历的文件夹是 src\animal，子文件夹有：[]，子文件有：['ant.txt', 'bee.txt']。其中子文件夹为"[]"，也就是没有子文件夹的意思。

第 3 次遍历，当前遍历的文件夹是：src\planet，子文件夹有：[]，子文件有：['apple.txt', 'banana.txt']。

▼ 示例：获取所有文件名

```
import os

result = []
for root, dirs, files in os.walk(r'src'):
    for file in files:
        result.append(file)
print(result)
```

运行结果如下：

```
['A.txt', 'B.txt', 'ant.txt', 'bee.txt', 'apple.txt', 'banana.txt']
```

上面示例实现的效果是：使用 os.walk() 函数来把 src 文件夹下的所有"文件（包含文件名和后缀名）"给遍历出来，然后保存到一个列表中去。

▼ 示例：获取所有文件的路径

```
import os

result = []
for root, dirs, files in os.walk(r'src'):
    dirpath = os.getcwd() + '\\' + root
    for file in files:
        filepath = dirpath + '\\' + file
        result.append(filepath)
print(result)
```

运行结果如下：

```
['D:\\python-test\\src\\A.txt', 'D:\\python-test\\src\\B.txt', 'D:\\python-test\\
src\\animal\\ant.txt', 'D:\\python-test\\src\\animal\\bee.txt', 'D:\\python-test\\
src\\planet\\apple.txt', 'D:\\python-test\\src\\planet\\banana.txt']
```

上面示例实现的效果是：获取 src 文件夹下所有文件的绝对路径。需要注意的是，对于路径中的"\"，需要使用其对应的转义字符"\\"来表示。

10.5.5　获取文件大小

在 Python 中，我们可以使用 os.path.getsize() 函数来获取某一个文件的大小。

▼ 语法：

```
os.path.getsize(path)
```

为了方便测试，需要重塑目录结构如图 10-19 所示。

图 10-19

▼ 示例：

```
import os

filesize = os.path.getsize(r'img\logo.png')
print('filesize:', filesize)
```

运行结果如下：

```
filesize: 27605
```

getsize() 函数获取的大小值的单位是 B（字节），但是大多数情况下都会将其换算为常见的文件大小表示。具体是怎么转换的，请看下面例子。

▼ 示例：转换单位

```
import os

# 获取大小
filesize = os.path.getsize(r'img\logo.png')

# 转换单位
units = ['B', 'KB', 'MB', 'GB', 'TB']
index = 0
while filesize > 1024:
    filesize /= 1024
    index += 1

# 四舍五入保留 2 位小数
filesize = round(filesize, 2)

# 获取结果
result = f'{filesize}{units[index]}'
# 运行结果
print(result)
```

运行结果如下：

```
26.96KB
```

round(x，n) 用于返回一个浮点数的四舍五入值，该方法有两个参数：x 是一个浮点数，n 表示保留 n 位小数。对于 round() 函数，前面章节已经介绍过了。

10.5.6　获取文件时间

在 Python 中，我们可以使用 getctime() 函数获取文件或文件夹的创建时间，也可以使用 getmtime() 方法获取文件或文件夹的修改时间，还可以使用 getatime() 方法获取文件或文件夹最后的访问时间。

▌ **语法：**

```
os.path.getctime(path)
os.path.getmtime(path)
os.path.getatime(path)
```

getctime()，指的是"get create time"。getmtime()，指的是"get modify time"。getatime()，指的是"get access time"。

▌ **示例：获取时间戳**

```
import os

ctime = os.path.getctime(r'D:\python-test\test.py')
mtime = os.path.getmtime(r'D:\python-test\test.py')
atime = os.path.getatime(r'D:\python-test\test.py')

print('getctime:', ctime)
print('getmtime:', mtime)
print('getatime:', atime)
```

运行结果如下：

```
getctime: 1663551496.683697
getmtime: 1663997409.139237
getatime: 1663997409.139237
```

从上面结果可以看出，getctime()、getmtime()、getatime() 这 3 个函数获取的都是时间戳，我们需要引入 time 模块，将时间戳转换为想要的时间格式才行。

▌ **示例：转换格式**

```
import os
import time

ctime = os.path.getctime(r'D:\python-test\test.py')
local = time.localtime(ctime)

result = time.strftime('%Y-%m-%d %H:%M:%S', local)
print('Create Time:', result)
```

运行结果如下：

```
Create Time: 2023-02-19 09:38:16
```

这里拓展一下，如果一个程序需要同时导入多个模块，REP8 规范推荐每一个模块使用一个 import 语句导入，而不是只使用一个 import 语句一次性导入所有模块。

```
# 推荐
import os
import time

# 不推荐
import os, time
```

10.6 shutil 模块

os 模块操作文件或文件夹的能力是有限的，因此还需借助其他模块来辅助开发。接下来介绍 shutil 模块，它可以帮助我们实现这 3 种操作：复制文件、移动文件和删除文件。

10.6.1 复制文件

在 Python 中，我们可以使用 shutil 模块的 copy() 函数将一个文件或一个文件夹复制到另一个文件夹中。

▶ **语法：**

```
shutil.copy(src, dest)
```

参数 src 表示源路径，参数 dest 表示目标路径。dest 指向的是一个文件，也可以是一个文件夹。

接下来在当前项目下创建两个文件夹：src 和 dest，然后在 src 文件夹中创建一个 A.txt，整个项目结构如图 10-20 所示。

图 10-20

▶ **示例：复制但不改名**

```
import shutil
shutil.copy(r'src\A.txt', r'dest')
```

运行之后，项目结构如图 10-21 所示。

图 10-21

从结果可以看出来，A.txt 这个文件已经被复制到 "dest" 这个文件夹了。当然了，这里使用绝对路径也是可以的，下面两种方式是等价的。

```
# 相对路径
shutil.copy(r'src\A.txt', r'dest')
```

```
# 绝对路径
shutil.copy(r'D:\python-test\src\A.txt', r'D:\python-test\dest')
```

▶ 示例：复制并改名

```
import shutil
shutil.copy(r'src\A.txt', r'dest\B.txt')
```

运行之后，项目结构如图 10-22 所示。

图 10-22

如果 B.txt 一开始是不存在的，则上面示例表示将 A.txt 复制过去并改名为 B.txt。如果 B.txt 文件一开始是存在的，则上面示例表示用 A.txt 的内容替换 B.txt 的内容。

上面两个例子是不一样的，第一个是复制文件但不改变文件名，而第二个是复制文件并且改变文件名，大家要认真对比一下两者的不同。

想要复制一个文件，可以使用 copy() 函数。但如果想要复制一个文件夹，此时应该怎么做呢？我们可以使用 copytree() 函数来实现。

▶ 示例：复制文件夹

```
import shutil
shutil.copytree(r'src', r'src-backup')
```

运行代码之后，项目结构如图 10-23 所示。

图 10-23

在上面示例中，copytree() 函数会创建一个名为 "src-backup" 的新文件夹，然后把 src 中的所有文件复制一份到 src-backup 中。一般来说，copytree() 函数都是用来备份文件的。

10.6.2　移动文件

在 Python 中，我们可以使用 shutil 模块的 move() 函数将一个文件或文件夹移动到另一个文件夹中。

▌**语法：**

```
shutil.move(src, dest)
```

参数 src 表示源路径，参数 dest 表示目标路径。接下来，调整一下目录结构，如图 10-24 所示。

图 10-24

▌**示例：移动但不改名**

```
import shutil
shutil.move(r'src\A.txt', r'dest')
```

运行之后，项目结构如图 10-25 所示。

图 10-25

从结果可以看出来，src 文件夹中的 A.txt 被移动到了 dest 文件夹中。

▌**示例：移动并改名**

```
import shutil
shutil.move(r'src\B.txt', r'dest\BB.txt')
```

运行之后，项目结构如图 10-26 所示。

图 10-26

从结果可以看出，src 文件夹中的 B.txt 被移动到了 dest 文件夹中，并且被重命名为 BB.txt。

上面是将文件进行移动，接下来尝试移动一下文件夹。为了测试效果，需要清空 src 和 dest 这两个文件夹，然后在当前项目中新建两个文件夹：animal 和 planet，并且往这两个文件夹中添加一些文件，整个项目结构如图 10-27 所示。

图 10-27

▶ 示例：移动文件夹

```
import shutil
shutil.move(r'animal', r'dest')
shutil.move(r'planet', r'dest')
```

运行之后，项目结构变成如图 10-28 所示。

图 10-28

从结果可以看出，animal 和 planet 这两个文件夹已经被移动到 dest 文件夹下了。需要注意的是，移动文件夹使用的也是 move() 函数，而不是 movetree() 函数。

10.6.3 删除文件夹

在 Python 中，我们可以使用 shutil 模块的 rmtree() 函数删除文件夹。

▶ **语法：**

```
shutil.rmtree(path)
```

rmtree 是 "remove tree" 的缩写，rmtree() 函数会将该文件夹及其内部文件全部删除。为了测试后面示例的效果，需要将当前项目目录结构重塑成图 10-29 所示的结构。

图 10-29

▶ **示例：**

```
import shutil
shutil.rmtree(r'src')
```

运行之后，项目结构如图 10-30 所示。

图 10-30

从结果可以看出，src 这个文件夹以及它内部所有的文件，都已经被删除了。特别注意，使用 unlink() 和 rmtree() 这两个函数，文件或文件夹被删除后，并不是被放到回收站了，而是被永久删除了！因此大家在使用这两种方法的时候，一定要特别小心。

提示   shutil 模块的 rmtree() 函数用于删除文件夹，如果想要删除文件，应该使用 pathlib 模块的 unlink() 方法。

10.7 send2trash 模块

从上一节可以知道，使用 shutil 模块的 rmtree() 函数或 pathlib 模块的 unlink() 方法都会不可恢复地删除文件，因此使用起来非常危险。如果一不小心删了重要文件，就找不回来了。那有没有什么好的方法可以解决这个问题呢？

在 Python 中，我们可以使用 send2trash 模块来代替 pathlib、shutil 这两个模块，更安全地删除文件。

由于 send2trash 是第三方模块，因此需要手动安装才行。首先打开 VSCode 终端窗口（也叫作 VSCode 控制台），输入命令：pip install send2trash，如图 10-31 所示，然后按下回车键即可安装。

图 10-31

▼ 语法：

```
send2trash.send2trash(path)
```

在该语法中，第 1 个 send2trash 是模块名，第 2 个 send2trash() 是函数名。send2trash() 函数既可以删除一个文件，也可以删除一个文件夹。与使用 pathlib、shutil 这两个模块来删除文件不一样，使用 send2trash 模块删除文件，文件并不是被永久删除，而是被送到回收站中。

为了方便测试例子效果，接下来需要重塑整个项目结构，如图 10-32 所示。

图 10-32

▼ 示例：

```
import send2trash
send2trash.send2trash(r'src\A.txt')
```

运行之后，可以发现 A.txt 文件已经被删除了，不过我们还可以从回收站中将其还原回来。

10.8 zipfile 模块

在 Python 中，我们可以使用 zipfile 模块来操作压缩文件。其中，压缩文件操作主要包括以下 3 种：读取文件、解压文件和压缩文件。

10.8.1 读取文件

在 Python 中，我们可以使用 zipfile 模块的 ZipFile() 函数来读取压缩文件中的相关信息，例如文件大小、内部文件名等。

▼ **语法：**

```
zip = zipfile.ZipFile(path)
......
zip.close()
```

注意，zipfile 是 Python 模块的名称，ZipFile() 是 zipfile 模块的一个函数（注意大小写）。使用 zipfile 模块操作之后，还需要使用 close() 方法来关闭才行。

接下来，重塑项目结构成图 10-33 所示。当前项目有两个文件夹：src 和 dest，并且往 src 文件夹放入了一个压缩文件。

图 10-33

▼ **示例：列举文件名**

```
import zipfile

zip = zipfile.ZipFile(r'src\list.zip')
print(zip.namelist())
zip.close()
```

运行结果如下：

```
['A.txt', 'B.txt', 'C.txt']
```

zipfile.ZipFile() 函数会返回一个 ZipFile 对象，该对象有一个 namelist() 方法。namelist() 方法可以返回一个列表，这个列表包含了压缩文件中所有的文件名。

▼ **示例：获取文件大小**

```
import zipfile

zip = zipfile.ZipFile(r'src\list.zip')
info = zip.getinfo('A.txt')
print(info.file_size)
```

运行结果如下：

12

使用 ZipFile 对象的 getinfo() 方法会返回一个 ZipInfo 对象，这个对象有一个 file_size 属性，用于获取文件的大小，单位是 B（字节）。

10.8.2　解压文件

在 zipfile 模块中，我们可以使用 ZipFile 对象的 extractall() 方法来将压缩文件进行解压。

▶ **语法：**

```
zip = zipfile.ZipFile(path)
zip.extractall(dest)
zip.close()
```

extractall() 方法中的参数 dest 是一个路径，表示你想要解压到哪个路径中去。

▶ **示例：**

```
import zipfile

zip = zipfile.ZipFile(r'src\list.zip')
zip.extractall(r'dest')
zip.close()
```

运行之后，项目结构如图 10-34 所示。

图 10-34

zip.extractall(r'dest') 表示解压到当前工作目录下的 dest 文件夹中，如果 dest 文件夹不存在，那么就会自动创建一个 dest 文件夹。

如果想要解压到当前工作目录下，只需要设置 zip.extractall() 的参数是一个空字符串就可以了，也就是：zip.extractall("")。

10.8.3　压缩文件

在 zipfile 模块中，我们可以使用 ZipFile 对象的 write() 方法来压缩文件。

▶ **语法：**

```
zip = zipfile.ZipFile(path, 'w')
```

```
zip.write(文件名, compress_type=zipfile.ZIP_DEFLATED)
zip.close()
```

想要压缩文件，必须以"写模式"打开 ZipFile 对象，也就是传入 'w' 作为第二个参数。这个类似于 open() 函数传入 'w'，以写模式打开一个文本文件。如果希望将文件以"追加"的方式写入已有的 ZIP 文件中，我们可以传入 'a' 作为第二个参数。

compress_type=zipfile.ZIP_DEFLATED 指定了压缩的算法，你可以将其看成固定参数即可。为了测试例子的效果，需要将当前目录结构重塑成如图 10-35 所示。

图 10-35

▎ 示例：压缩一个文件

```
import zipfile

zip = zipfile.ZipFile(r'dest\new.zip', 'w')
zip.write(r'src\A.txt', compress_type = zipfile.ZIP_DEFLATED)
zip.close()
```

运行之后，项目结构变成如图 10-36 所示。

图 10-36

运行程序之后，可以看到 src 文件夹中的 A.txt 已经被压缩到 dest 文件夹中的 new.zip 中去了。如果想要压缩多个文件到一个压缩文件中去，也很简单，只需要以"追加"的方式多次写入就可以了，请看下面的示例。

▎ 示例：压缩多个文件

```
import zipfile
```

```
zip = zipfile.ZipFile(r'dest\new.zip', 'a')
zip.write(r'src\B.txt', compress_type = zipfile.ZIP_DEFLATED)
zip.write(r'src\C.txt', compress_type = zipfile.ZIP_DEFLATED)
zip.close()
```

运行之后，项目结构变成如图 10-37 所示。

图 10-37

我们把 dest 文件夹中的 new.zip 手动解压一下，可以看到 src 中的 B.txt 和 C.txt 都被压缩到里面了。接下来清空 dest 文件夹，然后再去测试下面的例子。

▶ 示例：压缩文件夹（无效）

```
import zipfile

zip = zipfile.ZipFile(r'dest\new.zip', 'w')
zip.write(r'src', compress_type = zipfile.ZIP_DEFLATED)
zip.close()
```

运行之后，项目结构变成如图 10-38 所示。

图 10-38

从这里可以看出来，src 文件夹已经被压缩到 dest 文件夹中的 new.zip 中去了。不过打开 new.zip 可以发现，zip 这个文件夹是空的。也就是说，我们不能直接压缩整个文件夹，而必须一个个文件地压缩。

想要把一个文件夹下的所有文件压缩，我们可以使用 os 模块的 walk() 函数来遍历所有文件，然后一一写入压缩文件中，请看下面例子。

▶ 示例：压缩文件夹（有效）

```
import os
import zipfile

# 获取所有文件的绝对路径
paths = []
for root, dirs, files in os.walk(r'src'):
    dirpath = os.getcwd() + '\\' + root
    for file in files:
        filepath = dirpath + '\\' + file
        paths.append(filepath)

# 写入压缩文件
zip = zipfile.ZipFile(r'dest\new.zip', 'w')
for path in paths:
    zip.write(path, compress_type = zipfile.ZIP_DEFLATED)
zip.close()
```

运行之后，项目结构变成如图 10-39 所示。

图 10-39

当再次打开 new.zip，此时会发现 src 中所有的文件都已经被成功压缩到里面去了。os.walk() 这个函数非常有用，一定要认真掌握。

10.9 异常处理

实际上，前面几节中对文件的读写操作的代码是存在一定缺陷的。比如尝试读取一个不存在的文件时，程序很多时候会直接报错。因此在对文件进行读写操作时，还需要加上异常处理才行。

10.9.1 try-except-finally 语句

try-except-finally 是异常处理最常用的语句，它可以很好地帮助你处理文件读写出现的问题。先来看一个简单的示例。

▶ 示例：打开不存在的文件

```
file = open(r'data\somefile.txt', 'r', encoding='utf-8')  # somefile.txt 文件是不存在的
txt = file.read()
print(txt)
file.close()
```

输出结果如下：

（报错）FileNotFoundError: [Errno 2] No such file or directory: 'data\\somefile.txt'

当尝试读取一个不存在的文件时，就会报一个 FileNotFoundError 异常。因此需要使用 try-except-finally 语句对其进行异常处理，修改后的代码如下。

```
try:
    file = open(r'data\somefile.txt', 'r', encoding='utf-8')
    txt = file.read()
    print(txt)
except:
    print('Error opening file!')
finally:
    file.close()
```

但是有些时候，我们打开文件没问题，而是在对文件读写操作的过程出现了异常，然后导致文件没有被关闭，请看下面示例。

▼ 示例：没有关闭文件

```
file = open(r'data\book.txt', 'r', encoding='utf-8')        # book.txt 文件是存在的
result = file.read() + 1000
print(result)
file.close()
```

输出结果如下：

（报错）TypeError: can only concatenate str (not "int") to str

由于 file.read() 获取的是一个字符串，而数字跟字符串是不能直接相加的，因此执行 result=file.read()+1000 这一句代码就会报错。报错了之后，后面的代码就不会执行了，这样会导致已经打开的文件没有被关闭。因此这里也要加上异常处理，修改后的代码如下：

```
try:
    file = open(r'data\book.txt', 'r', encoding='utf-8')      # book.txt 文件是存在的
    result = file.read() + 1000
    print(result)
except TypeError:
    print('Incorrect operation!')
finally:
    file.close()
```

10.9.2   with 语句

在 Python 中，我们可以使用 with 语句来自动调用 close() 方法来关闭文件。对于前面这个示例，如果使用 with 语句来代替 try-except-finally 语句，此时代码如下。

```
with open(r'data\book.txt', 'r', encoding='utf-8') as file:
    result = file.read() + 1000
    print(result)
```

with 语句只能帮我们关闭文件，并不能帮我们处理异常。如果在文件操作的过程中出现异常，还是需要使用 try-except 语句来处理。因此对于上面这段代码，加上异常处理后，完整实现代码如下。

```
with open(r'data\book.txt', 'r', encoding='utf-8') as file:
    try:
        result = file.read() + 1000
        print(result)
    except TypeError:
        print('Incorrect operation!')
```

对于上面这段代码，与下面这段代码是等价的。

```
try:
    file = open(r'data\book.txt', 'r', encoding='utf-8')
    result = file.read() + 1000
    print(result)
except TypeError:
    print('Incorrect operation!')
finally:
    file.close()
```

在实际项目开发中，我们更推荐使用 with 语句代替 file.close() 来关闭文件，因为它更加的简单方便。

10.10　试一试：删除某一类型文件

如果当前项目下有一个 src 文件夹，该文件夹包含了不同类型的文件，项目结构如图 10-40 所示。接下来尝试编写一个程序来删除该文件夹中后缀名为 ".png" 的文件。

图 10-40　项目结构

实现代码如下：

```
import os

filenames = os.listdir(r'src')
for filename in filenames:
    if filename.endswith('.png'):
        path = os.getcwd() + '\\src\\' + filename;
        os.unlink(path)
```

运行之后，项目结构如图 10-41 所示。

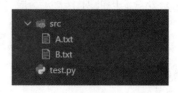

图 10-41

os.listdir() 函数返回的是一个列表，该列表存放的是当前路径中所有的文件名。然后使用一个 for 循环来遍历这个列表，就可以拿到每一个文件的文件名了。

接下来使用字符串的 endswith() 方法来判断该文件名的后缀是否为 ".png"。如果是的话，那就使用 os.unlink() 函数把这个文件删除。

从上面这个示例，相信你也感受到 Python 是多么的简洁强大了，只需要短短几行代码就可以节省用于大量重复操作的时间和精力。

10.11　试一试：批量修改文件名

在日常工作中，你可能会碰到这样的一个需求：有一堆名字特别乱的图片，为了方便使用，需要对所有图片起一些规范的名字。这个时候，如果一张一张来处理的话，是非常费时费劲的。不过你可以使用这一章学到的文件操作方法轻松实现"批处理"。

在 Python 中，想要对文件进行批量改名，关键是用到 os.listdir() 函数和 Path.rename() 方法。其中，os.listdir() 函数用于获取该目录下的所有文件，Path.rename() 方法用于对文件进行重命名。

首先，在 "D:\imgs" 这个目录下有很多图片（所有图片素材在本书配套文件中可以找到），如图 10-42 所示。接下来，编写程序来批量修改这些图片名。

图 10-42　修改前

实现代码如下：

```
import os

mypath = r'D:\imgs'
os.chdir(mypath)
imgs = os.listdir(mypath)

for i in range(len(imgs)):
    oldname = imgs[i]
    newname = 'pic' + str(i+1) + '.jpg'
    os.rename(oldname, newname)
```

运行之后，所有图片的文件名已经被修改了，如图 10-43 所示。

图 10-43　修改后

这里你可能会问这么一个问题："如果在当前文件夹中，除了 jpg 图片，还有其他格式图片、其他格式文件，甚至是文件夹。此时应该怎么来处理呢？"方法很简单，只需要使用字符串的 endswith() 方法对文件后缀名进行判断就可以了，修改后的代码如下。

```
import os
from pathlib import Path

mypath = r'D:\imgs'
os.chdir(mypath)
imgs = os.listdir(mypath)

for i in range(len(imgs)):
    if imgs[i].endswith('.jpg'):
        oldname = imgs[i]
        newname = f'pic{str(i+1)}.jpg'
        os.rename(oldname, newname)
```

思考　如果想要批量处理文件后缀名，比如将所有 ".txt" 文件修改成 ".html" 文件，此时又该怎么实现呢？

10.12　小结

本章介绍了文件的各种操作，下面列出了本章中的一些重点。

❑ **文件路径**：文件的路径，指的是文件的位置。路径分为两种：一种是绝对路径，另一种是相对路径。

❑ **读取文件**：可以使用 read() 方法"一次性"读取文件所有内容，也可以使用 readlines() 方法来"逐行"读取文件内容。

❑ **写入文件**：可以使用 File 对象的 write() 方法结合 'w' 模式，来以覆盖的方式写入文件。也可以使用 File 对象的 write() 方法结合 'a' 模式，来以追加的方式写入文件。

❑ **pathlib 模块**：凡是涉及路径的操作，Python 官方都建议使用 pathlib 模块。pathlib 模块有两个主要的类：PurePath 和 Path。在实际项目开发中，一般使用的是 Path 这个类。

❑ **os 模块**：os 模块主要用于操作目录和文件。

❑ **shutil 模块**：shutil 模块可以帮助我们实现这 3 种操作：复制文件、移动文件和删除文件。

❑ **send2trash 模块**：send2trash 是第三方模块，它主要用于代替 pathlib、shutil 这两个模块的删除功能，从而更安全地删除文件。

❑ **zipfile 模块**：zipfile 模块用于操作压缩文件，主要包括以下 3 种操作：读取文件、解压文件和压缩文件。

❑ **with 语句**：with 语句会自动调用 close() 方法来关闭文件。不过 with 语句并不能处理异常，如果操作文件出现异常，还需要使用 try-except 语句来处理。

第 11 章

正则表达式

11

在日常工作中，你可能会使用到 Word 的一个功能，那就是使用"Ctrl+F"快捷键来快速查找某个字符串。Word 之所以能够匹配符合条件的字符串，其实就是使用正则表达式来实现的。

正则表达式，全称"Regular Expression"，在代码中常简写为 regex 或 re。**正则表达式，指的是用某种模式去匹配一类字符串的公式**。学习正则表达式，说白了就是学习各种匹配语法，例如想要匹配数字应该怎么写、匹配字符串应该怎么写，等等。

再来举一个非常有用的例子。大多数网站都有注册登录功能（如图 11-1），表单中都有相应的验证功能。例如邮箱必须符合"xxx@xxx"格式，手机号要求全部是数字，密码要求不少于 6 个字符等。那么程序是怎么判断用户输入的内容是否符合相应表单要求的呢？这就需要用到正则表达式了。

Google

Sign in

Use your Google Account

Email or phone

Forgot email?

Not your computer? Use Guest mode to sign in privately.
Learn more

Create account   Next

图 11-1

在表单中，我们可以定义一种"模式"，如果用户输入的内容符合这种模式，就通过。如果用户输入的内容不符合这种模式，就不通过。这种所谓的模式，指的就是"正则表达式"。

正则表达式一般需要两部分的内容：一是"被验证的字符串"，二是"正则表达式"。我们可以把"被验证的字符串"比喻成"等待检验的产品"，把"正则表达式"比喻成"校验工厂"。

产品在生产流水线检查时，合格的就通过，不合格的就扔掉，如图 11-2 所示。这样去比喻，相信应该很好理解了吧？

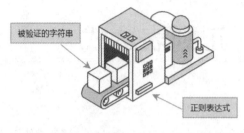

图 11-2

11.1　正则表达式的使用

在 Python 中，我们可以引入 re 模块来使用正则表达式。

▼ **语法：**

```
import re
re.findall(pattern, str)
```

findall() 函数用于查找字符串中符合条件的部分。findall() 函数有两个参数：pattern 是一个正则表达式；str 是一个字符串。

findall() 函数会返回一个列表，该列表存放的是所有符合条件的子字符串。

▼ **示例：**

```
import re

result = re.findall(r'\d\d\d-\d\d\d\d\d\d', 'My number is 020-666666 or 020-888888')
print(result)
```

运行结果如下：

```
['020-666666', '020-888888']
```

r'\d\d\d-\d\d\d\d\d\d' 是一个原始字符串，这个原始字符串其实就是我们所说的正则表达式。每一个 \d 表示匹配一个数字，也就是说只有符合 "xxx-xxxxxx" 格式的数字字符串，才满足匹配条件。

当然了，如果正则表达式或字符串太长，则还可以分开来定义，修改后的代码如下。

```
import re

pattern = r'\d\d\d-\d\d\d\d\d\d'
s = 'My number is 020-666666 or 020-888888'
result = re.findall(pattern, s)
print(result)
```

findall() 函数返回的是一个列表，在实际开发中我们有时只需要拿到第一个匹配的值，此时只需要使用下标 "[0]" 就可以了，也就是 result[0]。

最后请记住一点，使用正则表达式，我们都需要提供两部分内容：正则表达式、被验证的字符串。

11.2 元字符

在正则表达式中，字符可以分为两种：一种是 "普通字符"，另一种是 "元字符"。其中元字符又被称为特殊字符。

普通字符就是 a~z、0~9 这类常见的字符，而元字符跟普通字符不一样。例如在手机号码中，我们只能输入 11 个数字，那么 "数字" 这个概念怎么去表示呢？这就需要用到元字符了。

在正则表达式中，常用的元字符如表 11-1 所示。

表 11-1 常用元字符

元 字 符	说　明
\d	匹配数字，等价于 [0-9]
\D	匹配非数字，等价于 [^0-9]
\w	匹配数字、字母或下划线
\W	匹配不是数字、字母或下划线的字符
\s	匹配任意空白符，如空格、换行符等
\S	匹配非空白符
.（点号）	匹配除了换行符以外的所有字符
[...]	匹配 "[]" 中的任意一个字符
[^...]	匹配非 "[]" 中的所有字符

对于常见元字符，小写字母如 \d、\w、\s，匹配的是 "正向" 的字符。而大写字母如 \D、\W、\S，匹配的是 "反向" 的字符。事实上，我们只需要记住 \d、\w、\s 就可以了，因为两者是相反关系。

```
0\d{2}-\d{8}
```

这个正则表达式匹配的是中国的电话号码，以 0 开头，然后是两个数字，再接着是一个短线（-），最后是 8 个数字。

\d{2} 表示数字重复 2 次，\d{8} 表示数字重复 8 次。{2}、{8} 其实是限定符，我们在 "11.4 限定符" 这一节中会详细介绍。

```
[hH]ello
```

这个正则表达式匹配的是 "hello" 或 "Hello"。[hH] 表示 "h" 或 "H" 都可以匹配。

```
<h[1-6]>
```

这个正则表达式匹配的是 HTML 中的 \<h1\>、\<h2\>、\<h3\>、\<h4\>、\<h5\>、\<h6\> 这 6 个标签。

▼ **示例：**

```
import re

pattern = r'\d{11}'
s = 'My phone number is: 13266668888'
result = re.findall(pattern, s)
print(result)
```

运行结果如下：

```
['13266668888']
```

特别注意一点，re.findall() 函数的第 1 个参数一定要使用原始字符串，也就是说**字符串要在前面加上 "r" 或 "R"**，不然很容易出错。

11.3 连接符

通过之前的学习我们知道，如果想要只匹配数字，正则表达式应该这样写：

```
[0123456789]
```

"[]" 表示匹配中括号内的任一字符。如果字符比较多，像上面这种方式就显得非常繁琐了，例如要匹配 26 个字母，那岂不是要把每一个字母都输入一遍？为了提高开发效率，正则表达式引入了连接符来定义字符的范围，如表 11-2 所示。其中，连接符用中划线（-）表示。

表 11-2　连接符

连　接　符	说　　明
[0-9]	匹配数字，等价于 \d
[a-z]	匹配小写字母
[A-Z]	匹配大写字母
[0-9a-zA-Z]	匹配数字或字母

[0-9] 等价于 [0123456789]，当然你也可以自己定义范围，比如 [0-6] 表示 0~6，[h-n] 表示 h~n。下面这个正则表达式，就是用来匹配除了数字和字母之外的所有字符。

```
[^0-9a-zA-Z]
```

▼ **示例：**

```
import re

pattern = r'<[a-zA-Z\s]+>'
s = ' I have read a novel: <The Little Prince>'
result = re.findall(pattern, s)
print(result)
```

运行结果如下：

```
['<The Little Prince>']
```

[a-zA-Z\s] 表示匹配 a ~ z、A ~ Z 以及空白符，其中 \s 表示匹配空白符。而 [a-zA-Z\s]+ 中的 "+" 是一个限定符，表示重复一次或多次。对于限定符，在下一节中会详细介绍。

11.4　限定符

限定符，就是用来限定某个字符出现的次数。例如邮编是 6 位数字，如果使用限定符来表示 6 位数字，应该这样写：\d{6}。其中，{6} 就是限定符。

在正则表达式中，常用的限定符如表 11-3 所示。

表 11-3　限定符

限 定 符	说　　明
{n}	重复 n 次
{n,}	重复 n 次或更多次（最少 n 次）
{n,m}	重复 n~m 次
?	重复 0 次或 1 次，等价于 {0, 1}
*	重复 0 次或更多次，等价于 {0,}
+	重复 1 次或更多次，等价于 {1,}

有一点要特别说明，就是所有限定符都是针对它前面的一个字符或前面的一个分组来进行重复的。

```
go{3}
```

由于使用了 {n}，o 必须出现 3 次。因此 go{3} 能够匹配的字符串只有 "gooo" 这一种。

注意 go{3} 重复的部分只有 "o"，而不是 "go"。如果想要使得 "go" 重复，我们需要加上括号，也就是 (go){3}。

```
go{3,}
```

由于使用了 {n,}，因此 o 必须出现 3 次或更多次，所以能够匹配的字符串包括：gooo、goooo 等。

```
go{1,3}
```

由于使用了 {n,m}，因此 o 必须出现 1~3 次，所以能够匹配的字符串只有 go、goo、gooo 这 3 个。

```
go?
```

由于使用了 "?" 限定符，因此 o 必须出现 0 次或 1 次，所以能够匹配的字符串只有 g、go 这两种。

```
go*
```

由于使用了“*”限定符，因此 o 必须重复 0 次或更多次，所以能够匹配的字符串有 g、go、goo、gooo 等。

```
go+
```

由于使用了“+”限定符，因此 o 必须重复 1 次或更多次，所以能够匹配的字符串有 go、goo、gooo 等。

▼ 示例：

```
import re

pattern = r'go{2}d'
s = "Oh my god! It's a good time."
result = re.findall(pattern, s)
print(result)
```

运行结果如下：

```
['good']
```

go{2}d 匹配的字符串只有一种，那就是：good。因此 god 不会被匹配到。

11.5　定位符

定位符，说白了，就是用来限定字符出现的位置。在正则表达式中，常见的定位符如表 11-4 所示。

表 11-4　定位符

定　位　符	说　　明
^	指定开始位置的字符
$	指定结束位置的字符
\b	指定单词的边界字符
\B	指定非单词的边界字符

```
^a
```

由于使用了上尖号（^）定位符，因此字符串必须以“a”开头，所以能够匹配的字符串有 able、absolute、about 等。

对于上尖号，我们要特别注意。上尖号“^”一般用于两种情况：一种是“定位符”，另一种是“[^...]”。很多初学者容易把这两种情况混淆，其实大家可以这样去记忆：**只有在“[^...]”中，上尖号才会表示“非”，其他情况都是表示定位符。**

```
a$
```

由于使用了"$"定位符,因此字符串必须以"a"结尾,所以能够匹配的字符串有 panda、banana 等。

```
er\b
```

\b 用于指定单词的边界字符。怎么理解呢? er\b 可以匹配"order to"中的"er",但不匹配"verb"中的"er"。因为"verb"中的"er"并不是单词的边界,而是处在单词的中间部分。所谓"单词的边界",指的是单词的开头和结尾。

```
er\B
```

\B 用于指定非单词的边界字符。也就是说,er\B 可以匹配"verb"中的"er",但不匹配"order"中的"er"。因为"order"中的"er"是单词的边界。

在实际开发中,\b 用得比较多,而 \B 用得较少。事实上,我们只要记住 \b 就可以轻松记住 \B 了,因为两者是相反关系。

▼ 示例:

```
import re

pattern = r'^(Ja)[a-zA-Z]+'
s = 'I love JavaScript.'
result = re.findall(pattern, s)
print(result)
```

运行结果如下:

```
[]
```

怎么回事呢? 运行结果不应该是 ['JavaScript'] 吗? 为什么是一个空列表呢? 别急,我们慢慢来分析。

在 ^(Ja)[a-zA-Z]+ 中,^(Ja) 表示字符串必须以"Ja"开头,而 [a-zA-Z]+ 表示英文字母(大小写都可以)重复一次或多次。从前面学习我们可以知道,^(Ja) 要求所校验的**整个字符串**一定要以"Ja"开头,但是 'I love JavaScript' 这个字符串并不是以"Ja"开头,而是以"I"开头。你可以把 'I love JavaScript' 改为 'JavaScript is my favor.',再看看运行结果就知道了。

实际上,如果只是想要匹配字符串中以"Ja"开头的子字符串,我们不需要加限定符"^"。在上面的例子中,把 ^(Ja)[a-zA-Z]+ 改为 Ja[a-zA-Z]+,这样这个例子的运行结果就是 ['JavaScript'] 了。

11.6 分组符

在正则表达式中,我们可以使用小括号"()"来实现分组。其中,对于使用"()"括起来的部分,正则表达式会将其当成一个整体来处理。

```
(abc){2}
```

在上面这个正则表达式中，我们使用 "()" 把 "abc" 当成一个整体来处理，{2} 表示把 "(abc)" 这个整体重复两次，因此这个正则表达式匹配的字符串是：abcabc。

```
[abc]{2}
```

在上面这个正则表达式中，[abc] 表示匹配 a、b、c 中任一字符，{2} 表示把 [abc] 重复两次，因此这个正则表达式匹配的字符串有：aa、ab、ac、ba、bb、bc、ca、cb、cc。

```
(a[h-n]){2}
```

在上面这个正则表达式中，[h-n] 表示匹配 h~n 中任一字符，然后使用 "()" 把 a[h-n] 当成整体来处理，最后使用 {2} 把该组重复两次，因此这个正则表达式匹配的字符串有：ahah、aiai、ajai 等。

▌ 示例：捕获型分组

```
import re

pattern = r'b(an){2}a'
s = 'My favorite fruit is banana'
result = re.findall(pattern, s)
print(result)
```

运行结果如下：

```
['an']
```

怎么回事呢？运行结果不应该是 ['banana'] 吗？为什么这里是 ['an'] 呢？其实这是因为 findall() 函数本身存在一个 "小炸弹"。

分组是使用 "()" 括起来的正则表达式，使用 "()" 匹配出来的内容就表示一个分组。对于分组来说，它其实有以下两种模式。

- ❑ (exp)：捕获型分组，也就是捕获所有分组匹配到的文本，然后作为结果返回。需要注意的是，你看到有多少个 "()"，就有多少个分组。对于分组，是不需要考虑它后面的限定符的（比如 {2}）。
- ❑ (?:exp)：无捕获型分组，也就是不捕获分组匹配到的文本，而是直接返回符合整个 pattern 的文本。

findall() 函数默认采用的是 "捕获型分组"。对于上面示例来说，findall(pattern, s) 会判断 s 是否存在符合 pattern 的部分。如果存在，则返回分组匹配到的文本（注意这里返回的是分组文本，而不是符合 pattern 的整个文本）。

捕获型分组的前提是存在符合 pattern 的文本，然后再从符合 pattern 的文本中提取符合分组的文本。如果没有能够符合 pattern 的文本，后面的 "提取符合分组的文本" 就无从谈起了。

可能你会问："banana 里面不是有两个 'an' 吗？为什么这里返回的结果只有一个 'an' 呢？" 其实有多少个分组，就会返回多少个结果。由于这里只有一个 "()"（不用考虑限定符 {2}），而一个 "()" 代表的是一个分组，所以只会返回一个结果。如果改为 pattern=r'b(an)(an)a'，此时返回的结果为：[('an', 'an')]。

findall() 函数有一个特性，就是如果有多个分组，它就会将每个分组捕获的文本组成一个元组再返回。有多少个符合 pattern 的文本，就有多少个元组，请看下面示例。

▼ 示例：有多个符合 pattern 的文本

```
import re

pattern = r'b(an)(an)a'
s = 'My favorite fruit is banana banana'
result = re.findall(pattern, s)
print(result)
```

运行结果如下：

```
[('an', 'an'), ('an', 'an')]
```

s 中存在两个符合 pattern 的文本，也就是两个 'banana'，因此返回的结果列表中应该有两个元素（每个元素是一个元组）。对于每一个 'banana' 来说，它本身有两个分组 (an)，所以会将每一个分组作为元素，组成一个元组来返回。我们再来看一个例子。

▼ 示例：

```
import re

pattern = r'(\d{3,4})-(\d{7,8})'
s = 'My phone number is 020-6666666 or 0668-8888888'
result = re.findall(pattern, s)
print(result)
```

运行结果如下：

```
[('020', '6666666'), ('0668', '8888888')]
```

在这个示例中，s 存在两个符合 pattern 的文本：'020-6666666' 和 '0668-8888888'，所以返回的结果列表中应该有两个元素。对于每一个符合 pattern 的文本来说，它本身有两个分组，所以会将每一个分组作为元素，组成一个元组来返回。

介绍完了捕获型分组，再来看一下无捕获型分组。所谓的无捕获型分组，就是 pattern 中使用了分组语法，但是结果是直接返回符合 pattern 的文本，而不再是从符合 pattern 的文本中继续提取符合分组的文本。如果想要采用无捕获型分组模式，我们需要在每一个小括号“()”内部的开始处加上一个“?:”。注意这里是“每一个”。

▼ 示例：无捕获型分组

```
import re

pattern = r'b(?:an){2}a'
s = 'My favorite fruit is banana'
result = re.findall(pattern, s)
print(result)
```

运行结果如下：

```
['banana']
```

从结果可以看出，只要找到符合 pattern 的文本，就直接把该文本返回了，而不是再啰嗦地对符合 pattern 的文本进一步提取分组的内容。咱们再来多看一个例子。

▌ **示例：**

```
import re

pattern = r'(?:\d{3,4})-(?:\d{7,8})'
s = 'My phone number is 020-6666666 or 0668-8888888'
result = re.findall(pattern, s)
print(result)
```

运行结果如下：

```
['020-6666666', '0668-8888888']
```

无论是捕获型分组，还是无捕获型分组，它们都使用了分组功能并且必须要有符合 pattern 的文本，结果才不会是空。两者的区别在于：捕获型分组会对符合 pattern 的文本进行进一步提取，而无捕获型分组则是直接返回符合 pattern 的文本。

11.7　选择符

选择符，一般用于匹配几个选项中的任意一个，这个有点类似于"或运算"。在正则表达式中，选择符使用"|"来表示。其中，"|"可以叫作"选择符"，也可以叫作"管道符"。

```
abc|def1
```

上面这个正则表达式匹配的是 abc 或 def1，而不是 abc1 或 def1。如果要匹配 abc1 或 def1，应该使用 (abc|def)1。

```
h|Hello
```

上面这个正则表达式匹配的是 h 或 Hello，而不是 hello 或 Hello。如果你想要匹配 hello 或 Hello，应该写成 hello|Hello 或 [hH]ello。

▌ **示例：**

```
import re

pattern = r'[Bb]atman|[Ss]piderman'
s = 'I like Batman and Spiderman'
result = re.findall(pattern, s)
print(result)
```

运行结果如下：

```
['Batman', 'Spiderman']
```

对于 '[Bb]atman|[Ss]piderman'，我们分两部分来看：[Bb]atman 和 [Ss]piderman。其中 [Bb] atman 表示匹配 Batman 和 batman，[Ss]piderman 表示匹配 Spiderman 和 spiderman。因此 [Bb] atman|[Ss]piderman 匹配的结果有 4 种：Batman、batman、Spiderman、spiderman。

11.8 转义字符

对于转义字符，在第 1 章中已经详细介绍过了。不过，正则表达式也有属于自己的一套转义字符。

从之前的学习可以知道，正则表达式有两种字符串：一种是"普通字符"，另一种是"元字符"。如果想要匹配正则表达式中的元字符，我们就需要在这个元字符前面加上反斜杠（\）对其进行转义。

例如，想要匹配 'go+' 这个字符串，其中，加号（+）也属于字符串的一部分，那么正则表达式正确的写法应该是 go\+。

在正则表达式中，需要转义的字符有：$、(、)、*、+、.、[、]、?、\、/、^、{、}、| 等。对于这些字符，我们不需要一一去记，在实际开发中用得多了，自然就知道了。

▶ **示例：**

```
import re

pattern = r'[\(\)\+=0-9]+'
s = 'The calculation result is: (1+2)=3'
result = re.findall(pattern, s)
print(result)
```

运行结果如下：

```
['(1+2)=3']
```

"[\(\)\+=0-9]+"表示匹配 (、)、+、=、0~9 中的任一字符，并且重复 1 次或更多次。注意，这里需要使用"\"来对 (、)、+ 这 3 个字符进行转义。

11.9 不区分大小写的匹配

一般情况下，正则表达式都是用你指定的大小写来匹配字符串的。例如下面的正则表达式匹配的就是不同的字符串。

```
re.findall('python', s)
re.findall('PYTHON', s)
```

不过在实际开发中，我们很多时候只关心匹配字母本身，而不关心它们是大写还是小写，此时应该怎么做呢？

在 Python 中，我们可以为 findall() 函数传入 re.I 作为第 3 个参数，使得正则表达式在匹配的时候不区分大小写。

▼ **语法：**

```
re.findall(pattern, s, re.I)
```

re.I 中的 "I" 是 "i" 的大写，而不是字母 "l"。

▼ **示例：**

```
import re

pattern = r'python'
s = 'I love python Python PYTHON'
result = re.findall(pattern, s, re.I)
print(result)
```

运行结果如下：

```
['python', 'Python', 'PYTHON']
```

11.10　贪心与非贪心

在介绍贪心与非贪心之前，我们先来看一个简单的例子。

▼ **示例：贪心**

```
import re

pattern = r'[a-z]{3,6}'
s = 'python111java222php'
result = re.findall(pattern, s)
print(result)
```

运行结果如下：

```
['python', 'java', 'php']
```

[a-z]{3,6} 表示匹配 3~6 个连续的英文字符，对于第一个匹配项 "python"，正常来说，使用 [a-z]{3,6} 可以匹配到 4 种情况：pyt、pyth、pytho、python。但是为什么匹配成功的是 "python"，而不是更短的可能结果呢？

实际上，正则表达式默认是 "贪心" 的匹配方式，这表示在有二义的情况下，它会尽可能匹配最长的字符串。如果想要实现 "非贪心"，也就是尽可能匹配最短的字符串，我们可以在限定符的大括号 "{}" 后跟着一个问号 "?" 来实现。请看下面的例子。

▼ **示例：非贪心**

```
import re

pattern = r'[a-z]{3,6}?'
s = 'python111java222php'
result = re.findall(pattern, s)
print(result)
```

运行结果如下：

```
['pyt', 'hon', 'jav', 'php']
```

需要注意的是，贪心与非贪心，只是针对限定符 {m,n} 来说的。贪心与非贪心，是正则表达式中非常重要的概念。在实际开发中，它却是导致正则表达式中出现 bug 最多的原因之一。

在实际开发中，如果发现匹配的结果跟你预期结果不一样，首先看看是不是贪心与非贪心出现了问题，比如本来应该使用非贪心模式，你却使用了贪心模式。

11.11　sub()

在正则表达式中，我们可以使用 sub() 函数来替换字符串中符合匹配条件的部分。sub，是"substitute（代替）"的缩写。

▼ **语法：**

```
re.sub(pattern, replace, s, count=n)
```

参数 pattern 是一个正则表达式，replace 是替换后的子字符串，s 表示初始字符串，而参数 count 表示替换的次数（前 n 个）。

▼ **示例：字符串的 replace() 方法**

```
s = 'Hello 111 Python 111'
result = s.replace('111', '222')
print(result)
```

运行结果如下：

```
Hello 222 Python 222
```

实际上，想要替换字符串的某一部分，我们也可以使用字符串的 replace() 方法来实现。不过 replace() 方法只能实现比较简单的替换。

像上面这个例子，如果我们把 s 改为 'Hello 123 Python 456'，然后使用 '222' 来替换 s 中所有的数字，那么就没法直接通过 replace() 方法达到目的了。此时，应该使用正则表达式的 sub() 函数来实现。

▼ **示例：正则表达式的 sub() 函数**

```
import re

s = 'Hello 123 Python 456'
pattern = r'\d+'
result = re.sub(pattern, '222', s)
print(result)
```

运行结果如下：

```
Hello 222 Python 222
```

很多初学者对 sub(pattern, replace, s) 函数的参数很难理解，搞不清楚为什么要用到多达 3 个参数。其实我们可以这样去理解：首先使用 pattern 去匹配 s，找出符合条件的部分，然后再去使用 replace 替换。

在上面这个例子中，对于 sub(pattern, '222', s)，首先我们使用 pattern 去匹配 s，然后找到了符合条件的部分：'123'、'456'，最后使用 '222' 去替换就可以了。

▼ 示例：参数 count

```
import re

s = 'Hello 123 Python 456 tutorial 789'
pattern = r'\d+'
result = re.sub(pattern, '222', s, 2)
print(result)
```

运行结果如下：

```
Hello 222 Python 222 tutorial 789
```

re.sub(pattern, '222', s, 2) 表示只会替换前 2 个符合条件的部分。如果改为 re.sub(pattern, '222', s, 1)，此时运行结果如下：

```
Hello 222 Python 456 tutorial 789
```

11.12　match() 和 search()

在 Python 中，除了 findall() 函数，我们还可以使用 search() 和 match() 这两个函数来查找字符串中符合正则表达式的部分。

▼ 语法：

```
re.match(pattern, s)
re.search(pattern, s)
```

findall()、search()、match() 这 3 个函数的参数是一样的，pattern 是一个正则表达式，s 是一个字符串。既然这 3 个函数都可以查找字符串中匹配的部分，那么它们之间有什么区别呢？我们还是先来看几个例子。

▼ 示例：match() 和 search()

```
import re

s= 'AA11BB22CC33'
r1 = re.match('\d+', s)
r2 = re.search('\d+', s)

print(r1)
print(r2)
```

运行结果如下：

```
None
<_sre.SRE_Match object; span=(2, 4), match='11'>
```

从上面可以看出，match() 运行结果是 None，也就是没有找到匹配项。而 search() 输出的是一个对象，这个对象包含了第 1 个匹配项 '11'。

对于 match() 函数，它会从字符串的首字母开始匹配，如果首字母已经不符合条件，就会立马返回 None，而不会继续检索下去。对于 search() 函数，它会从左到右搜索整个字符串，然后返回包含第一个匹配结果的对象。

对于上面这个例子，如果我们把 s 改为 '11BB22CC33'，此时可以看到 match() 和 search() 的运行结果是一样的，如下所示。

```
<_sre.SRE_Match object; span=(0, 2), match='11'>
<_sre.SRE_Match object; span=(0, 2), match='11'>
```

由于 match() 和 search() 都会返回一个包含第一个匹配项的 Match 对象，如果想要获取这个匹配项，我们需要调用 Match 对象的 group() 方法。

▶ 示例：返回第一个匹配项

```
import re

s = '11BB22CC33'
r1 = re.match('\d+', s)
r2 = re.search('\d+', s)

print(r1.group())
print(r2.group())
```

运行结果如下：

```
11
11
```

match() 和 search() 之所以只会返回第一个匹配项，那是因为这两个函数的搜索机制跟 findall() 函数是不一样的：match() 和 search() 会从左到右搜索字符串，如果找到匹配项，就会停止搜索。而 findall() 函数会从左到右搜索整个字符串，直到字符串最后。

最后，对于 findall()、match() 和 search() 函数，我们可以总结出以下 3 点。

❑ 如果都能找到匹配项，那么 findall() 会返回一个列表，而 match() 和 search() 这两个返回的是包含"第一个匹配项"的对象。

❑ 由于 match() 和 search() 这两个函数返回的是一个对象，因此需要调用该对象的 group() 方法才可以获得第一个匹配项。

❑ 在实际开发中，推荐使用 findall() 函数，尽量少用 match() 和 search()。

11.13　试一试：匹配手机号码

中国的手机号码都是 11 位的，并且都是以 "1" 开头的。其中，第二位为 3、5、6、7、8、9，剩下 9 位为任意数字。因此，正则表达式应该写成：

```
1[356789]\d{9}
```

实现代码如下：

```
import re

pattern = r'1[356789]\d{9}'
s = 'My phone number is: 13888888888'
result = re.findall(pattern, s)
print(result)
```

运行结果如下：

```
['13888888888']
```

11.14　试一试：匹配日期

用户输入一个字符串，使用正则表达式判断其是否符合 "YYYY-MM-DD" 格式。如果符合，则输出 "Correct"；如果不符合，则输出 "Wrong"。

假设年份范围为 1000~2999，月份范围是 01~12，日数的范围是 01~31。该正则表达式不必检测每个月或闰年的正确日数，它将接受不存在的日期，例如 "2024-02-31" 或 "2024-04-31"。

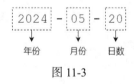

图 11-3

根据上面要求，我们可以拆分为年、月、日这 3 部分（如图 11-3 所示），具体分析如下：

- ❏ **年份**：第一个数字是 1 或 2，后面三个数字是 0~9 之间的任何数字，也就是：^[12]\d{3}。
- ❏ **月份**：第一个数字是 0 或 1。如果第一个数字是 0，则第二个数字是 1~9 之间的任意数字；如果第一个数字是 1，则第二个数字是 0~2 之间的任意数字。也就是：((0[1-9])|(1[0-2]))。
- ❏ **日数**：第一个数字是 0、1、2 或 3。如果第一个数字是 0，则第二个数字是 1~9 之间的任意数字；如果第一个数字是 1 或 2，则第二个数字是 0~9 之间的任何数字；如果第一个数字是 3，则第二个数字是 0 或 1。

▼ **示例**：

```
import re

pattern = r'^[12]\d{3}\-((0[1-9])|(1[0-2]))\-((0[1-9])|([12][0-9])|(3[01]))'
address = input('Please enter the date: ')
```

```
if re.findall(pattern, address):
    print('Correct')
else:
    print('Wrong')
```

运行之后，当输入"2024-13-01"，此时结果如下：

```
Wrong
```

11.15　试一试：匹配身份证号码

身份证号码有 15 位的，也有 18 位的，这里只以 18 位身份证为例。对于 18 位身份证，格式一般具有以下特征。

- 地区：[1-9]\d{5}，6 位数字。
- 年的前两位：(?:18|19|[23]\d)，1800~3999。
- 年的后两位：\d{2}。
- 月份：(?:0[1-9]|10|11|12)。
- 天数：(?:[0-2][1-9]|10|20|30|31)。
- 顺序码：\d{3}，3 位数字。
- 检验码：[0-9xX]，1 位。

因此，正则表达式如下：

```
[1-9]\d{5}(?:18|19|[23]\d)\d{2}(?:0[1-9]|10|11|12)(?:[0-2][1-9]|10|20|30|31)\d{3}
[0-9xX]
```

这里需要注意，对于分组符来说，应该使用的是无捕获型分组，也就是需要在小括号 () 内部的开始处加上一个 "?:"。

实现代码如下：

```
import re

pattern = r'[1-9]\d{5}(?:18|19|[23]\d)\d{2}(?:0[1-9]|10|11|12)(?:[0-2][1-9]
|10|20|30|31)\d{3}[0-9xX]'
s = 'My ID card number is: 66666611992080466666'
result = re.findall(pattern, s)
print(result)
```

运行结果如下：

```
['666661199208046666']
```

11.16　试一试：匹配 E-mail 地址

用户输入一个字符串，判断其是否符合 E-mail 地址。如果符合，则输出 "Correct"；如果不符合，则输出 "Wrong"。对于一个 E-mail 地址（如 turing@gmail.com）来说，它包含用户名、分割符和域名这 3 部分，如图 11-4 所示。

图 11-4

E-mail 地址支持字母、数字、下划线、减号和英文句点（还有很少一部分邮箱支持中文和其他字符，这里暂且忽略）。只需要针对这 3 部分的规则，写出对应的正则表达式，最后组合在一起就可以了。

- **用户名**：开头第一个字符必须以是数字、字母或下划线，也就是：\w。除了开头第一个字符之外，后面允许 0 个或多个包含数字、字母、下划线、减号、点号的字符，也就是 [\w\-\.]*。需要注意的是，由于 "-" 和 "." 是元字符，所以需要在前面加上 "\" 进行转义。
- **分割符**：也就是 @，所有邮箱中间都会有一个 @ 符号。
- **域名**：域名可以细分为 3 部分：左边、点号、右边。左边和右边规则是一样的，开头第一个字符必须是数字、字母或下划线，也就是：\w。除了第一个字符之外，后面允许 0 个或多个包含数字、字母、下划线、减号、点号的字符，也就是：[\w\-\.]*。

实现代码如下：

```
import re

pattern = r'^\w[\w\-\.]*@\w[\w\-\.]*\.\w[\w\-\.]*$'
address = input('Please enter your E-mail address: ')

if re.findall(pattern, address):
    print('Correct')
else:
    print('Wrong')
```

运行之后，当输入 "turing@gmail.com"，此时结果如下：

```
Correct
```

当无法匹配输入的字符串时，findall() 函数会返回一个空列表，而空列表相当于 False。上面的正则表达式虽然不能适用于所有邮箱（也没必要），但是已经满足绝大部分的邮箱账号规则了。

11.17　小结

本章的内容比较复杂，下面来回顾这一章介绍的各种概念。

- **正则表达式**：正则表达式指的是用某种模式去匹配一类字符串的公式。使用正则表达式需要两部分的内容：一是"被验证的字符串"，二是"正则表达式"。

- **元字符**：正则表达式中的字符可以分为"普通字符"和"元字符"这两种。普通字符就是 a~z、0~9 这类常见的字符，而元字符指的是抽象的一类字符，比如使用 "\d" 来表示所有数字。

- **连接符**：连接符用于定义字符的范围，它使用中划线（-）来表示。比如 [0-9] 表示匹配 0~9 之间的数字，而 [a-z] 表示匹配小写字母。

- **限定符**：限定符用于限定某个字符出现的次数。比如 \d{6} 表示限定数字为 6 位。

- **定位符**：定位符用于限定字符出现的位置，比如字符串开始、字符串结束、单词边界、非单词边界等。

- **分组符**：分组符使用小括号 "()" 来表示。其中，对于使用 "()" 括起来的部分，正则表达式会将其当成一个整体来处理。比如 (abc){2} 表示把 "abc" 当做一个整体，然后重复 2 次。

- **选择符**：选择符使用竖线 "|" 来表示，用于匹配几个选项中的任意一个，类似于"或运算"。比如 abc|def 表示匹配 abc 或 def。

- **转义字符**：正则表达式中的转义字符和 Python 中的转义字符不一样，正则表达式中的转义字符是针对元字符进行转义。

- **贪心与非贪心**：正则表达式默认是"贪心"的匹配方式，这表示在有二义的情况下，它会尽可能匹配最长的字符串。如果想要实现"非贪心"，也就是尽可能匹配最短的字符串，可以在限定符的大括号 "{}" 后跟着一个问号 "?" 来实现。

经过这一章的学习，你会慢慢发现正则表达式其实并没有想象中那么复杂。当然如果看完了这一章后，发现自己明白了很多，却又几乎什么都没记住的话，那也是很正常的。我认为，没有任何基础的初学者看完这一章之后过了一个月，能把提到的语法记住 80% 以上的可能性为 0。这一章只是让你明白基本原理，以后还需要多加练习，并且在实际项目中经常使用，才能熟练地掌握正则表达式。

正则表达式的应用非常广泛，主要用于网络爬虫、Web 开发、文件处理等。不过它的语法本身比较复杂，很难一下子全部记住，建议在了解基本语法的基础上，先记住一些常用的写法，然后再在实际应用中不断深入。

## 第 12 章

可迭代对象、迭代器 12
与生成器

到现在为止，你已经把基础知识学得差不多了。在接下来几章中，我将会介绍几个非常高级的概念，以便让你的技术达到更高的一个层次。内容主要包括可迭代对象、迭代器、生成器、解包与压包、函数式编程等。

本章先来介绍 Python 中几个关联非常紧密的重要概念：可迭代对象、迭代器与生成器。

12.1 两种循环

在 Python 中，编写循环有两种方式：for 和 while。细心的你可能发现了，大多数情况下都是使用 for 循环，而很少会去使用 while 循环。这是因为 for 循环使用起来，比 while 循环更加简单方便。

for 循环的基本语法是：for item in iterable，这里的 iterable 就是一个可迭代对象。正是因为借助了可迭代对象的特点，才使得 for 循环远比 while 循环简单方便。我们来看两个例子对比一下。

▐ 示例：for 循环

```
colors = ['red', 'green', 'blue']
for color in colors:
    print(color)
```

运行结果如下：

```
red
green
blue
```

▐ 示例：while 循环

```
colors = ['red', 'green', 'blue']
i = 0
while i < len(colors):
    print(colors[i])
    i += 1
```

运行结果如下：

```
red
green
blue
```

从上面可以看到，对于一些常见的循环任务，使用 for 会比 while 更加方便。

12.2　可迭代对象

对于 for 循环而言，并不是所有对象都可以用作循环主体的，只有"可迭代对象（iterable）"才行。如果一个对象内部实现了 __iter__() 方法，那么该对象就是一个可迭代对象。

可迭代对象（iterable）通过它的 __iter__() 方法，可以获取到它对应的迭代器（iterator）。特别注意，可迭代对象（iterable）和迭代器（iterator）是两个完全不同的东西。

可迭代对象和迭代器关联密切，我们无法撇开另一个来单独讨论其中一个。下面先介绍一下具体的语法，最后再来总结两者的特点。

在 Python 中，我们可以使用 __iter__() 方法或 iter() 函数来获取一个可迭代对象对应的迭代器。其中，__iter__() 是一个魔法方法，iter() 是一个内置函数。

▼ 语法：

```
iterable.__iter__()
iter(iterable)
```

iterable 是一个可迭代对象，上面两种语法是等价的。Python 常见的内置可迭代对象有：列表、元组、字符串、字典等。

▼ 示例：

```
nums = [1, 2, 3, 4, 5]
print(nums.__iter__())
print(iter(nums))
```

运行结果如下：

```
<list_iterator object at 0x000002363600CB80>
<list_iterator object at 0x000002363600CB80>
```

nums.__iter__() 和 iter(nums) 是等价的，都可以获取 nums 对应的迭代器。

▼ 示例：

```
# 列表
nums = [1, 2, 3, 4, 5]
print(nums.__iter__())

# 元组
colors = ('red', 'green', 'blue')
print(colors.__iter__())
```

```
# 字符串
s = 'Python'
print(s.__iter__())

# 字典
users = {'Jack': 1001, 'Lucy': 1002, 'Tony': 1003}
print(users.__iter__())

# range 对象
items = range(5)
print(items.__iter__())
```

运行结果如下：

```
<list_iterator object at 0x000001D16722C9A0>
<tuple_iterator object at 0x000001D16722C9A0>
<str_iterator object at 0x000001D16722C9A0>
<dict_keyiterator object at 0x000001D167222D40>
<range_iterator object at 0x000001D1670A3CB0>
```

从上面可以知道，不同可迭代对象对应的迭代器是不一样的。常见的可迭代对象对应的迭代器如表 12-1 所示。

表 12-1   可迭代对象对应的迭代器

可迭代对象	对应的迭代器
list	list_iterator
tuple	tuple_iterator
str	str_iterator
dict	dict_keyiterator
range	range_iterator

只有可迭代对象才能使用 __iter__() 方法或 iter() 函数。如果对一个不可迭代的对象使用 __iter__() 方法或 iter() 函数，则 Python 会直接报错。

▶ 示例：

```
year = 2024
print(iter(2024))
```

运行结果如下：

（报错）TypeError: 'int' object is not iterable

对于可迭代对象（iterable），可以这样去理解：可迭代对象最重要特征就是可以使用 __iter__() 方法或 iter() 函数来获取它对应的迭代器（iterator）。

12.3　迭代器

迭代器是通过可迭代对象来获取的,那么迭代器又是怎样一个东西呢? 所谓的迭代器,就是一种帮助你迭代其他对象的对象。需要清楚的是,迭代器严格来说,应该叫"迭代器对象",它本质上是一个对象,只不过大多数情况下都被简称为"迭代器"而已。;

在 Python 中,我们可以使用 __next__() 方法或 next() 函数来获取下一次的迭代结果。其中,__next__() 是一个魔法方法,next() 是一个内置函数。

▶ 语法:

```
iterator.__ next__()
next(iterator)
```

iterator 是一个迭代器,上面两种语法是等价的。

▶ 示例:

```
colors = ['red', 'green', 'blue']
result = colors.__iter__()

print(result.__next__())
print(result.__next__())
print(result.__next__())
print(result.__next__())
```

运行结果如下:

```
red
green
blue
(报错) StopIteration
```

在上面示例中,首先使用 __iter__() 方法来获取列表 colors 对应的迭代器,然后不断执行迭代器的 __next__() 方法来获取列表的下一个值。第 1 次执行 __next__() 方法,拿到的是列表的第 1 个元素;第 2 次执行 __next__() 方法,拿到的是列表的第 2 个元素,……,以此类推。

对于列表 colors 来说,它只有 3 个元素。当第 4 次执行 __next__() 方法时,由于拿不到列表的下一个值,Python 就会报错。

此外,由于 __next__() 方法和 next() 函数是等价的,你可以将示例中的 __next__() 方法换成 next() 函数,结果也是一样的。

▶ 示例:迭代器的迭代器

```
colors = ['red', 'green', 'blue']
result = colors.__iter__()
print(result)
print(result.__iter__())
```

运行结果如下:

```
<list_iterator object at 0x0000019553A1A440>
<list_iterator object at 0x0000019553A1A440>
```

执行可迭代对象的 __iter__() 方法,可以获取它对应的迭代器。而执行迭代器的 __iter__() 方法,返回的是该迭代器本身。这是迭代器非常重要的一个特点。

需要注意的是, __next__() 方法和 next() 函数是迭代器独有的,而不能用于可迭代对象。如果对可迭代对象使用 __next__() 方法或 next() 函数,则是无效的,Python 会直接报错,请看下面示例。

▼ 示例:

```
colors = ['red', 'green', 'blue']
print(colors.__next__())
print(colors.__next__())
print(colors.__next__())
```

运行结果如下:

```
TypeError: 'list' object is not an iterator
```

如果想要对可迭代对象使用 __next__() 方法,应该使用 __iter__() 方法获取其对应的迭代器,然后再对迭代器使用 __next__() 方法。修改后的代码如下。

```
colors = ['red', 'green', 'blue']
result = colors.__iter__()
print(result.__next__())
print(result.__next__())
print(result.__next__())
```

运行结果如下:

```
red
green
blue
```

从前面可以知道,如果想要自定义一个可迭代对象,关键在于实现 __iter__() 这个魔法方法,从而可以调用它的 __iter__() 方法来获取其对应的迭代器。

而如果想要自定义一个迭代器,关键在于同时实现 __iter__() 和 __next__() 这两个魔法方法。

❑ __iter__():调用 __iter__() 方法,返回该迭代器本身。

❑ __next__():每一次调用,都使用 return 返回下一个值。如果没有更多值,就抛出 StopIteration 异常。

"可迭代对象(iterable)"和"迭代器(iterator)"这两个词虽然看上去很像,但它们是两个完全不同的东西。用最简单的一句话来描述它们之间的关系就是:**迭代器是可迭代对象的一种**。

对于一个迭代器来说,它必须同时实现 __iter__() 和 __next__() 这两个魔法方法。而对于一个可迭代对象来说,它只需要实现 __iter__() 方法就可以了,不一定要实现 __next__() 方法(可以实现,也可以不实现)。

注意 列表、元组、字符串、字典和集合内部实现了 __iter__() 方法，但并未实现 __next__() 方法，所以它们均不能称为迭代器，而只能称为可迭代对象。

对于可迭代对象和迭代器，可以总结出以下几点。

- 如果一个对象实现了 __iter__() 方法，该对象就是一个可迭代对象。
- 如果一个对象同时实现了 __iter__() 和 __next__() 方法，该对象就是一个迭代器。
- 可迭代对象是迭代器的一种，可以使用 __iter__() 方法或 iter() 函数将一个可迭代对象转化成迭代器。
- 可以使用 isinstance() 函数来判断一个对象是可迭代对象，还是迭代器。

itertools 模块

itertools 是 Python 自带的一个与迭代器相关的内置模块，包含了很多用于处理可迭代对象的工具函数。由于迭代器惰性求值的特点，itertools 提供的工具函数都是非常高效并且节省内存的。如果你的项目有相关需求，可以查看一下 itertools 模块的使用文档。

12.4 生成器

在 Python 2 中，如果想要使用 range() 函数生成一个非常大的数字序列，比如 0~1000000 之间的所有数字，速度会非常慢。这是因为 range() 函数需要把整个列表组装完成之后，再一次性返回该列表。

但是到了 Python 3，调用 range(1000000) 会瞬间返回结果。因为它不再是返回一个列表，而是先返回一个类型为 range 的惰性计算对象。然后只有在迭代该 range 对象时，才会不断生成新的数字。旧的 range() 函数是"完整生成、然后一次性返回"，而新的 range() 函数是"按需生成、而非一次性返回"。如果你想要按需生成，就可以借助生成器来实现。

12.4.1 基本语法

在 Python 中，内部使用了 yield 关键字的函数，就被称为"生成器（generator）"。你可以这样认为：**生成器是一种特殊的函数**。一个函数使用了 yield 关键字之后，它会返回一个迭代器。也就是说，生成器本质上是一个迭代器，它也一定可迭代。

接下来尝试实现一个生成器，该生成器的功能是：返回 0~n（不包括 n）之间的所有偶数。

▶ 示例：

```
def get_even(n):
    for i in range(0, n):
        if i % 2 == 0:
            yield i
```

```
for i in get_even(10):
    print(i)
```

运行结果如下：

```
0
2
4
6
8
```

yield 关键字类似于 return，不过它们之间还是有本质区别的：return 的返回是一次性的，而且会中断整个函数执行，而 yield 却可以逐步生成结果。

▶ 示例：使用 next()

```
def get_even(n):
    for i in range(0, n):
        if i % 2 == 0:
            yield i

result = get_even(10)
print(next(result))
print(next(result))
print(next(result))
print(next(result))
print(next(result))
```

运行结果如下：

```
0
2
4
6
8
```

生成器本质上是一个迭代器，因此可以使用 list() 等函数把它转换为其他容器类型，并且还可以使用 next() 函数来不断获取下一个值。对于生成器而言，你只需要记住：**生成器是一种"惰性"的可迭代对象，可以使用它来代替传统列表，从而节省内存和提升执行效率**。

注意   由于 Python 中一切皆对象，而函数本身也是一个对象。因此把生成器说成是一个对象，也是正确的。

12.4.2   元组生成器

可变类型如列表、字典、集合等，可以使用推导式的方式来生成。而不可变类型如元组、字符串等，是无法使用推导式语法的。但是对于元组而言，可以使用类似的方式来生成生成器，这种方式称为"生成器推导式"，所生成的生成器称为"元组生成器"。

▶ 示例：

```
nums = (n * 2 for n in range(1, 6))
print(nums)
```

运行结果如下：

```
<generator object <genexpr> at 0x0000019751E88350>
```

上面结果是告诉我们这是一个生成器。既然是生成器，就可以使用 for 循环来遍历，或者使用 next() 函数来不断获取下一个值。你可以自行测试一下。

12.5 内置函数

可迭代对象最显著的一个特点，就是可以使用 for 循环进行遍历。接下来介绍一下与可迭代对象相关的几个内置函数：enumerate()、reversed() 和 sorted()。这几个内置函数功能很强大，在实际项目开发中也用得比较多。

12.5.1 enumerate() 函数

假如在遍历一个列表时，需要同时获取元素的值以及下标，很多人会写出下面这样的代码。

```
colors = ['red', 'green', 'blue']
for i in range(len(colors)):
    print(colors[i], i)
```

运行结果如下：

```
red 0
green 1
blue 2
```

上面的循环虽然没有错，但并不是最佳写法。对于工作多年的工程师而言，更倾向于使用 enumerate() 函数来实现。

在 Python 中，我们可以使用 enumerate() 函数来将一个可迭代对象组合成一个带索引的序列。在实际开发中，enumerate() 函数一般放在 for 循环中使用。其中，enumerate 是"枚举"的意思。

▶ 语法：

```
enumerate(iterable, start)
```

iterable 是必选参数，它是一个可迭代对象。start 是可选参数，表示开始的下标。

enumerate() 函数接收一个可迭代对象作为参数，然后返回一个不断生成"（当前下标，当前元素）"的新可迭代对象。

▶ 示例：

```
colors = ['red', 'green', 'blue']
for index, color in enumerate(colors):
    print(color, index)
```

运行结果如下：

```
red 0
green 1
blue 2
```

enumerate() 函数返回的是一个包含所有"元素的值及其下标"的可迭代对象，因此可以使用 list() 函数将其转换为列表。

```
colors = ['red', 'green', 'blue']
result = enumerate(colors)
print(list(result))
```

执行上面代码，运行结果如下：

```
[(0, 'red'), (1, 'green'), (2, 'blue')]
```

▶ 示例：

```
colors = ['red', 'green', 'blue']
it = enumerate(colors)
print(next(it))
print(next(it))
print(next(it))
```

运行结果如下：

```
(0, 'red')
(1, 'green')
(2, 'blue')
```

enumerate() 函数能够把任何一个可迭代对象封装成一个惰性生成器（lazy generator）。每次循环的时候，它只需要从生成器里面获取下一个值就可以了。

12.5.2　reversed() 函数

在 Python 中，我们可以使用 reversed() 函数来将一个可迭代对象中的所有元素进行"反转"，也就是逆向排列。

▶ 语法：

```
reversed(iterable)
```

参数 iterable 是一个可迭代对象，比如列表、元组、字符串、range 对象等。

reversed() 函数返回的是迭代器，而迭代器本身是一个可迭代对象，因此可以使用 list()、tuple() 等函数将其转换为其他容器对象。

▶ 示例：列表

```
nums = [1, 2, 3, 4, 5]
result = reversed(nums)
print(result)
print(list(result))
```

运行结果如下:

```
<list_reverseiterator object at 0x000002C9BB531C70>
[5, 4, 3, 2, 1]
```

实际上，列表本身也有一个用于实现反转的 reverse() 方法，它们之间的区别如下。

❏ reverse() 是一个方法，只能用于列表。此外，它会修改原来的列表。

❏ reversed() 是一个函数，不仅可以用于列表，还可以用于其他序列。此外，它不会修改原来的列表。

▶ 示例：元组

```
colors = ('red', 'green', 'blue')
result = reversed(colors)
print(result)
print(tuple(result))
```

运行结果如下:

```
<reversed object at 0x000001F71988BFD0>
('blue', 'green', 'red')
```

▶ 示例：字符串

```
s = 'Python'
result = reversed(s)
print(result)
print(str(result))
```

运行结果如下:

```
<reversed object at 0x0000026F6371BFD0>
<reversed object at 0x0000026F6371BFD0>
```

对于 reversed() 返回的迭代器，我们并不能直接使用 str() 函数将其转换为一个字符串，但可以通过一种"曲线救国"的方式来实现：也就是先转换为列表，然后再将列表转换为字符串。

```
# 转换成字符串
s = 'Python'
lst = list(reversed(s))
result = ''.join(lst)
print(result)
```

运行结果如下:

```
nohtyP
```

▶ 示例：字典

```
users = {'Jack': 1001, 'Lucy': 1002, 'Tony': 1003}
result = list(reversed(users))
print(result)
```

运行结果如下:

```
['Tony', 'Lucy', 'Jack']
```

使用 reversed() 函数对字典反向排列，其实针对的是字典的键。你可能就会提出疑问了：
"字典不是无序的吗？为什么还可以对它的元素进行反向排列呢？"其实从第 5 章可知，从
Python 3.7 之后，字典中元素的排列顺序与定义时的相同，也就是它本质上是有序的。

▼ 示例：range 对象

```
nums = range(0, 5)
result = reversed(nums)
print(result)
print(list(result))
```

运行结果如下：

```
<range_iterator object at 0x00000229B7F93CB0>
[4, 3, 2, 1, 0]
```

12.5.3 sorted() 函数

在 Python 中，我们可以使用 sorted() 函数来对一个可迭代对象中的元素进行排序。

▼ 语法：

```
sorted(iterable, key=函数, reverse=True 或 False)
```

iterable 是必选参数，它是一个可迭代对象。key 是可选参数，它的值是一个函数。reverse
也是可选参数，表示排序方式，reverse=True 是降序，reverse=False 是升序（默认）。

1. 列表排序

我们都知道，列表本身就自带了一个用于排序的 sort() 方法。sorted() 函数和 sort() 方法虽然
看起来很像，但它们是完全不同的两个东西：sorted() 是一个函数，sort() 是一个方法。

▼ 示例：sort() 方法

```
nums = [3, 9, 1, 12, 50, 21]
nums.sort()
print(nums)
```

运行结果如下：

```
[1, 3, 9, 12, 21, 50]
```

sort() 方法会直接对原列表进行修改，但很多时候并不希望原列表被修改，此时就可以使用
sorted() 函数来实现。

▼ 示例：sorted() 函数

```
nums = [3, 9, 1, 12, 50, 21]
result = sorted(nums)
```

```
print(nums)
print(result)
```

运行结果如下：

```
[3, 9, 1, 12, 50, 21]
[1, 3, 9, 12, 21, 50]
```

sorted() 函数并不会影响原列表，而是会返回一个新列表。默认情况下，sorted() 是升序排列。如果想要降序排列，可以这样来写：sorted(nums, reverse=True)。

▶ 示例：复杂列表

```
users = [('Tony', 20), ('Jack', 21), ('Lucy', 19)]
result = sorted(users, key=lambda user: user[0])
print(result)
```

运行结果如下：

```
[('Jack', 21), ('Lucy', 19), ('Tony', 20)]
```

key 的值是一个函数，这个函数应该接收一个参数，然后返回一个用于排序的 key 值。该函数只需要调用一次，所以排序速度很快。

users 是一个列表，这个列表的每一个元素是一个元组。lambda 表达式本质上就是一个函数，lambda user:user[0] 表示函数的参数是 user，也就是 user 这个列表的每一个元素。user[0] 表示这个 lambda 表达式最终返回的是元组的第 1 个元素。也就是说，此时用于排序的是每一个用户的姓名。

如果想要对每一个用户的年龄进行排序，此时也十分简单。只需要修改一下 lambda 表达式的返回值就可以了，代码如下。

```
result = sorted(users, key=lambda user: user[1])
```

同样地，对于更加复杂的列表，也是使用上面这种方式来实现的。请看下面示例。

▶ 示例：

```
users = [('Tony', 20, 1003), ('Jack', 21, 1001), ('Lucy', 19, 1002)]
result = sorted(users, key=lambda user: user[2])
print(result)
```

运行结果如下：

```
[('Jack', 21, 1001), ('Lucy', 19, 1002), ('Tony', 20, 1003)]
```

上面示例实现的就是，对用户的 ID 进行排序，也就是元组的第 3 个元素。

▶ 示例：按绝对值排序

```
nums = [3, -9, 1, -14, 50, -21]
result = sorted(nums, key=abs)
print(result)
```

运行结果如下：

```
[1, 3, -9, -14, -21, 50]
```

key=abs 表示按绝对值排序。对于上面示例来说，如果把 sorted(nums, key=abs) 中的 "key=abs"
删除，此时运行结果如下。

```
[-21, -14, -9, 1, 3, 50]
```

2. 字典排序

sorted() 函数不仅可以用于列表排序，它还可以用于字典排序。如果是对列表排序，那就是
直接排序。如果是对字典排序，其实是对键（key）进行排序。

▼ 示例：字典

```
d = {'b': 2, 'c': 3, 'a': 1}
result = sorted(d)
print(result)
```

运行结果如下：

```
['a', 'b', 'c']
```

默认情况下，使用 sorted() 函数对字典排序，返回的是一个列表。这个列表包含的是排序后
的键。记住一点：**不管是对列表排序，还是对字典排序，sorted() 函数最终都是返回一个列表。**

对于上面示例而言，如果希望返回的不是 ['a', 'b', 'c']，而是 [('a', 1), ('b', 2), ('c', 3)]，此
时应该怎么实现呢？请看下面示例。

▼ 示例：按键排序

```
d = {'b': 2, 'c': 3, 'a': 1}
result = sorted(d.items(), key=lambda x: x[0])
print(result)
```

运行结果如下：

```
[('a', 1), ('b', 2), ('c', 3)]
```

在 sorted() 函数中，d.items() 得到的是 dict_items([('b', 2), ('c', 3), ('a', 1)])，这是一个元素为
(key, value) 的可迭代对象。是不是很像前面列表例子中的 [('Tony', 24), ('Jack', 21), ('Lucy', 23)]
呢？如果能发现这一点，后面就很好办了，操作起来是一样的。

▼ 示例：按值排序

```
d = {'b': 2, 'c': 3, 'a': 1}
result = sorted(d.items(), key=lambda x: x[1])
print(result)
```

运行结果如下：

```
[('a', 1), ('b', 2), ('c', 3)]
```

按值排序也非常简单，只需要改变一下 lambda 表达式的返回值就可以了。

4. JSON 排序

在实际开发中，对 JSON 进行排序，也是很常见的一种操作。在 Python 中，我们同样可以使用 sorted() 函数来对 JSON 进行排序。

▼ **示例：**

```
users = [
    {"name": "Jack", "age": 21},
    {"name": "Lucy", "age": 19},
    {"name": "Tony", "age": 20}
]
result = sorted(users, key=lambda user: user['age'])
print(result)
```

运行结果如下：

```
[{'name': 'Lucy', 'age': 19}, {'name': 'Tony', 'age': 20}, {'name': 'Jack', 'age': 21}]
```

这里的 JSON 本质上是一个列表，列表的每一项是一个字典。key=lambda user:user['age'] 表示的是对列表元素中 age 这一项进行排序。

JSON

JSON，全称 "JavaScript Object Notation（即 JavaScript 对象表示法）"，起源于 JavaScript 语言。JSON 起初是 JavaScript 用来处理数据的一种格式，不过由于这种数据格式简单易用，因此 Python 也移植过来使用了。

JSON 有两种表示方式：一种是使用"字典"来表示，另一种是使用"列表"来表示。如果使用"字典"来表示，它本质上和字典没什么区别，比如：

```
{
    "book": "Python tutorial",
    "author": "Jack",
    "price": 99
}
```

如果使用"列表"来表示，那么列表的每一个元素一般要求是一个字典，比如：

```
[
    {"name": "Jack", "age": 21},
    {"name": "Lucy", "age": 19},
    {"name": "Tony", "age": 20}
]
```

JSON 这种数据格式要求非常严格，特别注意这两点：①只能使用双引号，不能使用单引号；②最后一个元素或键值对的后面不允许有多余的逗号。此外，你还可以引入 Python 内置的 json 模块来操作一个 JSON 文件。

12.6   小结

下面来回顾一下本章中介绍的新概念。

- **可迭代对象**：如果一个对象内部实现了 __iter__() 方法，则该对象是一个可迭代对象（iterable）。可迭代对象最明显的特征就是，可以使用 for 循环进行遍历。
- **迭代器**：如果一个对象内部同时实现了 __iter__() 和 __next__() 方法，则该对象是一个迭代器（iterator）。迭代器是可迭代对象的一种。
- **生成器**：如果一个函数内部使用了 yield 关键字，则该函数就是一个生成器（generator）。生成器是一种特殊的函数。此外，生成器本质上是一个迭代器，它也一定可迭代。
- **JSON**：JSON 起源于 JavaScript 语言，是一种数据格式。JSON 有两种表示方式：一种是字典，另一种是列表。

## 第 13 章

解包与压包

13

虽然外界宣传 Python 简单易学，但事实并非如此。虽然 Python 代码可读性强，但也意味着内部隐藏着更多深层的含义。前面介绍了可迭代对象的基本概念，紧接着来介绍与可迭代对象相关的非常重要的两个技巧：解包与压包。

本章将先介绍解包与压包的概念，然后再教你如何应用到实际项目中去。解包与压包是非常有用的技巧，在实际项目中用得比较多。

13.1　解包

在介绍解包具体语法之前，我们先来看几个简单的示例，从而感性地认识一下解包到底是怎样的一个东西。

▼ **示例：传统方式**

```
colors = ['red', 'green', 'blue']
red = colors[0]
green = colors[1]
blue = colors[2]
print(red)
print(green)
print(blue)
```

运行结果如下：

```
red
green
blue
```

如果想要把列表中每一个元素的值赋值给变量，你需要先使用下标的方式来获取元素值，然后再赋值给对应的变量。接着来看一下解包是如何操作的。

▼ **示例：解包**

```
colors = ['red', 'green', 'blue']
red, green, blue = colors
print(red)
print(green)
print(blue)
```

运行结果如下：

```
red
green
blue
```

我们可以发现，解包这种方式比传统方式更加简单，也更加方便。

提示　很多语言都有类似于 Python 解包这种语法，比如 JavaScript 中的解构赋值。掌握一门编
　　　程语言，再去接触另外一门语言，就变得非常简单了。

13.1.1　解包概述

　　解包（unpacking），指的是将"容器"中的元素逐个取出来。这个容器可以是一切可迭代对象，主要包括列表、元组、字符串、字典、集合以及自定义的可迭代对象等。解包中的"包"，指的就是"容器"。

　　解包其实非常简单，它就是对一个"容器（可迭代对象）"进行结构拆解，从而获取该容器的元素值。获取到元素值之后，就可以把这些元素值赋值给左边的变量。

　　解包本质上就是一种匹配模式。只要等号两边的模式相同，就可以将右边的值赋给左边对应的变量。

▶ 示例：列表解包

```
a, b, c = [1, 2, 3]
result = a + b + c
print(result)
```

运行结果如下：

```
6
```

　　你可能已经发现，通过对列表解包这种方式，可以快速定义多个变量。对于上面示例而言，下面两种方式是等价的，分析如图所示。

```
# 解包
a, b, c = [1, 2, 3]

# 传统方式
a = 1
b = 2
c = 3
```

▶ 示例：字符串解包

```
a, b, c, d = 'Java'
print(a)
print(b)
print(c)
print(d)
```

运行结果如下：

```
J
a
v
a
```

对字符串进行解包，则字符会依次赋值给左边对应的变量。其中，一个字符对应一个变量。

▶ 示例：字典解包

```
person = {'name': 'Jack', 'age': 18}
name, age = person
print(name)
print(age)
```

运行结果如下：

```
name
age
```

如若不做特殊处理，对字典进行解包之后，只会把字典的"键（key）"取出来，而"值（value）"则会丢失。

▶ 示例：特殊处理

```
person = {'name': 'Jack', 'age': 18}
name, age = person.items()
print(name)
print(age)
```

运行结果如下：

```
('name', 'Jack')
('age', 18)
```

字典的 items() 方法会返回一个二维的可迭代对象，类似于二维的元组列表。试着执行一下 print(person.items())，其结果如下所示。

```
dict_items([('name', 'Jack'), ('age', 18)])
```

dict_items([('name', 'Jack'), ('age', 18)]) 类似于一个列表，该列表的每一个元素都是一个元组。所以对该对象进行解包，得到的每一个元素就是一个元组。

▶ 示例：集合解包

```
colors = {'red', 'green', 'blue'}
red, green, blue = colors
print(red)
print(green)
print(blue)
```

运行结果如下：

```
blue
red
green
```

集合元素是无序的，因此对集合进行解包，解出来的元素并不一定就是定义时的顺序。因此在实际项目开发中，不要对集合进行解包操作。

13.1.2　* 和 **

在 Python 中，我们可以使用“*（单星号）”来对一个序列（列表、元组、字符串等）进行解包，也可以使用“**（双星号）”来对一个字典进行解包。

1. *（单星号）

“*（单星号）”主要是对一个序列进行解构，其中序列包括列表、元组和字符串。“*”的作用有非常多，主要用于这几个方面：合并列表、截取列表、print() 输出。

（1）合并列表

对于合并两个列表，之前有两种方式：一种是使用“+”拼接，另一种是使用 extend() 方法。实际上，还可以使用“*”解包的方式来合并两个或多个列表。

示例：合并两个列表

```
nums1 = [1, 2, 3]
nums2 = [4, 5, 6]
result = [*nums1, *nums2]
print(result)
```

运行结果如下：

```
[1, 2, 3, 4, 5, 6]
```

首先你要知道，*nums1 就是对 nums1 进行解包，此时拿到的是“1, 2, 3”，这是一串不包含中括号的特殊数据。然后 *nums2 拿到的是“4, 5, 6”，这也是一串不包含中括号的特殊数据。而 [*nums1, *nums2] 其实就是把这两串数据塞到“[]”里面去进行“组装”，这样就构建成了一个新的列表，分析如图 13-1 所示。

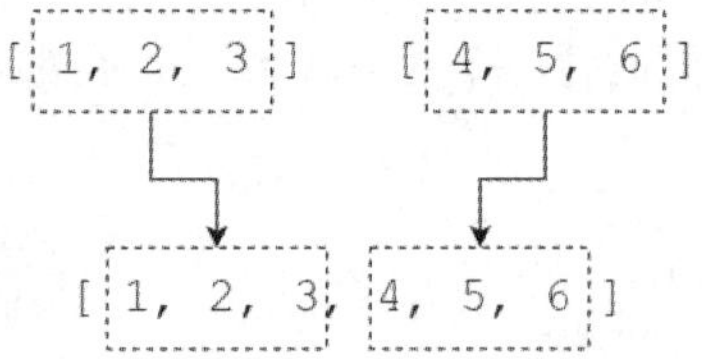

图 13-1

一定要注意，*nums1 和 *nums2 得到的结果是一串以逗号隔开的数据。但这种类型的数据并不属于 Python 内置的任何一种数据结构，而是一种特殊的数据。

▶ 示例：合并多个列表

```
nums1 = [1, 2, 3]
nums2 = [4, 5, 6]
nums3 = [7, 8, 9]
result = [*nums1, *nums2, *nums3]
print(result)
```

运行结果如下：

```
[1, 2, 3, 4, 5, 6, 7, 8, 9]
```

合并多个列表，与合并两个列表，是同样的道理。都是把列表分别解包出来，然后再进行"组装"。

（2）截取列表

如果想要截取列表的一部分，则一般使用"切片"的方式来实现。除了切片方式之外，还可以使用解包的方式。

▶ 示例：

```
a, b, *c = [1, 2, 3, 4, 5]
print(a)
print(b)
print(c)
```

运行结果如下：

```
1
2
[3, 4, 5]
```

上面这种方式怎么理解呢？列表 [1，2，3，4，5] 有 5 个元素，正常来说等号左边要有 5 个变量才能把这个列表的所有元素一一对应解包出来。如果等号左边只使用 3 个变量，此时是会报错的。

```
a, b, c = [1, 2, 3, 4, 5]
print(c)                   # （报错）ValueError: too many values to unpack (expected 3)
```

假如我们给最后 c 这个变量前面加上一个"*"，此时 a 对应于 1，b 对应于 2，而 c 就对应于剩余的列表了，这就相当于截取列表的一部分了。使用解包来获取列表的一部分，这种方式非常巧妙也非常有用，下面再来多看几个示例。

▶ 示例：

```
*a, b, c = [1, 2, 3, 4, 5]
print(a)
print(b)
print(c)
```

运行结果如下：

```
[1, 2, 3]
4
5
```

这个示例也很好理解，首先 b 和 c 前面没有加上"*"，所以它们会直接对应一个元素。其中 c 是最后一个变量，所以对应于列表最后一个元素。b 是倒数第二个变量，所以对应于倒数第二个元素。而 *a 前面加上了一个"*"，a 代表的是一个列表，所以对应于剩余的列表部分，也就是 [1, 2, 3]。

简单来说，Python 是先考虑前面不加"*"的变量，把这些变量一一对应赋值了之后，剩下的元素就赋值给前面加"*"的变量。

▼ 示例：

```
a, *b, c = [1, 2, 3, 4, 5]
print(a)
print(b)
print(c)
```

运行结果如下：

```
1
[2, 3, 4]
5
```

同样地，a 和 c 前面是不加"*"的，所以优先对这两个变量进行对应赋值，剩下的就给了前面加"*"的 b。

这里你就会问了："是否只能在一个变量前面加上 *？能不能在多个变量前面加上 * 呢？"我们可以来试一下，请看下面示例。

▼ 示例：

```
*a, *b, c = [1, 2, 3, 4, 5]
print(a)
print(b)
print(c)
```

运行结果如下：

（报错）SyntaxError: multiple starred expressions in assignment

从结果可以看出，我们只能在一个变量前面加上"*"。如果在多个变量前面加上"*"，此时 Python 不知道如何分配列表剩余部分给这些变量，所以就会报错。

▼ 示例：

```
a, _, c, _ = [1, 2, 3, 4]
print(a)
print(c)
```

运行结果如下：

```
1
3
```

如果只关注特定值，比如第 1 个值和第 3 个值，则其他值的变量名可以设为 "_"。在上面示例中，"_" 先被赋值为 2，后面被赋值为 4。一般来说，将变量名设为 "_"，表明赋值给该变量的值不会被使用。

（3）print() 输出

print() 函数可以同时输出多个值，它的形式是这样的：print(a, b, ..., n)。对于 print(a, b, ..., n) 来说，你可以认为是它由 print() 和 "a, b, ..., n" 这两部分组装而成的，如图 13-2 所示。

```
print(|a, b, ..., n|)
```

图 13-2

对于 "a, b, ..., n" 这种形式的数据，现在你应该感到比较熟悉了。使用 "*" 对列表进行解包，就可以得到这么一串东西。

▼ 示例：

```
nums = [1, 2, 3]
print(*nums)
```

运行结果如下：

```
1 2 3
```

*nums 拿到的是 "1, 2, 3" 这样一串东西，因此 print(*nums) 等价于 print(1, 2, 3)。对于上面示例来说，它等价于下面代码。

```
a, b, c = [1, 2, 3]
print(a, b, c)
```

2. **（双星号）

在 Python 中，我们可以使用 "**（双星号）" 来对一个字典进行解包。其中 "*" 用于对序列解包，而 "**" 用于对字典解包。"**" 最经典的一个作用就是合并字典。

▼ 示例：

```
dict1 = {'a': 1, 'b': 2}
dict2 = {'c': 3, 'd': 4}
result = {**dict1, **dict2}
print(result)
print(dict1)
print(dict2)
```

运行结果如下：

```
{'a': 1, 'b': 2, 'c': 3, 'd': 4}
{'a': 1, 'b': 2}
{'c': 3, 'd': 4}
```

字典解包和列表解包，两者的规则其实是一样的。在上面示例中，**dict1 是对 dict1 进行解包，此时拿到的是 'a':1, 'b':2 这一串东西。**dict2 是对 dict2 进行解包，此时拿到的是 'c':3, 'd':4 这一串东西。{**dict1, **dict2} 其实就是把这两串东西塞到"{}"里面进行"组装"，这样组装出来的就是一个新的字典了，分析如图 13-3 所示。

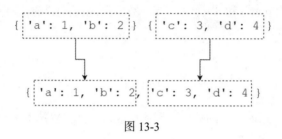

图 13-3

3. 综合应用

接下来介绍一下 "*" 和 "**" 共有的应用场景，主要包括两个方面：①函数参数；②深拷贝。

（1）函数参数

我们都知道，一个函数调用时可以传入多个参数，它的形式是这样的：fn(a, b, …, n)。对于 fn(a, b, …, n) 来说，它可以认为是由 fn() 和 "a, b, …, n" 组装而成的。

▶ 示例：列表

```
def getsum(a, b):
    return a + b

nums = [10, 20]
result = getsum(*nums)
print(result)
```

运行结果如下：

```
30
```

*nums 拿到的是 "10, 20" 这样一串东西，因此 getsum(*nums) 等价于 getsum(10, 20)。

▶ 示例：字典

```
def getinfo(name, age):
    print(name, age)

person = {'name': 'Jack', 'age': 18}
getinfo(**person)
```

运行结果如下：

```
Jack 18
```

对于字典来说，你应该使用的是"**"（双星号），而不是"*"（单星号）。"**"只能作用于字典，然后它会自动解包成 key=value 的格式。下面两种方式是等价的。

```
# 方式1
fn(**{'name': 'Jack', 'age': 18})

# 方式2
fn(name='Jack', age=18)
```

如果这里使用"*"，而不是"**"，会有什么结果呢？将示例中的 getinfo(**person) 修改为 getinfo(*person)，再次运行之后的结果如下。

```
name age
```

从上面可以看出，如果使用"*"，则只会把字典的 key 解构出来，这就不是预期的效果了。此外需要注意的是，解包出来的参数个数要与字典的键值对个数相同，并且参数名要与字典的 key 名要对应，如果不对应就会报错，比如下面这种情况。

```
# 错误：参数个数不相同
def getinfo(name):
    print(name)
person = {'name': 'Jack', 'age': 18}
getinfo(**person)

# 错误：参数名不对应
def getinfo(a, b):
    print(a, b)
person = {'name': 'Jack', 'age': 18}
getinfo(**person)
```

（2）深拷贝

解包还有一个非常重要的用途，那就是实现列表或字典的深拷贝。

▼ 示例：列表

```
colors = ['red', 'green', 'blue']
result = [*colors]
result[0] = 'pink'
print(colors)
print(result)
```

运行结果如下：

```
['red', 'green', 'blue']
['pink', 'green', 'blue']
```

*colors 就是对 colors 进行解包，然后拿到它所有的元素。[*colors] 就是把 colors 中所有的元素塞到"[]"里面去，此时组装出来的是一个新的列表。

result[0]='pink' 表示修改 result 这个新列表的第一个元素的值，但这并不会影响原来 colors。也就是说，这里其实是对 colors 进行了深拷贝，而不是浅拷贝。

▼ **示例：字典**

```
person = {'name': 'Jack', 'age': 18}
result= {**person}
result['name'] = 'Lucy'
print(person)
print(result)
```

运行结果如下：

```
{'name': 'Jack', 'age': 18}
{'name': 'Lucy', 'age': 18}
```

和列表类似，这种方式其实是对字典进行深拷贝，而不是浅拷贝。

深拷贝与浅拷贝

在真实的项目开发中，深拷贝与浅拷贝经常会看到，它们之间的区别如下。不过你应该清楚的是，更多情况下使用的是深拷贝，而不是浅拷贝。

❑ 浅拷贝：如果是基本类型，那么会复制它的值；如果是引用类型，则会复制它的引用。

❑ 深拷贝：不管是基本类型还是引用类型，都只是复制它的值。

13.1.3　元组解包

元组解包和列表解包基本一样，这里只需要了解一种特殊的情况就可以了，那就是：多重赋值。所谓的多重赋值，指的是在一条语句中同时给多个变量进行赋值。

▼ **示例：**

```
a, b = 1, 2
print(a)
print(b)
```

运行结果如下：

```
1
2
```

你可能从其他地方了解到，使用 "a, b = 1, 2" 这种方式可以同时给多个变量赋值，但鲜少有人知道为什么这样写就可以同时赋值。

实际上，对于 "a, b = 1, 2" 来说，右边的 "1, 2" 会被解析成一个元组 "(1, 2)"。因此 a, b=1, 2 等价于 a, b=(1, 2)，这就相当于对元组解包了，结果就是 a=1、b=2。

当然了，我们可以编写一段简单的代码（如下所示），来证明类似 "a, b, …, n" 这样的数据最后会被解析成一个元组。

```
result = 1, 2, 3, 4, 5
print(result)                    # (1, 2, 3, 4, 5)
print(type(result))              # <class 'tuple'>
```

13.1.4　函数形参：*args 和 **kwargs

在定义函数时，如果参数的数量不确定，就可以使用 *args 或 **kwargs 这两种参数来实现。它们之间的区别如下。

❑ 在函数调用时，*（单星号）会以"单个元素"的形式解包一个元组，使其成为位置参数。
❑ 在函数调用时，**（双星号）会以"键值对"的形式解包一个字典，使其成为独立的关键字参数。

这里的 args 是 "arguments" 的缩写，表示位置参数。kwargs 是 "keyword arguments" 的缩写，表示关键字参数。当然这只是约定俗成的变量名，你使用其他的名字也是没有问题的，比如将 *args 写成 *a，只是一般并不建议这样去做。

▸ 示例：

```
def fn(*args):
    print(args)

fn(1, 2, 3, 4)
```

运行结果如下：

```
(1, 2, 3, 4)
```

当执行 fn(1, 2, 3, 4) 时，其实是将 "1, 2, 3, 4" 赋值给 *args，也就是等价于下面代码。

```
*args = 1, 2, 3, 4
```

这样就很好理解了，上面其实就是一个元组解包的过程，最终 args 的值就是一个元组：(1, 2, 3, 4)。

▸ 示例：

```
def fn(a, *args):
    print(a)
    print(args)

fn(1, 2, 3, 4)
```

运行结果如下：

```
1
(2, 3, 4)
```

当执行 fn(1, 2, 3, 4) 时，其实是将 "1, 2, 3, 4" 赋值给 a, *args，也就是等价于下面代码。因此 a 的值为 1，而 args 的值为 (2, 3, 4)。

```
a, *args = 1, 2, 3, 4
```

▶ 示例：

```
def fn(**kwargs):
    print(kwargs)

fn(name='Jack', age=18)
```

运行结果如下：

```
{'name': 'Jack', 'age': 18}
```

当执行 fn(name='Jack', age=18) 时，其实是将 name='Jack', age=18 赋值给 **kwargs。**kwargs 表示将字典 kwargs 进行解包。而从之前知道，将 {'name': 'Jack', 'age': 18} 这样的一个字典进行解包，得到的就是这样一串东西：name='Jack', age=18。因此从逆向思维的角度，kwargs 的值就是 {'name': 'Jack', 'age': 18}。

▶ 示例：*args 和 **kwargs 混合使用

```
def fn(a, *args, **kwargs):
    print(a)
    print(args)
    print(kwargs)

fn(1, 2, 3, x=4, y=5)
```

运行结果如下：

```
1
(2, 3)
{'x': 4, 'y': 5}
```

*args 和 **kwargs 可以混合在一起使用。不过需要注意的是，在函数定义时，*args 必须放在 **kwargs 的前面。然后在函数调用时，参数也必须按照这样的顺序，否则就会报错。

13.2　压包

Python 中的压包，主要是使用 zip() 函数来实现的。zip() 函数可以接收多个可迭代对象作为参数，然后将这些对象相同位置的元素组成一个个元组，最后返回由这些元组组成的一个可迭代对象。

▶ 语法：

```
zip(iterable1, iterable2, ... , iterableN)
```

zip() 函数接收两个或多个可迭代对象作为参数。zip() 函数返回的是一个 zip 对象，该对象是一个可迭代对象。你可以使用 list()、tuple() 等函数将其转换成对应的序列。

示例：两个列表

```
listx = [1, 2, 3]
listy = [4, 5, 6]
result = zip(listx, listy)
print(result)
print(list(result))
```

运行结果如下：

```
<zip object at 0x000001A7D8A86940>
[(1, 4), (2, 5), (3, 6)]
```

示例：多个列表

```
listx = [1, 2, 3]
listy = [4, 5, 6]
listz = [7, 8, 9]
result = zip(listx, listy, listz)
print(list(result))
```

运行结果如下：

```
[(1, 4, 7), (2, 5, 8), (3, 6, 9)]
```

示例：元素个数不同

```
listx = [1, 2, 3]
listy = [4, 5, 6, 7]
result = zip(listx, listy)
print(list(result))
```

运行结果如下：

```
[(1, 4), (2, 5), (3, 6)]
```

如果序列的元素个数不同，那么就取个数最少的序列来进行组合。

示例：

```
result1 = zip()
result2 = zip([1, 2, 3])
print(list(result1))
print(list(result2))
```

运行结果如下：

```
[]
[(1,), (2,), (3,)]
```

注意 虽然压包和解包的方向是相反的，但压包并不能简单被看成是解包的逆过程。因为两者的过程有一定区别。

13.3　小结

下面来回顾一下本章中介绍的几个新概念。

❑ 解包：解包是将可迭代对象中的元素取出来，包括列表、元组、字符串等一切可迭代对象。另外，可以使用"*"对序列进行解包，也可以使用"**"对字典进行解包。

❑ 压包：压包使用 zip() 函数来实现。zip() 函数可以接收多个可迭代对象作为参数，然后将这些对象相同位置的元素组成一个个元组，最后返回由这些元组组成的一个可迭代对象。

❑ *args 和 **kwargs：这两种是函数中的特殊参数，也叫作不定参数，本质上是使用解包来实现的。

## 第 14 章

函数式编程

14

尽管面向对象是目前最流行的编程思想,但很多人不了解,在面向对象思想产生之前,函数式编程是非常流行的编程思想。你可能会觉得疑惑:之前已经学了函数,为什么还要学习函数式编程?两者的区别又是什么呢?其实函数是一种语法表现,而函数式编程是一种编程思想。

在 Python 这门语言中,整数、字符串、对象都是"一等公民"。它们拥有的"权利"比较多,主要包括以下 3 个方面。

❑ 可以赋值给变量。

❑ 可以作为函数参数。

❑ 可以作为函数返回值。

由于整数、字符串这些"一等公民"本质上是对象,而函数本身也是对象,因此函数也是"一等公民",同样也拥有这些"一等公民"的权利,同样可以赋值给变量、作为函数参数、作为函数返回值等。

函数式编程是一种编程风格,它将计算过程看作数学函数,也就是可以使用表达式编程。在函数的代码中,函数返回值只依赖传入的函数参数,因此使用相同的参数调用函数两次,会得到相同的结果。

本章将介绍函数式编程的几个重要概念,包括高阶函数、lambda 表达式、装饰器等,然后看看为什么这种古老的编程思想恢复了活力,又重新走进了人们的视线。

14.1 高阶函数

如果一个函数的参数也是一个函数,那么这个函数就被称为高阶函数(higher-order function)。高阶函数是函数式编程的一种实践。

▌ 示例:

```python
def getsum(a, b, f):
    return f(a) + f(b)


result = getsum(-10, 20, abs)
print(result)
```

运行结果如下：

```
30
```

上面示例定义了一个名为 getsum 的函数，该函数的功能是：求两个数的绝对值之和。getsum() 函数接收 3 个参数：a、b 和 f。其中 f 本身也是一个函数，因此 getsum() 是一个高阶函数。

在实际项目开发中，较少会自定义一个高阶函数，更多是使用 Python 内置的高阶函数。在 Python 中，常见内置的高阶函数有：filter()、map() 和 reduce()。

14.1.1　filter()

在 Python 中，我们可以使用 filter() 函数来"过滤"可迭代对象中不符合条件的元素，然后返回包含符合条件元素的新的可迭代对象。

▼ **语法：**

```
filter(function, iterable)
```

参数 function 是一个函数，iterable 是一个可迭代对象。filter() 会把 iterable 中的每一个元素依次传入 function 进行"判断"。如果 function 返回 True，则保留该元素；如果 function 返回 False，则丢弃该元素。

filter() 函数最终会返回一个新的可迭代对象，然后你可以使用 list() 函数将这个可迭代对象转化为一个列表。

▼ **示例：获取 0~100 之间的所有奇数**

```
# 定义一个函数
def is_odd_number(n):
    return n % 2 != 0

# 定义一个可迭代对象
items = range(0, 101, 1)

# 调用 filter() 函数
result = filter(is_odd_number, items)
print(list(result))
```

运行结果如下：

```
[1, 3, 5, 7, 9, 11, 13, 15, 17, 19, 21, 23, 25, 27, 29, 31, 33, 35, 37, 39, 41, 43,
45, 47, 49, 51, 53, 55, 57, 59, 61, 63, 65, 67, 69, 71, 73, 75, 77, 79, 81, 83, 85,
87, 89, 91, 93, 95, 97, 99]
```

对于上面的示例来说，你应该清楚的是，下面两种方式其实是等价的。

```
# 方式 1
def is_odd_number(n):
    return n % 2 != 0:
```

```
# 方式 2
def is_odd_number(n):
    if n % 2 != 0:
        return True
    else:
        return False
```

▶ 示例：筛选出属于字符串类型的元素

```
# 定义一个函数
def findstr(n):
    return type(n) == str

# 定义一个可迭代对象
items = [1001, 'Python', 6666, 'Java', 2024]

# 调用 filter() 函数
result = filter(findstr, items)
print(list(result))
```

运行结果如下：

```
['Python', 'Java']
```

▶ 示例：去除所有值为假的元素

```
items = ['Python', False, None, 0, '', (), [], {}, 'Java']
result = filter(None, items)
print(list(result))
```

运行结果如下：

```
['Python', 'Java']
```

如果将 filter() 函数的第一个参数 function 的值设置为 None，那么就会默认去除序列中所有值为假的元素，如 False、None、0、''、()、[]、{} 等。可能你会觉得符合条件 None 的不应该是 [False，None，0，''，()，{}] 吗，为什么是 ['Python', 'Java'] 呢？这是因为 Python 官方语法就是这样规定的，咱们不需要过于纠结，把它当作一个特例了解一下就好了。

14.1.2 map()

在 Python 中，map() 函数在对可迭代对象进行遍历的同时，会对每一个元素进行"相同操作"，然后将处理完成之后的元素添加到新的可迭代对象中去。

▶ 语法：

```
map(function, iterable)
```

参数 function 是一个函数名，iterable 是一个可迭代对象。map() 会把 iterable 中的每一个元素依次传入 function 进行"处理"，然后元素被处理完成之后会添加到一个新的可迭代对象中去。map() 函数最终同样会返回一个新的可迭代对象，然后你可以使用 list() 函数将这个可迭代对象转化为一个列表。

▼ 示例：

```
# 定义函数
def fn(n):
    return n * 2

# 定义可迭代对象
items = [3, 9, 1, 14, 50, 21]

# 调用 map() 函数
result = map(fn, items)
print(list(result))
```

运行结果如下：

```
[6, 18, 2, 28, 100, 42]
```

14.1.3 reduce()

在 Python 中，reduce() 函数在对可迭代对象进行遍历的同时，会对每一个元素进行"**累加操作**"，最终会返回一个值。

▼ 语法：

```
reduce(function, iterable)
```

参数 function 是一个函数，它需要有两个参数：prev 和 cur。其中 prev 表示"初始值"或"上一次函数的返回值"，而 cur 表示当前元素，如下所示。参数 iterable 是一个可迭代对象。

```
def fn(prev, cur):
    ......
```

reduce() 函数返回的是一个"累积下来"的值，而不是一个可迭代对象。此外需要注意的是，reduce() 在 Python 2 中是一个内置对象，不过在 Python 3 中已经被移到 functools 这个内置模块中去了。所以如果想要使用 reduce() 函数，需要导入 functools 模块。

▼ 示例：求和

```
from functools import reduce

# 定义函数
def fn(prev, cur):
    return prev + cur

# 定义可迭代对象
items = [3, 9, 1, 14, 50, 21]
result = reduce(fn, items)
print(result)
```

运行结果如下：

98

上面示例实现的是对 items 这个列表的所有元素进行求和。对于这个例子来说，如果使用 for-in 循环来实现，其代码如下。

```
items = [3, 9, 1, 14, 50, 21]
length = len(items)
result = 0

for i in range(0, length):
    result += items[i]

print(result)
```

最后需要清楚的是，reduce() 与 filter()、map() 这两个函数不一样。在性能方面，reduce() 相比 for 循环来说是没有优势的。甚至在实际测试中，reduce() 比 for 循环更慢。因此，如果对性能要求苛刻，建议使用 for 循环，如果希望代码更优雅而不在意耗时，可以用 reduce() 函数。

▶ 示例：求最大值

```
from functools import reduce

# 定义函数
def fn(prev, cur):
    return prev if prev > cur else cur

# 定义可迭代对象
items = [3, 9, 1, 14, 50, 21]

# 调用 reduce()
result = reduce(fn, items)
print(result)
```

运行结果如下：

50

对于上面的示例来说，下面两种方式是等价的。其中，方式 1 使用了条件表达式。

```
# 方式1
def fn(prev, cur):
    return prev if prev > cur else cur

# 方式2
def fn(prev, cur):
    if prev > cur:
        return prev
    else:
        return cur
```

14.2   lambda 表达式

在 Python 中，我们可以使用 lambda 这个关键字来创建一个匿名函数。我们都知道，普通函数是需要一个名字的，也就是在 def 关键字后面定义一个函数名。而 lambda 表达式却是一个匿名函数，所谓的匿名函数，指的是没有名字的函数。

▶ 语法：

```
lambda 参数：表达式
```

在该语法中，参数代表的是函数的参数，表达式代表的是函数的返回值。与普通函数一样，参数可以有多个，参数与参数之间用英文逗号 "，" 隔开，但表达式只能有一个，因为函数返回值只能有一个。lambda 表达式是匿名的小型函数。注意，lambda 表达式没有 return 语句，因为表达式的值将会自动返回。

对于 lambda 函数和普通函数来说，它们之间存在以下区别。

❑ 普通函数使用 def 关键字来定义，lambda 函数使用 lambda 关键字来定义。

❑ 普通函数可以包含分支、循环、return 语句，但 lambda 函数不可以。

❑ 普通函数是"有名字"的函数，而 lambda 表达式是"没有名字"的函数。

lambda 表达式应用非常广泛，主要包括这几个方面：用于简化函数、用于回调函数、用于列表推导式。

注意   Python 中的 lambda 表达式、lambda 函数、匿名函数指的是同一个东西，这几种叫法也要熟悉一下，因为在不同场合中经常会遇到。

14.2.1   用于简化函数

在 Python 中，lambda 表达式可以用于实现一个简单的函数功能。这种方式相对于普通函数来说，代码更加简洁。

▶ 示例：普通函数

```
def getsum(a, b):
    return a + b
print(getsum(10, 20))
```

运行结果如下：

```
30
```

上面示例就是使用普通函数的方式，定义了一个用于计算两数之和的 getsum() 函数。如果使用 lambda 表达式，应该怎样去实现呢？

▶ 示例：lambda 表达式

```
getsum = lambda a,b: a+b
print(getsum(10, 20))
```

运行结果如下：

```
30
```

上面两个示例是等价的，只不过一个是使用普通函数，另一个是使用 lambda 表达式。对于这个例子来说，"a, b"是 lambda 表达式的参数，"a+b"是 lambda 表达式的返回值（相当于函数体）。从中可以看出，相对于普通函数来说，lambda 表达式更加简洁、方便。

你可能会提出疑问："lambda 表达式不是匿名函数（即没有名字的函数）吗？为什么这里又可以有一个 getsum 的名字呢？"所谓的 lambda 表达式，从名字就可以看出来了，它本质上是一个表达式。

对于上面的示例来说，lambda 表达式指的是"lambda a, b: a+b"这一部分，getsum = lambda a, b: a+b 其实是把"lambda a, b: a+b"这个 lambda 表达式赋值给 getsum 这个变量而已。此时 getsum 就拥有了函数的功能。需要清楚的是，lambda a, b: a+b 是一个表达式，而 getsum = lambda a, b: a+b 是一条语句，表达式和语句是不一样的。

注意 使用 lambda 表达式可以生成匿名的函数对象，该函数对象是一个表达式，而不是一个语句。

如果不将 lambda 表达式赋值给一个变量，也是可以当作函数来使用的，请看下面的示例。

▶ 示例：不赋值给变量

```
print((lambda a, b: a + b)(10, 20))
```

运行结果如下：

```
30
```

lambda 表达式本质上是一个没有名字的函数（匿名函数）。既然是函数，那它肯定是可以被调用的。(lambda a, b: a+b)(10, 20) 其实就是对函数的调用，(lambda a, b: a+b) 表示使用"()"来把 lambda 表达式当作一个整体处理，这个整体相当于一个函数。而函数的调用都是"函数名(参数)"这样的形式，因此后面的"(10, 20)"表示对函数的调用，并且传入 10 和 20 作为实参。

上面这种函数是比较简单的，使用 lambda 表达式可以大大简化代码，可读性也是比较好的。但是面对一些复杂函数，lambda 表达式就显得力不从心了。

▶ 示例：

```
def getsum(n):
    result = 0
    for i in range(n+1):
```

```
        result += i
    return result

print(getsum(100))
```

运行结果如下：

```
5050
```

这个例子用于统计 1+2+…+n 的和，像这种函数体比较复杂的函数，就不适合使用 lambda 表达式来实现。简单来说，lambda 的主体是只有一行的简单表达式，而不能扩展成一个多行的代码块。这其实是出于设计的考虑。

Python 之所以发明 lambda 表达式，就是为了让它和普通函数各司其职：**lambda 表达式专注于简单任务，而普通函数专注于复杂任务**。

14.2.2　用于回调函数

从前面可以知道，lambda 表达式可以简化代码，因此它有一个很常见的应用场景，那就是用于简化 filter()、map()、reduce() 等高阶函数的回调函数。

▉ 示例：filter()

```
def is_odd(n):
    return n % 2 == 1

result = filter(is_odd, [3, 9, 1, 12, 50, 21])
print(list(result))
```

运行结果如下：

```
[3, 9, 1, 21]
```

对于 filter()、map()、reduce() 等高阶函数，它们的第一个参数本身也是一个函数。如果这个函数的代码比较简单，使用 lambda 表达式会更加方便。对于上面的示例，如果使用 lambda 表达式，实现代码如下。

```
result = filter(lambda x: x%2==1, [3, 9, 1, 12, 50, 21])
print(list(result))
```

下面来多看几个示例，这样可以更好地帮助你理解 lambda 表达式是如何简化代码的。

▉ 示例：map()

```
def double(n):
    return n * 2

result = map(double, [3, 9, 1, 12, 50, 21])
print(list(result))
```

运行结果如下：

```
[6, 18, 2, 24, 100, 42]
```

对于上面的示例，如果使用 lambda 表达式，实现代码如下。

```
result = map(lambda n: n*2, [3, 9, 1, 12, 50, 21])
print(list(result))
```

▶ 示例：reduce()

```
from functools import reduce

def sum(prev, cur):
    prev += cur
    return prev

result = reduce(sum, [3, 9, 1, 12, 50, 21])
print(result)
```

运行结果如下：

```
96
```

对于上面的示例，如果使用 lambda 表达式，实现代码如下。

```
from functools import reduce

result = reduce(lambda prev, cur: prev+cur, [3, 9, 1, 12, 50, 21])
print(result)
```

14.2.3 用于列表推导式

在 Python 中，lambda 表达式还可以用于列表推导式中。不过这种场景并不多见，简单了解即可。

▶ 示例：

```
result = [(lambda x: x*x)(x) for x in range(1, 11)]
print(result)
```

运行结果如下：

```
[1, 4, 9, 16, 25, 36, 49, 64, 81, 100]
```

上面示例表示求 1~10 所有整数的平方，然后将结果组成一个列表。(lambda x: x*x) 表示使用 "()" 来将 lambda 表达式当成一个整体来处理，此时 (lambda x: x*x) 就相当于一个函数。后面的 (x) 表示对这个 lambda 表达式的调用，传入的参数是 x。这个 x 是怎么来的呢？其实就是通过后面的 for x in range(1, 11) 得到的。

对于这个例子来说，它等价于下面的代码。

```
sequare = lambda x: x*x
result = [sequare(x) for x in range(1, 11)]
print(result)
```

最后，我们来总结一下 lambda 表达式，主要包括以下两点。

❑ lambda 表达式本身是一个函数，所以它可以像普通函数那样被调用。

❑ lambda 表达式的最大作用就是简化代码，但它只能实现简单功能。如果想要实现复杂功能，请使用普通函数。

14.3 装饰器

在 Python 中，我们可以使用装饰器（decorator）来增强一个函数的功能。所谓的装饰器，可以理解成一个"增强器"，它就是用来"装饰"（增强）一个函数的。

装饰器一般用来给函数添加一些额外的功能，比如：计算函数执行时间、记录日志、建立和撤销环境、缓存、权限校验等。

▶ 示例：计算函数执行时间

```
import time

# 定义装饰器
def gettime(fn):
    def inner(*args, **kwargs):
        # 获取开始时的时间戳
        start = time.time()
        result = fn(*args, **kwargs)
        # 获取结束时的时间戳
        end = time.time()
        print('Running time:', (end - start))
        return result
    return inner

# 使用装饰器
@gettime
def getsum(n):
    result = 0
    for i in range(n+1):
        result += i
    return result

# 调用函数
getsum(100000000)
```

运行结果如下：

```
Running time: 5.847348690032959
```

首先要清楚，装饰器本质上也是一个函数。getsum() 函数定义的上方添加一个 @gettime，就表示使用 gettime() 这个装饰器来增强 getsum() 函数的功能。此外，这里的执行时间有一定出入，这是正常的。

对于这个例子来说，下面两种方式是等价的。

```
# 方式1
@gettime
def getsum(n):
    result = 0
    for i in range(n+1):
        result += i
    return result

# 方式2
def getsum(n):
    result = 0
    for i in range(n+1):
        result += i
    return result
getsum = gettime(getsum)
```

在 getsum() 定义的上方加上 @gettime，就相当于执行 getsum = gettime(getsum)。理解了装饰器的使用方法，我们再来一步步理解它的定义过程。

首先装饰器是一个函数，参数也是函数，并且返回值还是函数。def inner(*args, **kwargs): 是约定俗成的固定写法，这里其实使用了参数解包的语法。*args 会收集所有的位置参数，而 **kwargs 会收集所有的关键字参数。

对于 gettime() 来说，如果传进来的 fn 函数没有返回值，那么在 gettime() 的 inner() 这个函数中，就不需要返回一个值，请看下面的例子。

▶ 示例：

```
import time

# 定义装饰器
def gettime(fn):
    def inner(*args, **kwargs):
        start = time.time()
        result = fn(*args, **kwargs)
        end = time.time()
        print('Running time:', (end - start))
    return inner

# 使用装饰器
@gettime
def getsum(n):
    result = 0
    for i in range(n+1):
        result += i
    print(result)

# 调用函数
getsum(100000000)
```

运行结果如下：

```
Running time: 5.476354122161865
```

在上面的示例中，getsum() 函数没有返回值，所以在 gettime() 的 inner() 函数中，就不需要使用 return 来返回一个值。

细心的你可能也发现了，上面定义的 @gettime 与之前"第 7 章 类与对象"介绍的 @classmethod 和 @staticmethod 很相似。确实没有错，@classmethod 和 @staticmethod 这两个本质上也是装饰器。

14.4　小结

Python 极具包容性，支持多种编程范式，包括命令式编程、过程式编程、函数式编程和面向对象编程。下面来回顾一下本章介绍的新概念。

- ❑ **函数式编程**：函数式编程是一种编程风格。函数返回值只依赖传入的函数参数，因此使用相同的参数调用函数两次，会得到相同的结果。
- ❑ **高阶函数**：如果一个函数的参数也是一个函数，那么这个函数就被称为高阶函数。常见的高阶函数有 filter()、map()、reduce()。
- ❑ **lambda 表达式**：lambda 表达式是一个匿名函数，它本质上是一个表达式而不是语句。lambda 表达式主要用于简化函数、回调函数、列表推导式。
- ❑ **装饰器**：装饰器本质上是一个函数，它用于"装饰"（增强）其他函数，一般用来给函数添加一些额外的功能。

第 2 部分
项目开发

## 第 15 章

图像处理

15

在实现计算机视觉任务的过程中，不可避免需要对图像进行各种操作。Python 用于实现图像处理的库比较多，常用的有 Pillow、OpenCV 等。本章将介绍 Pillow 库的基本用法，然后通过一个很有价值的项目，带你更好地了解 Python 在图像处理方面的应用。

15.1 必备基础

在 Python 中，我们可以使用 Pillow 库来对图像进行各种操作。Pillow 库不仅 API 简单易用，而且功能也非常强大。

由于 Pillow 是第三方库，我们需要手动去安装。首先打开 VSCode 终端窗口，输入下面这句命令，然后按下 Enter 键就会自动安装了，如图 15-1 所示。

```
pip install pillow
```

图 15-1

15.1.1 颜色值

图像中的颜色一般使用 RGB 或 RGBA 来表示。RGB 是一种色彩标准，由红（Red）、绿（Green）、蓝（Blue）这 3 种颜色变化来得到各种颜色。而 RGBA，说白了就是在 RGB 基础上增加了一个透明度（Alpha）。

▶ 语法：

```
(R, G, B)
```

Pillow 中的 RGB 值是一个元组，它包含 3 个元素。R 指的是红色值（Red），G 指的是绿色值（Green），B 指的是蓝色值（Blue）。

RGBA 值也是一个元组，它包含 4 个元素。除了 R、G、B 之外，还有一个 A，也就是透明度（Alpha）。

R、G、B、A 这 4 个值都是整数，取值范围都是：0~255。需要清楚的是，如果 A 的值为 0，则表示完全透明；如果 A 的值为 255，则表示完全不透明。

其中，常用颜色的英文名及对应的 RGB 值如表 15-1 所示。

表15-1　常用颜色的RGB值

英　文　名	RGB值
white	(255, 255, 255)
black	(0, 0, 0)
red	(255, 0, 0)
green	(0, 128, 0)
blue	(0, 0, 255)
yellow	(255, 255, 0)
gray	(128, 128, 128)
purple	(128, 0, 128)

你肯定会问："这些 RGB 值是怎么来的？怎样才能取到自己想要的颜色值呢？"如果你接触设计这一块，可能会想到使用 Photoshop 等软件来获取颜色值。但 Photoshop 等软件体积比较大，启动起来比较慢，使用起来比较麻烦，因此并不十分推荐。

这里推荐 Color Express，如图 15-2 所示。Color Express 体积小启动快，并且操作简单，使用它可以轻松获取你想要的颜色值。对于这款软件，你可自行搜索教程学习。

图 15-2

15.1.2 像素

图像大多数情况下是位图，也就是把图像分割成若干个小方块，每个小方块成为一个像素点。你可以将像素（px）看成是一张图片中最小的点，或者是计算机屏幕最小的点。举个简单例子，图 15-3 所示是一个图标。将这个图标放大后，就会变成图 15-4 所示的样子。

图 15-3 图 15-4

从上面你会发现，一张图片本质上是由很多小方点组成的。每一个小方点就是一个像素。平常我们说一台显示器的屏幕分辨率是 800×600，其实指的就是"屏幕宽是 800 个小方点、高是 600 个小方点"。对于初学者而言，你可以这样理解：**多少个像素就是多少个小点**。

15.1.3 坐标系

我们经常见到的坐标系是"数学坐标系"，不过 Pillow 使用的坐标系是"图像坐标系"，这两种坐标系唯一的区别在于 y 轴正方向的不同（如图 15-5）。

- ❑ **数学坐标系**：y 轴正方向向上。
- ❑ **图像坐标系**：y 轴正方向向下。

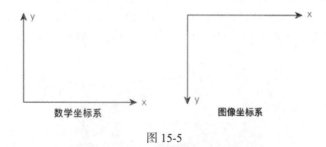

图 15-5

请记住：图像坐标系的 y 轴正方向是向下的。很多人学到后面对 Pillow 中的某些代码感到很困惑，那是因为他们没有清楚地意识到这一点。

数学坐标系主要用于数学表示上，而在 Python 开发中大多数涉及坐标系的技术使用的都是图像坐标系。

15.1.4 图片格式

常见的图片格式，一般来说可以分为两大类：一类是"位图"，另一类是"矢量图"。

1. 位图

位图又叫"像素图"，它是由很多像素点组成的图片。对于位图来说，放大图片后，图片会失真；缩小图片后，图片同样也会失真。

最常见的位图格式有 3 种：JPG（或 JPEG）、PNG、GIF（可以从图片后缀名看出来）。我们有必要深入了解这 3 种图片的适用场合，这在实际开发工作中非常重要。

- ❑ JPG 是一种可以提供优异图像质量的格式，适合存储颜色丰富的复杂图片，如照片、高清图片等。此外，JPG 格式体积较大，并且不支持透明。
- ❑ PNG 是一种无损格式，可以无损压缩以保证页面打开速度。此外，PNG 格式体积较小，并且支持透明，但不适合存储颜色丰富的图片。
- ❑ GIF 格式效果最差，但它适用于制作动画。你经常在社交软件上发的表情动图都是 GIF 格式的。

如果想要展示色彩丰富的高品质图片，可以使用 JPG 格式；如果是一般图片，为了减少体积或者想要透明效果，可以使用 PNG 格式；如果是动画图片，可以使用 GIF 格式。

提示　对于位图，可以使用 Photoshop 软件来处理。

---

2. 矢量图

矢量图也叫"向量图"，它是用计算机图形学中点、直线或多边形等表示出来的几何图像。

矢量图是一种基于数学方程实现的图片格式。举个例子，我们可以使用 y=kx 来绘制一条直线，当 k 取不同值时就会绘制不同角度的直线，这就是矢量图的构图原理。

矢量图的优点是：无论是放大、缩小，还是旋转等，都不会失真。它的缺点是：难以表现色彩丰富的图片效果（非常差）。

矢量图常见格式有：".ai"、".cdf"、".fh"、".swf"。其中".swf"格式比较常见，它指的是Flash 动画，其他几种格式的矢量图比较少见。图 15-6、图 15-7 及图 15-8 都是一些矢量图。从这些图的视觉效果可以看出，矢量图和平常看到的位图有明显的区别。

图 15-6　　　　　　　　　　图 15-7　　　　　　　　　　图 15-8

提示　对于矢量图，可以使用 illustrator 或者 CorelDRAW 这两款软件来处理。

最后总结一下位图和矢量图的区别，主要有以下 4 个方面。

❑ 位图适用于展示色彩丰富的图片，而矢量图不适用于展示色彩丰富的图片。

❑ 位图组成单位是"像素"，而矢量图组成单位是"数学向量"。

❑ 位图受分辨率影响，当图片放大时会失真；而矢量图不受分辨率影响，当图片放大时不会失真。

❑ 常见的图片绝大多数都是位图，而不是矢量图。

15.2　图片操作

我们可以通过 Pillow 库中的 Image 模块来对图片进行各种操作。

▶ **语法：**

```
from PIL import Image
img = Image.open(路径)
```

from PIL import Image 表示从 Pillow 库中导入 Image 模块。Image.open() 函数用于打开一张图片，只有打开图片之后，我们才能对其进行操作。这个和之前学习过的文件操作类似。

注意　Pillow 库的开发者已将库名字简写为 PIL。因此在导入时，应该写成 from PIL from Image，而写成 from pillow from Image 是无效的。

Image.open() 函数会返回一个 Image 对象。通过这个 Image 对象，我们就能获取图片的基本信息或者对图片进行操作。其中，Image 对象的属性如表 15-2 所示，而 Image 对象的方法如表 15-3 所示。

表 15-2　Image 对象的属性

属　　性	说　　明
filename	图片名称
format	图片格式
size	图片大小

表 15-3　Image 对象的方法

方　　法	说　　明
show()	显示图片
save()	保存图片
resize()	改变大小
crop()	切割图片
rotate()	旋转图片
transpose()	翻转图片
copy()	复制图片
paste()	粘贴图片

在当前项目下新建一个名为 imgs 的文件夹，然后往该文件夹中放入一张图片 goat.jpg，整个项目结构如图 15-9 所示。

图 15-9

▶ 示例：Image 对象的属性

```
from PIL import Image

img = Image.open(r'imgs\goat.jpg')
print('图片名称: ', img.filename)
print('图片格式: ', img.format)
print('图片大小: ', img.size)
```

输出结果如下：

```
图片名称: img\goat.jpg
图片格式: JPEG
图片大小: (300, 300)
```

img.filename 获取的是图片名称，img.format 获取的是图片格式。img.size 返回的是一个元组，第 1 个 300 表示宽度为 300 像素，第 2 个 300 表示高度为 300 像素。

▶ 示例：show() 方法

```
from PIL import Image

img = Image.open(r'imgs\goat.jpg')
img.show()
```

运行之后，效果如图 15-10 所示。

图 15-10

Image 对象的 show() 方法表示使用系统默认的"图片查看器"来显示图片。一般情况下我们会对图片进行某些操作。如果想要显示这些操作之后的效果，就可以使用 show() 方法。

▶ 示例：save() 方法

```
from PIL import Image

img = Image.open(r'imgs\goat.jpg')
img.save(r'imgs\sheep.jpg')
```

运行之后，imgs 文件夹中多了一张图片 sheep.jpg，如图 15-11 所示。

图 15-11

Image 对象的 save() 方法一般用于保存图片，该方法接收一个路径作为参数。此外 save() 方法还可以对图片进行格式转换，比如想要将 JPG（JPEG）格式转换成 PNG 格式，可以这样来写：

```
img.save(r'imgs\sheep.png')
```

15.2.1   创建区域：Image.new()

在 Pillow 中，我们可以使用 Image 模块的 new() 函数来创建一个矩形区域。这里注意是 Image 模块，而不是 Image 对象。

▶ 语法：

```
Image.new('RGB',(x, y), color)
```

new() 函数接收 3 个参数。第 1 个参数是颜色模式，可以取值为 'RGB' 或 'RGBA'。第 2 个参数是一个元组，x 表示宽度，y 表示高度。第 3 个参数是一个颜色值，取值可以是 RGB 或 RGBA，比如 (0, 0, 255)；也可以是关键字，比如 'red'、'green'、'blue' 等。

需要清楚的是，Image.new() 和 Image.open() 这两个函数都会返回一个 Image 对象。

注意　请严格区分"函数"和"方法"的叫法。导入第三方库时，函数一般是属于某个模块的，而方法是属于某个对象的（只有创建了对象才能使用）。在第 9 章已经介绍过如何区分函数和方法了。

▼ 示例：

```
from PIL import Image

img = Image.new('RGB', (300, 250), 'red')
img.show()
```

运行之后，效果如图 15-12 所示。

图 15-12

上面示例使用 Image.new() 函数创建了一个矩形区域。该矩形区域的宽度为 300 像素，高度为 250 像素，背景颜色为 red。当然了，你也可以使用 img.save() 方法来将这个矩形区域保存成一张图片。

15.2.2　改变大小：resize()

在 Pillow 中，我们可以使用 Image 对象的 resize() 方法来改变图片的大小。

▼ 语法：

```
img.resize((width, height))
```

resize() 方法接收一个元组作为参数。在该元组中，width 表示新的宽度，height 表示新的高度。

▼ 示例：

```
from PIL import Image

img = Image.open(r'imgs\goat.jpg')
width = img.size[0]
height = img.size[1]
result_img = img.resize((int(width/2), int(height/2)))
result_img.show()
```

运行之后，效果如图 15-13 所示。

图 15-13

img.resize((int(width/2)，int(height/2))) 表示将图片的宽度和高度设置为原来的一半。resize()
方法会返回一个新的 Image 对象，这样就可以使用新 Image 对象的 show() 方法来显示图片，或
者使用 save() 方法来保存图片。

提示   想要改变图片的大小，除了 Image 对象的 resize() 方法之外，还可以使用 Image 对象的
thumbnail() 方法。thumbnail() 方法可以对图片进行缩放处理，也就是"缩小"或"放大"。

15.2.3   切割图片：crop()

在 Pillow 中，我们可以使用 Image 对象的 crop() 方法来切割一张图片。

▶ **语法：**

```
img.crop((x1, y1, x2, y2))
```

crop() 方法接收一个元组作为参数，该元组包含 4 个元素：x1、y1 表示左上角坐标，x2、y2
表示右下角坐标。

▶ **示例：**

```
from PIL import Image

img = Image.open(r'imgs\goat.jpg')
result_img = img.crop((0, 0, 150, 150))
result_img.show()
```

运行之后，效果如图 15-14 所示。

图 15-14

在上面示例中，我们使用 crop() 方法来切割图片。切割的矩形区域左上角坐标为 (0, 0)，右下角坐标为 (150, 150)。实际上，我们还可以使用 Python 的链式操作，下面两种方式是等价的。

```
# 方式1：常规操作
img = Image.open(r'imgs\goat.jpg')
result_img = img.crop((0, 0, 150, 150))
result_img.show()

# 方式2：链式操作
Image.open(r'imgs\goat.jpg').crop((0, 0, 150, 150)).show()
```

同样地，crop() 方法会返回一个新的 Image 对象，然后可以使用新 Image 对象的 show() 方法来显示图片，或者使用 save() 方法来保存图片。

15.2.4 旋转图片：rotate()

在 Pillow 中，我们可以使用 Image 对象的 rotate() 方法来旋转一张图片。

▼ **语法：**

```
img.rotate(n)
```

n 是一个整数，表示图片逆时针旋转的度数为 n。注意这里是逆时针，而不是顺时针。

▼ **示例：rotate() 方法**

```
from PIL import Image

img = Image.open(r'imgs\goat.jpg')
img.rotate(90).show()
```

运行之后，效果如图 15-15 所示。

图 15-15

img.rotate(90) 表示将图片逆时针旋转 90°。同样地，rotate() 方法也会返回一个新的 Image 对象，然后你可以使用新 Image 对象的 show() 方法来显示图片，或者使用 save() 方法来保存图片。

此外，rotate() 方法还有一个可选的 expand 关键字参数，默认值为 False。如果设置 expand=True，那么就会改变图片大小，以适应整个旋转后的新图片。

▶ 示例：expand 参数

```
from PIL import Image

img = Image.open(r'imgs\goat.jpg')
img.rotate(10).show()
img.rotate(10, expand=True).show()
```

运行之后，效果如图 15-16（expand=False）和图 15-17（expand=True）所示。

图 15-16   图 15-17

15.2.5　翻转图片：transpose()

在 Pillow 中，我们可以使用 Image 对象的 transpose() 方法来翻转一张图片。

▶ 语法：

```
# 水平翻转
img.transpose(Image.FLIP_LEFT_RIGHT)
# 垂直翻转
img.transpose(Image.FLIP_TOP_BOTTOM)
```

transpose() 方法接收一个参数。当参数为 Image.FLIP_LEFT_RIGHT 时，表示让图片水平翻转；当参数为 Image.FLIP_TOP_BOTTOM 时，表示让图片垂直翻转。

▶ 示例：水平翻转

```
from PIL import Image

img = Image.open(r'imgs\goat.jpg')
img.transpose(Image.FLIP_LEFT_RIGHT).show()
```

运行之后，效果如图 15-18 所示。

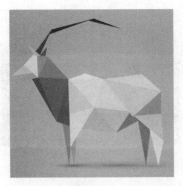

图 15-18

上面实现的是水平翻转效果，如果想要实现垂直翻转效果，可以将参数 Image.FLIP_LEFT_RIGHT 改为 Image.FLIP_TOP_BOTTOM，再次运行之后效果如图 15-19 所示。

图 15-19

15.2.6　复制粘贴：copy()、paste()

在 Pillow 中，我们可以使用 Image 对象的 copy() 方法来复制一张图片，可以结合 Image 对象的 paste() 方法来粘贴一张图片。

▼ **语法：**

```
img1 = img.copy()
img1.paste(img2, (x, y), mask)
```

copy() 方法会返回一个新的 Image 对象，它和原来的 Image 对象具有相同的图片。如果需要修改图片，同时希望保持原来的版本不变，此时 copy() 方法就非常有用了。

paste() 方法用于实现将另外一张图片粘贴在当前图片的上面。img1.paste(img2, (x, y)) 表示将 img2 粘贴到 img1 上面，粘贴位置的左上角坐标为 (x, y)。另外，mask 是一个可选参数，它用于定义一个蒙版图（类似于 Photoshop 中的蒙版）。

接下来在当前项目的 imgs 文件夹中，放入一张新的图片 frog.jpg，整个项目结构如图 15-20 所示。

图 15-20

▶ 示例：

```python
from PIL import Image

frog_img= Image.open(r'imgs\frog.jpg')
goat_img = Image.open(r'imgs\goat.jpg')

# 复制图片
copyimg = frog_img.copy()

# 切割图片
cutimg= copyimg.crop((0, 0, 100, 100))

# 粘贴 2 次图片
goat_img.paste(cutimg, (0, 0))
goat_img.paste(cutimg, (200, 200))
goat_img.show()
```

运行之后，效果如图 15-21 所示。

图 15-21

15.3 绘制图形

在 Pillow 中，我们可以使用 ImageDraw 模块来绘制各种图形。常见的图形有点、直线、矩形、多边形、弧线、扇形、圆、椭圆等。

无论绘制的是哪一种图形，首先都要使用 ImageDraw 模块的 Draw() 函数来创建一个 Draw 对象，然后再通过 Draw 对象的各种方法来进行绘制。

```
from PIL import ImageDraw
draw = ImageDraw.Draw()
```

15.3.1 点

在 Pillow 中，我们可以使用 Draw 对象的 point() 方法来绘制一个点。一个点，也就是一个像素。

▶ **语法：**

```
draw.point(xy, color)
```

参数 xy 表示点坐标的列表，该列表的形式有以下两种。

❑ **元组列表**，比如：[(x1, y1), (x2, y2), ...]。

❑ **普通列表**，比如：[x1, y1, x2, y2, ...]。

参数 color 是颜色值，取值可以是一个 RGB 或 RGBA，比如 (0, 0, 255)；也可以是一个关键字，比如 'red'、'green'、'blue' 等。

▶ **示例：**

```
from PIL import Image, ImageDraw

# 创建一个 300×250 的白色背景区域
img = Image.new('RGB', (300, 250), 'white')

# 创建 Draw 对象
draw = ImageDraw.Draw(img)

# 绘制两个点
draw.point([(100, 100), (200, 200)], 'red')

# 显示图像
img.show()
```

运行之后，效果如图 15-22 所示。

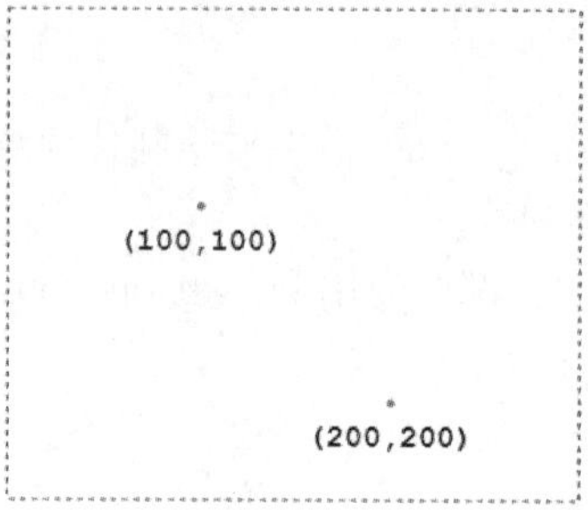

图 15-22

一个点也就是一个像素，所以非常小，因此要把图片放大才可以清楚地看到这个点。如果白色背景的效果不够明显，你可以自行把背景颜色 'white' 改成其他颜色，比如 'blue'、'pink' 等。

总结一下，其实不管是绘制点，还是绘制其他图形，一般都需要进行以下 4 步操作。

① 引入 Image、ImageDraw 这两个模块。

② 使用 Image 模块创建一个绘图区域。

③ 使用 ImageDraw 模块创建 Draw 对象，并绘图。

④ 显示图片（show()）或保存图片（save()）。

15.3.2　直线

在 Pillow 中，我们可以使用 Draw 对象的 line() 方法来绘制一条直线。

▼ 语法：

```
draw.line(xy, color)
```

参数 xy 是一个列表。由于绘制直线只需要用到两个点，因此列表中只能有两个点的坐标，也就是 [(x1, y1), (x2, y2)] 或 [x1, y1, x2, y2]。

参数 color 是颜色，取值可以是 RGB 或 RGBA，也可以是关键字。

▼ 示例：

```
from PIL import Image, ImageDraw

# 创建区域
img = Image.new('RGB', (300, 250), 'white')

# 创建 Draw 对象
draw = ImageDraw.Draw(img)

# 绘制一条直线
draw.line([(50, 150), (250, 50)], 'red')

# 显示图像
img.show()
```

运行之后，效果如图 15-23 所示。

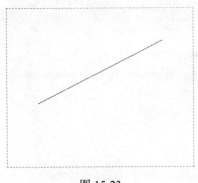

图 15-23

上面绘制了一条直线，直线的起点坐标为 (50, 150)，终点坐标为 (250, 50)，颜色为 red。记住，Pillow 中使用的坐标系是图像坐标系（y 轴向下），其分析如图 15-24 所示。

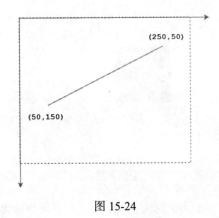

图 15-24

15.3.3　矩形

在 Pillow 中，我们可以使用 Draw 对象的 rectangle() 方法来绘制一个矩形。

▶ **语法：**

```
draw.rectangle(xy, option)
```

参数 xy 是一个列表。由于绘制矩形也只需要两个坐标就可以了：一个是左上角坐标，另一个是右下角坐标。因此列表中只能有两个点的坐标，也就是 [(x1, y1), (x2, y2)] 或 [x1, y1, x2, y2]。

参数 option 是绘制方式，绘制方式有两种：① fill='xxx'，也就是使用填充模式。② outline='xxx'，也就是使用描边模式。fill 和 outline 的取值是一个颜色值，可以是 RGB 或 RGBA，也可以是关键字。

对于填充和描边这两种模式，经常使用 Photoshop 的应该不会陌生。实际上，这一节涉及的所有闭合图形的绘制，都可以使用填充或描边这两种模式。

▶ 示例：

```
from PIL import Image, ImageDraw

# 创建区域
img = Image.new('RGB', (300, 250), 'white')

# 创建 Draw 对象
draw = ImageDraw.Draw(img)

# 绘制一个矩形
draw.rectangle([(50, 50), (150, 150)], fill='red')

# 显示图像
img.show()
```

运行之后，效果如图 15-25 所示。

图 15-25

上面绘制了一个矩形，其左上角坐标为 (50, 50)，右下角坐标为 (150, 150)，采用填充的方式来绘制，颜色为 red。其分析如图 15-26 所示。

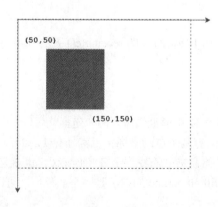

图 15-26

如果将绘制矩形的代码改为下面代码，再次运行后效果如图 15-27 所示。

```
draw.rectangle([(50, 50), (150, 150)], outline='red')
```

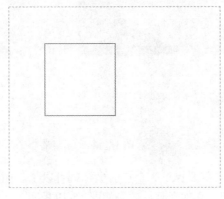

图 15-27

15.3.4　多边形

在 Pillow 中，我们可以使用 Draw 对象的 polygon() 方法来绘制一个多边形。

▶ **语法**：

```
draw.polygon(xy, option)
```

参数 xy 是一个列表。需要注意的是，对于多边形的绘制，至少要提供 3 个点的坐标（因为最简单的多边形为三角形）。

参数 option 是绘制方式，主要有两种：一种是"填充"，另一种是"描边"。

▶ **示例**：

```
from PIL import Image, ImageDraw

# 创建区域
img = Image.new('RGB', (300, 250), 'white')

# 创建 Draw 对象
draw = ImageDraw.Draw(img)

# 绘制三角形
draw.polygon([(50, 150), (200, 150), (200, 50)], fill='red')

# 显示图像
img.show()
```

运行之后，效果如图 15-28 所示。

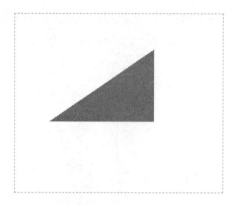

图 15-28

想要绘制一个三角形，只需要提供 3 个点的坐标就可以了。如果想要绘制矩形，需要提供 4 个点的坐标。使用下面代码，再次运行后效果如图 15-29 所示。

```
# 绘制矩形
draw.polygon([(50, 50), (50, 150), (200, 150), (200, 50)], fill='red')
```

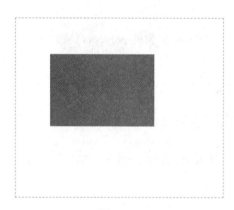

图 15-29

实际上，绘制矩形最简单的方式，还是使用前面介绍的 rectangle() 方法。对于 rectangle() 方法，只需要提供两个点的坐标就可以了。下面两种方式是等价的。

```
# 方式 1: rectangle()
draw.rectangle([(50, 50), (200, 150)], fill='red')

# 方式 2: polygon()
draw.polygon([(50, 50), (50, 150), (200, 150), (200, 50)], fill='red')
```

15.3.5　弧线

在 Pillow 中，我们可以使用 Draw 对象的 arc() 方法来绘制一条弧线。

▼ 语法：

```
draw.arc(xy, startAngle, endAngle, color)
```

参数 xy 是一个列表。对于圆弧，只需要提供两个点的坐标。参数 startAngle 是开始角度，参数 endAngle 是结束角度，参数 color 是颜色值。

弧线的绘制其实非常简单，具体实现过程是这样的：在左上角坐标为 (x1，y1)、右下角为 (x2，y2) 的矩形区域内，取该区域内最大的椭圆，然后以 startAngle 为开始角度、endAngle 为结束角度来截取椭圆的某一部分。我们还是结合下面的示例来理解一下。

▼ 示例：所处区域为“正方形”

```
from PIL import Image, ImageDraw

# 创建区域
img = Image.new('RGB', (300, 250), 'white')

# 创建 Draw 对象
draw = ImageDraw.Draw(img)

# 绘制一个圆弧
draw.arc([(50, 50), (200, 200)], 0, 360, 'red')

# 显示图像
img.show()
```

运行之后，效果如图 15-30 所示。

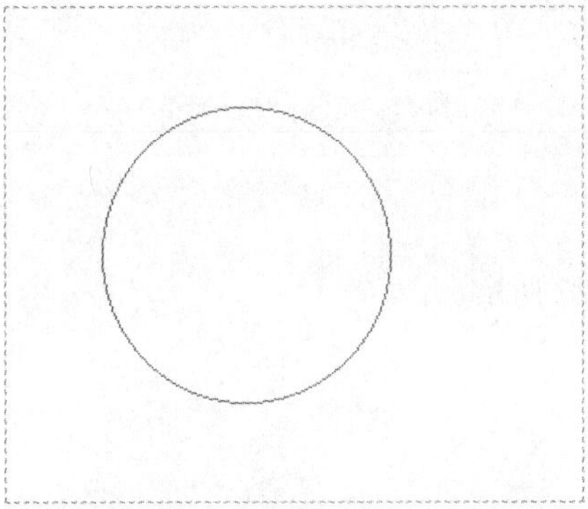

图 15-30

draw.arc([(50，50)，(200，200)]，0，360，'red') 表示在左上角坐标为 (50，50)、右下角坐标为 (200，200) 的矩形区域内找到最大的椭圆。由于该矩形区域是一个“正方形”，因此该区域最大的椭圆其实是一个“正圆”。

然后弧线的开始角度为 0°，结束角度为 360°，因此绘制出来的是一个完整的圆。如果结束角度与开始角度之差小于 360°，绘制出来的就是一条弧线。比如将开始角度改为 60°，结束角度改为 180°，再次运行后的效果如图 15-31 所示。

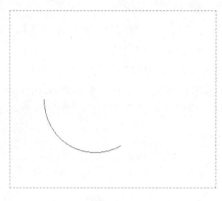

图 15-31

当然了，你也可以自行改变一下开始角度和结束角度，运行代码看看效果是怎样的。

▶ 示例：所处区域为"长方形"

```
from PIL import Image, ImageDraw

# 创建区域
img = Image.new('RGB', (300, 250), 'white')

# 创建 Draw 对象
draw = ImageDraw.Draw(img)

# 绘制一个圆弧
draw.arc([(50, 50), (200, 150)], 0, 360, 'red')

# 显示图像
img.show()
```

运行之后，效果如图 15-32 所示。

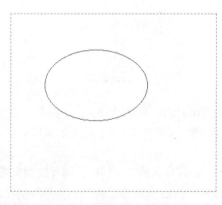

图 15-32

draw.arc([(50, 50), (200, 150)], 0, 360, 'red') 表示在左上角坐标为 (50, 50)、右下角坐标为 (200, 150) 的矩形区域内找到最大的椭圆。由于该矩形区域是一个"长方形",因此该区域最大的椭圆就不是正圆了。

同样地,弧线的开始角度为 0°,结束角度为 360°,因此绘制出来的是一个完整的椭圆。如果结束角度与开始角度之差小于 360°,绘制出来的就是一条弧线。比如将开始角度改为 60°,结束角度改为 180°,此时效果如图 15-33 所示。

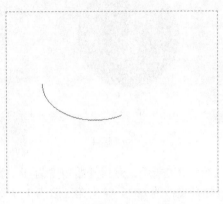

图 15-33

15.3.6　圆、椭圆或扇形

在 Pillow 中,如果想要绘制圆、椭圆或扇形,我们都可以使用 Draw 对象的 pieslice() 方法来绘制。

▶ **语法:**

```
draw.pieslice(xy, startAngle, endAngle, option)
```

参数 xy 是一个列表。参数 startAngle 是开始角度,endAngle 是结束角度,option 是绘制方式。pieslice() 方法跟 arc() 方法的语法类似,你可以对比理解一下。

▶ **示例:所处区域为"正方形"**

```python
from PIL import Image, ImageDraw

# 创建区域
img = Image.new('RGB', (300, 250), 'white')

# 创建 Draw 对象
draw = ImageDraw.Draw(img)

# 绘制一个圆形
draw.pieslice([(50, 50), (200, 200)], 0, 360, fill='red')
```

```
# 显示图像
img.show()
```

运行之后，效果如图 15-34 所示。

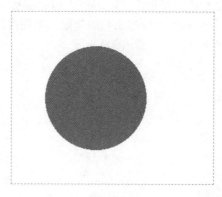

图 15-34

扇形所处的矩形区域是一个"正方形"，然后开始角度为 0°，结束角度为 360°，所以绘制出来的是一个正圆。如果将开始角度改为 60°，结束角度改为 180°，再次运行后效果如图 15-35 所示。

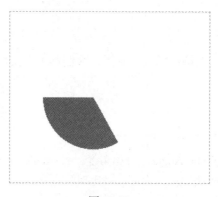

图 15-35

提示   使用 pieslice() 方法也可以画弧线，只需要使用描边模式即可。

▼ 示例：所处区域为"长方形"

```
from PIL import Image, ImageDraw

# 创建区域
img = Image.new('RGB', (300, 250), 'white')
```

```
# 创建 Draw 对象
draw = ImageDraw.Draw(img)

# 绘制一个椭圆
draw.pieslice([(50, 50), (200, 150)], 0, 360, fill='red')

# 显示图像
img.show()
```

运行之后，效果如图 15-36 所示。

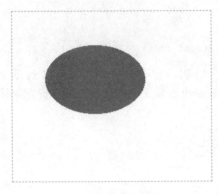

图 15-36

扇形所处的矩形区域是一个"长方形"，然后开始角度为 0°，结束角度为 360°，所以绘制出来的是一个椭圆。如果将开始角度改为 60°，结束角度改为 180°，再次运行后效果如图 15-37 所示。

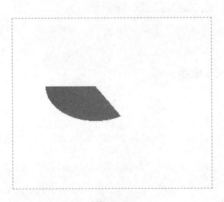

图 15-37

说明 想要绘制圆、椭圆或扇形，除了 pieslice() 方法之外，还可以使用 ellipse() 方法。这两个方法的语法类似，你只需要掌握其中一个即可。

15.4 绘制文本

前面介绍了图片操作以及图形绘制，接下来介绍一下如何往图像中添加文本，主要包括绘制语法和字体设置这两个方面。

15.4.1 基本语法

在 Pillow 中，我们可以使用 Draw 对象的 text() 方法来绘制文本。不管是绘制图形，还是绘制文本，都是使用 Draw 对象来实现的。

▶ **语法：**

```
draw.text(xy, string, option, font)
```

text() 是 Draw 对象的一个方法，它有 4 个参数。参数 xy 表示文本左上角的坐标，参数 string 是文本内容，参数 option 是绘制方式。参数 font 用于设置字体，如果这个参数省略，则表示使用默认的字体类型和字体大小。

▶ **示例：在区域内绘制文本**

```python
from PIL import Image, ImageDraw

# 创建区域
img = Image.new('RGB', (300, 250), 'white')

# 创建 Draw 对象
draw = ImageDraw.Draw(img)

# 绘制文本
draw.text([100, 100], 'Python', fill='red')

# 显示图像
img.show()
```

运行之后，效果如图 15-38 所示。

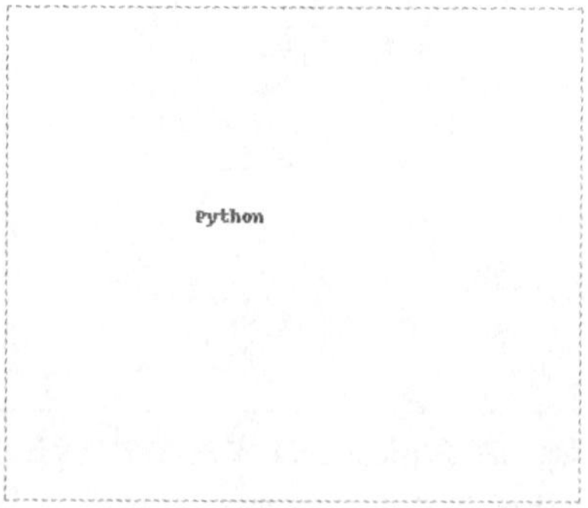

Python

图 15-38

▼ 示例：在图片上绘制文本

```
from PIL import Image, ImageDraw

# 打开图片
img = Image.open(r'imgs\goat.jpg')

# 创建 Draw 对象
draw = ImageDraw.Draw(img)

# 绘制文本
draw.text([100, 50], 'This is a goat', fill='red')

# 显示图像
img.show()
```

运行之后，效果如图 15-39 所示。

图 15-39

上面文本的字体类型和字体大小是固定的。如果要使用自定义的字体类型和字体大小，就需要使用下面介绍的 ImageFont.truetype() 方法。

15.4.2 设置字体

在 Pillow 中，我们可以使用 ImageFont 模块的 truetype() 函数来定义字体类型和字体大小。

▼ 语法：

```
ImageFont.truetype(url, size)
```

truetype() 函数有两个参数。参数 url 表示字体文件所在的路径，字体文件的后缀名一般是".TTF"，一般可以在以下文件夹中找到。

❏ Windows 系统：C:\Windows\Fonts。

❏ mac OS 系统：/Library/Fonts 或 /System/Library/Fonts。

❏ Linux 系统：/usr/share/fonts/truetype。

参数 size 表示字体大小，它是一个整数。

▶ **示例：设置字体**

```python
from PIL import Image, ImageDraw, ImageFont

# 创建区域
img = Image.new('RGB', (300, 250), 'white')

# 创建 Draw 对象
draw = ImageDraw.Draw(img)

# 设置字体
myfont = ImageFont.truetype(r'C:\Windows\Fonts\Verdana.TTF', 20)

# 绘制文本
draw.text([50, 100], 'Practice makes perfect', font=myfont, fill='red')

# 显示图像
img.show()
```

运行之后，效果如图 15-40 所示。

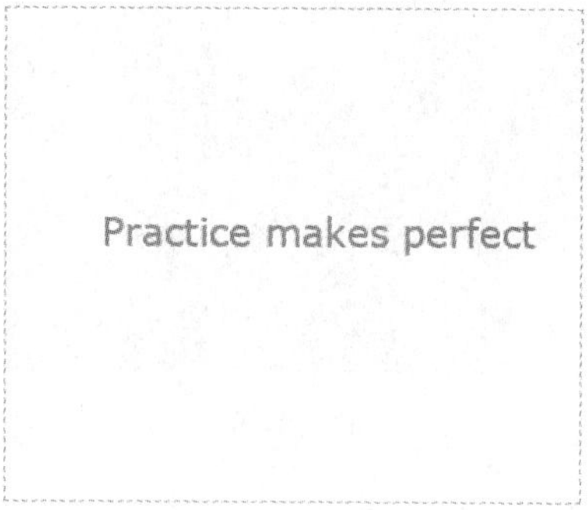

Practice makes perfect

图 15-40

上面示例表示绘制出来的文本字体类型为 Verdana、字体大小为 20。

▶ **示例：绘制中文**

```python
from PIL import Image, ImageDraw, ImageFont

# 创建区域
img = Image.new('RGB', (300, 250), 'white')

# 创建 Draw 对象
draw = ImageDraw.Draw(img)

# 设置字体
myfont = ImageFont.truetype(r'C:\Windows\Fonts\SimHei.TTF', 30)
```

```
# 绘制文本
draw.text([100, 100], '熟能生巧', font=myfont, fill='red')

# 显示图像
img.show()
```

运行之后，效果如图 15-41 所示。

图 15-41

如果想要绘制中文，那么我们在使用 ImageFont.truetype 时需要导入中文字体。这里的 SimHei 表示"黑体"字体。

15.5　图片美化

相信很多人都用过美颜软件，通过这些软件，我们可以轻松实现很多特殊效果，如黑白效果、复古效果、亮度效果等。

在 Pillow 中，我们可以使用 ImageFilter 模块来实现图片的各种滤镜效果。

▶ **语法：**

```
ImageFilter.属性名
ImageFilter.函数名()
```

对于 ImageFilter 模块来说，常用的内置滤镜属性如表 15-4 所示，而常用的自定义滤镜函数如表 15-5 所示。

表15-4　内置滤镜（属性）

滤　　镜	说　　明
BLUR	模糊
CONTOUR	轮廓
DETAIL	细节
EMBOSS	浮雕

（续）

滤　　镜	说　　明
FIND_EDGES	查找边缘
SHARPEN	锐化
SMOOTH	光滑
EDGE_ENHANCE	边缘增强
EDGE_ENHANCE_MORE	边缘更多增强

表 15-5　自定义滤镜（函数）

函　　数	说　　明
GaussianBlur(radius=2)	高斯模糊
MedianFilter(size=3)	中值滤波
MinFilter(size=3)	最小值滤波
ModeFilter(size=3)	模式滤波
UnsharpMask(radius=2, percent=150,threshold=3)	USM 锐化

上面的“内置滤镜”和“自定义滤镜”使用起来非常简单，你只需要把“ImageFilter. 属性名”或“ImageFIlter. 函数名”作为参数传递给 Image 模块的 filter() 函数，就可以返回带有滤镜效果的 Image 对象。

示例：内置滤镜

```
from PIL import Image, ImageFilter

img = Image.open(r'imgs\goat.jpg')
filter_img = img.filter(ImageFilter.CONTOUR)
filter_img.show()
```

运行之后，效果如图 15-42 所示。

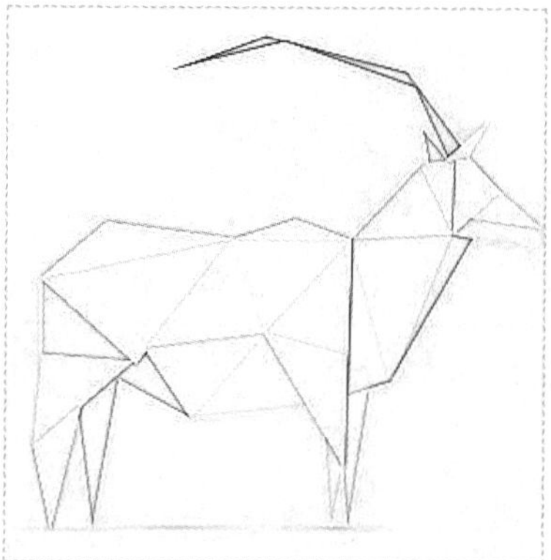

图 15-42

▼ 示例：自定义滤镜

```
from PIL import Image, ImageFilter

img = Image.open(r'imgs\goat.jpg')
filter_img = img.filter(ImageFilter.GaussianBlur(radius=2))
filter_img.show()
```

运行之后，效果如图 15-43 所示。

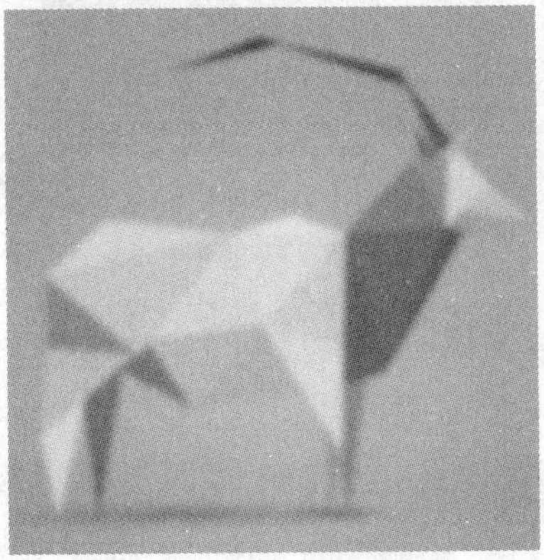

图 15-43

OpenCV

除了 Pillow 库之外，Python 还有一个常用的图像处理库——OpenCV。OpenCV 库的功能更加强大，它是基于 C/C++ 语言编写的跨平台开源软件，可以运行在 Linux、Windows、Android 和 macOS 操作系统上，并同时提供了 Python、Ruby、MATLAB 等语言的接口。

OpenCV 主要倾向于实时视觉应用（如人脸识别、动作识别、无人驾驶、产品质检等），它本身实现了图像处理和计算机视觉方面的很多通用算法。在日常生活中，你很可能已经接触过使用 OpenCV 开发的产品了。

15.6 项目：批量处理图片

学会了 Pillow 的基本使用，下面将尝试使用它来批量处理图片。当前项目目录下有两个文件夹：animals 和 result。animals 文件夹保存的是原始图片，result 文件夹用于保存结果。整个项目结构如图 15-44 所示。

图 15-44

animals 文件夹中包含很多图片，这些图片的大小都是 300×300，如图 15-45 所示。接下来编写一个程序，使得在所有图片的右下角都加上一个文本水印，内容为"Crazy Zoo"。

图 15-45

▶ 示例：添加文本水印

```python
import os
from PIL import Image, ImageDraw, ImageFont

# 设置字体
myfont = ImageFont.truetype(r'C:\Windows\Fonts\Verdana.TTF', 24)

# 获取所有图片名及后缀
names = os.listdir(r'animals')
# 遍历所有图片
for name in names:
```

```
# 打开图片
img = Image.open(f'animals\\{name}')
# 创建 Draw 对象
draw = ImageDraw.Draw(img)
# 添加水印
draw.text([170, 250], 'Crazy Zoo', font=myfont, fill='red')
# 保存图片
img.save(f'result\\{name}')
```

运行之后打开result文件夹，可以发现所有图片的右下角都添加了文本水印，如图15-46所示。

图 15-46

添加文本水印比较简单，只需要打开图片，然后使用 ImageDraw 模块来绘制文本即可。如果希望添加图片水印，可以使用 Image 对象的 paste() 方法来实现。

往当前项目下放进一张图片 icon.png（如图 15-47 所示），然后尝试为 animals 文件夹中所有的图片添加 icon.png 作为水印。

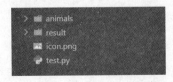

图 15-47

▶ 示例：添加图片水印

```
import os
from PIL import Image

# 获取所有图片名及后缀
names = os.listdir(r'animals')
```

```
# 打开logo图片
logo = Image.open(r'icon.png')
# 遍历所有图片
for name in names:
    # 打开图片
    img = Image.open(f'animals\\{name}')
    # 粘贴图片
    img.paste(logo, (250, 250))
    # 保存图片
    img.save(f'result\\{name}')
```

运行之后打开result文件夹，可以发现所有图片的右下角都添加了图片水印，如图15-48所示。

图 15-48

接下来尝试实现更高级一点的效果，也就是将所有图片裁剪成一个圆形。这种操作很有用，比如在注册某些网站时需要上传一张图片，然后将其裁剪成圆形后再保存作为用户头像。

▼ 示例：裁剪成圆形

```
import os
from PIL import Image, ImageDraw

# 创建背景图：300×300，白色
bg = Image.new('RGB', (300, 300), color='white')
# 创建蒙版图：必须是RGBA模式，300×300，透明
mask = Image.new('RGBA', (300, 300), color=(0, 0, 0, 0))
# 画一个圆：RGBA模式，直径为300，不透明
draw = ImageDraw.Draw(mask)
draw.pieslice([(0, 0), (300, 300)], 0, 360, fill=(0, 0, 0, 255))

# 获取所有图片名及后缀
names = os.listdir(r'animals')
# 遍历所有图片
for name in names:
```

```
# 打开图片
img = Image.open(f'animals\\{name}')
# 粘贴图片
bg.paste(img, (0, 0), mask)
# 保存图片
bg.save(f'result\\{name}')
```

运行之后，可以发现所有图片都被裁剪为圆形，如图 15-49 所示。

图 15-49

现在还有一个问题，如果希望背景不是白色的，而是透明的，又该怎么做呢？我们需要设置背景图为透明的，创建背景图的代码修改如下。

```
# 创建背景图：300×300，白色
bg = Image.new('RGBA', (300, 300), color=(0, 0, 0, 0))
```

由于原来图片都是 JPG 格式，透明图片无法使用 JPG 格式来实现，而必须使用 PNG 格式，因此还需要将图片保存为 PNG 格式才行。遍历图片的代码修改如下。

```
# 遍历所有图片
for name in names:
    # 打开图片
    img = Image.open(f'animals\\{name}')
    # 粘贴图片
    bg.paste(img, (0, 0), mask)
    # 将后缀名 jpg 替换成 png
    name = name.replace('jpg', 'png')
    # 保存图片
    bg.save(f'result\\{name}')
```

经过上面的修改，再次运行之后，生成的图片都是透明背景的了。

思考 对于本章项目，如何将图片裁剪成一个五角星型？（提示：绘制多边形结合 paste() 方法）

## 第 16 章

自动化办公

16

我们可以使用文件来长期保存数据。前面介绍的大多是 TXT 文件的操作。在实际项目开发中，仅仅靠 TXT 文件是远远满足不了各种开发需求的。很多时候，我们还需要将数据保存为其他格式的文件。

如何快速、高效地处理各种格式的文件是我们在办公过程中经常遇到的难题。本章将介绍如何使用 Python 来操作 CSV、Excel、PPT 等几种常见的文件，以及如何自动化处理重复的文件操作，从而大大提高工作效率。

16.1　操作 CSV 文件

CSV，全称 "Comma-Separated Values（逗号分隔的值）"。CSV 文件是简化的电子表格（比如 Excel 表格），它保存的是纯文本。

CSV 文件中的每行代表电子表格中的一行，每行中的单元格由逗号分隔。下面就是一个 CSV 文件的格式。第一行是列名，其他行是数据。

```
id,name,sex,salary,dept,birthday
1001,张三,男,27000,技术部,1987-10-08
1002,李四,男,25000,技术部,1992-05-15
1003,郭露,女,21000,技术部,1995-07-27
1004,吴丽,女,8000,设计部,1996-09-21
1005,赵明,男,9000,设计部,1991-02-20
```

相比于 Excel 文件，CSV 少了很多功能，包括以下这些方面。

❑ 所有的值的类型都是字符串，没有其他类型。

❑ 没有字体大小或颜色的设置。

❑ 没有多个工作表。

❑ 不能合并单元格。

❑ 不能嵌入图像或图表。

❑ 不能指定单元格的宽度和高度。

但 CSV 文件的优势是简单易用，你可以把它看成是一个 "简化版的 Excel 文件"。实际上，我们可以使用 Excel 软件来打开一个 CSV 文件，你可以自行试一下。

对于 CSV 文件，还有一点要特别注意：**文件的最后需要有一个空行**，如图 16-1 所示。对于这个空行，你需要知道以下 3 点。

- ❑ 必须要有一个空行，如果没有空行，会导致比较多问题。
- ❑ 只能有一个空行，而不能有多个空行。
- ❑ 在统计有效数据的行数时，这个空行是不会被统计进去的。

图 16-1

在 Python 中，我们可以通过导入 csv 模块来操作一个 CSV 文件。csv 模块是 Python 自带的，不需要安装就可以直接使用它。

16.1.1　读取 CSV 文件

在 csv 模块中，我们可以使用 reader() 函数来读取一个 CSV 文件。

▶ **语法：**

```
import csv

file = open(路径, 'r', encoding='utf-8')
reader = csv.reader(file)
......
file.close()
```

想要读取一个 CSV 文件，首先需要使用 open() 函数来打开这个 CSV 文件，这和打开任何其他文本文件是一样的。然后将 open() 函数返回的 File 对象作为参数传递给 reader() 函数。其中，reader() 函数会返回一个 Reader 对象，使用 Reader 对象可以让你访问 CSV 文件中的每一行。

在当前项目下创建一个 files 文件夹，并且往 files 文件夹中添加一个 fruits.csv 文件，项目结构如图 16-2 所示。其中，fruits.csv 中的内容如图 16-3 所示。需要注意的是，fruits.csv 最后必须要有一个空行。

图 16-2

图 16-3

▌ 示例：读取 CSV 文件

```
import csv

file = open(r'files\fruits.csv', 'r', encoding='utf-8')
reader = csv.reader(file)
data = list(reader)
print(data)

file.close()
```

运行结果如下：

```
[['id', 'name', 'type', 'season', 'price'], ['1', '葡萄', '浆果', '夏', '27.3'],
['2', '柿子', '浆果', '秋', '6.4'], ['3', '橘子', '浆果', '秋', '11.9'], ['4', '山
竹', '仁果', '夏', '40.0'], ['5', '苹果', '仁果', '秋', '12.6']]
```

想要访问 Reader 对象中的数据，最简单的办法就是使用 list() 函数将其转换为一个列表。该列表是一个二维列表，然后就可以通过下标的方式来获取某一个单元格的值。

说明　open() 函数可以打开任意纯文本文件，而 TXT、CSV、JSON 等文件等都属于纯文本文件。

▌ 示例：获取某一列的值

```
import csv

file = open(r'files\fruits.csv', 'r', encoding='utf-8')
reader = csv.reader(file)
fruits = list(reader)
del fruits[0]                        # 删除第一行，即列名那一行
for fruit in fruits:
    print(fruit[1])

file.close()
```

运行结果如下：

```
葡萄
柿子
橘子
山竹
苹果
```

▌ 示例：访问每一行

```
import csv

file = open(r'files\fruits.csv', 'r', encoding='utf-8')
reader = csv.reader(file)
for row in reader:
    result = f'第 {reader.line_num} 行：{row}'
    print(result)

file.close()
```

运行结果如下：

```
第 1 行: ['id', 'name', 'type', 'season', 'price']
第 2 行: ['1', '葡萄', '浆果', '夏', '27.3']
第 3 行: ['2', '柿子', '浆果', '秋', '6.4']
第 4 行: ['3', '橘子', '浆果', '秋', '11.9']
第 5 行: ['4', '山竹', '仁果', '夏', '40.0']
第 6 行: ['5', '苹果', '仁果', '秋', '12.6']
```

这里的 reader 是一个可迭代对象，可以使用 for 循环来遍历它。它的每一个元素代表的就是一行数据。对于数据量比较大的 CSV 文件来说，我们可以在一个 for 循环中使用 Reader 对象，这样能够避免将整个文件一次性装入内存。

此外，如果想要取得行号（即第几行），我们可以使用 Reader 对象的 line_num 属性来获取。

16.1.2　写入 CSV 文件

在 csv 模块中，我们可以使用 writer() 函数来将数据写入一个 CSV 文件。

▶ **语法：**

```
import csv

file = open(路径, 'w', encoding='utf-8')
writer = csv.writer(file)
……
file.close()
```

想要往 CSV 文件写入数据，首先也是需要使用 open() 函数来打开这个文件，注意此时使用的是 'w' 模式。如果想要以"追加"的方式写入，应该使用 'a' 模式。打开文件之后，接着使用 csv 模块的 writer() 函数来写入数据。

▶ **示例：**

```
import csv

file = open(r'files\fruits.csv', 'a', encoding='utf-8')
writer = csv.writer(file)
writer.writerow([6, '梨子', '仁果', '秋', 13.9])
writer.writerow([7, '西瓜', '瓜果', '夏', 4.5])
writer.writerow([8, '菠萝', '瓜果', '夏', 11.9])

file.close()
```

运行之后，打开 fruits.csv 文件，可以看到数据已经添加进去了，如图 16-4 所示。

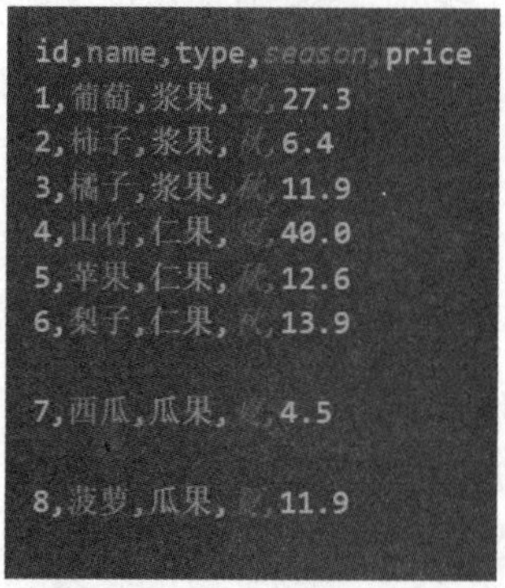

图 16-4

数据倒是添加进去了，却多了很多空行，这是怎么回事呢？想要解决这个问题，需要在 open() 函数中添加 newline='' 这个参数。

```
file = open(r'files\fruits.csv', 'a', encoding='utf-8', newline='')
```

我们把 fruits.csv 重置成原来的数据，再次运行后的效果就是正常的了，如图 16-5 所示。

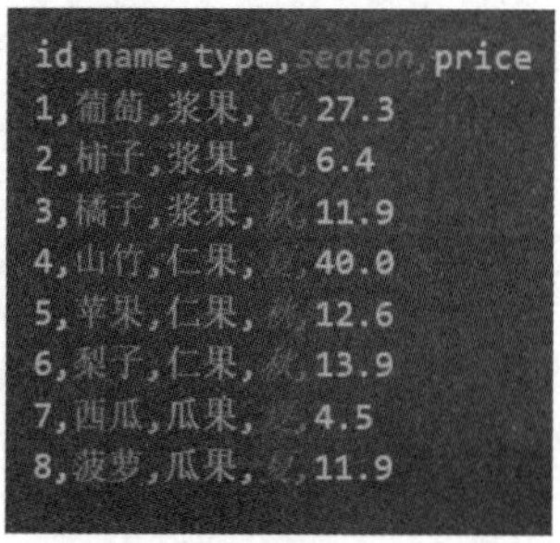

图 16-5

之前反复强调 CSV 文件最后要有一个空行，如果没有这个空行，又会怎么样呢？我们重塑 fruits.csv 成如图 16-6 所示，并且把最后的空行删除。然后再去执行上面例子的代码，结果如图 16-7 所示。

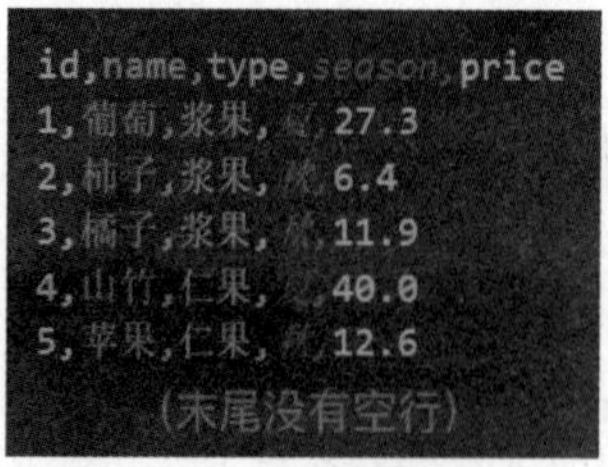

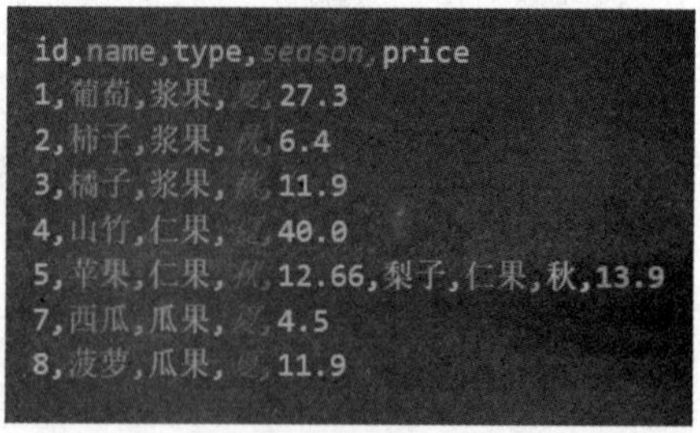

图 16-6

图 16-7

如果没有这一个空行，那么下一次追加的内容就会紧贴在已有数据的后面，而不是另起一行显示数据，这样得到的就不是预期结果了。所以在使用 CSV 文件格式时，请一定要记得在最后加上一个空行。

16.2　操作 Excel 文件

Excel 是 Windows 环境下一款非常强大的电子表格软件。对 Excel 文件进行处理也是 Python 中很常见的一个操作，比如网络爬虫爬下来的大量数据需要导入 Excel 文件来保存，成堆的科学实验数据需要导入 Excel 文件进行分析。

在 Python 中，我们可以通过导入 openpyxl 模块来操作 Excel 文件。由于 openpyxl 是第三方模块，因此在使用之前，需要在 VSCode 中执行下面命令来安装。

```
pip install openpyxl
```

Python 的设计

可能你也发现了，对于 Python 来说，不同的功能需要使用不同的库或模块，为什么它不将这些功能全部集合到自身上面去呢？

这是因为 Python 的设计者从来没想过要包揽所有的活儿，Python 本身只是提供基础语法以及一些常用的功能模块。如果把所有功能都集中到 Python 上面，那么 Python 就会变得非常臃肿并且难以维护，速度也会变得非常慢。

对于其他功能，Python 是使用"分工"的方式来管理的，不同的功能使用不同的模块，比如网络爬虫可以使用 Scrapy，而数据分析可以用到 Pandas 等。分工才能更好地管理，然后在实际开发中，需要用到什么功能，再导入对应的库或模块即可。

对于 Python 来说，有那么一句话："学习 Python，其实就是学习 Python 的各种库。"细想一下，这句话也是有一定道理的。

读取 Excel 文件

首先在当前项目下的 files 文件夹中新建一个名为 fruits.xlsx 的文件，项目结构如图 16-8 所示。然后往 fruits.xlsx 文件中添加数据，如图 16-9 所示。

图 16-8

A	B	C	D	E
id	name	type	season	price
1	葡萄	浆果	夏	27.3
2	柿子	浆果	秋	6.4
3	橘子	浆果	秋	11.9
4	山竹	仁果	夏	40
5	苹果	仁果	秋	12.6

图 16-9

1. Workbook 对象

在 openpyxl 模块中，我们可以使用 load_workbook() 函数来获取到一个 Workbook 对象，该对象代表的就是整个 Excel 文档。

▶ **语法：**

```
import openpyxl
wb = openpyxl.load_workbook(路径)
```

load_workbook() 函数接收一个路径作为参数，该方法返回的是一个 Workbook 对象，该对象代表的就是一个 Excel 文档，类似于 File 对象代表一个文本文件。

Workbook 对象提供了很多属性，常见的如表 16-1 所示。

表 16-1　Workbook 对象的属性

属 性	说 明
sheetnames	获取所有表名，返回的是一个列表
active	获取当前活动表，返回的是一个 Worksheet 对象

▶ **示例：**

```
import openpyxl

wb = openpyxl.load_workbook(r'files\fruits.xlsx')
print(wb)

# 获取所有表名
sheets = wb.sheetnames
print(sheets)

# 获取当前活动表
sheet = wb.active
print(sheet.title)
```

运行结果如下：

```
<openpyxl.workbook.workbook.Workbook object at 0x000001DD77D1E7D0>
['Sheet1']
Sheet1
```

wb.sheetnames 获取的是所有表名，它返回的是一个列表。wb.active 获取的是当前的活动表。所谓的"活动表"，指的是在 Excel 中打开时出现的工作表。还可以使用 wb[' 表名 '] 的方式来获取某一张表，比如：sheet = wb['Sheet1']。

2. Worksheet 对象

wb.active 和 wb[' 表名 '] 这两种方式返回的都是一个 Worksheet 对象，一个 Worksheet 对象代表一张表。

Worksheet 对象的属性比较多，常用的如表 16-2 所示。

表 16-2　Worksheet 对象的属性

属　　性	说　　明
title	标题
max_row	行数
max_column	列数
rows	按行获取单元格（生成器）
columns	按列获取单元格（生成器）

▼ 示例：获取行数和列数

```
import openpyxl

wb = openpyxl.load_workbook(r'files\fruits.xlsx')
sheet = wb.active

print('行数: ', sheet.max_row)
print('列数: ' , sheet.max_column)
```

运行结果如下：

```
行数: 6
列数: 5
```

▼ 示例：操作行或列

```
import openpyxl

wb = openpyxl.load_workbook(r'files\fruits.xlsx')
sheet = wb.active

for rows in sheet['B2': 'B6']:
    for cell in rows:
        print(cell.value)
```

运行结果如下：

```
葡萄
柿子
橘子
山竹
苹果
```

sheet['B2': 'B6'] 表示获取 B 列中的第 2 行到第 6 行。"B2" 中的 "B" 表示哪一列，"2" 表示哪一行。打开 Excel 文件，也可以很直观地看出来，如图 16-10 所示。

	A	B	C	D	E
1	id	name	type	season	price
2	1	葡萄	浆果	夏	27.3
3	2	柿子	浆果	秋	6.4
4	3	橘子	浆果	秋	11.9
5	4	山竹	仁果	夏	40
6	5	苹果	仁果	秋	12.6

图 16-10

3. Cell 对象

每一个 Worksheet 对象代表的就是一张表，而每一个 Cell 对象代表的是一个单元格。拿到了 Worksheet 对象后，接下来就可以使用它来获取 Cell 对象了。获取某一个单元格有两种方式。

▐ **语法：**

```
sheet['单元格名']
sheet.cell(column=m, row=n)
```

"单元格名"指的是"列"和"行"组成的名字，比如 A1、B1、C1 等。cell() 是 Worksheet 对象的一个方法，它可以接收 column 和 row 两个参数。column 用于设置列号，row 用于设置行号。

不管是 sheet[] 方式，还是 sheet.cell() 方法，都会返回一个 Cell 对象。Cell 对象常见的属性如表 16-3 所示。

表16-3   Cell 对象的属性

属　　性	说　　明
value	单元格的值
column	单元格所在的列，如 "A"
row	单元格所在的行，如 "1"
corrdinate	单元格的位置，如 "A1"

▐ **示例：sheet[] 方式**

```
import openpyxl

wb = openpyxl.load_workbook(r'files\fruits.xlsx')
sheet = wb.active
cell = sheet['B3']

print('单元格: ', cell.coordinate)
print('值: ', cell.value)
```

运行结果如下：

```
单元格: B3
值: 柿子
```

sheet['B3'] 表示获取第 2 列第 3 行的单元格。对于上面示例来说，下面两种方式是等价的。

```
# 方式1
cell = sheet['B3']

# 方式2
cell = sheet.cell(column=2, row=3)
```

▼ 示例：获取某一列所有单元格

```
import openpyxl

wb = openpyxl.load_workbook(r'files\fruits.xlsx')
sheet = wb.active

for i in range(2, sheet.max_row + 1):
    print(sheet.cell(column=2, row=i).value)
```

运行结果如下：

```
葡萄
柿子
橘子
山竹
苹果
```

最后来总结一下 Excel 文件的操作，主要有以下两点。

❏ 一个 Workbook 对象代表一个 Excel 文档，一个 Worksheet 对象代表一张表，而一个 Cell 对象代表一个单元格。

❏ 一般是通过 Workbook 对象来找到 Worksheet 对象，然后通过 Worksheet 对象来找到 Cell 对象。这个就像先找到爷爷，再通过爷爷找到爸爸，最后通过爸爸找到儿子。

16.3　操作 PPT 文件

PPT 广泛应用于各种会议中。在日常工作中，PPT 制作是经常用到的操作。如果制作创意类 PPT，则无法通过 Python 自动化的形式生成，因为创意本身具有随机性。但如果你想要很轻易地实现批量生成具有一定美感且内容又不相同的 PPT，则可以使用 Python。

在 Python 中，我们可以通过导入 python-pptx 模块来操作 PPT 文件。同样地，由于 python-pptx 是第三方模块，在使用之前，需要在 VSCode 中执行下面命令来安装。

```
pip install python-pptx
```

在实际工作中，对 PPT 文件的自动化处理，主要是写入 PPT 而不是读取 PPT。所以接下来只需要关注 PPT 文件的写入操作即可。

16.3.1　创建 PPT 文件

一个 PPT 文件通常由多个幻灯片组成，每个幻灯片都有相应的布局。创建一个 PPT 文件，其实就是先创建一个空的 PPT 文件，然后往里面添加"具有某种布局"的幻灯片。

那么 PPT 支持哪些布局呢？我们随便打开一个 PPT 文件，在菜单栏中找到【新建幻灯片】，点击该处右下角的下拉箭头，就可以看到有哪些布局了，如图 16-11 所示。

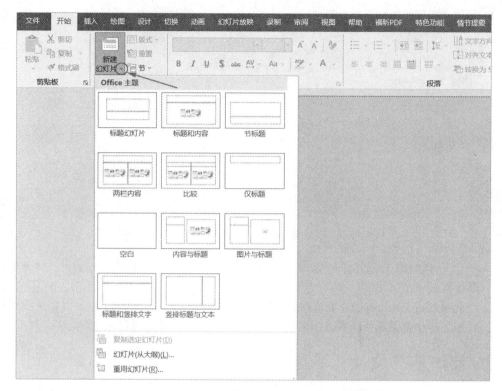

图 16-11

在 python-pptx 模块中，我们可以使用 Presentation() 函数来创建一个 PPT 文档对象。

▼ 语法：

```
from pptx import Presentation
ppt = Presentation(路径)
```

Presentation() 函数接收一个路径作为参数，这个路径是可选的。如果路径省略，则表示使用默认 PPT 文件内定义的母版布局；如果使用了路径，则表示使用该 PPT 文件内定义的母版布局。

PPT 文档对象有一个 slide_layouts 属性，使用它可以获取所有的布局。ppt.slide_layouts 类似于列表，可以使用下标的方式来获取某种布局。比如第 1 种布局可以使用 slide_layouts[0] 来获取，第 2 种布局可以使用 slide_layouts[1] 来获取，以此类推。需要清楚的是，第 7 种布局是一个空白布局，这个布局很有用。

如果想要往 PPT 文件中添加一个幻灯片，可以使用 ppt.slides.add_slide() 方法来实现。

▷ **示例：**

```
import collections.abc
from pptx import Presentation

# 创建 PPT 文档对象
ppt = Presentation()
# 获取哪一种布局
layout = ppt.slide_layouts[3]
# 添加包含某种布局的幻灯片
ppt.slides.add_slide(layout)

# 保存文件
ppt.save(r'files\test.pptx')
```

运行之后，就会发现在 files 目录中多了一个 test.pptx 文件，如图 16-12 所示。打开 test.pptx，可以看到它使用是第 4 种布局样式，如图 16-13 所示。

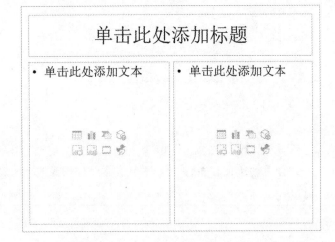

图 16-12　　　　　　　　　　　　　　　　图 16-13

上面示例用于创建一个 PPT 文件并往里面添加一张幻灯片。import collections.abc 用于解决 python-pptx 的兼容问题，一般都需要加上。ppt.slide_layouts[3] 表示使用第 4 种布局样式。

16.3.2　往占位符插入元素

在 python-pptx 模块中，我们可以使用 placeholders 属性来获取当前幻灯片中的所有占位符。

▷ **语法：**

```
slide.shapes.placeholders
```

slide 代表的是一个幻灯片对象，placeholders 属性返回的是一个可迭代对象。对于占位符来说，它可以插入各种元素，包括文本、图片、表格、形状等。最常见的是插入文本和图片。

❑ 插入文本，使用占位符对象的 text 属性。

❑ 插入图片，使用占位符对象的 insert_picture() 方法。

◤ **示例：插入文本**

```python
import collections.abc
from pptx import Presentation

# 创建 PPT 文件对象
ppt = Presentation()
# 获取布局
layout = ppt.slide_layouts[0]
# 添加幻灯片
slide = ppt.slides.add_slide(layout)

# 获取当前幻灯片所有占位符
placeholders = slide.shapes.placeholders
# 插入文本
for index, item in enumerate(placeholders):
    if index == 0:
        item.text = '我是标题'
    if index == 1:
        item.text = '我是内容'

# 保存文件
ppt.save(r'files\test.pptx')
```

运行后打开 test.pptx，可以看到文本已经插入成功了，如图 16-14 所示。

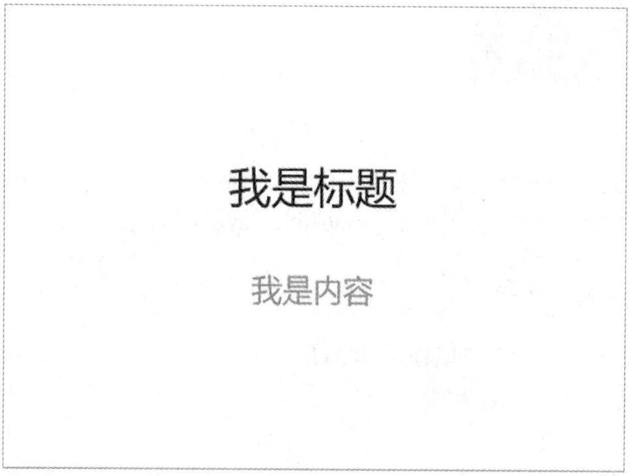

图 16-14

在 python-pptx 模块中，一页幻灯片被当做一个 slide 对象。然后幻灯片中的元素被当做占位符对象。使用 add_slide() 方法添加幻灯片时，会返回一个 slide 幻灯片对象。通过 slide 幻灯片对象，我们可以获取当前幻灯片的所有占位符。

placeholders 属性返回的是一个可迭代对象，我们可以使用 for 循环结合 enumerate() 函数来遍历占位符，并且得到每一个占位符的索引。通过索引的值来判断是第几个占位符，然后使用 text 属性来插入对应的文本。

最后需要注意的是，执行了 ppt.save(r'files\test.pptx') 之后，新的 test.pptx 会覆盖旧的 test.pptx。如果你希望保存成另外一个文件，使用新的文件名即可。

接下来在当前项目目录下创建一个 imgs 文件夹，并往里面添加一张图片 logo.png，项目结构如图 16-15 所示。

图 16-15

▶ 示例：插入图片

```python
import collections.abc
from pptx import Presentation

# 创建 PPT 文件对象
ppt = Presentation()
# 获取布局
layout = ppt.slide_layouts[8]
# 添加幻灯片
slide = ppt.slides.add_slide(layout)

# 获取当前幻灯片所有占位符
placeholders = slide.shapes.placeholders
# 插入图片
for index, item in enumerate(placeholders):
    if index == 2:
        item.insert_picture(r'imgs\logo.png')

# 保存文件
ppt.save(r'files\test.pptx')
```

运行后打开 test.pptx，可以看到图片已经插入成功了，如图 16-16 所示。

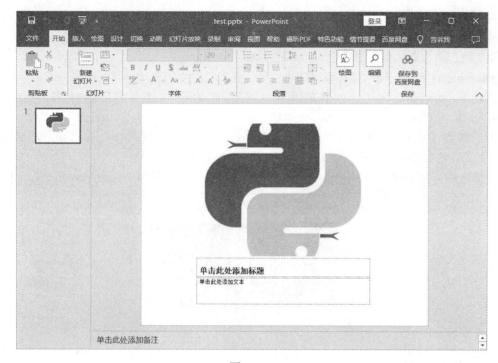

图 16-16

所有类型的占位符都可以使用 text 属性，但只有图片占位符才能使用 insert_picture() 方法，其他占位符（如文本占位符）使用 insert_picture() 方法则会报下面的错误。

```
AttributeError: 'SlidePlaceholder' object has no attribute 'insert_picture'
```

16.3.3　往幻灯片中插入元素

前面是往已有的占位符中插入文本或图片，此时插入的内容位置会受限于原来占位符的位置。如果希望在幻灯片中随意地插入文本或图片，又该怎么实现呢？

1. 插入文本框

在 python-pptx 模块中，我们可以先通过使用 add_textbox() 方法往幻灯片中添加新的文本框，然后再往该文本框中添加文字。

▶ 语法：

```
slide.shape.add_textbox(left, top, width, height)
```

add_textbox () 方法接收 4 个参数：left 表示距离左边的距离，top 表示距离顶边的距离，width 是文本框宽度，height 是文本框高度。

▶ 示例：

```
import collections.abc
from pptx import Presentation
from pptx.util import Inches

# 创建 PPT 文件对象
ppt = Presentation()
# 获取空白布局
layout = ppt.slide_layouts[6]
# 添加幻灯片
slide = ppt.slides.add_slide(layout)

# 定义图片的位置
left = Inches(5)
top = Inches(0)
# 定义图片的大小
width = Inches(5)
height = Inches(3)
# 插入文本框
textbox = slide.shapes.add_textbox(left, top, width, height)
textbox.text = '这是新的文本框'

# 保存文件
ppt.save(r'files\test.pptx')
```

运行后打开 test.pptx，效果如图 16-17 所示。

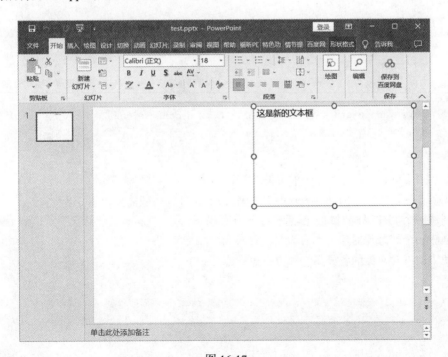

图 16-17

关于图片的位置以及大小，我们需要使用 from pptx.util import Inches 导入的 Inches() 函数来定义。其中，Inches(5) 表示 5 英寸，Inches(3) 表示 3 英寸。

2. 插入图片

在 python-pptx 模块中，我们可以先通过使用 add_picture() 方法往幻灯片中添加一张图片。

▼ **语法：**

```
slide.shapes.add_picture(path, left, top, width, height)
```

add_picture() 方法接收 5 个参数：path 表示图片路径，left 表示距离左边的距离，top 表示距离顶边的距离，width 是图片宽度，height 是图片高度。

▼ **示例：**

```
import collections.abc
from pptx import Presentation
from pptx.util import Inches

# 创建 PPT 文件对象
ppt = Presentation()
# 获取空白布局
layout = ppt.slide_layouts[6]
# 添加幻灯片
slide = ppt.slides.add_slide(layout)

# 定义图片的路径、位置、大小
imgpath = r'imgs\logo.png'
left = Inches(0)
top = Inches(0)
width = Inches(2)
height = Inches(2)
# 插入图片
slide.shapes.add_picture(imgpath, left, top, width, height)

# 保存文件
ppt.save(r'files\test.pptx')
```

运行后打开 test.pptx，效果如图 16-18 所示。

简单总结一下，使用 python-pptx 模块操作 PPT 文件，一般需要以下 3 步。

① 创建一个 PPT 文档对象，然后获取所有布局。

② 创建一个幻灯片对象，然后为其设置布局。

③ 使用幻灯片对象的各种属性和方法进行操作。

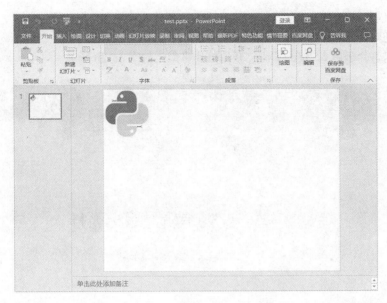

图 16-18

16.3.4　PPT 母版

所谓的 PPT 母版，你可以将其理解成一个 PPT 文件的模板。其实之前接触的每一种布局（如图 16-19 所示）都是一个 PPT 母版。通过 PPT 母版，我们可以使用 Python 快速创建出具有多个相同布局的幻灯片，从而避免重复的手动操作。

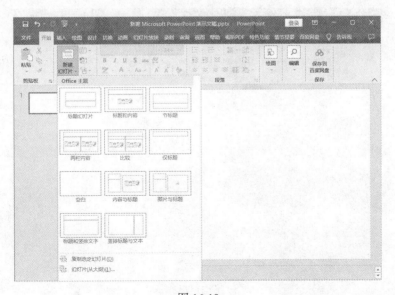

图 16-19

如果想要创建一个 PPT 母版文件，只需要以下简单的 4 步即可。

① **打开幻灯片母版**：创建一个新的 PPT 文件并且打开它，然后在上方菜单栏中依次选择【视图】→【幻灯片母版】，点击即可打开幻灯片母版，如图 16-20 所示。

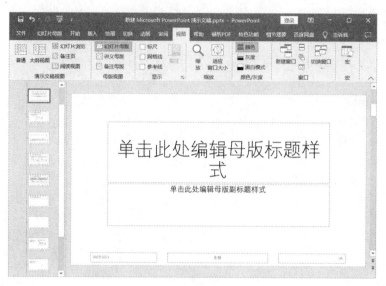

图 16-20

② **删除默认样式**：将幻灯片母版中默认的样式删除，使其成为一张空白幻灯片，以便于后面自定义样式，如图 16-21 所示。

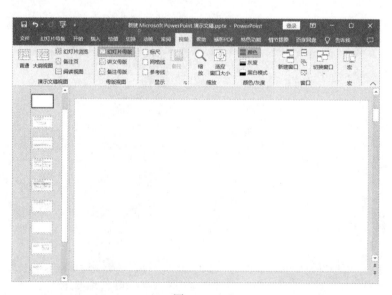

图 16-21

③ **插入占位符**：在顶部菜单中，依次选择【幻灯片母版】→【插入占位符】，即可插入各种占位符，如图 16-22 所示。不同元素需要使用相应的占位符。

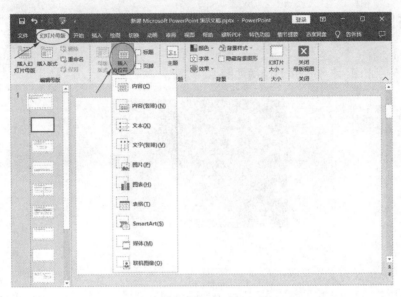

图 16-22

④ **完成母版制作**：不同类型的占位符本身带有默认样式，你可以清除其默认样式，填写提示内容并定义自己的样式，然后制作出如图 16-23 所示的幻灯片母版，以供后面项目使用。

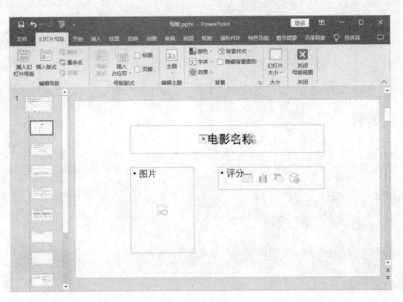

图 16-23

上面 PPT 母版制作之后，保存当前 PPT 文件并将其命名为 template.pptx。在下面的项目中将会用到 template.pptx 这个文件。

16.4　项目：自动生成 PPT 文件

当前项目下有 3 个文件夹：files、result 和 imgs。files 用于保存原始文件，result 用于保存结果，imgs 包含一张图片，整个项目结构如图 16-24 所示。

图 16-24

files 文件夹包含两个文件，movies.csv 文件保存的是豆瓣 top 250 电影的信息，包括名称、评分、图片地址（已做虚化处理，仅供参考），部分内容如图 16-25 所示。template.pptx 是之前创建好的包含自定义母版的 PPT 文件，如图 16-26 所示。

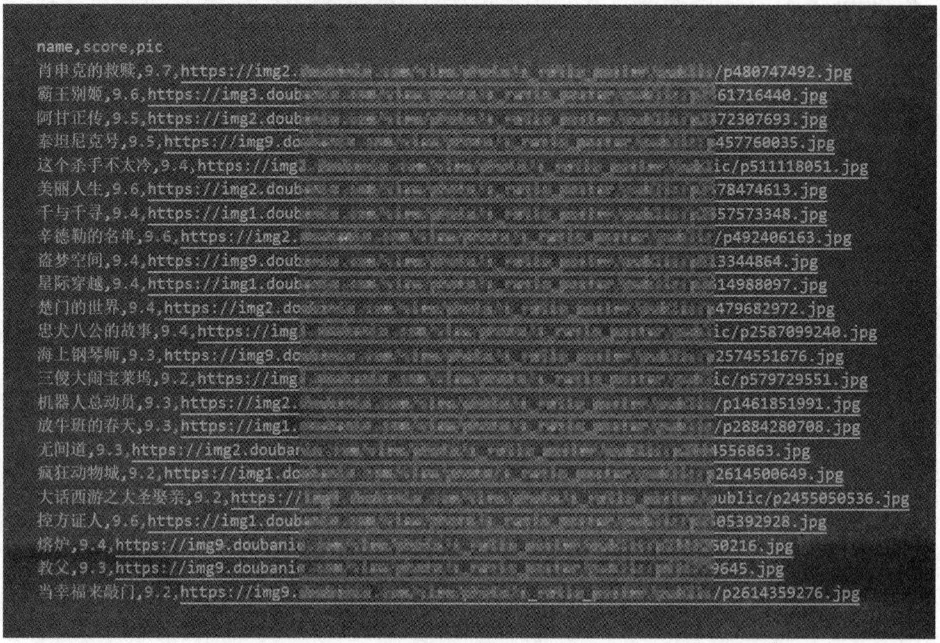

图 16-25

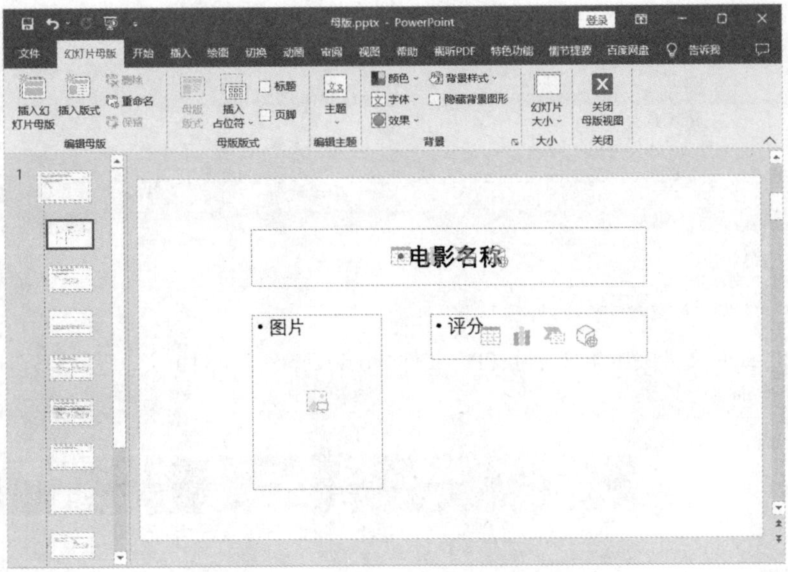

图 16-26

接下来尝试读取 movies.csv 文件，然后使用 template.pptx 中的母版布局，自动生成 250 页幻灯片，每页幻灯片展示一个电影的信息。

◤ 示例：

```
import csv
import collections.abc
from pptx import Presentation

# 读取 PPT 模板
ppt = Presentation(r'files\template.pptx')
# 获取布局
layout = ppt.slide_layouts[0]

# 读取 movies.csv
file = open(r'files\movies.csv', 'r', encoding='utf-8')
reader = csv.reader(file)
# 遍历数据并写入 PPT
for row in reader:
    # 第一行是列名，需要排除
    if reader.line_num != 1:
        # 添加幻灯片
        slide = ppt.slides.add_slide(layout)
        # 获取当前幻灯片所有占位符
        placeholders = slide.shapes.placeholders
        for index, placeholder in enumerate(placeholders):
            # 插入名称
            if index == 0:
                placeholder.text = row[0]
```

```
    # 插入图片
    if index == 1:
        imgpath = row[2]
        placeholder.insert_picture(imgpath)
    # 插入评分
    if index == 2:
        placeholder.text = row[1]

# 关闭 movies.csv
file.close()
# 保存 PPT 文件
ppt.save(r'result\movies.pptx')
```

运行后在 result 文件夹中生成一个 PPT 文件 movies.pptx，如图 16-27 所示。打开 movies.pptx，效果如图 16-28 所示。

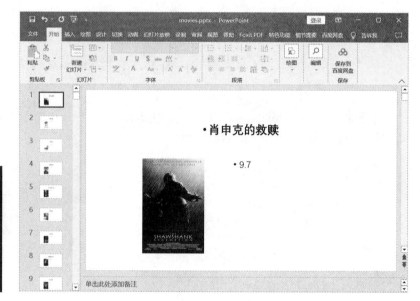

图 16-27　　　　　　　　　　　　　　　　　　　　图 16-28

在上面示例中，首先读取 template.pptx，这样才能获取其里面自定义的母版布局（即 ppt.slide_layouts[0]）。然后读取 movies.csv 中的数据，使用 for 循环对其进行遍历，每次访问一行。由于 movies.csv 的第一行是列名，所以在遍历时需要排除第一行。

后面每一行数据都代表一个电影的信息，因此每访问一行就生成一个幻灯片，并且往幻灯片里面的占位符插入数据。第 1 个占位符插入电影名称，第 2 个占位符插入图片，第 3 个占位符插入评分。

```
    # 插入图片
    if index == 1:
        imgpath = row[2]
        placeholder.insert_picture(imgpath)
```

我们需要注意一下上面这段代码，这里图片的地址（即 imgpath）都是属于互联网地址。如果你使用的 Office 软件并非正版，或者网络本身存在问题，那么执行该代码就会报出下面的错误。

```
OSError: [Errno 22] Invalid argument
```

为了避免整个程序崩溃，我们需要使用 try-except 语句对其进行异常处理，这部分修改后的代码如下。

```
# 插入图片
if index == 1:
    imgpath = row[2]
    try:
        placeholder.insert_picture(imgpath)
    except OSError:
        placeholder.insert_picture(r'imgs\error.png')
```

如果无法插入互联网中的图片，就会使用本地 imgs 文件夹中的 error.png 代替，此时效果如图 16-29 所示。

图 16-29

实际上，项目中用到的 movies.csv 是通过网络爬虫自动获取的，整个流程完全就像是自动化的。是不是觉得很有意思？那网络爬虫又是怎样爬取数据的呢，我们将在下一章详细介绍。

提示　想要解决本章项目中互联网图片无法显示的问题，还可以先使用网络爬虫将图片下载到本地，然后再读取本地图片进行显示。

## 第 17 章

网络爬虫 17

互联网就像一张大网，每一个页面就像是网上的一个节点。在这张大网上，存在着各种各样的数据。对于体量比较大的数据，仅仅靠人工一条一条地手动收集显然不太可能。

最好的做法是，可以开发一个自动程序，让它从这张网上不断地抓取数据，然后保存到文件或数据库中以供后面使用。在这个过程中，自动程序就像是一只蜘蛛，而互联网就像蜘蛛爬行的那张网。在实际项目开发中，这个自动抓取的程序也叫作"网络爬虫（Web Crawler）"。

本章将以本书配套网站——"绿叶学习网"作为爬取的对象，来学习如何使用 Python 来爬取你想要的数据。

提示 在开始网络爬虫、数据分析以及数据可视化的学习之前，请先阅读一下附录 B，了解各部分之间的关系，这可以让你学习起来更加顺畅。

17.1 网页基础

在学习网络爬虫之前，你必须要对网页有一定的了解，否则后面将无从下手。现在的网页开发也叫作"前端开发"，它最核心的 3 个技术是 HTML、CSS 和 JavaScript，三者之间的区别如下。

❑ HTML 用于控制网页的结构。

❑ CSS 用于控制网页的外观。

❑ JavaScript 控制着网页的行为。

做一个网页就像是盖一个房子。盖房子的时候，都是先把结构建好（HTML），然后再给房子装修（CSS），最后再给房子添加一些行为（JavaScript），比如开灯可以把屋子照亮。

学习网络爬虫，最重要是把 HTML 和 CSS 这两个学好，而 JavaScript 只需要简单了解即可。当然，具备一定的前端开发基础会对网络爬虫的学习带来很大的帮助。

17.1.1 HTML 简介

HTML 的全称为"Hyper Text Markup Language（超文本标记语言）"，是网页的标准语言。HTML 并不是一门编程语言，而是一门描述性的标记语言。

▎**语法：**

<标签符> 内容 </ 标签符>

　　标签符一般都是成对出现的，包含一个开始符号和一个结束符号。结束符号只是在开始符号前面多加上了一个斜杠"/"。当浏览器收到 HTML 文本后，就会解析里面的标签符，然后把标签符对应的功能表达出来。

　　对于一个网页来说，它最基本的 HTML 结构如下。

```
<!DOCTYPE html>
<html>
<head>
    <meta charset="utf-8">
    <title> 网页的标题 </title>
</head>
<body>
    <p> 网页的内容 </p>
</body>
</html>
```

　　学习 HTML，说白了就是学习各种标签。HTML 是一门描述性的语言，它是用标签来说话的。举个例子，如果你要在浏览器显示一段文字，就应该使用"段落标签（p）"；如果要在浏览器显示一张图片，就应该使用"图片标签（img）"。针对显示东西的不同，使用的标签也会不同。在 HTML 中，常用的标签如表 17-1 所示。

表 17-1　常用的 HTML 标签

标　　签	说　　明
div	分区（块元素）
span	分区（行内元素）
p	段落
ul	无序列表
li	列表项
h1~h6	1~6 级标题
a	超链接
strong	强调（粗体）
em	强调（斜体）
table	表格
th	表头单元格
td	表身单元格
form	表单
input	表单元素

17.1.2　CSS 简介

　　HTML 只是定义一个网页的"骨架"，此时网页看起来比较"丑陋"。因此还需要使用 CSS 来对其进行修饰，使得网页更加美观才行。CSS 指的是"Cascading Style Sheet（层叠样式表）"，它是用来控制网页外观的一门技术。

在互联网发展早期，网页都是用 HTML 来做的，这样的页面可想而知单调成什么样了。为了改造 HTML 标签的默认外观，使得页面变得更加美观，后来就引入了 CSS。

学习网络爬虫，并不需要精通 CSS 里面的所有技术，但至少要对 CSS 的各种选择器足够了解才行。那什么是选择器呢？先来看一个简单的网页。

▼ 示例：

```
<!DOCTYPE html>
<html>
<head>
    <meta charset="utf-8">
    <title></title>
</head>
<body>
    <div>绿叶学习网 </div>
    <div>绿叶学习网 </div>
    <div>绿叶学习网 </div>
</body>
</html>
```

浏览器效果如图 17-1 所示。

图 17-1

对于上面这个网页，如果只希望将第 2 个 div 文本颜色变为红色（如图 17-2 所示），该怎么实现呢？我们肯定要通过一种方式来选中第 2 个 div（因为其他的 div 不能选中），只有选中了才可以为其改变颜色。

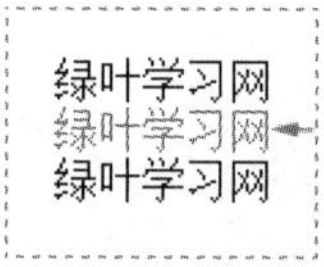

图 17-2

像上面这种选中你想要的元素的方式，我们称之为"选择器"。所谓的选择器，说白了就是用一种方式把你想要的那个元素选中。只有把它选中了，你才可以为这个元素添加 CSS 样式。这样去理解，够简单了吧？

CSS 有很多方式可以把你想要的元素选中，这些不同的方式其实就是不同的选择器。选择器的不同，在于它的选择方式不同，但它们的最终目的都是相同的，那就是把你想要的元素选中，然后才可以定义该元素的 CSS 样式。

当然，你也有可能用某一种选择器来代替另外一种选择器，这仅仅是选择方式不同罢了，但目的还是一样的。在 CSS 中，常用的选择器如表 17-2 所示。

表 17-2 常用的 CSS 选择器

选 择 器	说 明
element	元素选择器
#id	id 选择器，id 名前面必须加上 "#"
.class	class 选择器，class 名前面必须加上 "."
elementA > elementB	子代选择器
elementA elementB	后代选择器
elementA + elementB	相邻选择器
elementA, elementB, ..., elementN	群组选择器

17.1.3 JavaScript 简介

JavaScript，也就是通常所说的"JS"。这是一种嵌入到 HTML 页面中的编程语言，由浏览器一边解释一边执行。单纯只有 HTML 和 CSS 的页面，一般只供用户浏览。而 JavaScript 的出现，使得用户可以与页面进行交互（如定义各种鼠标事件），让网页实现更多绚丽的效果。

拿绿叶学习网来说，二级导航、图片轮播、回顶部等地方都用到了 JavaScript，如图 17-3 所示。HTML 和 CSS 只是描述性的语言，单纯使用这两个没办法是做出那些特效，而必须使用编程的方式来实现，也就是使用 JavaScript。

图 17-3

说明　前端开发涉及的内容非常复杂，并非一本书能介绍得完。如果你完全没有 Web 方面的基础或者基础比较弱，请先快速学习一遍本书配套网站（绿叶学习网）的两个在线教程：① HTML 入门；② CSS 入门。

17.2   请求网页：Requests 库

如果想要请求一个网页，有两个经常用到的库：Urllib 和 Requests。Urllib 是 Python 内置的库，而 Requests 是第三方库。由于 Requests 库不仅具备 Urllib 库的全部功能，而且它的语法更加简单易懂，所以在实际项目开发中，我们更多的是使用 Requests 库，而不是 Urllib 库。

Requests 是一个第三方库，需要手动去安装。在 VSCode 终端中输入下面命令，按下 Enter 键即可安装。

```
pip install requests
```

17.2.1   HTTP 请求

HTTP 常用的请求方式有两种：GET 和 POST。其中，GET 方式是从服务器请求数据，而 POST 是将数据提交给服务器。在实际项目开发中，对于请求一个网页，大多数情况下使用的是 GET 方式。

在 Requests 库中，我们可以使用 get() 函数来发起一个 GET 请求，从而获取一个网页的内容。

▌ 语法：

```
requests.get(url, params)
```

url 是必选参数，它是一个网页的地址。params 是可选参数，表示该请求所携带的参数。如果请求的参数放在了 URL 中，就没必要使用 params 参数了。对于 GET 请求来说，它的 URL 有两种方式：①不带参数的 URL ；②带参数的 URL。

```
# 方式 1：不带参数
requests.get('http://www.lvyestudy.com/search')

# 方式 2：带参数
requests.get('http://www.lvyestudy.com/search?wd=python')
```

判断一个 URL 是否带参数，其实非常简单。如果一个 URL 后面没有带 "?"，那么该 URL 是不带参数的。而如果一个 ULR 后面带有 "?"，就说明该 ULR 是带参数的。比如 http://www.lvyestudy.com/search?wd=python 这个地址，它表示 URL 带的参数是 "wd=python"。其中 "wd" 是参数的名，而 "python" 是参数的值。

如果一个 URL 带多个参数，那么参数之间要使用 "&" 进行连接。比如下面 URL 带了两个参数：wd=python 和 ie=utf-8。

```
http://www.lvyestudy.com/search?wd=python&ie=utf-8
```

▌ 示例：

```
import requests

url = 'http://www.lvyestudy.com/search?wd=python'
res = requests.get(url)
```

```
print(res)
print(type(res))
```

运行结果如下：

```
<Response [200]>
<class 'requests.models.Response'>
```

对于带参数的 URL 来说，它有两种不同的方式。下面两种方式是等价的。但在实际项目开发中，更推荐使用方式 1，主要是它更加方便简单。

```
# 方式1
url = 'http://www.lvyestudy.com/search?wd=python'
res = requests.get(url)

# 方式2
url = 'http://www.lvyestudy.com/search'
params = {'wd': 'python'}
res = requests.get(url, params=params)
```

requests.get() 函数返回的是一个 Response 对象。该对象有很多属性，常用的如表 17-3 所示。

表 17-3　Response 对象的属性

属　　性	说　　明
text	获取网页内容（HTML 代码）
content	获取网页字节流
url	获取请求地址
encoding	获取编码方式
status_code	获取状态码
headers	获取请求头
cookies	获取 Cookies

▶ 示例：res.text

```
import requests

url = 'http://www.lvyestudy.com'
res = requests.get(url)
print(res.text)
```

运行结果如下：

```
<!DOCTYPE html>
<html>
<head>
    <meta charset="utf-8">
    <title>绿叶学习网 – 给你初恋般的感觉</title>
</head>
<body>
    ……此处省略大量内容
</body>
</html>
```

res.text 表示获取一个网页的 HTML 代码，它本质上是一个字符串。网络爬虫都是先获取一个网页的 HTML 代码，然后再从 HTML 代码中提取你想要的数据。

▼ 示例：res.content

```
import requests

url = 'http://www.lvyestudy.com'
res = requests.get(url)
print(res.content)
```

运行结果如下：

```
b'<!doctype html>\n<html data-n-head-ssr>\n……</body>\n</html>\n'
```

res.text 获取的是网页对应的字符串，而 res.content 获取的是网页对应的字节流。你可以使用 type() 函数来查看一下。

```
print(type(res.text))              # <class 'str'>
print(type(res.content))           # <class 'bytes'>
```

▼ 示例：将字节流转换为字符串

```
import requests

url = 'http://www.lvyestudy.com'
res = requests.get(url)
result = res.content.decode('utf-8')
print(result)
```

运行结果如下：

```
<!DOCTYPE html>
<html>
<head>
    <meta charset="utf-8">
    <title>绿叶学习网 - 给你初恋般的感觉 </title>
</head>
<body>
    ……此处省略大量内容
</body>
</html>
```

我们可以使用 decode() 方法来将字节流转换为字符串。最后，对于 res.text 和 res.content，你需要清楚以下 3 点。

❑ res.text 返回的是"字符串数据"，而 res.content 返回的是"二进制数据"。

❑ 获取一个网页的文本数据，有两种方式：① res.text ；② res.content.decode('utf-8')。

❑ 如果使用 res.text 获取的网页文本数据存在乱码，则应该使用 res.content.decode('utf-8') 来代替。

▼ 示例：其他属性

```
import requests
```

```
url = 'http://www.lvyestudy.com'
res = requests.get(url)
print('请求地址: ', res.url)
print('编码方式: ', res.encoding)
print('状态码: ', res.status_code)
print('请求头: ', res.headers)
print('Cookies: ', res.cookies)
```

运行结果如下：

```
请求地址: http://www.lvyestudy.com/
编码方式: utf-8
状态码: 200
请求头: {'ETag': ''8572-YzjQvDbqL/4amRd8jRcTMLpnfSA'', 'Content-Type': 'text/html;
charset=utf-8', 'Accept-Ranges': 'none', 'Vary': 'Accept-Encoding', 'Content-
Encoding': 'gzip', 'Date': 'Sat, 17 Jul 2021 09:42:00 GMT', 'Connection': 'keep-
alive', 'Transfer-Encoding': 'chunked'}
Cookies: <RequestsCookieJar[]>
```

get() 函数会返回一个 Response 对象，通过该对象可以获取某个网页非常多的有用信息，包括请求地址、编码方式、状态码、请求头、Cookies 等。

17.2.2　添加请求头

对于很多网站来说，必须在发起请求的时候添加一个请求头，否则网站会限制你的访问。在 Requests 库中，我们可以在 get() 函数中使用 headers 参数来添加一个请求头。

▼ **语法：**

```
requests.get(url, headers=请求头)
```

▼ **示例：**

```
import requests

url = 'http://www.lvyestudy.com'
headers = {
    'User-Agent': 'Mozilla/5.0 (Windows NT 10.0; Win64; x64) AppleWebKit/537.36
(KHTML, like Gecko) Chrome/91.0.4472.164 Safari/537.36 Edg/91.0.864.71'
}
res = requests.get(url, headers=headers)
print(res.url)
```

输出结果如下：

```
http://www.lvyestudy.com/
```

请求头代码一般都是又长又臭，那平常是不是每次都要手动输入这么一大段代码呢？肯定没有必要。实际上还有一种快速获取这段代码的方式，只需要以下两步即可。

① **打开控制台**：首先使用 Edge 浏览器打开网页，这里打开"绿叶学习网"首页，然后在页面任意地方单击鼠标右键，在弹出菜单中选择【检查】。此时浏览器就会弹出一个控制台，如图 17-4 所示。

图 17-4

② **获取请求头**：在浏览器控制台中单击【网络】选项，接着刷新一下浏览器（记得一定要刷新）。刷新后会显示一个资源列表，单击列表中的 "www.lvyestudy.com"，然后在右侧【标头】这一栏可以找到请求头代码，如图 17-5 所示。

图 17-5

注意，仅仅把这段代码复制下来是没有用的。由于 headers 本身是一个字典，所以还需要将英文冒号前后的字符串分别加上引号才行。最终的 headers 代码如下：

```
headers = {
    'User-Agent': 'Mozilla/5.0 (Windows NT 10.0; Win64; x64) AppleWebKit/537.36
(KHTML, like Gecko) Chrome/91.0.4472.164 Safari/537.36 Edg/91.0.864.71'
}
```

提示 虽然 Chrome 是最适合开发人员使用的浏览器，但由于网络问题经常无法正常下载或更新版本。因此对于国内开发者来说，更推荐使用 Edge 浏览器。Edge 是微软主推的一款浏览器，主要用于替代 IE。它拥有和 Chrome 一样的标准，功能强大而使用简单。

17.3 提取数据：BeautifulSoup 库

Requests 库获取的是整个网页的数据，本质上是该网页的 HTML 代码。一般情况下还需要对网页进一步提取数据，此时我们可以使用 BeautifulSoup 库来实现。

BeautifulSoup 是 Python 的一个 HTML（或 XML）解析库，使用它可以很方便地从网页中提取想要的内容。由于 BeautifulSoup 是第三方库，因此需要手动去安装。在 VSCode 的控制台中输入下面命令，按下 Enter 键即可安装。

```
pip install beautifulsoup4
```

▍**语法：**

```
from bs4 import BeautifulSoup
soup = BeautifulSoup(res.text, 'lxml')
```

BeautifulSoup() 函数接收两个参数。第 1 个参数是使用 Requests 库获取到的数据，第 2 个参数表示使用哪一种 HTML 解析器。

注意 使用 pip 命令安装的是 beautifulsoup4，而不是 beautifulsoup。此外考虑到 beautifulsoup4 库的名字太长，该库的开发者已将库名字简写为 bs4。因此在导入时，应该写成 from bs4 import BeautifulSoup，而不是 from beautifulsoup4 import BeautifulSoup。

常用的 HTML 解析器如表 17-4 所示。BeautifulSoup 官方推荐使用 "lxml" 作为 HTML 解析器，因为它的速度更快、容错能力更强。由于 lxml 也是第三方库，需要手动安装才能使用。在 VSCode 中执行这条命令即可：pip install lxml。

表 17-4　常用的 HTML 解析器

解　析　器	说　　明
html.parser	标准库，不过只支持 Python2
lxml	第三方库
xml	第三方库
html5lib	最好的容错性，以浏览器的方式解析文档，生成 HTML5 格式的文档

此外需要清楚的是，BeautifulSoup 库是配合 Requests 库来实现的：Requests 库用于获取完整数据，BeautifulSoup 库用于进一步提取数据。

BeautifulSoup() 函数会返回一个 BeautifulSoup 对象，该对象有 3 组常用的方法：① prettify()；② select()；③ find_all() 和 find()。下面来详细介绍。

17.3.1　prettify() 方法

在 BeautifulSoup 库中，我们可以使用 BeautifulSoup 对象的 prettify() 方法来按标准的缩进格式输出内容。

▼ **语法：**

```
soup.prettify()
```

▼ **示例：**

```
import requests
from bs4 import BeautifulSoup

headers = {
    'User-Agent': 'Mozilla/5.0 (Windows NT 10.0; WOW64) AppleWebKit/537.36 (KHTML,
like Gecko) Chrome/61.0.3163.100 Safari/537.36'
}
res = requests.get('http://www.lvyestudy.com', headers=headers)
soup = BeautifulSoup(res.text,'lxml')
print(soup.prettify())
```

运行结果如下：

```
<!DOCTYPE html>
<html>
<head>
    <meta charset="utf-8">
    <title>绿叶学习网 – 给你初恋般的感觉</title>
</head>
<body>
    ……此处省略大量内容
</body>
</html>
```

你可能会感到困惑："这里的输出结果怎么和 res.text 是一样呢？使用 prettify() 方法不是多此一举吗？"其实不然。如果网页源代码本身格式是乱的，那么使用 prettify() 方法可以使其代码美化（包括缩进、对齐等），从而变成阅读体验更好的格式。

17.3.2　select() 方法

在 BeautifulSoup 库中，我们可以使用 BeautifulSoup 对象的 select() 方法来选择 HTML 元素。

▶ **语法：**

```
soup.select('选择器')
```

select() 方法接收一个 CSS 选择器作为参数。如果想要快速获取网页中某一个元素对应的 CSS 选择器，只需要以下简单的 3 步即可。

① **打开网页**：首先使用 Edge 浏览器打开网页，这里打开"绿叶学习网"首页，如图 17-6 所示。

图 17-6

② **打开控制台**：将鼠标移到你想要获取数据的元素上方，接着单击鼠标右键，在弹出的菜单中选择【检查】，就会打开浏览器控制台，如图 17-7 所示。

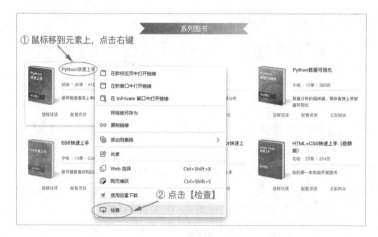

图 17-7

③ 复制 selector：在浏览器控制台中，找到对应的 HTML 元素并选中它，然后单击鼠标右键，依次选择【复制】→【复制 selector】，如图 17-8 所示。

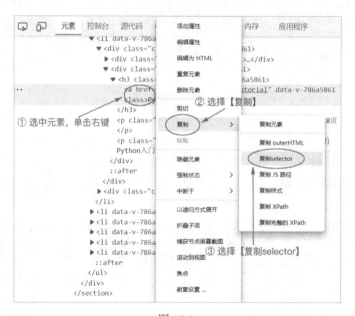

图 17-8

最后把复制到粘贴板的内容粘贴出来，就可以得到该元素对应的 CSS 选择器了，如下所示。

```
#book > div > ul > li:nth-child(1) > div:nth-child(1) > div.right > h3 > a
```

需要特别说明的是，你应该使用上面步骤来获取 CSS 选择器，而不是直接照抄书中代码。这是因为大多数网站都会改版升级，所使用的 CSS 选择器或文本内容可能会改变。

▼ 示例：获取第一本书的名字

```
import requests
from bs4 import BeautifulSoup

headers = {
    'User-Agent': 'Mozilla/5.0 (Windows NT 10.0; WOW64) AppleWebKit/537.36 (KHTML,
like Gecko) Chrome/61.0.3163.100 Safari/537.36'
}
res = requests.get('http://www.lvyestudy.com', headers=headers)

soup = BeautifulSoup(res.text, 'lxml')
name = soup.select('#book>div>ul>li:nth-child(1)>div:nth-child(1)>div.right>h3>a')
print(name)
print(type(name))
```

运行结果如下：

```
[<a data-v-786a5861="" href="/book/python-basic-tutorial">Python 快速上手 </a>]
<class 'bs4.element.ResultSet'>
```

soup.select() 返回的并不是一个列表，而是一个 bs4.element.ResultSet 类型的数据。该类型数据与列表类似，因此可以使用下标的方式来获取元素。比如这里可以使用 name[0] 来获取第 1 个元素。

如果你足够细心，可能也已经发现了，这里提取的结果其实是把标签名也包含进去了。实际上，预期想要获取的是不包含标签的书名，也就是 "Python 快速上手" 这个文本。我们可以使用 get_text() 方法来获取标签内的文本内容，将 print(name) 改为 print(name[0].get_text())，再次运行后结果如下：

```
Python 快速上手
```

上面示例获取的是第一本书的名字，如果想要获取所有图书的名字，又应该怎么做呢？只需要稍微修改一下 CSS 选择器就可以了，也就是将 li:nth-child(1) 改为 li。修改后的 CSS 选择器如下：

```
#book > div > ul > li > div:nth-child(1) > div.right > h3 > a
```

为什么将 li:nth-child(1) 改为 li，这样就可以获取所有图书的名字了呢？这就涉及到 CSS 选择器的使用了。上面的选择器又长又臭，如果你对 CSS 语法比较熟悉，完全可以自己编写更简洁的选择器。比如要获取所有图书的名字，CSS 选择器可以使用更简单的表示方式：.book-name>a。

之前也反复强调，学习网络爬虫必须要有一定的前端开发基础。所以请尽量先把 HTML 和 CSS 学会再来学习网络爬虫，否则在学习过程中会比较吃力。

▼ 示例：获取所有图书的名字

```
import requests
from bs4 import BeautifulSoup

headers = {
    'User-Agent': 'Mozilla/5.0 (Windows NT 10.0; WOW64) AppleWebKit/537.36 (KHTML,
like Gecko) Chrome/61.0.3163.100 Safari/537.36'
```

```
    }
    res = requests.get('http://www.lvyestudy.com', headers=headers)
    soup = BeautifulSoup(res.text, 'lxml')

    # 获取图书名字
    names = soup.select('#book>div>ul>li>div:nth-child(1)>div.right>h3>a')
    for name in names:
        print(name.get_text())
```

运行结果如下：

Python 快速上手
Python 数据分析
Python 数据可视化
ES6 快速上手
HTML+CSS+JavaScript 快速上手（视频版）
HTML+CSS 快速上手（视频版）

　　soup.select() 返回的结果是一个可迭代对象，因此可以使用 for 循环来输出所有的内容。如果想要将所有图书名字保存到一个列表中去，可以使用列表推导式来实现。将 "获取图书名字" 这部分的代码修改如下：

```
    names = soup.select('#book>div>ul>li>div:nth-child(1)>div.right>h3>a')
    names = [name.get_text() for name in names]
    print(names)
```

再次运行后，其结果如下：

```
['Python 快速上手', 'Python 数据分析', 'Python 数据可视化', 'ES6 快速上手',
'HTML+CSS+JavaScript 快速上手（视频版）', 'HTML+CSS 快速上手（视频版）']
```

17.4　提取数据：Lxml 库

　　想要进一步提取数据，除了使用 Beautiful Soup 库，还可以使用 Lxml 库来实现。Lxml 是第三方库，前面我们已经安装过了。Lxml 本身是一个用于解析 XML 的库，不过它同样也可以很好地解析 HTML，因此可以使用它来提取数据。

▶ 语法：

```
from lxml import etree

html = etree.HTML(res.text)
elements = html.xpath('元素的 XPath')
```

　　首先使用 from lxml import etree 导入 Lxml 库中的 etree 模块，然后使用 etree 模块的 HTML() 函数将 Requests 库获取到的数据（即 res.text）转换为 HTML 节点树，最后再使用 HTML 节点树的 xpath() 方法来获取你想要的 HTML 元素。

　　xpath() 方法接收一个 XPath 作为参数。如何才能快速地获取到某一个元素对应的 XPath 呢？其实这个跟获取元素的 CSS 选择器差不多，只需要以下简单的 3 步即可。

　　① 打开网页：首先使用 Edge 浏览器打开网页，这里打开 "绿叶学习网" 首页，如图 17-9 所示。

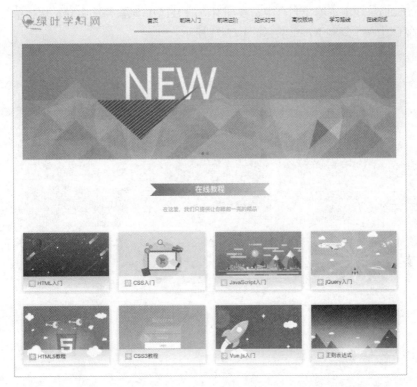

图 17-9

② **打开控制台**：将鼠标移到你想要获取数据的元素上面，接着单击鼠标右键，在弹出的菜单中选择【检查】，就会打开浏览器控制台，如图 17-10 所示。

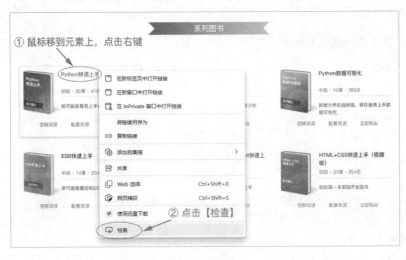

图 17-10

③ **复制 XPath**：在浏览器控制台中，找到对应的 HTML 元素并选中它，然后单击鼠标右键，依次选择【复制】→【复制 XPath】，如图 17-11 所示。

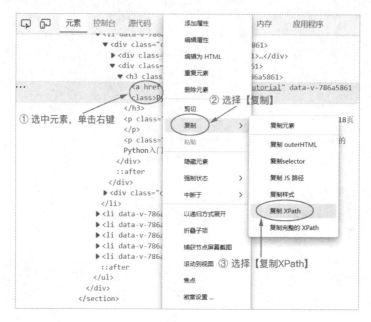

图 17-11

最后把复制到粘贴板的内容粘贴出来，就可以得到该元素对应的 XPath 了，如下所示。

```
//*[@id='content']/div/div[1]/ol/li[1]/div/div[2]/div[1]/a/span[1]
```

Lxml 库的 XPath 跟 BeautifulSoup 库的 selector 的用法十分相似，你可以多多对比一下，这样更能加深理解和记忆。

▶ **示例：获取第一本书的名字**

```python
import requests
from lxml import etree

headers = {
    'User-Agent': 'Mozilla/5.0 (Windows NT 10.0; WOW64) AppleWebKit/537.36 (KHTML,
like Gecko) Chrome/61.0.3163.100 Safari/537.36'
}
res = requests.get('http://www.lvyestudy.com', headers=headers)

html = etree.HTML(res.text)
name = html.xpath('//*[@id='book']/div/ul/li[1]/div[1]/div[2]/h3/a')
print(name)
```

运行结果如下：

```
[<Element a at 0x2daafa7c400>]
```

html.xpath() 返回的也是一个列表，如果想要获取节点内的文本，我们可以在 XPath 字符串最后加上 "/text()"，修改后的代码如下：

```
name = html.xpath('//*[@id='book']/div/ul/li[1]/div[1]/div[2]/h3/a/text()')
```

再次运行程序，其结果如下：

```
['Python 快速上手 ']
```

上面示例获取的只是第一本书的名字，如果想要获取所有图书的名字，只需要把 "li[1]" 改为 "li" 就可以了，修改后的代码如下：

```
name = html.xpath('//*[@id='book']/div/ul/li/div[1]/div[2]/h3/a/text()')
```

再次运行程序，其结果如下：

```
['Python 快速上手 ', 'Python 数据分析 ', 'Python 数据可视化 ', 'ES6 快速上手 ',
'HTML+CSS+JavaScript 快速上手（视频版）', 'HTML+CSS 快速上手（视频版）']
```

最后来总结一下，使用网络爬虫来爬取想要的数据，步骤其实非常简单。首先使用 Requests 库来请求网页，然后使用 BeautifulSoup 或 Lxml 库来提取数据，最后再将数据保存到文件或数据库中即可，如图 17-12 所示。

图 17-12

不要用正则表达式来解析 HTML

在一个字符串中定位特定的一段 HTML，这似乎很适合使用正则表达式。但是，我建议你不要这样做。因为 HTML 的格式有很多不同的方式，并且仍然被认为是有效的 HTML，比如 \<hr> 和 \<hr/> 都是可行的。尝试使用正则表达式来捕捉所有这些可能的变化将变得非常繁琐，并且容易出错。而使用专门用于解析 HTML 的模块（如 BeautifulSoup），则不容易导致 bug。

17.5　项目：爬取"豆瓣电影 Top 250"

到此为止，你已经具备了一定的爬虫基础。接下来将使用本章的技术来爬取"豆瓣电影 Top 250"的电影信息（如图 17-13 所示），包括名字、评分、图片地址。

图 17-13

　　在开发之前先整理一下项目目录，当前项目目录包含一个空的文件夹 result，用于保存结果。整个项目结构如图 17-14 所示。

图 17-14

　　接下来我们通过之前介绍的方法来获取电影名称、评分及图片地址这 3 部分对应的 CSS 选择器，分别如下所示。

```
# 名称
#content > div > div.article > ol > li:nth-child(1) > div > div.info > div.hd > a >
span:nth-child(1)

# 评分
#content > div > div.article > ol > li:nth-child(1) > div > div.info > div.bd > div
> span.rating_num

# 图片地址
#content > div > div.article > ol > li:nth-child(1) > div > div.pic > a > img
```

　　上面获取的是第一个电影的名称、评分及图片地址，如果想要获取当前页面所有电影的名称、评分及图片地址，需要将所有 CSS 选择器中的 li:nth-child(1) 改为 li，修改后的 CSS 选择器如下。

```
# 名称
#content > div > div.article > ol > li > div > div.info > div.hd > a > span:nth-child(1)

# 评分
#content > div > div.article > ol > li > div > div.info > div.bd > div > span.rating_num

# 图片地址
#content > div > div.article > ol > li > div > div.pic > a > img
```

▌ **示例：爬取第一页**

```python
import requests
from bs4 import BeautifulSoup

headers = {
    'User-Agent': 'Mozilla/5.0 (Windows NT 10.0; WOW64) AppleWebKit/537.36 (KHTML,
like Gecko) Chrome/61.0.3163.100 Safari/537.36'
}
res = requests.get('https://movie.douban.com/top250', headers=headers)
soup = BeautifulSoup(res.text, 'lxml')

# 获取名称
names = soup.select('#content>div>div.article>ol>li>div>div.info>div.hd>a>span:nth-
child(1)')
names = [name.get_text() for name in names]
# 获取评分
scores = soup.select('#content>div>div.article>ol>li>div>div.info>div.bd>div>span.
rating_num')
scores = [score.get_text() for score in scores]
# 获取图片地址
pics = soup.select('#content>div>div.article>ol>li>div>div.pic>a>img')
pics = [pic.get('src') for pic in pics]

# 创建一个空列表, 用于保存结果
result = []
for i in range(len(names)):
    movie = {}
    movie['name'] = names[i]
    movie['score'] = scores[i]
    movie['pic'] = pics[i]
    result.append(movie)
print(result)
```

运行结果如下（由于内容过多，只展示开头和结尾）：

```
[{'name': '肖申克的救赎', 'score': '9.7', 'pic': 'https://img2.doubanio.com/view/photo/
s_ratio_poster/public/p480747492.jpg'}, ……, {'name': '怦然心动', 'score': '9.1',
'pic': 'https://img1.doubanio.com/view/photo/s_ratio_poster/public/p501177648.jpg'}]
```

特别注意，获取图片的地址，应该获取它的 src 属性值。所以这里不能使用 get_text() 方法，而应该使用 get() 方法。其中 get('src') 表示获取当前元素 src 属性的值。

实际上，上面示例只是获取了第 1 页电影的信息，只有前 25 个电影。如果想要获取所有页的电影信息，此时应该怎么做呢？先来分析一下页面的 URL，豆瓣电影 Top250 共 10 个页面，除了第 1 页的 URL 比较特殊之外，其他所有页面的 URL 都是有规律的。第 n 页的 URL 可以表示如下：

```
https://movie.douban.com/top250?start={25 *(n-1)}&filter=
```

▼ 示例：爬取所有页

```python
import requests
from bs4 import BeautifulSoup

headers = {
    'User-Agent': 'Mozilla/5.0 (Windows NT 10.0; WOW64) AppleWebKit/537.36 (KHTML,
like Gecko) Chrome/61.0.3163.100 Safari/537.36'
}

# 定义函数，获取某一个 URL 中所有的电影信息
def crawler(url):
    res = requests.get(url, headers=headers)
    soup = BeautifulSoup(res.text, 'lxml')
    # 获取名称
    names = soup.select('#content>div>div.article>ol>li>div>div.info>div.
hd>a>span:nth-child(1)')
    names = [name.get_text() for name in names]
    # 获取评分
    scores = soup.select('#content>div>div.article>ol>li>div>div.info>div.
bd>div>span.rating_num')
    scores = [score.get_text() for score in scores]
    # 获取图片地址
    pics = soup.select('#content>div>div.article>ol>li>div>div.pic>a>img')
    pics = [pic.get('src') for pic in pics]

    # 创建一个空列表，用于保存结果
    result = []
    for i in range(len(names)):
        movie = {}
        movie['name'] = names[i]
        movie['score'] = scores[i]
        movie['pic'] = pics[i]
        movies.append(movie)
    return result

if __name__ == '__main__':
    # 构建所有页面的 URL，保存到列表 urls 中
    urls = ['https://movie.douban.com/top250']
    for n in range(2, 11):
        url = f'https://movie.douban.com/top250?start={25*(n-1)}&filter='
        urls.append(url)
    # 定义一个空列表，用于保存结果
    movies = []
    # 获取所有页的电影信息
    for url in urls:
        # 获取当前 URL 的电影信息
        info = crawler(url)
        # 拼接所有列表
        movies.extend(info)
    # 输出结果
    print(movies)
```

运行结果如下（由于内容过多，只展示开头和结尾）：

```
[{'name': '肖申克的救赎', 'score': '9.7', 'pic': 'https://img2.doubanio.com/view/
photo/s_ratio_poster/public/p480747492.jpg'}, ……, {'name': '完
美陌生人', 'score': '8.5', 'pic': 'https://img9.doubanio.com/view/photo/s_ratio_
poster/public/p2522331945.jpg'}]
```

上面示例其实是将爬虫功能封装成了一个模块，该模块包含了一个名为 crawler() 的函数，该函数的功能是用于获取某一个 URL 的电影信息。在模块的 if __name__=='__main__': 部分，我们尝试获取所有 URL 的电影信息。

网络爬虫爬取的数据量往往比较大，使用 print() 函数打印并不利于查看，最好的办法是将其保存到一个文件中去。接下来尝试将爬取的数据保存成一个 CSV 文件，修改后的 if __name__=='__main__': 代码如下。注意别忘了使用 import csv 导入 csv 模块。

```python
# 导入模块（别忘了这一步）
import csv

if __name__ == '__main__':
    # 构建所有页面的 URL，保存到列表 urls 中
    urls = ['https://movie.douban.com/top250']
    for n in range(2, 11):
        url = f'https://movie.douban.com/top250?start={25*(n-1)}&filter='
        urls.append(url)
    # 定义一个空列表，用于保存结果
    movies = []
    # 获取所有页的电影信息
    for url in urls:
        # 获取当前 URL 的电影信息
        info = crawler(url)
        # 拼接所有列表
        movies.extend(info)

    # 处理成二维列表
    result = [['name', 'score', 'pic']]
    for item in movies:
        temp = []
        temp.append(item['name'])
        temp.append(item['score'])
        temp.append(item['pic'])
        result.append(temp)

    # 写入 CSV 文件
    file = open(r'result\movies.csv', 'a', encoding='utf-8', newline='')
    writer = csv.writer(file)
    for item in result:
        writer.writerow(item)
    file.close()
```

再次运行之后，会发现了当前目录中增加了一个 movies.csv 文件，如图 17-15 所示。该文件保存的就是所有电影对应的 CSV 数据。

图 17-15

可能你以为到现在就结束了，但想要成为一名真正的爬虫工程师，又怎能满足于此呢？我们再来思考一个问题："上面爬取的是图片地址，既然图片地址都获取到了，是否可以把这些图片下载到本地呢？"答案是肯定的。

实现思路很简单，只需要对上面爬取的结果进行遍历，从而获取每一张图片的地址。通过 requests.get() 函数结合 content 属性可以获取图片的字节流（二进制数据），然后使用文件对象的 write() 方法写入到本地即可。这里在上面 if __name__ == '__main__': 代码的后面继续编写代码，其实现代码如下。

```python
if __name__ == '__main__':
    # ……此处省略前面的代码
    # 下载图片
    for index, item in enumerate(result):
        # 排除第一行，因为第一行是列名
        if index != 0:
            # 请求图片
            res_img = requests.get(item[2])
            # 打开文件
            file = open(f'result\\{index}.{item[0]}.jpg', 'wb')
            # 写入图片
            file.write(res_img.content)
            file.close()
```

考虑到图片比较多，下载速度比较慢，这里可以将 if index!=0: 修改为 if index!=0 and index<=5: 从而限制只下载前 5 张图片。修改后再次运行代码，会发现图片已经下载到 result 文件夹中了，如图 17-16 所示。

图 17-16

思考　对于本章项目，如果使用 XPath 来代替 CSS 选择器，又该如何实现呢？

## 第 18 章

数据分析

通过网络爬虫或调研收集得到的数据大多都是未经处理的，我们还需要借助数据分析对其进行加工处理，才能拿到符合预期的数据。数据分析，指的是在统计学理论的支持下，使用合理的工具对相关数据进行一定程度的处理，然后把隐藏在数据中的重要信息提炼出来。

通过数据分析，我们可以挖掘出数据的内在规律以及有用信息，进而帮助企业创造新的商业价值、提高运营效率、获得持续的竞争优势等。数据分析这种方式更加科学准确，远不是只凭个人经验（也就是"我觉得"）这种方式所能比的，所以现在的企业也越来越重视数据分析这一块。

18.1 数据分析学些什么

如果想要成为一名真正的数据分析师，那你至少要掌握这 3 款工具：Excel、Python 和 SQL。由于本书针对的是 Python 方面的，所以对于 Excel 和 SQL 这两个，就不在本书中展开去介绍了。

可能你会问："既然 Excel 可以做数据分析，为什么还要使用 Python 呢？"虽然 Excel 好用，但是它更适用于处理中小量数据，而不适合用于处理大量数据（也就是所谓的大数据）。而对于 Python 来说，它在处理大量数据的效率上，远远不是 Excel 能比得上的。

除了执行效率比 Excel 高之外，Python 的工作量也会少很多。业界还有一句很有意思的话："Excel 十分钟，Python 两行代码。"这句话也恰恰说明了 Python 的简单高效。

Python 虽然是一门编程语言，但它在数据分析上实现的功能和 Excel 实现的功能是非常相似的。所以你在学习 Python 数据分析时，应该和 Excel 多多进行对比，这样更能加深理解和记忆。

18.2 Pandas 概述

对于数据分析来说，Python 有两个最重要的库：NumPy 和 Pandas。Pandas 是基于 NumPy 实现的一个非常重要的数据分析库。在真实的工作中，我们更多的是使用 Pandas 来进行数据分析，而不是使用 NumPy。

实际上，Excel 是使用"软件"的方式来操作一张数据表的，而 Pandas 是使用"编程"的方式来操作一张数据表的。对于 Pandas 来说，你可以把它看成是一个编程版的 Excel。如果你已经掌握 Excel 了，那么在学习 Pandas 的过程中，应该和 Excel 多多对比一下，这样学起来会更加轻松。

在实际项目开发中，大多数数据都可以看成是一个二维数据表，如图 18-1 所示。这张二维数据表其实包含 3 部分：列名、行名和数据。对于 Pandas 来说，大家不要把它想得那么复杂，我们可以用一句话来概括它：Pandas 就是用于操作一张二维数据表的。

	学号	姓名	性别	年龄	分数
s1	202201	小杰	男	20	650
s2	202202	小红	女	19	645
s3	202203	小明	男	21	590
s4	202204	小华	男	20	640
s5	202205	小莉	女	19	635

图 18-1

18.3　DataFrame

Pandas 提供了两种数据结构：DataFrame 和 Series，这两个其实很好理解：Series 代表某一列数据，你可以将其看成是一种特殊的一维数组；DataFrame 代表整个数据表，你可以将其看成是一种特殊的二维数组。

注意　Python 中的数组和列表是不一样的，数组是使用 NumPy 模块生成的，而列表是 Python 自带的。数组和列表最大区别是：数组中的数据必须是同一种类型，而列表中的数据可以是不同类型。

18.3.1　创建 DataFrame

在 Pandas 中，我们可以使用 DataFrame() 函数来创建一个"数据帧"。对于 DataFrame() 函数，需要注意其大小写。

▶ **语法：**

```
pd.DataFrame(data, index=列表, columns=列表)
```

data 是一个必选参数，它用于定义 DataFrame 的数据部分。data 可以是一个列表或元组，也可以是一个字典，还可以是一个 Series。

index 是一个可选参数，它的值是一个列表，用于显式地指定 DataFrame 的行名。index 本身就是"索引"的意思，对于一个 DataFrame 来说，提起它的"索引"，其实指的就是它的"行名"。

columns 是一个可选参数，它的值是一个列表，用于显式地指定 DataFrame 的列名。从图 18-2 中，你可以很直观看出来。

图 18-2

此外，你可能经常会遇到这 3 种叫法：索引、行索引、列索引，它们之间的区别如下。

❑ **索引**：指的是行名。

❑ **行索引**：指的是行名。

❑ **列索引**：指的是列名。

这 3 种叫法非常重要，请一定要搞清楚。我们平常说起一个 DataFrame 的"索引"时，指的其实就是 DataFrame 的"行名"（即行索引）。

▶ **示例：默认情况**

```
import pandas as pd

data = [
    ['葡萄', '浆果', '夏', 27.3],
    ['柿子', '浆果', '秋', 6.4],
    ['橘子', '浆果', '秋', 11.9],
    ['山竹', '仁果', '夏', 40.0],
    ['苹果', '仁果', '秋', 12.6]
]
df = pd.DataFrame(data)

pd.set_option('display.unicode.east_asian_width', True)
print(df)
```

运行结果如下：

```
    0     1   2     3
0  葡萄   浆果  夏  27.3
1  柿子   浆果  秋   6.4
2  橘子   浆果  秋  11.9
3  山竹   仁果  夏  40.0
4  苹果   仁果  秋  12.6
```

从结果可以看出，DataFrame 由 3 部分组成：列名、行名、数据。如果没有使用 index 和 columns 来显式指定行名和列名，那么这两个都是从 0 开始的连续整数。

```
pd.set_option('display.unicode.east_asian_width', True)
```

上面这行代码用于解决输出结果中列名和列数据不对齐的情况。如果把这一行代码去掉，再次运行后，VSCode 控制台效果如图 18-3 所示。

图 18-3

� 示例：指定行名和列名

```
import pandas as pd

data = [
    ['葡萄', '浆果', '夏', 27.3],
    ['柿子', '浆果', '秋', 6.4],
    ['橘子', '浆果', '秋', 11.9],
    ['山竹', '仁果', '夏', 40.0],
    ['苹果', '仁果', '秋', 12.6]
]

df = pd.DataFrame(data, index=['fruit1', 'fruit2', 'fruit3', 'fruit4', 'fruit5'],
columns=['name', 'type', 'season', 'price'])

pd.set_option('display.unicode.east_asian_width', True)
print(df)
```

运行结果如下：

```
        name  type  season  price
fruit1  葡萄   浆果      夏   27.3
fruit2  柿子   浆果      秋    6.4
fruit3  橘子   浆果      秋   11.9
fruit4  山竹   仁果      夏   40.0
fruit5  苹果   仁果      秋   12.6
```

index 参数用于指定行名，而 columns 参数用于指定列名，这两个的值都是一个列表。对于行名和列名，也可以使用中文。

```
df = pd.DataFrame(data, index=['水果1', '水果2', '水果3', '水果4', '水果5'],
columns=['名称', '类型', '季节', '售价'])
```

改为上面代码，再次运行后结果如下：

```
        名称  类型  季节  售价
水果1   葡萄   浆果    夏   27.3
水果2   柿子   浆果    秋    6.4
水果3   橘子   浆果    秋   11.9
水果4   山竹   仁果    夏   40.0
水果5   苹果   仁果    秋   12.6
```

在实际项目开发中，对于一个 DataFrame 来说，一般需要指定列名，但不需要指定行名。对于行名来说，如果不显式指定，那么它就是从 0 开始的连续整数。

为什么不需要指定行名呢？原因很简单，真实工作中的数据量是非常大的，每一条数据都指定一个行名的话，100 万条数据就要指定 100 万个行名，这肯定不是一个明智的做法。但对于列名就不一样了，一个列代表一个字段，一个数据表最多也就几十列。

18.3.2　访问数据

在 Pandas 中，我们可以使用中括号 "[]" 的方式来获取某些行或某些列的数据。

▼ 语法：

```
# 获取行
df[m:n]

# 获取列
df[ 列名或列表 ]
```

如果想要获取行数据，只能通过切片的方式来实现。m 和 n 是整数，df[m:n] 表示获取的范围为 [m, n)，即包含 m 但不包含 n。比如 df[0:5] 表示获取第 1~5 行数据。

如果想要获取列数据，我们可以使用 "df[列名]" 来获取某一列，也可以使用 "df[列表]"来获取某几列。大多数情况下，我们只会获取列数据而不是行数据。

▼ 示例：获取某一行

```python
import pandas as pd

data = [
    ['葡萄', '浆果', '夏', 27.3],
    ['柿子', '浆果', '秋', 6.4],
    ['橘子', '浆果', '秋', 11.9],
    ['山竹', '仁果', '夏', 40.0],
    ['苹果', '仁果', '秋', 12.6]
]
df = pd.DataFrame(data, columns=['name', 'type', 'season', 'price'])
result = df[0:3]

pd.set_option('display.unicode.east_asian_width', True)
print(result)
```

运行结果如下：

```
   name  type season  price
0  葡萄    浆果     夏    27.3
1  柿子    浆果     秋     6.4
2  橘子    浆果     秋    11.9
```

df[0:3] 表示获取第 1~3 行数据。如果想要获取 "name" 这一列的数据，可以使用 df['name']来实现。如果想要获取 "name" 和 "price" 这两列的数据，可以使用 df[['name', 'price']] 来实现。

将 result=df[0:3] 改为 result=df[['name', 'price']]，再次运行后结果如下：

```
    name  price
0   葡萄   27.3
1   柿子    6.4
2   橘子   11.9
3   山竹   40.0
4   苹果   12.6
```

18.4　读写文件

在实际项目开发中，数据大多数都是从外部文件导入的。如果数据都是手动输入到代码中的，那么工作量是巨大的，这样去做数据分析也没太多意义了。

使用 Pandas 可以读写各种格式的文件，包括 CSV、Excel、JSON、HTML 等。对于初学者而言，你只需要掌握 CSV 和 Excel 这两种文件的读写即可。

❑ CSV 文件：读取文件使用 read_csv() 函数，写入文件使用 to_csv() 方法。

❑ Excel 文件：读取文件使用 read_excel() 函数，写入文件使用 to_excel() 方法。

使用 Pandas 读取文件，本质上就是将文件中的数据转换成一个 DataFrame，然后再对这个 DataFrame 进行操作，如图 18-4 所示。而使用 Pandas 写入文件，本质上就是将一个 DataFrame 存放到一个文件中。了解这一点，可以让你的学习思路更加清晰。

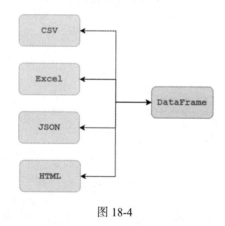

图 18-4

18.4.1　读写 CSV

在 Pandas 中，我们可以使用 read_csv() 函数来读取一个 CSV 文件，也可以使用 to_csv() 方法来写入一个 CSV 文件。

1. 读取 CSV

在 Pandas 中，我们可以使用 read_csv() 函数来读取一个 CSV 文件。其中，read_csv() 是 Pandas 库的一个函数。

▶ **语法:**

```
pd.read_csv(path, index_col=m)
```

path 是必选参数,表示文件的路径。index_col 是可选参数,用于将某一列指定为"行名"(也叫索引列),比如 index_col=0 表示指定第一列为行名。

read_csv() 函数会返回一个 DataFrame 对象,也就是会将 CSV 文件的数据转换成一个 DataFrame 对象。

在当前项目下创建一个 data 文件夹,并且在该文件夹内创建一个 fruits.csv 文件,项目结构如图 18-5 所示。其中,fruits.csv 文件的内容如图 18-6 所示。

图 18-5

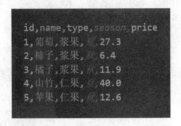

图 18-6

▶ **示例:**

```
import pandas as pd

df = pd.read_csv(r'data\fruits.csv')
pd.set_option('display.unicode.east_asian_width', True)
print(df)
print(type(df))
```

运行结果如下:

```
   id name  type season  price
0   1 葡萄  浆果     夏   27.3
1   2 柿子  浆果     秋    6.4
2   3 橘子  浆果     秋   11.9
3   4 山竹  仁果     夏   40.0
4   5 苹果  仁果     秋   12.6
<class 'pandas.core.frame.DataFrame'>
```

默认情况下,当使用 read_csv() 方法读取一个 CSV 文件时,会使用递增的数字(0、1、2、…、n)来当做行名(即索引列)。如果想要指定 id 这一列作为新的行名,我们可以使用 index_col=0 来实现,请看下面例子。

▶ **示例: 指定行名**

```
import pandas as pd

df = pd.read_csv(r'data\fruits.csv', index_col=0)
```

```
pd.set_option('display.unicode.east_asian_width', True)
print(df)
```

运行结果如下：

```
     name  type season  price
id
1    葡萄   浆果     夏    27.3
2    柿子   浆果     秋     6.4
3    橘子   浆果     秋    11.9
4    山竹   仁果     夏    40.0
5    苹果   仁果     秋    12.6
```

使用了 index_col=0 之后，id 这一列会作为 DataFrame 的行名。你可能也发现了，"id" 这个列名也被放在行名中了，如图 18-7 所示。

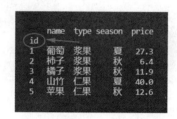

图 18-7

那么是不是意味着 "id" 这个名字所处的行的数据是空的呢？我们执行 print(df[0:1])，也就是获取第一行数据，此时运行结果如下：

```
     name  type season  price
id
1    葡萄   浆果     夏    27.3
```

从结果可以看出，id 这个名字仅仅是占了一个位置，DataFrame 并不会把它当做第 1 行数据来处理。对于 DataFrame 来说，它的第 1 行数据依然是 id 值为 1 的这一行。

2. 写入 CSV

在 Pandas 中，我们可以使用 to_csv() 方法将数据导出到一个 CSV 文件。其中，to_csv() 是 DataFrame 对象的一个方法。

▶ **语法：**

```
df.to_csv(df, index=布尔值, header=布尔值)
```

index 是可选参数，表示是否输出行名，默认值为 True（也就是会输出行名）。header 是可选参数，表示是否输出列名，默认值为 True（也就是会输出列名）。

特别注意，read_csv() 是 Pandas 库的一个函数，而 to_csv() 是 DataFrame 对象的一个方法。

▌ 示例:

```
import pandas as pd

data = [
    [1, '葡萄', '浆果', '夏', 27.3],
    [2, '柿子', '浆果', '秋', 6.4],
    [3, '橘子', '浆果', '秋', 11.9],
    [4, '山竹', '仁果', '夏', 40.0],
    [5, '苹果', '仁果', '秋', 12.6]
]
df = pd.DataFrame(data, columns=['id', 'name', 'type', 'season', 'price'])

df.to_csv(r'data\result.csv')
```

运行代码之后，可以发现 data 文件夹中多了一个 result.csv 文件，如图 18-8 所示。result.csv 文件内容如图 18-9 所示。

图 18-8

图 18-9

上面其实是把行名也写进来了，很多时候我们并不希望 CSV 文件有这种连续整数的行名，此时可以使用 index=False 这个参数，代码修改如下。

```
df.to_csv(r'data\result.csv', index=False)
```

再次运行后打开 result.csv，此时发现行名不见了，如图 18-10 所示。

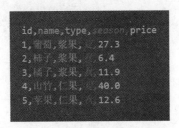

图 18-10

18.4.2　读写 Excel 文件

在 Pandas 中，我们可以使用 read_excel() 函数来读取一个 Excel 文件，也可以使用 to_excel() 方法来写入一个 Excel 文件。

1. 读取 Excel 文件

在 Pandas 中，我们可以使用 read_excel() 函数来读取一个 Excel 文件。read_excel() 是 Pandas 库的一个函数。

▶ **语法：**

```
pd.read_excel(path, index_col=m, sheet_name=n)
```

path 是必选参数，表示文件的路径。index_col 是可选参数，用于将某一列指定为行名。sheet_name 是可选参数，表示选中哪一个表单（一个 Excel 文件通常包含多个表单），默认值为 0（也就是选中第 1 个表单）。

read_excel() 方法会返回一个 DataFrame 对象，也就是会将 Excel 文件的数据转换成一个 DataFrame 对象。

在当前项目下的 data 文件夹中添加一个 Excel 文件：fruits.xlsx，项目结构如图 18-11 所示。其中，fruits.xlsx 的内容如图 18-12 所示。

	A	B	C	D	E
	id	name	type	season	price
1	1	葡萄	浆果	夏	27.3
2	2	柿子	浆果	秋	6.4
3	3	橘子	浆果	秋	11.9
4	4	山竹	仁果	夏	40
5	5	苹果	仁果	秋	12.6

图 18-11　　　　　　　　　　　　　　图 18-12

▶ **示例：**

```
import pandas as pd

df = pd.read_excel(r'data\fruits.xlsx')
pd.set_option('display.unicode.east_asian_width', True)

print(df)
```

运行结果如下：

```
   id  name  type  season  price
0   1    葡萄   浆果      夏   27.3
1   2    柿子   浆果      秋    6.4
2   3    橘子   浆果      秋   11.9
3   4    山竹   仁果      夏   40.0
4   5    苹果   仁果      秋   12.6
```

2. 写入 Excel 文件

在 Pandas 中，我们可以使用 to_excel() 方法将数据导出到一个 Excel 文件中。其中，to_excel() 是 DataFrame 对象的一个方法。

▶ **语法：**

```
df.to_excel(df, index=布尔值, header=布尔值)
```

index 是可选参数，表示是否输出行名，默认值为 True（也就是会输出行名）。header 是可选参数，表示是否输出列名，默认值为 True（也就是会输出列名）。

这里也需要注意：read_excel() 是 Pandas 库的一个函数，而 to_excel() 是 DataFrame 对象的一个方法。

▶ **示例：**

```python
import pandas as pd

data = [
    [1, '葡萄', '浆果', '夏', 27.3],
    [2, '柿子', '浆果', '秋', 6.4],
    [3, '橘子', '浆果', '秋', 11.9],
    [4, '山竹', '仁果', '夏', 40.0],
    [5, '苹果', '仁果', '秋', 12.6]
]
df = pd.DataFrame(data, columns=['id', 'name', 'type', 'season', 'price'])

df.to_excel(r'data\result.xlsx')
```

运行代码之后，可以发现 data 文件夹中多了一个 result.xlsx 文件，如图 18-13 所示。其中，result.xlsx 的内容如图 18-14 所示。

图 18-13

A	B	C	D	E	F
	id	name	type	season	price
0	1	葡萄	浆果	夏	27.3
1	2	柿子	浆果	秋	6.4
2	3	橘子	浆果	秋	11.9
3	4	山竹	仁果	夏	40
4	5	苹果	仁果	秋	12.6

图 18-14

同样地，默认情况下 to_excel() 方法会把列名和行名写入 Excel 文件中。如果不希望把行名写入，此时可以使用 index=False 参数，代码如下。

```python
df.to_excel(r'data\result.xlsx', index=False)
```

再次运行后打开 result.xlsx 文件，此时发现行名不见了，如图 18-15 所示。

A	B	C	D	E
id	name	type	season	price
1	葡萄	浆果	夏	27.3
2	柿子	浆果	秋	6.4
3	橘子	浆果	秋	11.9
4	山竹	仁果	夏	40
5	苹果	仁果	秋	12.6

图 18-15

18.5　布尔选择

在 Pandas 中，我们可以使用“布尔选择”的方式来选取所需要的数据。“布尔选择”是使用“逻辑运算符”或“比较运算符”来实现的。

比较运算符一般有 >、>=、<、<=、==、!= 这 6 种。但对于 Pandas 中的逻辑运算符，你可要特别注意了，它和 Python 中的逻辑运算符是不一样的，如表 18-1 和表 18-2 所示。

表 18-1　Python 中的逻辑运算符

运算符	说明
and	与
or	或
not	非

表 18-2　Pandas 中的逻辑运算符

运算符	说明
&	与
|	或
~	非

▼ 语法：

```
df[ 条件 ]
```

df[] 内部的条件可以是一个，也可以是多个。df[条件] 选取的结果并不是列数据，而是行数据。

▼ 示例：单个条件

```
import pandas as pd

data = [
    ['葡萄', '浆果', '夏', 27.3],
    ['柿子', '浆果', '秋', 6.4],
    ['橘子', '浆果', '秋', 11.9],
    ['山竹', '仁果', '夏', 40.0],
    ['苹果', '仁果', '秋', 12.6]
]
df = pd.DataFrame(data, columns=['name', 'type', 'season', 'price'])
result = df[df['price'] > 10]

pd.set_option('display.unicode.east_asian_width', True)
print(result)
```

运行结果如下：

```
     name   type  season   price
0    葡萄   浆果     夏     27.3
2    橘子   浆果     秋     11.9
3    山竹   仁果     夏     40.0
4    苹果   仁果     秋     12.6
```

df[df['price']>10] 表示把所有 price 大于 10 的行选取出来。df[] 内部除了可以是一个条件，还可以是多个条件。如果改为 result=df[(df['price']>10) & (df['price']<30)]，再次运行后结果如下：

```
     name   type  season   price
0    葡萄   浆果     夏     27.3
2    橘子   浆果     秋     11.9
4    苹果   仁果     秋     12.6
```

需要注意的是，如果 df[] 内部有多个判断条件，每一个条件必须要用 "()" 括起来，否则就会报错。

```
# 正确
result = df[(df['price'] > 10) & (df['price'] < 30)]

# 错误
result = df[df['price'] > 10 & df['price'] < 30]
```

可能你会问："为什么 Pandas 把这种逻辑比较方式叫作 '布尔选择' 呢？"。就拿上面示例来说，df['price']>10 其实就是将每一行的价格与 10 进行比较，如果大于 10 就返回 True，如果小于等于 10 就返回 False。最终 df['price']>10 会得到这样一个列表：[True, False, True, True, True]。

df[df['price']>10] 其实等价于 df[[True, False, True, True, True]]。也就是说，此时 df[] 内部其实是一组布尔值的组合，这也是很多地方把这种方式叫作 "布尔选择" 或 "布尔索引" 的原因。

▼ 示例：布尔选择

```
import pandas as pd

data = [
    ['葡萄', '浆果', '夏', 27.3],
    ['柿子', '浆果', '秋', 6.4],
    ['橘子', '浆果', '秋', 11.9],
    ['山竹', '仁果', '夏', 40.0],
    ['苹果', '仁果', '秋', 12.6]
]
df = pd.DataFrame(data, columns=['name', 'type', 'season', 'price'])
result = df[[True, False, True, True, True]]

pd.set_option('display.unicode.east_asian_width', True)
print(result)
```

运行结果如下：

```
     name   type  season   price
0    葡萄   浆果     夏     27.3
2    橘子   浆果     秋     11.9
3    山竹   仁果     夏     40.0
4    苹果   仁果     秋     12.6
```

从结果可以看出，df[df['price']>10] 和 df[[True, False, True, True, True]] 是等价的。

▮ 示例：选择名为"葡萄"的水果

```
import pandas as pd

data = [
    ['葡萄', '浆果', '夏', 27.3],
    ['柿子', '浆果', '秋', 6.4],
    ['橘子', '浆果', '秋', 11.9],
    ['山竹', '仁果', '夏', 40.0],
    ['苹果', '仁果', '秋', 12.6]
]
df = pd.DataFrame(data, columns=['name', 'type', 'season', 'price'])
result = df[df['name'] == '葡萄']

pd.set_option('display.unicode.east_asian_width', True)
print(result)
```

运行结果如下：

```
    name   type season   price
0   葡萄    浆果      夏     27.3
```

df[df['name']=='葡萄'] 表示选取 name 为"葡萄"的这一行，如果想要同时选取"葡萄"和"柿子"这两行，可以使用下面方式来实现。

```
result = df[(df['name'] == '葡萄') | (df['name'] == '柿子')]
```

18.6　字符串处理

在实际项目开发中，数据大多数情况下是以"数字"或"字符串"这两种方式来存储的，所以对于字符串的处理是非常重要的。对于字符串来说，我们经常会碰到类似于下面这样的问题。

□ 输错了字符。

□ 前后多了空格。

□ 大小写不统一。

□ ……

为了更好地处理字符串，Pandas 内置了很多非常有用的方法，常用的如表 18-3 所示。

表18-3　字符串方法

方　　法	说　　明
len()	获取长度
count()	统计次数
strip()	去除空格
split()	分割字符串
replace()	替换字符串

（续）

方　　法	说　　明
repeat()	重复字符串
cat()	连接行或列
lower()	大写转小写
upper()	小写转大写
swapcase()	小写转大写，并且大写变小写
contains()	判断是否包含什么
startswith()	判断是否以什么开头
endswith()	判断是否以什么结尾
isnumeric()	判断是否纯数字
islower()	判断是否纯小写
isupper()	判断是否纯大写

上面这些方法一般针对的是 Series，而不是 DataFrame。我们应该知道，DataFrame 的一列本质上就是一个 Series。

▌ 语法：

```
Series.str.方法名()
```

Series 表示 DataFrame 的一列，它下面有一个 str 属性，该属性本身又是一个对象，然后这些字符串方法都是 str 对象下面的方法。所以你在书写的时候，千万别把 str 给漏掉了。

此外，表中这些字符串方法都不会改变原来的 DataFrame，而是返回一个新的 Series 或 DataFrame。

▌ 示例：

```
import pandas as pd

data = [
    ['葡萄', '浆果', '夏', '27.3￥'],
    ['柿子', '浆果', '秋', '6.4￥'],
    ['橘子', '浆果', '秋', '11.9￥'],
    ['山竹', '仁果', '夏', '40.0￥'],
    ['苹果', '仁果', '秋', '12.6￥']
]
df = pd.DataFrame(data, columns=['name', 'type', 'season', 'price'])
df['price'] = df['price'].str.replace('￥', '').astype(float)

pd.set_option('display.unicode.east_asian_width', True)
print(df)
```

运行结果如下：

```
    name  type  season  price
0   葡萄   浆果     夏    27.3
1   柿子   浆果     秋     6.4
2   橘子   浆果     秋    11.9
3   山竹   仁果     夏    40.0
4   苹果   仁果     秋    12.6
```

price 列中的数据是带单位的，但在实际项目开发中，我们一般需要去掉其单位。df['price'].str.replace(' ￥ ', '') 表示将 "￥" 这个单位去除，然后 astype(float) 表示转换为 float 类型数据。

由于篇幅有限，对于其他字符串方法，这里就不详细展开了，你可以查阅一下 Pandas 官方文档。

18.7   统计函数

为了方便对数据进行各种统计分析，Pandas 提供了大量的统计函数。统计函数，也叫作 "聚合函数"。所谓聚合函数，指的是对一组值进行计算，然后返回单个值。所以聚合函数还被叫作 "组函数"。这几个术语非常重要，一定要搞清楚它们是什么意思。

在 Pandas 中，常用的统计函数如表 18-4 所示。需要清楚的是，这些统计函数都不会修改原来的 DataFrame。

表18-4   统计函数

函 数	说 明
sum()	求和
count()	统计个数
max()	求最大值
min()	求最小值
median()	求中位数
mean()	求平均数
mode()	求众数
var()	求方差
std()	求标准差
quantile()	求分位数

▶ 语法：

```
df.sum(axis=0 或 1, numeric_only=True 或 False)
```

axis 是一个可选参数，表示沿着哪一条轴求和，其默认值为 0。当 axis=0 时，表示沿着纵轴进行求和，也就是对同一列的所有元素进行求和。当 axis=1 时，表示沿着横轴进行求和，也就是对同一行的所有元素进行求和。

numeric_only 是一个可选参数，表示是否仅用于数字的行或列，默认值为 False。当 numeric_only=True 时，表示只对数字的行或列求和。当 numeric_only=False 时，表示对所有的行或列求和。

绝大多数统计函数都有 axis 和 numeric_only 这两个参数，一般情况下这两个参数使用默认值即可，也就是不需要主动设置。

▶ 示例：

```python
import pandas as pd

data = [
    ['葡萄', '浆果', '夏', 27.3],
    ['柿子', '浆果', '秋', 6.4],
    ['橘子', '浆果', '秋', 11.9],
    ['山竹', '仁果', '夏', 40.0],
    ['苹果', '仁果', '秋', 12.6]
]
df = pd.DataFrame(data, columns=['name', 'type', 'season', 'price'])

print('求和: ', df['price'].sum())
print('个数: ', df['price'].count())
print('最大值: ', df['price'].max())
print('最小值: ', df['price'].min())
print('中位数: ', df['price'].median())
print('平均数: ', df['price'].mean())
print('方差: ', df['price'].var())
print('标准差: ', df['price'].std())
```

运行结果如下：

```
求和: 98.19999999999999
个数: 5
最大值: 40.0
最小值: 6.4
中位数: 12.6
平均数: 19.639999999999997
方差: 189.493
标准差: 13.76564564413889
```

对数据同时应用多个统计函数，其实还有一种更加简单的方法，那就是使用 agg() 函数来实现。agg() 接收一个列表作为参数。

▶ 示例：

```python
import pandas as pd

data = [
    ['葡萄', '浆果', '夏', 27.3],
    ['柿子', '浆果', '秋', 6.4],
    ['橘子', '浆果', '秋', 11.9],
    ['山竹', '仁果', '夏', 40.0],
    ['苹果', '仁果', '秋', 12.6]
]
```

```
df = pd.DataFrame(data, columns=['name', 'type', 'season', 'price'])
result = df['price'].agg(['sum', 'max', 'min'])

pd.set_option('display.unicode.east_asian_width', True)
print(result)
```

运行结果如下：

```
sum    98.2
max    40.0
min     6.4
Name: price, dtype: float64
```

说明　Pandas 除了 agg() 函数之外，还有一个 aggregate() 函数。这两个函数的功能是完全一样的，你可以把 agg() 看成是 aggregate() 的简写版。

18.8　数据分组

　　数据分组，它指的是根据"某些条件"来将数据拆分为若干组。比如有一个学生数据表，我们可以根据班级、性别、家乡等来进行分组。

18.8.1　groupby() 函数

　　在 Pandas 中，我们可以使用 groupby() 函数来对一个 DataFrame 进行分组。groupby 是 Pandas 库下的一个函数。

▼ **语法：**

```
df.groupby(列名或列表)
```

　　groupby() 函数接受一个"列名"或者一个"列表"作为参数。当参数是"列名"时，表示根据一列来分组；当参数是"列表"时，表示根据多列来分组。

▼ **示例：分组对象**

```
import pandas as pd

data = [
    ['葡萄', '浆果', '夏', 27.3],
    ['柿子', '浆果', '秋', 6.4],
    ['橘子', '浆果', '秋', 11.9],
    ['山竹', '仁果', '夏', 40.0],
    ['苹果', '仁果', '秋', 12.6]
]
df = pd.DataFrame(data, columns=['name', 'type', 'season', 'price'])
result = df.groupby('type')

print(result)
```

运行结果如下：

```
<pandas.core.groupby.generic.DataFrameGroupBy object at 0x000001E440F4D090>
```

groupby() 函数会返回一个 DataFrame 的分组对象，也就是 DataFrameGroupBy 对象。该对象是一个可迭代对象，你可以使用 for 循环来对分组进行遍历。

```
# 遍历分组
for name, group in result:
    pd.set_option('display.unicode.east_asian_width', True)
    print(name)                      # 获取组名
    print(group)                     # 获取数据
```

运行结果如下：

```
仁果
   name  type season  price
3   山竹  仁果     夏    40.0
4   苹果  仁果     秋    12.6
浆果
   name  type season  price
0   葡萄  浆果     夏    27.3
1   柿子  浆果     秋     6.4
2   橘子  浆果     秋    11.9
```

使用 for 循环遍历这个分组对象，我们可以拿到组名以及对应的数据。其中，name 表示组名，group 表示数据。

你可能会问："能不能通过'组名'来获取某一组的数据呢？"答案是肯定的。在 Pandas 中，我们可以使用 get_group() 这个方法来获取某一组的数据。

▼ **语法：**

```
分组对象.get_group(组名)
```

get_group() 是分组对象下的一个方法，它接收一个组名作为参数。

▼ **示例：获取某一组**

```
import pandas as pd

data = [
    ['葡萄', '浆果', '夏', 27.3],
    ['柿子', '浆果', '秋', 6.4],
    ['橘子', '浆果', '秋', 11.9],
    ['山竹', '仁果', '夏', 40.0],
    ['苹果', '仁果', '秋', 12.6]
]
df = pd.DataFrame(data, columns=['name', 'type', 'season', 'price'])
groups = df.groupby('type')
# 获取"浆果"的数据
result = groups.get_group('浆果')
```

```
pd.set_option('display.unicode.east_asian_width', True)
print(result)
```

运行结果如下:

```
    name  type season  price
0   葡萄   浆果     夏   27.3
1   柿子   浆果     秋    6.4
2   橘子   浆果     秋   11.9
```

groups.get_group('浆果') 表示获取 "浆果" 这个分组的数据。除了对 "type" 这一列进行分组，你也可以对 "season" 这一列进行分组，请自行试一下。

▛ 示例：对多列分组

```
import pandas as pd

data = [
    ['葡萄', '浆果', '夏', 27.3],
    ['柿子', '浆果', '秋', 6.4],
    ['橘子', '浆果', '秋', 11.9],
    ['山竹', '仁果', '夏', 40.0],
    ['苹果', '仁果', '秋', 12.6],
]
df = pd.DataFrame(data, columns=['name', 'type', 'season', 'price'])
# 对多列分组
groups = df.groupby(['type', 'season'])
# 获取 "仁果、夏" 的数据
result = groups.get_group(('仁果', '夏'))

pd.set_option('display.unicode.east_asian_width', True)
print(result)
```

运行结果如下:

```
    name  type season  price
3   山竹   仁果     夏   40.0
```

df.groupby(['type', 'season']) 表示同时对 "type" 和 "season" 这两列进行分组，type 有两种：浆果、仁果，season 也有两种：夏、秋。这样下来就分成了 2 × 2=4 组了。

```
# 第 1 组：浆果、夏
['葡萄', '浆果', '夏', 27.3]

# 第 2 组：浆果、秋
['柿子', '浆果', '秋', 6.4]
['橘子', '浆果', '秋', 11.9]

# 第 3 组：仁果、夏
['山竹', '仁果', '夏', 40.0]

# 第 4 组：仁果、秋
['苹果', '仁果', '秋', 12.6]
```

如果同时对多列进行分组，那么使用 get_group() 方法获取某一组时，它接收的是一个元组。比如 get_group((' 仁果 ', ' 夏 ')) 就表示获取的是上面"仁果、夏"这一组的数据。

18.8.2 统计分析

在 Pandas 中，分组对象和 DataFrame 非常相似。DataFrame 可以使用统计函数，分组对象也可以使用统计函数。此外，DataFrame 可以使用"df[列表]"的方式来选中几列，分组对象也可以使用"groups[列表]"的方式来选中几列。

▶ **示例：聚合方法 agg()**

```python
import pandas as pd

data = [
    [' 葡萄 ', ' 浆果 ', ' 夏 ', 27.3],
    [' 柿子 ', ' 浆果 ', ' 秋 ', 6.4],
    [' 橘子 ', ' 浆果 ', ' 秋 ', 11.9],
    [' 山竹 ', ' 仁果 ', ' 夏 ', 40.0],
    [' 苹果 ', ' 仁果 ', ' 秋 ', 12.6]
]
df = pd.DataFrame(data, columns=['name', 'type', 'season', 'price'])
groups = df.groupby('type')
result = groups.get_group(' 浆果 ')['price'].agg(['max', 'min', 'mean'])

pd.set_option('display.unicode.east_asian_width', True)
print(result)
```

运行结果如下：

```
max     27.3
min      6.4
mean    15.2
Name: price, dtype: float64
```

groups.get_group(' 浆果 ')['price'] 表示获取"浆果"这一组的 price 这一列，agg(['max', 'min', 'mean']) 表示对所有的分组求最大值、最小值以及平均值。

18.9 数据清洗

在实际项目开发中，我们拿到的原始数据往往都是"脏脏"的。也就是说，这些数据或多或少都会存在一定的问题，比如数据缺失、数据重复、数据异常等。所谓的数据清洗，指的就是对这些"脏数据"（也叫问题数据）进行处理，以便拿到高质量的数据。

对数据进行清晰，主要包含 3 个方面：重复值处理、缺失值处理以及异常值处理，如图 18-16 所示。

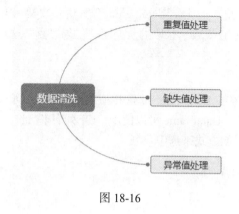

图 18-16

18.9.1　重复值

重复值，指的是表中存在相同的行数据。对于重复数据，我们一般做删除处理。下面先介绍如何判断一个 DataFrame 是否有重复值，然后再去介绍如何处理这些重复值。

1. 判断重复值

在 Pandas 中，我们可以使用 duplicated() 方法来判断是否有重复数据。

▼ **语法：**

```
df.duplicated()
```

duplicated() 方法会返回一组布尔值，其中重复数据被标记为 True，不重复数据被标记为 False。默认情况下，只有两行所有数据项都相同时，才算是出现重复值。

接下来在 data 文件夹中放入一个 Excel 文件：fruits_repeat.xlsx，项目结构如图 18-17 所示。其中，fruits_repeat.xlsx 的内容如图 18-18 所示。

	A	B	C	D	E
1	id	name	type	season	price
2	1	葡萄	浆果	夏	27.3
3	1	葡萄	浆果	夏	27.3
4	2	柿子	浆果	秋	6.4
5	3	橘子	浆果	秋	11.9
6	4	山竹	仁果	夏	40
7	5	苹果	仁果	秋	12.6
8	5	苹果	仁果	秋	12.6

图 18-17

图 18-18

▼ **示例：**

```
import pandas as pd

df = pd.read_excel(r'data\fruits_repeat.xlsx')
```

```
result = df.duplicated()

pd.set_option('display.unicode.east_asian_width', True)
print(result)
```

运行结果如下：

```
0    False
1    True
2    False
3    False
4    False
5    False
6    True
dtype: bool
```

由于 df.duplicates() 返回的结果是一组布尔值，所以可以使用"布尔选择"的方式来把包含重复值的行选取出来。

▶ **示例：布尔选择**

```
import pandas as pd

df = pd.read_excel(r'data\fruits_repeat.xlsx')
result = df[df.duplicated().values == True]

pd.set_option('display.unicode.east_asian_width', True)
print(result)
```

运行结果如下：

```
   id name  type season  price
1   1 葡萄   浆果     夏   27.3
6   5 苹果   仁果     秋   12.6
```

如果想要获取非重复的行数据，可以写成 result=df[df.duplicated().values==False]，再次运行后结果如下：

```
   id name  type season  price
0   1 葡萄   浆果     夏   27.3
2   2 柿子   浆果     秋    6.4
3   3 橘子   浆果     秋   11.9
4   4 山竹   仁果     夏   40.0
5   5 苹果   仁果     秋   12.6
```

此时得到的就是删除了重复行后的数据。实际上，删除重复数据，更简单的办法是使用接下来介绍的 drop_duplicates() 方法。

2. 处理重复值

在 Pandas 中，我们可以使用 drop_duplicates() 方法来删除重复的行数据，默认保留第一次出现的数据。

▼ 语法：

```
df.drop_duplicates(subset= 列表，keep= 值)
```

subset 是一个可选参数，它的值是一个列表，表示对某些列进行重复值判断。如果 subset 省略，那么会对所有列进行判断。

keep 也是一个可选参数，它的值有 3 种，如表 18-5 所示。

表 18-5　keep 的取值

取　　值	说　　明
'first'（默认值）	保留第一次出现的重复行，删除后面的重复行
'last'	保留最后一次出现的重复行，删除其他的重复行
False	删除所有重复行

同样地，drop_duplicates() 方法也不会修改原来的 DataFrame，而是返回一个新的 DataFrame。

▼ 示例：默认值

```
import pandas as pd

df = pd.read_excel(r'data\fruits_repeat.xlsx')
result = df.drop_duplicates()

pd.set_option('display.unicode.east_asian_width', True)
print(result)
```

运行结果如下：

```
   id  name  type  season  price
0   1  葡萄   浆果    夏      27.3
2   2  柿子   浆果    秋       6.4
3   3  橘子   浆果    秋      11.9
4   4  山竹   仁果    夏      40.0
5   5  苹果   仁果    秋      12.6
```

上面这个例子是针对所有列进行重复值判断，当然你也可以只针对某一列或某几列进行重复值判断，只需要在 drop_duplicates() 方法中指定列名就可以了。

```
# 针对某一列
df.drop_duplicates(subset=['name'])

# 针对某几列
df.drop_duplicates(subset=['name', 'type'])
```

不过在实际项目开发中，我们一般只会对所有列进行重复值判断，很少会针对某一列或某几列进行重复值判断。

另外，df.drop_duplicates() 等价于 df.drop_duplicates(keep='first')，它只会保留第一次出现的重复行。如果想要删除所有重复行，我们可以使用 keep=False 来实现。修改成 result=df.drop_duplicates(keep=False)，再次运行后结果如下：

```
   id  name  type  season  price
2   2  柿子  浆果      秋    6.4
3   3  橘子  浆果      秋   11.9
4   4  山竹  仁果      夏   40.0
```

18.9.2　缺失值

数据存在缺失的情况比较常见，数据之所以会缺失，原因主要有两种：一种是有些信息暂时无法获取，比如一个未婚人士的配偶；另一种是有些信息被遗漏了，比如没有录入对应的数据。

1. 判断缺失值

在 Pandas 中，我们可以使用 isnull() 方法来判断数据是否缺失。如果某一项数据缺失，那么该项就是一个 NaN 值（缺失值）。

▼ **语法**：

```
df.isnull()
```

isnull() 方法会对所有数据项进行判断，如果某一项数据缺失，那么该项返回 True。如果某一项数据不缺失，那么该项返回 False。除了 isnull() 函数，还有一个 notnull() 函数，这两个方法的返回结果是相反的，你只需要掌握其中一个即可。

接下来在 data 文件夹中放入一个 Excel 文件：fruits_miss.xlsx，项目结构如图 18-19 所示。fruits_miss.xlsx 的内容如图 18-20 所示。

	A	B	C	D	E
1	id	name	type	season	price
2	1	葡萄	浆果	夏	27.3
3	2	柿子	浆果	秋	
4	3	橘子	浆果	秋	11.9
5	4	山竹	仁果	夏	
6	5	苹果	仁果	秋	12.6

图 18-19　　　　　　　　　　　　　　　图 18-20

▼ **示例**：NaN 值

```
import pandas as pd

df = pd.read_excel(r'data\fruits_miss.xlsx')
pd.set_option('display.unicode.east_asian_width', True)
print(df)
```

运行结果如下：

```
   id  name  type  season  price
0   1  葡萄  浆果      夏   27.3
1   2  柿子  浆果      秋    NaN
2   3  橘子  浆果      秋   11.9
3   4  山竹  仁果      夏    NaN
4   5  苹果  仁果      秋   12.6
```

当从一个外部文件（CSV、JONS、Excel 等）中导入数据时，如果某一项数据是空的，那么它的值就是 NaN。NaN 其实就是缺失值。

▶ 示例：isnull() 判断

```
import pandas as pd

df = pd.read_excel(r'data\fruits_miss.xlsx')
result = df.isnull()

pd.set_option('display.unicode.east_asian_width', True)
print(result)
```

运行结果如下：

```
      id   name   type  season  price
0  False  False  False   False  False
1  False  False  False   False   True
2  False  False  False   False  False
3  False  False  False   False   True
4  False  False  False   False  False
```

isnull() 方法返回的结果是一组布尔值。既然是布尔值，我们就可以使用"布尔选择"的方式来把包含缺失值的行选取出来。

▶ 示例：布尔选择

```
import pandas as pd

df = pd.read_excel(r'data\fruits_miss.xlsx')
result = df[df.isnull().values == True]

pd.set_option('display.unicode.east_asian_width', True)
print(result)
```

运行结果如下：

```
   id  name  type  season  price
1   2   柿子   浆果      秋    NaN
3   4   山竹   仁果      夏    NaN
```

df[df.isnull().values == True] 表示把包含缺失值的行选取出来。

2. 处理缺失值

在 Pandas 中，如果想要对缺失值进行处理，一般有两种方式：① 删除，即把包含缺失值的行或列删除；② 填充，即用某个值来代替缺失值。

（1）删除

在 Pandas 中，我们可以使用 dropna() 方法来删除包含缺失值（即 NaN 值）的行或列。其中，dropna 是"drop nan（删除缺失值）"的缩写

▼ **语法：**

```
df.dropna(how='any' 或 'all')
```

how 也是一个可选参数，表示删除的规则，默认值是 'any'。当 how='any' 时，表示某一行只要有一个缺失值，就会删除这一行。当 how='all' 时，表示当这一行所有项的数据都缺失时，才会删除这一行。

同样地，dropna() 方法不会修改原来的 DataFrame，而是返回一个新的 DataFrame，这样也是为了确保原始数据不被修改。

▼ **示例：删除行**

```
import pandas as pd

df = pd.read_excel(r'data\fruits_miss.xlsx')
result = df.dropna()

pd.set_option('display.unicode.east_asian_width', True)
print(result)
```

运行结果如下：

```
   id  name  type  season  price
0   1   葡萄   浆果     夏    27.3
2   3   橘子   浆果     秋    11.9
4   5   苹果   仁果     秋    12.6
```

从结果可以看出来，包含 NaN 的行已经全部被删除了。df.dropna() 等价于 df.dropna(how='any')，如果这里改为 result= df.dropna(how='all')，再次运行后结果如下：

```
   id  name  type  season  price
0   1   葡萄   浆果     夏    27.3
1   2   柿子   浆果     秋    NaN
2   3   橘子   浆果     秋    11.9
3   4   山竹   仁果     夏    NaN
4   5   苹果   仁果     秋    12.6
```

当 how='all' 时，表示只有某一行中所有元素都是 NaN 值，这一行才会被删除。

（2）填充

在实际项目开发中，数据往往都是非常宝贵的，所以我们更多的是采用填充的方式，而不是删除的方式。当某一行所有数据项的缺失值的比例较小（不超过 30%），我们也应该使用填充的方式，而不是删除的方式。

在 Pandas 中，我们可以使用 fillna() 方法来对缺失值（NaN 值）进行填充。其中，fillna 是 "fill nan（填充缺失值）" 的缩写。

▼ **语法：**

```
df.fillna(value= 字典, method= 填充方式)
```

value、method 这两个都是可选参数。value 的值是一个字典，字典的键表示 "列名"，字典的值表示对应的"填充值"。

method 表示填充方式，它的取值只有两个，如表 18-6 所示。

表18-6　method 的取值

取　　值	说　　明
ffill	使用前值填充
bfill	使用后值填充

其中，ffill 是"forward fill（ 向前填充 ）"的缩写，bfill 是"backword fill（ 向后填充 ）"的缩写。

▶ 示例：使用"0"填充

```
import pandas as pd

df = pd.read_excel(r'data\fruits_miss.xlsx')
result = df.fillna(value={'price': 0})

pd.set_option('display.unicode.east_asian_width', True)
print(result)
```

运行结果如下：

```
   id  name  type season  price
0   1  葡萄  浆果    夏    27.3
1   2  柿子  浆果    秋     0.0
2   3  橘子  浆果    秋    11.9
3   4  山竹  仁果    夏     0.0
4   5  苹果  仁果    秋    12.6
```

使用"0"来填充缺失值，这是常用的一种手段。不过对于这个例子来说，使用"0"来填充误差比较大，更准确的方式是使用已有 price 的"平均值"来填充。

▶ 示例："平均值"填充

```
import pandas as pd

df = pd.read_excel(r'data\fruits_miss.xlsx')
df1 = df.dropna()                              # 删除缺失值，保存到 df1
mean = df1['price'].mean()                     # 对 df1 的"price"这一列求平均值
result = df.fillna(value={'price': mean})      # 使用平均值进行填充

pd.set_option('display.unicode.east_asian_width', True)
print(result)
```

运行结果如下：

```
   id  name  type season      price
0   1  葡萄  浆果    夏    27.300000
1   2  柿子  浆果    秋    17.266667
2   3  橘子  浆果    秋    11.900000
3   4  山竹  仁果    夏    17.266667
4   5  苹果  仁果    秋    12.600000
```

df.fillna(value={'price':mean}) 表示使用 mean 这个值来填充"price"这一列的缺失值。

▶ **示例：使用"前值"填充**

```
import pandas as pd

df = pd.read_excel(r'data\fruits_miss.xlsx')
result = df.fillna(method='ffill')

pd.set_option('display.unicode.east_asian_width', True)
print(result)
```

运行结果如下：

```
   id  name  type  season  price
0   1  葡萄  浆果      夏   27.3
1   2  柿子  浆果      秋   27.3
2   3  橘子  浆果      秋   11.9
3   4  山竹  仁果      夏   11.9
4   5  苹果  仁果      秋   12.6
```

df.fillna(method='ffill') 表示如果当前值是 NaN，那么这个 NaN 就会使用它的前一个数据来进行填充。需要注意的是，如果某一列以 NaN 值开始（比如前 n 项都是 NaN），那么这些 NaN 值会继续存在，它们是无法使用前值进行填充的。

除了使用前一个数据填充之外，我们还可以使用后一个数据来填充，也就是使用 method='bfill' 参数。将 method='ffill' 改为 method='bfill'，再次运行后结果如下：

```
   id  name  type  season  price
0   1  葡萄  浆果      夏   27.3
1   2  柿子  浆果      秋   11.9
2   3  橘子  浆果      秋   11.9
3   4  山竹  仁果      夏   12.6
4   5  苹果  仁果      秋   12.6
```

df.fillna(method='bfill') 表示，如果当前值是 NaN，那么这个 NaN 就会使用它的后一个数据来进行填充。需要注意的是，如果某一列以 NaN 值结束（比如后 n 项都是 NaN），那么这些 NaN 值会继续存在，它们是无法使用后值进行填充的。所以说向前填充和向后填充这两种方式有可能存在问题。

18.9.3 异常值

在数据分析中，除了常见的缺失值和重复值之外，还会遇到一些非正常的数据，也就是经常说的"异常值"。所谓的异常值，指的是不合理的值。比如年龄为负数、成绩大于 100、单日销售额超过年销售额等。

1. 判断异常值

处理异常值之前，我们首先要判断是否存在异常值。对于判断是否存在异常值，我们有以下几种方式。

（1）散点图分析

使用 Matplotlib、Seaborn 等库来将数据绘制成散点图（如图 18-21），然后观察是否有数据超出正常的范围。

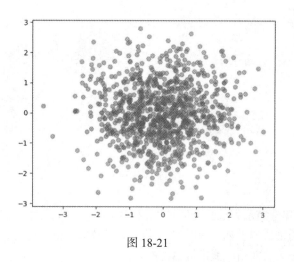

图 18-21

（2）箱线图分析

使用 Matplotlib、Seaborn 等库来将数据绘制成箱线图（如图 18-22），其中箱线图提供了一个识别异常值的标准，也就是大于或小于上下界的数值就是异常值。

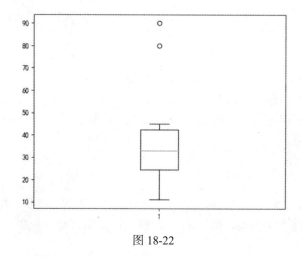

图 18-22

（3）3σ 原则

如果数据符合正态分布，根据正态分布的定义可以知道，距离平均值 3σ 之外的概率为 p(|x-u|>3σ) ≤ 0.003，这属于极小概率事件。

在默认情况下，距离超过平均值 3σ 的样本是不存在的，所以当样本距离平均值大于 3σ 时，该数据就是一个异常值。

（4）统计分析

我们可以对数据进行简单的统计分析，也就是使用 describe() 方法来进行描述性统计，从中发现哪些数据是不合理的。比如，年龄的区间应该是 [0，150]，如果年龄不在这个范围内，那么该数据就是一个异常值。

散点图和箱线图这两个涉及数据可视化技术（下一章会详细介绍数据可视化）。通过数据可视化，我们很容易发现一些离群点，这些离群点很可能就是异常值了。但初学者一定要注意，并非所有的离群点都是异常值，我们还需要根据业务经验才能正确判断。

2. 处理异常值

在 Pandas 中，如果想要处理异常值，我们一般也是采用两种方式：① 删除，直接删除该行或该列；② 填充，使用平均值来代替。

18.10 项目：对企鹅数据进行分析

当前项目下的 data 文件夹有一个 penguins.csv 文件，项目结构如图 18-23 所示。penguins.csv 文件保存的是 344 只企鹅的相关数据，包括种类、岛屿、性别、体重等，部分内容如图 18-24 所示。

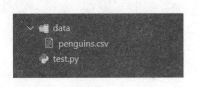

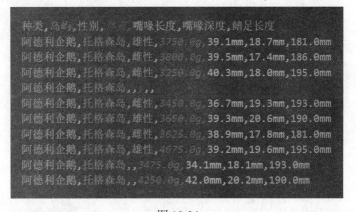

图 18-23   图 18-24

接下来需要对 penguins.csv 中的数据进行加工，首先是清除里面的重复数据。然后如果体重、嘴喙长度、嘴喙深度、鳍足长度这 4 列存在缺失值，则使用该列的平均值进行填充。

细心的你可能也看出来了，图 18-24 中的体重、嘴喙长度、嘴喙深度、鳍足长度这 4 列的数据是带单位的，带单位的数据本质上是一个字符串，我们需要先去掉其单位，然后将其转换为浮点类型才行，也就是需要得到如图 18-25 所示的效果。

图 18-25

▶ 示例：

```python
import pandas as pd

df = pd.read_csv(r'data\penguins.csv')

# 删除重复值
df = df.drop_duplicates()

# 处理格式
df['体重'] = df['体重'].str.replace('g', '').astype(float)
df['嘴喙长度'] = df['嘴喙长度'].str.replace('mm', '').astype(float)
df['嘴喙深度'] = df['嘴喙深度'].str.replace('mm', '').astype(float)
df['鳍足长度'] = df['鳍足长度'].str.replace('mm', '').astype(float)

# 获取平均值
mean1 = df['体重'].mean()                          # 获取"体重"列的平均值
mean2 = df['嘴喙长度'].mean()                      # 获取"嘴喙长度"列的平均值
mean3 = df['嘴喙深度'].mean()                      # 获取"嘴喙深度"列的平均值
mean4 = df['鳍足长度'].mean()                      # 获取"鳍足长度"列的平均值
# 使用平均值进行填充
df = df.fillna(value={
    '体重': mean1,
    '嘴喙长度': mean2,
    '嘴喙深度': mean3,
    '鳍足长度': mean4,
})

# 保存文件
df.to_csv(r'data\result.csv', index=False)
```

运行之后，data 文件夹中多了一个 result.csv 文件，如图 18-26 所示。打开 result.csv，内容如图 18-27 所示。

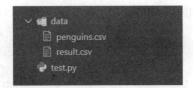

图 18-26

```
种类,岛屿,性别,体重,嘴喙长度,嘴喙深度,鳍足长度
阿德利企鹅,托格森岛,雄性,3750.0,39.1,18.7,181.0
阿德利企鹅,托格森岛,雌性,3800.0,39.5,17.4,186.0
阿德利企鹅,托格森岛,雌性,3250.0,40.3,18.0,195.0
阿德利企鹅,托格森岛,,4201.754385964912,43.9219298245614,17.151169590643278,200.91520467836258
阿德利企鹅,托格森岛,雌性,3450.0,36.7,19.3,193.0
阿德利企鹅,托格森岛,雄性,3650.0,39.3,20.6,190.0
阿德利企鹅,托格森岛,雌性,3625.0,38.9,17.8,181.0
阿德利企鹅,托格森岛,雄性,4675.0,39.2,19.6,195.0
阿德利企鹅,托格森岛,,3475.0,34.1,18.1,193.0
阿德利企鹅,托格森岛,,4250.0,42.0,20.2,190.0
```

图 18-27

从图 18-27 可以看出，缺失值使用的平均值小数位太多了，需要将其四舍五入为包含 1 位小数的浮点数。将"获取平均值"部分的代码修改如下。再次运行后打开 result.csv，内容如图 18-28 所示。

```
# 获取平均值
mean1 = round(df[' 体重 '].mean(), 1)
mean2 = round(df[' 嘴喙长度 '].mean(), 1)
mean3 = round(df[' 嘴喙深度 '].mean(), 1)
mean4 = round(df[' 鳍足长度 '].mean(), 1)
```

```
种类,岛屿,性别,体重,嘴喙长度,嘴喙深度,鳍足长度
阿德利企鹅,托格森岛,雄性,3750.0,39.1,18.7,181.0
阿德利企鹅,托格森岛,雌性,3800.0,39.5,17.4,186.0
阿德利企鹅,托格森岛,雌性,3250.0,40.3,18.0,195.0
阿德利企鹅,托格森岛,,4201.8,43.9,17.2,200.9
阿德利企鹅,托格森岛,雌性,3450.0,36.7,19.3,193.0
阿德利企鹅,托格森岛,雄性,3650.0,39.3,20.6,190.0
阿德利企鹅,托格森岛,雌性,3625.0,38.9,17.8,181.0
阿德利企鹅,托格森岛,雄性,4675.0,39.2,19.6,195.0
阿德利企鹅,托格森岛,,3475.0,34.1,18.1,193.0
阿德利企鹅,托格森岛,,4250.0,42.0,20.2,190.0
```

图 18-28

　　前面只是对体重、嘴喙长度、嘴喙深度、鳍足长度这 4 列的缺失值进行了处理，其实从图 18-28 可以看到，性别这一列还是存在缺失值，为了方便后面更好地统计，这里决定将"性别"列存在缺失值的行删除。在"保存文件"前加上下面代码即可，再次运行后打开 result.csv，内容如图 18-29 所示。

```
# 将"性别"列存在缺失值的行数据删除
df = df.dropna()
```

图 18-29

　　得到预期的数据之后，接下来就可以对数据进行统计分析了。这里尝试统计一下最后 4 列数据的平均数、最大值、最小值、中位数、方差以及标准差。紧接上面代码，在"保存文件"这部分代码前添加下面代码，再次运行后结果如图 18-30 所示。

```
# 统计分析
result = df[['体重', '嘴喙长度', '嘴喙深度', '鳍足长度']].agg(['mean', 'max', 'min', 'median', 'var', 'std'])
pd.set_option('display.unicode.east_asian_width', True)
print(result)
```

图 18-30

　　如果只想获取"阿德利企鹅"这一种企鹅的统计信息，可以使用下面代码来实现。再次运行后结果如图 18-31 所示。

```
# 统计分析
groups = df.groupby('种类')
# 获取"阿德利企鹅"的数据
group = groups.get_group('阿德利企鹅')

result = group[['体重', '嘴喙长度', '嘴喙深度', '鳍足长度']].agg(['mean', 'max',
'min', 'median', 'var', 'std'])
pd.set_option('display.unicode.east_asian_width', True)
print(result)
```

	体重	嘴喙长度	嘴喙深度	鳍足长度
mean	3706.164384	38.823973	18.347260	190.102740
max	4775.000000	46.000000	21.500000	210.000000
min	2850.000000	32.100000	15.500000	172.000000
median	3700.000000	38.850000	18.400000	190.000000
var	210332.427964	7.089421	1.486786	42.534199
std	458.620135	2.662597	1.219338	6.521825

图 18-31

如果想要分别统计"雄性"企鹅和"雌性"企鹅的相关信息，可以使用下面代码来实现。再次运行后结果如图 18-32 所示。

```
# 统计分析
groups = df.groupby('性别')
for name, group in groups:
result = group[['体重', '嘴喙长度', '嘴喙深度', '鳍足长度']].agg(['mean', 'max',
'min', 'median', 'var', 'std'])
pd.set_option('display.unicode.east_asian_width', True)
print(name)                      # 获取组名
print(result)                    # 获取统计信息
```

雄性

	体重	嘴喙长度	嘴喙深度	鳍足长度
mean	4545.684524	45.854762	17.891071	204.505952
max	6300.000000	59.600000	21.500000	231.000000
min	3250.000000	34.600000	14.100000	178.000000
median	4300.000000	46.800000	18.450000	200.500000
var	620359.259160	28.803570	3.472075	211.640683
std	787.628884	5.366896	1.863351	14.547876

雌性

	体重	嘴喙长度	嘴喙深度	鳍足长度
mean	3862.272727	42.096970	16.425455	197.363636
max	5200.000000	58.000000	20.700000	222.000000
min	2700.000000	32.100000	13.100000	172.000000
median	3650.000000	42.800000	17.000000	193.000000
var	443785.199557	24.044076	3.224470	156.269401
std	666.172050	4.903476	1.795681	12.500776

图 18-32

其实，除了分析数据，我们还可以使用图表的方式来展示数据，从而进一步挖掘数据的更多信息，比如找出异常值并删除。不过，这就需要借助下一章介绍的数据可视化技术了。

Jupyter Notebook

前面都是使用 VSCode 作为开发工具的。而在真实的数据分析工作中，我们更推荐使用 Jupyter Notebook 作为开发工具。Jupyter Notebook 是一个网页端的应用，它是在一个网页中直接编写代码和运行代码，然后结果也在网页中显示。Jupyter Notebook 除了简单美观之外，它的功能也非常强大。

如果你想要使用 Python 进行数据分析，那么 Jupyter Notebook 可以说是必用的一个工具。毫不夸张地说，一个 Python 工程师如果现在还不会使用 Jupyter Notebook 的话，可能就真的太落伍了。

## 第 19 章

数据可视化 *19*

数据可视化与数据分析紧密相关。虽然通过数据分析可以得到想要的数据，但对于此时的数据而言，仅仅从它本身很难看出背后藏着什么规律，而如果将数据以图表的方式来展示，就可以清楚地发现很多有用的信息了。

比如想要查看某个城市一天的气温变化，仅仅通过查看数据，并不容易看出什么规律。但如果使用折线图的方式展示出来，就可以很直观看出其中的变化趋势。再比如拿到一堆数据，我们很难判断其中是否存在异常数据。但如果使用箱线图的方式来显示，就可以一眼看出是否存在异常数据了。

所谓的数据可视化，指的是将数据以图表的方式展示处理。本章将介绍 Python 最重要的可视化库——Matplotlib，然后尝试使用它提供的各种图表来展示数据。

19.1 Matplotlib 概述

Python 的可视化库非常多，在众多可视化库中，Matplotlib 是最基础的一个。如果要学习 Python 数据可视化，那么 Matplotlib 是必学的一个。

Matplotlib 借鉴了很多 Matlab 的函数，可以轻松绘制各种高质量的图表，比如折线图、散点图、柱状图等。此外，Matplotlib 不仅可以绘制二维图，还可以绘制三维图，以及实现各种图形动画等。

由于 Matplotlib 是第三方库，因此需要手动去安装。打开 VSCode 终端窗口，输入下面命令，按下回车键即可安装。

```
pip install matplotlib
```

其他可视化库

Matplotlib 是 Python 可视化中最重要的一个库，能把这个库认真掌握好，就可以走得很远了。但真实的工作需求是复杂多变的，只靠 Matplotlib 其实还满足不了真正的工作需求。

如果想要成为一名真正的数据分析师，还得学习更多的可视化库才行，比如 Seaborn、Pyecharts、Bokeh、Plotline 等。数据可视化本身可以算是一门独立的技术，涉及的内容非常多。如果你想要更深入地学习，推荐看一下《从 0 到 1: Python 数据可视化》这本书。

19.2　绘制折线图

在 Matplotlib 中，我们可以使用 plot() 函数来绘制一个折线图。折线图的主要作用是：观察"因变量 y"随着"自变量 x"改变的趋势。因此折线图特别适用于展示随时间变化的连续数据。

▌语法：

```
plt.plot(x, y)
```

x 和 y 这两个都是必选参数，它们可以是列表、系列（Series）以及其他可迭代对象（比如 range 对象）。

▌示例：绘制一条折线

```
# 导入库
import matplotlib.pyplot as plt

# 绘图
x = [1, 2, 3, 4]
y = [16, 15, 18, 17]
plt.plot(x, y)

# 显示
plt.show()
```

运行之后，效果如图 19-1 所示。

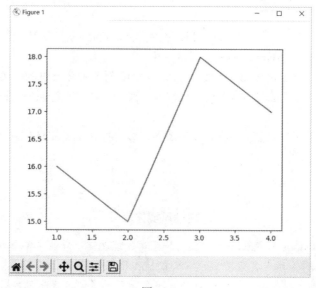

图 19-1

如果想要使用 Matplotlib 来绘制一个图表，至少要经历 3 步：①导入库；②绘图；③显示。

```
# 第 1 步：导入库
import matplotlib.pyplot as plt
```

首先，需要使用上面这句代码来引入 Matplotlib 库中的 pyplot 子库，并将其命名为 plt。因为 Matplotlib 大部分的绘图功能都是放在 pyplot 子库中，所以通常只需要导入 pyplot 子库就可以了。

```
# 第 2 步：绘图
x = [1, 2, 3, 4]
y = [16, 15, 18, 17]
plt.plot(x, y)
```

接下来，再使用上面代码来绘制一个折线图。根据 x 和 y 这两个列表，可以拥有 4 个折点坐标：(1, 16)、(2, 15)、(3, 18)、(4, 17)。

```
# 第 3 步：显示
plt.show()
```

仅仅只有第 1 步和第 2 步，运行代码之后并不会有任何效果。最后我们还要调用 plt 的 show() 函数，这样才能把图表显示出来。Matplotlib 图表窗口除了展示图表外，还提供了很多便捷的功能，如图 19-2 所示。这些功能包括保存成一张图片、对图表窗口进行配置等，你可以自行摸索一下。

图 19-2

▶ 示例：绘制多条折线

```
import matplotlib.pyplot as plt

# 绘制第 1 条折线
x1 = [1, 2, 3, 4]
y1 = [16, 15, 18, 17]
plt.plot(x1, y1)

# 绘制第 2 条折线
x2 = [1, 2, 3, 4]
y2 = [15, 19, 17, 16]
plt.plot(x2, y2)

# 显示
plt.show()
```

运行之后，效果如图 19-3 所示。

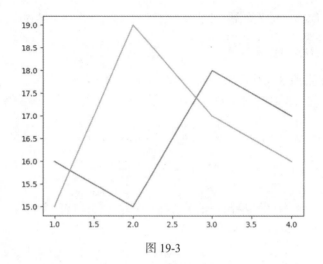

图 19-3

在一个图表中，我们不仅可以绘制一条折线，还可以同时绘制多条折线。想要在一个图表中绘制多条折线也很简单，只需要调用多次 plot() 函数就可以了。

实际上，使用一个 plot() 函数也能绘制多条折线。对于这个例子来说，下面两种方式是等价的。

```
# 方式 1：使用多个 plot()
plt.plot(x1, y1)
plt.plot(x2, y2)

# 方式 2：使用一个 plot()
plt.plot(x1, y1, x2, y2)
```

19.3 通用设置

在介绍如何绘制其他图表之前，我们先来介绍一下通用的设置。这些设置不仅可以用于折线图，也可以用于其他大多数图表。通用设置的大多数函数都是直接通过 pylot 子库来调用的。

```
import matplotlib.pyplot as plt
plt.函数名()
```

19.3.1 主题风格

在 Matplotlib 中，图表的默认风格是比较简陋的。如果想要更好的用户体验，我们可以使用 use() 函数来定义一种主题风格。

▶ 语法：

```
plt.style.use(主题名)
```

Matplotlib 自带了非常多的主题风格，这些主题风格都借鉴了其他可视化库（比如 Seaborn、ggplot 等）。

▆ 示例：主题类型

```
import matplotlib.style as ms
print(ms.available)
```

控制台输出如下。

```
['Solarize_Light2', '_classic_test_patch', 'bmh', 'classic', 'dark_background',
'fast', 'fivethirtyeight', 'ggplot', 'grayscale', 'seaborn', 'seaborn-bright',
'seaborn-colorblind', 'seaborn-dark', 'seaborn-dark-palette', 'seaborn-darkgrid',
'seaborn-deep', 'seaborn-muted', 'seaborn-notebook', 'seaborn-paper', 'seaborn-
pastel', 'seaborn-poster', 'seaborn-talk', 'seaborn-ticks', 'seaborn-white',
'seaborn-whitegrid', 'tableau-colorblind10']
```

我们可以使用上面这种方式来查看 Matplotlib 有哪些主题风格可以使用。最常用的主题风格是 'seaborn'。

▆ 示例：定义主题

```
import matplotlib.pyplot as plt

# 定义主题
plt.style.use('seaborn')

# 绘图
x = [1, 2, 3, 4]
y = [16, 15, 18, 17]
plt.plot(x, y)

# 显示
plt.show()
```

运行之后，效果如图 19-4 所示。

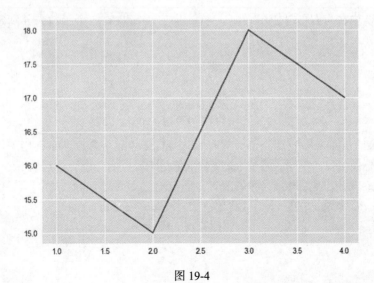

图 19-4

需要注意的是，主题风格的定义一定要放在绘图函数之前，否则就会无法生效。这是因为主题风格设置的样式是全局样式。

如果把 plt.style.use('seaborn') 改为 plt.style.use('ggplot') 之后，此时效果如图 19-5 所示。当然了，你也可以试一下其他主题风格。

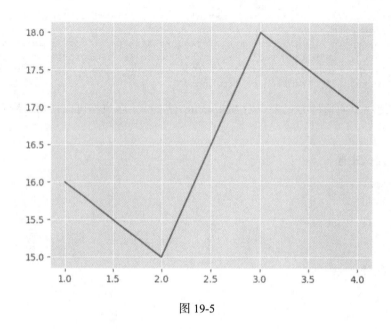

图 19-5

19.3.2　定义标题

在 Matplotlib 中，我们可以使用 title()、xlabel()、ylabel() 这 3 个函数来分别定义主标题、x 轴标题、y 轴标题。

▶ 语法：

```
plt.title(label, loc)        # 主标题
plt.xlabel(label, loc)       # x 轴标题
plt.ylabel(label, loc)       # y 轴标题
```

title()、xlabel()、ylabel() 这 3 个函数都有 label 和 loc 这两个参数。label 用于定义标题内容，而 loc 用于定义标题位置。不同函数的 loc 参数取值是不一样的，说明分别如下。

❑ 对于 title() 来说，它的 loc 参数取值有 3 种：left、center、right。

❑ 对于 xlabel() 来说，它的 loc 参数取值有 3 种：left、center、right。

❑ 对于 ylabel() 来说，它的 loc 参数取值有这 3 种：top、center、bottom。

▶ 示例：常规设置

```
import matplotlib.pyplot as plt

# 定义主题
plt.style.use('seaborn')

# 解决中文乱码
plt.rcParams['font.family'] = ['SimHei']
# 解决负号不显示
plt.rcParams['axes.unicode_minus'] = False

# 绘图
x = [1, 2, 3, 4]
y = [16, 15, 18, 17]
plt.plot(x, y)

# 定义标题
plt.title('一个折线图')
plt.xlabel('x轴标题')
plt.ylabel('y轴标题')

# 显示
plt.show()
```

运行之后，效果如图 19-6 所示。

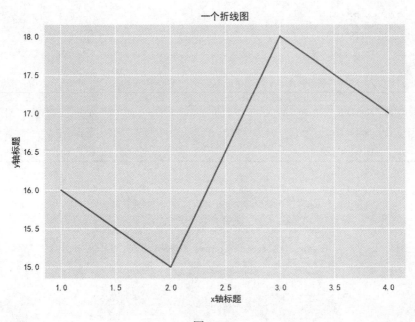

图 19-6

如果图表中包含中文，就必须使用 plt.rcParams['font.family'] 来设置中文字体，否则就会产生乱码。如果图表中包含符号（-），则必须设置 plt.rcParams['axes.unicode_minus'] 为 False。

如果图表中包含中文，建议在绘图的一开始处加上下面这两句代码。如果没有中文，则可加可不加。

```
plt.rcParams['font.family'] = ['SimHei']          # 解决中文乱码
plt.rcParams['axes.unicode_minus'] = False        # 解决负号不显示
```

19.3.3　定义图例

在 Matplotlib 中，我们可以使用 legend() 函数来为图表定义一个图例。

▌ 语法：

```
plt.legend(loc)
```

参数 loc 用于定义图例的位置，loc 是 "location" 的缩写，它常用的取值如表 19-1 所示，不同参数值的位置如图 19-7 所示。

表 19-1　参数 loc 的取值

取　　值	说　　明
upper left	左上
upper center	靠上居中
upper right	右上
center left	居中靠左
center	正中
center right	居中靠右
lower left	左下
lower center	靠下居中
lower right	右下

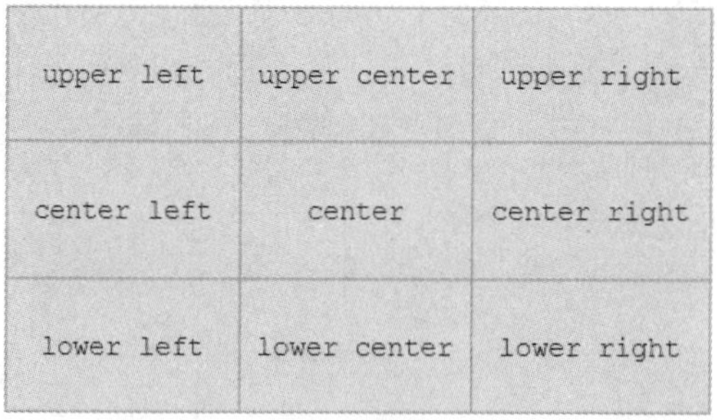

upper left	upper center	upper right
center left	center	center right
lower left	lower center	lower right

图 19-7

▶ **示例：定义图例**

```python
import matplotlib.pyplot as plt

# 设置
plt.style.use('seaborn')
plt.rcParams['font.family'] = ['SimHei']
plt.rcParams['axes.unicode_minus'] = False

# 绘图
x1 = [1, 2, 3, 4]
y1 = [16, 15, 18, 17]
x2 = [1, 2, 3, 4]
y2 = [15, 19, 17, 16]
plt.plot(x1, y1, label=' 折线 A')
plt.plot(x2, y2, label=' 折线 B')

# 定义图例
plt.legend()

# 显示
plt.show()
```

运行之后，效果如图 19-8 所示。

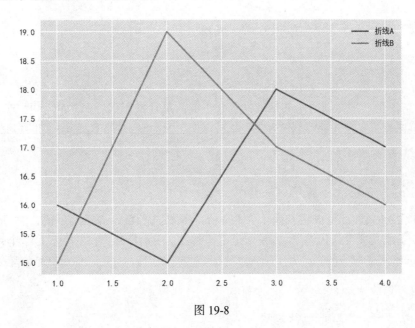

图 19-8

由于 legend() 函数需要结合绘图函数的 label 参数来一起使用，所以 legend() 函数必须在绘图函数的后面调用，不然就会无法生效。

对于 legend() 函数来说，我们还可以使用 loc 参数来定义图例的位置。在上面示例中，如果将 plt.legend() 改为 plt.legend(loc='upper left')，再次运行后效果如图 19-9 所示。

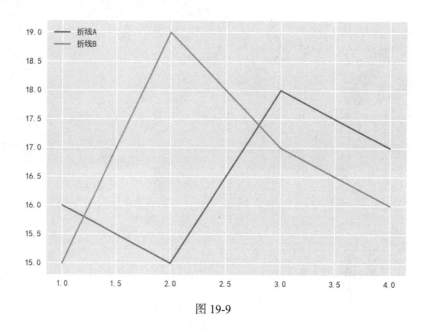

图 19-9

19.3.4　刻度标签

在某些情况下，坐标轴默认的刻度标签并不能满足开发需求。在 Matplotlib 中，我们可以使用 xticks() 函数来定义 x 轴的刻度标签，也可以使用 yticks() 函数来定义 y 轴的刻度标签。

▶ 语法：

```
plt.xticks(ticks, labels)
plt.yticks(ticks, labels)
```

xticks() 和 yticks() 都可以接收两个参数。ticks 是必选参数，表示刻度值，它可以是列表、系列（Series）或其他可迭代对象。labels 是可选参数，表示标签值，它一般是一个列表。其中labels 是与 ticks 一一对应的。

▶ 示例：

```
import matplotlib.pyplot as plt

# 设置
plt.style.use('seaborn')
plt.rcParams['font.family'] = ['SimHei']
plt.rcParams['axes.unicode_minus'] = False
```

```
# 绘图
x = range(1, 16)
y = [36.0, 36.1, 36.6, 36.2, 36.4, 36.5, 36.0, 36.2, 36.4, 36.8, 36.7, 36.1, 36.6,
36.5, 36.7]
plt.plot(x, y, marker='o', markerfacecolor='red')          # 节点为红色圆点

# 定义标题
plt.title('15 天体温变化 ')
plt.xlabel(' 日期 ')
plt.ylabel(' 温度（℃）')

# 显示
plt.show()
```

运行之后，效果如图 19-10 所示。

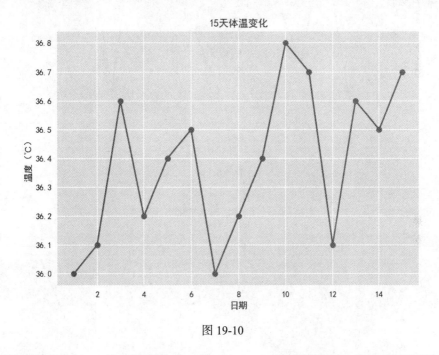

图 19-10

从上图可以看出来，x 轴的刻度是"2、4、6、…、14"这样的数字，但如果想要得到"1、2、3、…、15"这样更加精确的刻度，就需要借助 xticks() 函数来实现了。

把下面代码加到"定义标题"这部分代码的后面，再次运行后效果如图 19-11 所示。

```
# 刻度标签
plt.xticks(ticks=range(1, 16))
```

刻度变得精确了，但效果似乎还不是很理想，我们希望刻度显示的是"1 日、2 日、3 日、…、15 日"这样的标签，此时可以使用 labels 参数来实现。把下面这句代码加到"定义标题"这部分代码的后面，再次运行之后，效果如图 19-12 所示。

```
# 刻度标签
dates = [str(i)+' 日 ' for i in range(1, 16)]
plt.xticks(ticks=range(1, 16), labels=dates)
```

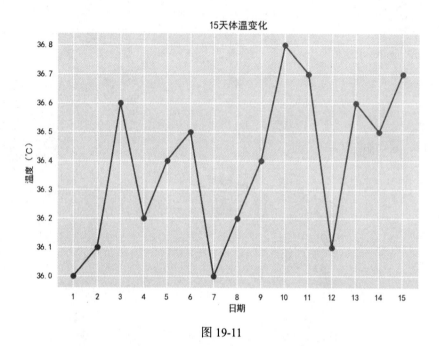

图 19-11

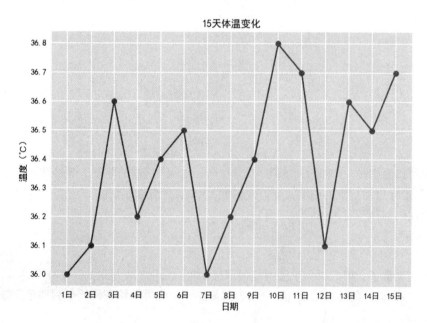

图 19-12

　　dates=[str(i)+' 日 ' for i in range(1，16)] 使用了列表推导式的语法，用于生成这样一个列表：['1 日 '，'2 日 '，... ，'15 日 ']。对于 plt.xticks(ticks，labels) 函数来说，如果想要使用第 2 个参数，那么 ticks 和 labels 这两个列表的元素个数必须相同，然后 labels 的元素会将 ticks 中对应位置的刻度一一替换。

19.3.5　刻度范围

　　刻度范围指的是坐标轴的取值区间，包括 x 轴和 y 轴的取值区间。刻度范围是否合理，会直接影响图表展示的效果。

　　我们可以使用 matplotlib.pyplot 中的 xlim() 函数来定义 x 轴的范围，也可以使用其中的 ylim() 函数来定义 y 轴的范围。

▼ **语法：**

```
plt.xlim(left, right)
plt.ylim(left, right)
```

　　xlim() 和 ylim() 这两个函数的取值范围为：[left, right]，包括 left 也包括 right。

▼ **示例：**

```
import matplotlib.pyplot as plt

# 设置
plt.style.use('seaborn')
plt.rcParams['font.family'] = ['SimHei']
plt.rcParams['axes.unicode_minus'] = False

# 绘图
x = range(1, 16)
y = [36.0, 36.1, 36.6, 36.2, 36.4, 36.5, 36.0, 36.2, 36.4, 36.8, 36.7, 36.1, 36.6,
36.5, 36.7]
plt.plot(x, y, marker='o', markerfacecolor='red')        # 节点为红色圆点

# 定义标题
plt.title('15 天体温变化 ')
plt.xlabel(' 日期 ')
plt.ylabel(' 温度（℃）')

# 刻度范围
plt.xlim(1, 14)
plt.ylim(35, 45)

# 显示
plt.show()
```

运行之后，效果如图 19-13 所示。

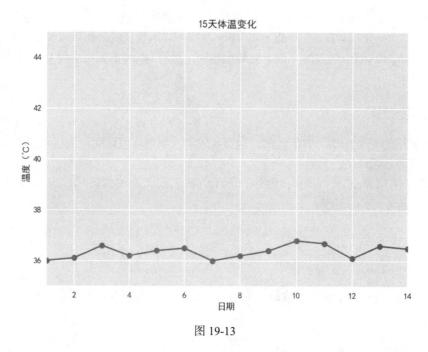

图 19-13

"刻度标签"和"刻度范围"是不一样的,"刻度标签"是一一对应到坐标轴上的。而"刻度范围"仅仅是定义一个范围,然后刻度是由 Matplotlib 自动调整或手动调整的。你可以对比一下,这里并不难理解。

19.4　散点图

在 Matplotlib 中,我们可以使用 scatter() 函数来绘制一个散点图。散点图的主要作用有以下两个。

❑ 判断变量之间是否存在关联趋势、这个关联趋势是线性的还是非线性的。
❑ 判断是否有离群点(也叫异常点),也就是偏移量比较大的点。

▌ 语法：

```
plt.scatter(x, y)
```

参数 x 存放的是所有点的 x 轴坐标,参数 y 存放的是所有点的 y 轴坐标,它们可以是列表、系列(Series)等。

▌ 示例：基本散点图

```
import matplotlib.pyplot as plt

# 设置
plt.style.use('seaborn')
```

```
# 绘图
x = [1, 2, 3, 4, 5, 6, 7, 8]
y = [15, 12, 14, 12, 11, 14, 13, 12]
plt.scatter(x, y)

# 显示
plt.show()
```

运行之后，效果如图 19-14 所示。

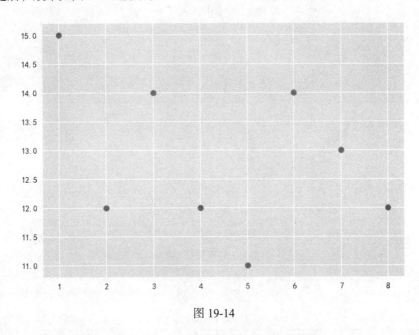

图 19-14

为了让散点图更加美观，scatter() 函数还提供了很多用于定义样式的参数，常用的如表 19-2 所示。

表 19-2   scatter() 函数的样式参数

参 数	说 明
marker	散点的形状
s	散点的大小（size）
color	散点的颜色（color）
alpha	散点的透明度（0.0~1.0）

▶ 示例：散点的形状

```
import matplotlib.pyplot as plt

# 设置
plt.style.use('seaborn')
```

```
# 绘图
x= [1, 2, 3, 4, 5, 6, 7, 8]
y = [15, 12, 14, 12, 11, 14, 13, 12]
plt.scatter(x, y, marker='x')

# 显示
plt.show()
```

运行之后，效果如图 19-15 所示。

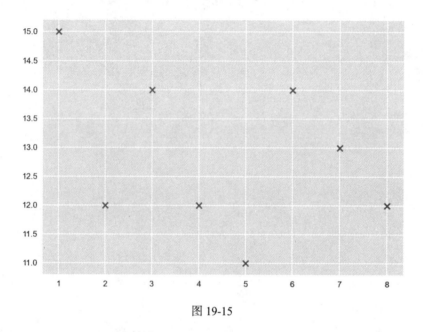

图 19-15

marker='x' 用于定义散点的形状为 "x"。marker 参数的取值非常多，它的取值和折线图 plot() 函数中的 marker 参数的取值是一样的，具体可以查阅 Matplotlib 官方文档。

▶ 示例：颜色、大小、透明度

```
import matplotlib.pyplot as plt

# 设置
plt.style.use('seaborn')

# 绘图
x= [1, 2, 3, 4, 5, 6, 7, 8]
y = [15, 12, 14, 12, 11, 14, 13, 12]
plt.scatter(x, y, s=80, color='red', alpha=0.3)

# 显示
plt.show()
```

运行之后，效果如图 19-16 所示。

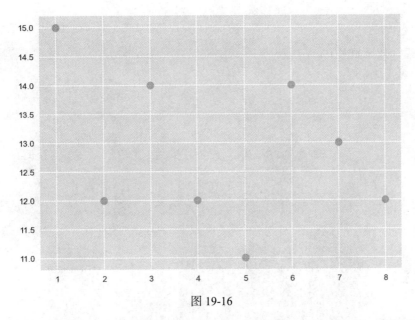

图 19-16

plt.scatter(x, y, s=80, color='red', alpha=0.3) 表示定义散点的大小为 80，颜色为红色，透明度为 0.3。

19.5　柱形图

我们可以使用 matplotlib.pyplot 中的 bar() 函数来绘制柱形图。柱形图也叫"柱状图"，它的主要作用是：展示数据的大小。

▼ **语法：**

```
plt.bar(x, y, hatch)
```

参数 x 存放的是所有点的 x 轴坐标，参数 y 存放的是所有点的 y 轴坐标，它们可以是列表、系列（Series）等。

参数 hatch 用于定义装饰线，常用的取值有：'/'、'|'、'-'、'\\'。每一种符号字符串代表一种几何样式，并且符号字符串的符号数量越多，几何图形的密集程度越高。

▼ **示例：**

```
import matplotlib.pyplot as plt

# 设置
plt.style.use('seaborn')

# 绘图
x = [1, 2, 3, 4, 5]
y = [12, 25, 16, 23, 10]
plt.bar(x, y)
```

```
# 显示
plt.show()
```

运行之后，效果如图 19-17 所示。

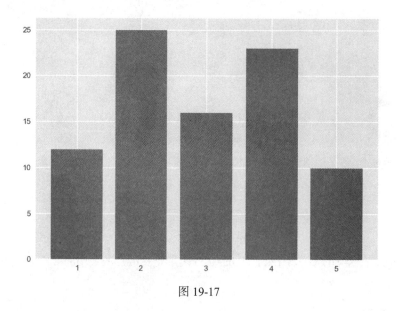

图 19-17

我们可以使用 hatch 参数为柱条添加装饰线。符号的数量越多，几何图形的密集程度越高。如果改为 plt.bar(x，y，hatch='/')，则效果如图 19-18 所示。如果改为 plt.bar(x，y，hatch='//')，则效果如图 19-19 所示。

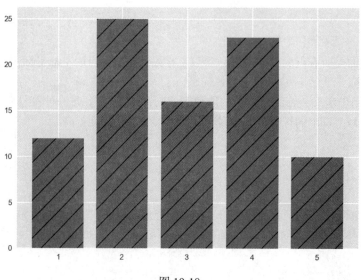

图 19-18

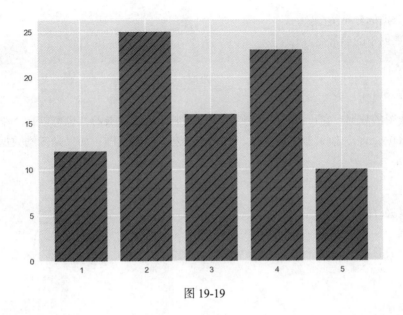

图 19-19

19.6 箱线图

箱线图，也叫作"箱形图"。箱线图使用 6 个统计量来描述数据，也就是：最大值、上四分位数、中位数、下四分位数、最小值、异常值，如图 19-20 所示。

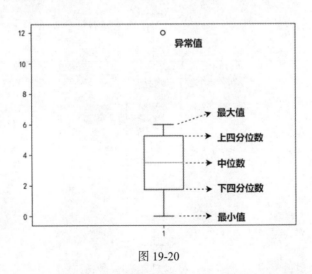

图 19-20

我们可以使用 matplotlib.pyplot 中的 boxplot() 函数来绘制箱线图。其中，箱线图主要作用有以下两个。

❑ 查看数据的分布情况。
❑ 发现数据中的异常点。

▶ 语法：

```
plt.boxplot(x)
```

x 是箱线图的数据。它可以是一维数据（如一维列表或 Series），也可以是二维数据（如二维列表或 DataFrame）。如果是一维数据，则表示绘制一个箱线图；如果是二维数据，则表示绘制多个箱线图。

▶ 示例：一个箱线图

```
import matplotlib.pyplot as plt

# 设置
plt.style.use('seaborn')

# 绘图
x = [0, 8, 1, 3, 6]
plt.boxplot(x)

# 显示
plt.show()
```

运行之后，效果如图 19-21 所示。

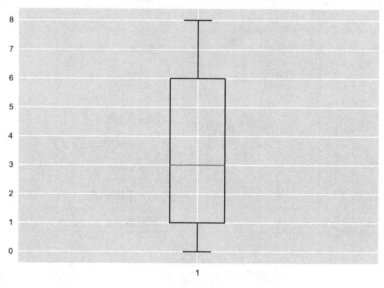

图 19-21

从箱线图可以看出，对于 x 这一组数据，它的最大值是 8、上四分位数是 6、中位数是 3、下四分位数是 1、最小值是 0。其中的四分位数和中位数都是数据分析中的概念。

▌ 示例：多个箱线图

```python
import matplotlib.pyplot as plt

# 设置
plt.style.use('seaborn')

# 绘图
x1 = [0, 8, 1, 3, 6]
x2 = [16, 13, 10, 14, 12]
x3 = [20, 24, 21, 23, 27]
plt.boxplot([x1, x2, x3])

# 显示
plt.show()
```

运行之后，效果如图 19-22 所示。

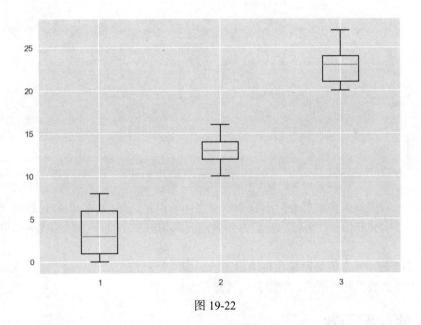

图 19-22

同时绘制多个箱线图也很简单，此时 boxplot() 函数接收一个列表作为参数就可以了。列表的每一个元素本身又是一个列表。

▌ 示例：异常值

```python
import matplotlib.pyplot as plt
```

```
# 设置
plt.style.use('seaborn')

# 绘图
x = [23, 34, 11, 29, 33, 13, 33, 45, 80, 90]
plt.boxplot(x)

# 显示
plt.show()
```

运行之后，效果如图 19-23 所示。

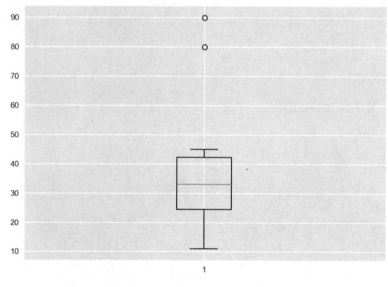

图 19-23

对于 x 中的数据，大多数都是分布在 10~50 之间，但是这里的 80 和 90 已经远远超过这个范围了，所以 Matplotlib 会自动标识它们为异常值。其中图中的两个小圆圈代表的就是异常值（异常数据）。

需要清楚的是，异常值是箱线图自动识别的，而不是我们手动设置的。一般来说，如果某些数据不在大多数数据的范围内，就会自动被标记为异常值。

19.7　其他绘图函数

Matplotlib 的功能非常强大，可以绘制数十种图表。而本章只是介绍了最常用的几种。表 19-3 列举了 Matplotlib 中其他的绘图函数，有兴趣的话，你可以自行搜索了解一下。

表 19-3　Matplotlib 绘图函数

基本图表	
plot()	折线图
bar()	柱形图
barh()	条形图
hist()	直方图
pie()	饼状图
scatter()	散点图
boxplot()	箱线图
高级图表	
step()	阶梯图
stackplot()	面积图
stem()	棉棒图
errorbar()	误差棒图
polar()	雷达图
imshow()	热力图
subplot()	子图表

19.8　项目：餐厅营业的可视化

　　当前项目目录下有一个 data 文件夹，该文件夹中有一个 tips.csv 文件，项目结构如图 19-24 所示。tips.csv 文件保存的是某餐厅营业情况，包括总额、小费、客人信息等，部分内容如图 19-25 所示。需要说明的是，"大小"这一列指的是客人订的餐桌类型，比如有些是 2 人桌、有些是 3 人桌等。

```
总额,小费,性别,吸烟,时间,类型,大小
16.99,1.01,女,否,周日,午餐,2
10.34,1.66,男,否,周日,午餐,3
21.01,3.5,男,否,周日,午餐,3
23.68,3.31,男,否,周日,午餐,2
24.59,3.61,女,否,周日,午餐,4
25.29,4.71,男,否,周日,午餐,4
8.77,2,男,否,周日,午餐,2
26.88,3.12,男,否,周日,午餐,4
15.04,1.96,男,否,周日,午餐,2
14.78,3.23,男,否,周日,午餐,2
```

图 19-24　　　　　　　　　　　　　　　　図 19-25

对于 tips.csv 文件，你可以在本书配套文件中找到。接下来尝试使用散点图和箱线图来展示数据，进一步挖掘数据中的规律和信息。

▶ 示例：散点图

```
import pandas as pd
import matplotlib.pyplot as plt

# 设置
plt.style.use('seaborn')
plt.rcParams['font.family'] = ['SimHei']
plt.rcParams['axes.unicode_minus'] = False

# 读取数据
df = pd.read_csv(r'data\tips.csv')

# 绘制图表
plt.scatter(df['总额'], df['小费'])

# 显示
plt.show()
```

运行之后，效果如图 19-26 所示。

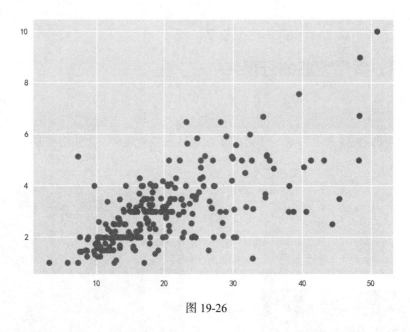

图 19-26

plt.scatter(df[' 总额 ']，df[' 小费 ']) 表示使用 "总额" 这一列作为 x 轴数据，并且使用对应的 "小费" 这一列作为 y 轴数据，然后来绘制散点图。从图 19-26 是可以看出，"总额" 和 "小费" 是存在一定线性关系的。

如果想要分别查看"午餐"中"总额"和"小费"之间的关系，以及"晚餐"中"总额"和"小费"之间的关系，此时可以根据"类型"来进行区分。怎么实现呢？其实也很简单，使用 Pandas 来筛选出"午餐"和"晚餐"的数据，然后分别绘制散点图即可。"绘制图表"这一部分修改后的代码如下，再次运行后效果如图 19-27 所示。

```
# 绘制图表
df1 = df[df['类型'] == '午餐']
df2 = df[df['类型'] == '晚餐']
plt.scatter(df1['总额'], df1['小费'], color='red')
plt.scatter(df2['总额'], df2['小费'], color='blue')
```

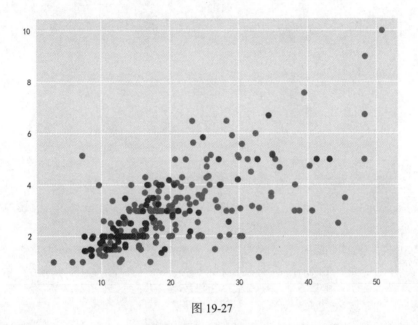

图 19-27

使用散点图不仅可以判断两个变量是否存在关联趋势，也可以看出其中是否有异常点。但是散点图的异常点是由人工判断的，这并不一定准确。更加准确的方式是使用箱线图来展示，它可以清楚地显示有多少个异常点。

如果想要使用箱线图来查看"总额"这一列是否有异常点，可以修改"绘制图表"这一部分的代码（如下），再次运行后效果如图 19-28 所示。

```
# 绘制图表
df1 = df[df['类型'] == '午餐']['总额']
df2 = df[df['类型'] == '晚餐']['总额']
plt.boxplot([df1, df2])
```

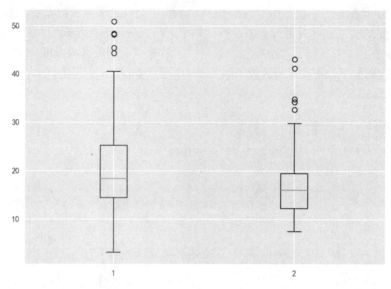

图 19-28

Seaborn

虽然 Matplotlib 非常强大，但它本身提供的有些 API 并不是很好用。在实际项目中，还可以选择 Seaborn 来实现数据可视化。

Seaborn 是基于 Matplotlib 来实现的（学习 Seaborn 必须要有 Matplotlib 基础），但相比于 Matplotlib，Seaborn 有两个最重要的优势：①语法更加简单好用；②图表更加高级美观。就拿语法来说，绘制一个图表，Seaborn 大多数只需要几行代码就可以轻松实现，而使用 Matplotlib 则可能需要十几行。

此外 Matplotlib 绘制出的图表是比较简陋的，而 Seaborn 绘制出来的图表却是非常的"高大上"。实际上，绘制一个有吸引力的图表非常重要，毕竟用户体验才是最重要的。

## 第 20 章

数据库操作

20

从之前的学习可知，如果想要保存大量的数据，可以使用文件的方式来实现，比如 TXT、CSV、Excel 等文件。但在真实的项目开发中，更多的是使用数据库这种方式来保存。

数据库（DataBase），简单来说就是一个数据集合，用来将大量数据保存在一起。数据库的应用极其广泛，日常生活中经常要用到。比如一个大学有几万名学生，入学时都会对每个学生进行登记，包括姓名、年龄、专业等。这些信息会保存到一个数据库中，然后平常考试、进出校门等都需要核对学生的信息。再拿各大银行来说，所有客户的信息，包括账号、密码、余额等，都是存放在数据库中的。

不管是哪一个方向的开发项目（包括 Web 开发、APP 开发等），绝大多数情况都是使用数据库来保存数据的。本章将介绍如何使用 Python 来操作数据库，包括 3 种不同特点的数据库：SQLite、MySQL 和 MongoDB。

20.1　操作 SQLite

SQLite 是一种关系型数据库。与其他关系型数据库（如 MySQL、SQL Server 等）不一样，SQLite 不是"B/S 结构"的数据库，而是一种"嵌入式"的数据库。在 SQLite 中，它的数据库就是一个文件。SQLite 将整个数据库，包括定义、表、索引以及数据本身，作为一个单独的文件保存起来。

有些人认为 SQLite 是一个不适合生产环境使用的"玩具数据库"。事实上，它被大家严重低估了。作为一款非常可靠的数据库，SQLite 经常被集成到各种应用程序中。比如国内最常使用的社交软件（微信），就是使用 SQLite 来保存聊天记录的。

Python 本身就内置了 SQLite 的相关模块（即 sqlite3），所以你不需要另外安装就可以直接使用。

20.1.1　创建数据库

在 Python 中，如果想要使用 SQLite 创建一个数据库文件，我们需要进行以下 5 步操作。

① 创建连接（Connection）。

② 创建游标（Cursor）。

③ 执行 SQL 语句。

④ 关闭游标（Cursor）。

⑤ 关闭连接（Connection）。

后面介绍的对表的“增删查改”这 4 种操作，同样需要执行这 5 步。接下来在当前目录下创建一个名为 data 的文件夹，整个项目结构如图 20-1 所示。

图 20-1

示例：

```
import sqlite3

# 第 1 步，创建连接
conn = sqlite3.connect(r'data\test.db')
# 第 2 步，创建游标
cursor = conn.cursor()
# 第 3 步，执行 SQL 语句
cursor.execute('''create table product (id int primary key,
                                        name varchar(10),
                                        type varchar(10),
                                        price decimal(5, 1))''')
# 第 4 步，关闭游标
cursor.close()
# 第 5 步，关闭连接
conn.close()
```

运行代码之后，会发现 test.db 这个数据库文件已经创建好了，如图 20-2 所示。

图 20-2

```
# 第 1 步，创建连接
conn = sqlite3.connect(r'data\test.db')
```

首先使用 sqlite3 模块的 connect() 函数创建一个 Connection 对象。如果 test.db 文件不存在，那么 Python 就会自动创建该文件；如果 test.db 文件已经存在，那么 Python 就会自动连接上 test.db。

```
# 第 2 步，创建游标
cursor = conn.cursor()
```

创建好连接之后，我们再使用 Connection 对象的 cursor() 方法来创建一个 Cursor 对象。Cursor 对象就是通常所说的"游标"。游标用于逐行处理数据。不管是创建表，还是对表执行增删查改，都必须借助游标才可以操作。

```
# 第 3 步，执行 SQL 语句
cursor.execute('''create table product (id int primary key,
                                        name varchar(10),
                                        type varchar(10),
                                        price decimal(5, 1))''')
```

获取到 Cursor 对象之后，我们就可以使用 Cursor 对象的 execute() 方法来创建表。上面这段代码表示创建一个名为 product 的表，该表有以下 4 个字段（主键是 id）。

❑ id：表示商品编号，其数据类型是整型（int）。
❑ name：表示商品名称，其数据类型是字符串（varchar），最大长度为 10。
❑ type：表示商品类型，其数据类型是字符串（varchar），最大长度为 10。
❑ price：表示商品售价，其数据类型是浮点型（decimal），最大长度为 5，小数位为 1 位。

```
# 第 4 步，关闭游标
cursor.close()
# 第 5 步，关闭连接
conn.close()
```

最后还需要把连接和游标都关闭了。首先关闭游标，然后再关闭连接。再次运行这个例子，如果报出下面的错误，就表示 product 表创建成功了。这是因为在同一个数据库中，不允许创建相同名字的表，否则就会报错。

```
sqlite3.OperationalError: table product already exists
```

20.1.2 增删查改

在 SQLite 中，想要对一个表进行"增删查改"操作，我们都是使用 Cursor 对象的 execute() 方法以及 Connection 对象的 commit() 方法来实现的。首先使用 cursor.execute() 执行 SQL 语句，然后使用 connection.commit() 提交这个事务。

1. 增
在 SQLite 中，我们可以使用 insert into 语句来为某个表增加数据（或插入数据）。

▼ 语法：

```
insert into 表名 (字段 1, 字段 2, ..., 字段 n) values (值 1, 值 2, ..., 值 n)
```

从前文可知，product 表有 4 个字段：id、name、type、price。在给每一个字段赋值时，需要根据其数据类型来赋值。比如 id 字段的值必须是一个整型，name 字段的值必须是一个字符串（最大长度为 10），以此类推。如果插入值的数据类型不一致，就会导致各种预想不到的问题。

▼ 示例：

```
import sqlite3

# 创建连接（连接数据库）
conn = sqlite3.connect(r'data\test.db')
# 创建游标
cursor = conn.cursor()

# 执行 SQL 语句，增加数据
cursor.execute('insert into product (id, name, type, price) values (1, "橡皮",
"文具", 2.5)')
cursor.execute('insert into product (id, name, type, price) values (2, "尺子",
"文具", 1.2)')
cursor.execute('insert into product (id, name, type, price) values (3, "铅笔",
"文具", 4.6)')
cursor.execute('insert into product (id, name, type, price) values (4, "筷子",
"餐具", 39.9)')
cursor.execute('insert into product (id, name, type, price) values (5, "汤勺",
"餐具", 12.5)')

# 关闭游标
cursor.close()
# 提交事务
conn.commit()
# 关闭连接
conn.close()
```

上面示例表示往 product 表中增加 5 条记录。一条记录，也就是表的一行数据。增加 5 条记录，也就是增加 5 行数据。"记录"这个概念很常见，你应该清楚知道它指的是什么。在插入记录时，如果是往所有字段都插入数据，那么字段名可以省略。下面两种方式是等价的。

```
# 方式 1
cursor.execute('insert into product (id, name, type, price) values (1, "橡皮",
"文具", 2.5)')

# 方式 2
cursor.execute('insert into product values (1, "橡皮", "文具", 2.5)')
```

由于 test.db 这个文件已经存在，所以 conn = sqlite3.connect(r'data\test.db') 这句代码不再表示创建数据库文件，而是表示连接 test.db 这个文件。

请记住一点：在对表的"增删查改"操作中，关闭连接之前一定要使用 Connection 对象的 commit() 方法来提交事务，否则就无法操作成功。

运行上面代码会往 product 表增加 5 条记录。为了验证是否增加成功，我们可以再次运行整个例子代码，如果报出下面的错误，就说明已经增加成功。这是因为在同一个表中，不允许出现相同主键的记录。

```
sqlite3.IntegrityError: UNIQUE constraint failed: product.id
```

2. 查

在 SQLite 中，我们可以使用 select 语句来查询表中符合条件的数据。select 语句是 SQL 所有语句中用得最多的一种语句，如果你能把 select 语句认真掌握好，那说明离掌握 SQL 已经不远了。

▼ **语法：**

select 字段1，字段2，...，字段n from 表名 where 查询条件

▼ **示例：**

```
import sqlite3

# 创建连接、创建游标
conn = sqlite3.connect(r'data\test.db')
cursor = conn.cursor()

# 执行 SQL 语句
cursor.execute('select * from product')
# 获取查询结果
result = cursor.fetchall()
print(result)

# 关闭游标、提交事务、关闭连接
cursor.close()
conn.commit()
conn.close()
```

运行结果如下：

```
[(1, '橡皮', '文具', 2.5), (2, '尺子', '文具', 1.2), (3, '铅笔', '文具', 4.6),
(4, '筷子', '餐具', 39.9), (5, '汤勺', '餐具', 12.5)]
```

cursor.execute('select * from product') 表示从 product 表中查询所有的记录。cursor.fetchall() 表示获取所有"符合条件"的记录，它返回的是一个列表，列表的每一个元素是一个元组。

如果把 cursor.execute('select * from product') 改为 cursor.execute('select name, price from product')，此时表示从 product 表中获取 name 和 price 这两列。再次运行后结果如下：

```
[('橡皮', 2.5), ('尺子', 1.2), ('铅笔', 4.6), ('筷子', 39.9), ('汤勺', 12.5)]
```

如果把 cursor.execute('select * from product') 改为 cursor.execute('select * from product where price > 10')，此时表示从 product 表中获取 price 大于 10 的记录。再次运行后结果如下：

```
[(4, '筷子', '餐具', 39.9), (5, '汤勺', '餐具', 12.5)]
```

提示　SQL 语句变化多样，它本身就可以作为一门独立的技术，你可以查阅 SQL 官方文档来了解更多内容。如果想要更好地掌握 SQL，也可以学习我的另一本书《从 0 到 1：SQL 即学即用》。

---

3. 改

在 SQLite 中，我们可以使用 update 语句来修改表中符合条件的数据。

▼ 语法：

```
update 表名 set 字段 = 值 where 查询条件
```

▼ 示例：

```
import sqlite3

# 创建连接、创建游标
conn = sqlite3.connect(r'data\test.db')
cursor = conn.cursor()

# 执行 SQL 语句
cursor.execute('update product set price=10.0 where name=" 橡皮 "')
cursor.execute('select * from product where name=" 橡皮 "')
result = cursor.fetchall()
print(result)

# 关闭游标、提交事务、关闭连接
cursor.close()
conn.commit()
conn.close()
```

运行结果如下：

```
[(1, ' 橡皮 ', ' 文具 ', 10.0)]
```

cursor.execute('update product set price=10.0 where name=" 橡皮 "') 表示找到 name=" 橡皮 " 这条记录，然后将 price 的值改为 10.0。实际上，这句代码等价于：

```
cursor.execute('update product set price=? where name=?', (10.0, ' 橡皮 '))
```

此时的 execute() 方法接收两个参数：第 1 个参数是 SQL 语句，它是一个字符串；第 2 个参数是替换值，它是一个元组。元组中的值会依次替换 SQL 语句中的问号（？），最后拼接成一个字符串。

4. 删

在 SQLite 中，我们可以使用 delete 语句来删除表中符合条件的数据。

▼ 语法：

```
delete from 表名 where 查询条件
```

▼ 示例：

```
import sqlite3

# 创建连接、创建游标
conn = sqlite3.connect(r'data\test.db')
```

```
cursor = conn.cursor()

# 执行 SQL 语句
cursor.execute('delete from product where id=5')
cursor.execute('select * from product')
result = cursor.fetchall()
print(result)

# 关闭游标、提交事务、关闭连接
cursor.close()
conn.commit()
conn.close()
```

运行结果如下：

```
[(1, '橡皮', '文具', 10.0), (2, '尺子', '文具', 1.2), (3, '铅笔', '文具', 4.6),
(4, '筷子', '餐具', 39.9)]
```

cursor.execute('delete from product where id=5') 表示从 product 表中删除 id=5 这条记录。实际上，这句代码等价于：

```
cursor.execute('delete from product where id=?', (5,))
```

20.2 操作 MySQL

MySQL 是一款开源的数据库软件，也是目前使用最多的数据管理系统之一。很多编程语言的相关项目都会使用 MySQL 作为主要的数据库，包括 Python、Go、PHP 等。在使用 MySQL 之前，需要将其安装到计算机，详见附录 F。

20.2.1 使用 Navicat for MySQL

MySQL 本身并未提供一个可视化管理工具。如果不借助其他工具，就得使用命令行的方式（如图 20-3）来操作。我们都知道，命令行这种方式有时是比较麻烦的。

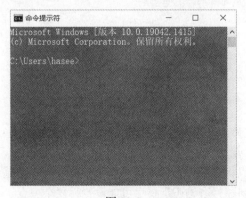

图 20-3

对于初学者来说，如果想要更轻松地使用 MySQL，这里推荐使用 Navicat for MySQL 这个软件来辅助学习。

对于 Navicat for MySQL，你可以自行搜索一下，在其官方网站中可以找到下载链接。下载完成后，只需像安装普通软件那样去安装即可。

提示 如果想要使用 MySQL 进行开发，除了使用 Navicat for MySQL 之外，还可以使用 Workbench、phpMyAdmin、MySQL Browser 等。

任何数据库的操作本身都不简单，想要在 Navicat for MySQL 中操作 MySQL，需要执行这 4 步：①连接 MySQL；②创建数据库；③创建表；④运行代码。

1. 连接 MySQL

① **连接 MySQL**：打开 Navicat for MySQL 后，在上方菜单栏依次找到【连接】→【MySQL】，如图 20-4 所示。

图 20-4

② **填写连接信息**：在弹出的新窗口中，这里的"连接名"随便写即可，然后密码就是 root 用户的密码，如图 20-5 所示。填写完成后，单击【确定】按钮。

为了方便学习，你可以将密码设置得简单一点，比如我这里就是设置成"123456"。但在实际开发中，考虑到安全性问题，密码还是要尽可能设置得复杂一点。

图 20-5

③ **打开连接**：在左侧菜单栏中选中【pyconnect】这一项，单击鼠标右键并选择【打开连接】，如图 20-6 所示，这样就打开连接了。或者，直接双击【pyconnect】这一项也行。

图 20-6

2. 创建数据库

① **新建数据库**：在左侧菜单栏选中【pyconnect】，单击鼠标右键选择【新建数据库】，如图 20-7 所示。

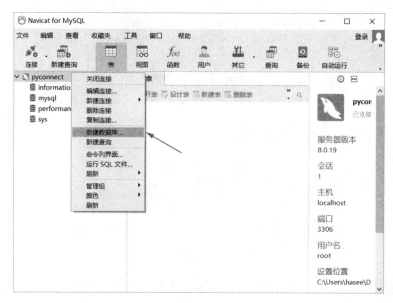

图 20-7

② **填写数据库名**：在弹出的窗口中，填写数据库的基本信息，这里只需填写数据库的名字即可。数据库的名字是随便取的，我这里填写的是"test"，然后单击【确定】按钮，如图 20-8所示。

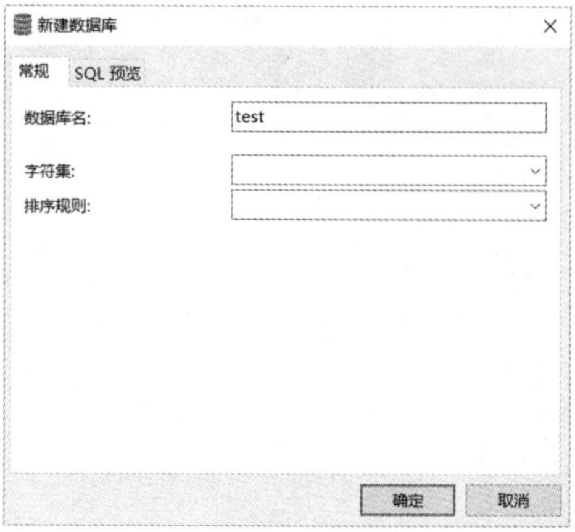

图 20-8

③ **打开数据库**：在左边菜单栏中选中【test】这个数据库，单击鼠标右键并选择【打开数据库】，如图 20-9 所示。或者，直接双击【test】这个数据库也行。

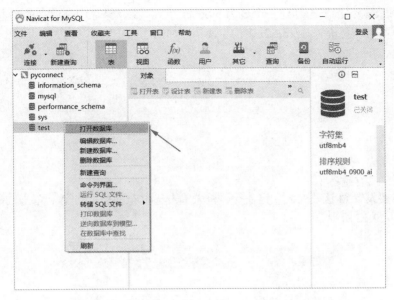

图 20-9

3. 创建表

① **新建表**：在【test】这个数据库内部选中【表】这一项，单击鼠标右键并选择【新建表】，如图 20-10 所示。

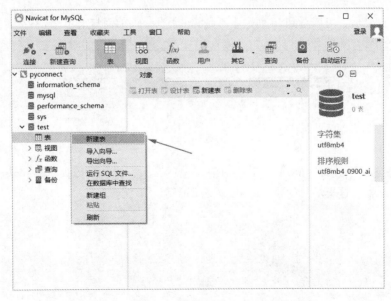

图 20-10

② **填写表信息**：接下来创建一个名为 product 的表，该表保存的是商品的基本信息，包括编号、名称、类型、售价等。product 表的字段信息如图 20-11 所示。

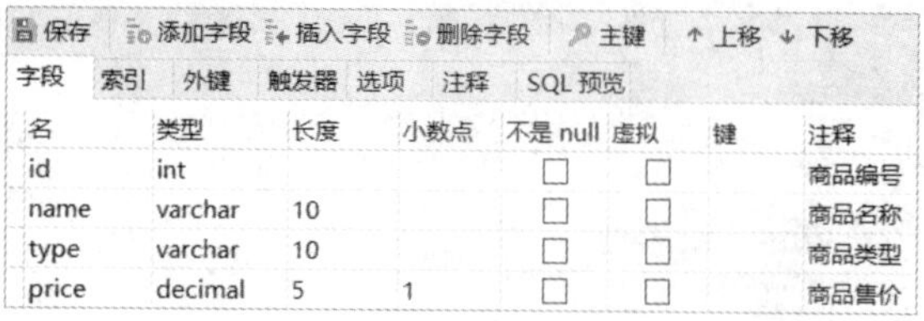

图 20-11

我们还需要设置 id 这一列为主键才行，首先单击选中 id 这一列，然后单击鼠标右键并选择【主键】，如图 20-12 所示。

图 20-12

设置完主键之后，可以看到 id 列中【不是 null】这一项前面打上了 "√"，并且左边会有一把钥匙状的小图标，如图 20-13 所示。

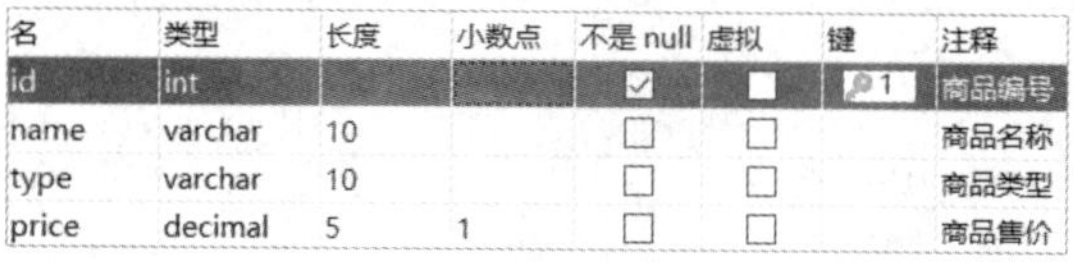

图 20-13

③ **填写表名**：字段填写完成之后，使用 "Ctrl+S" 组合键就可以保存了。然后会弹出一个填写表名的对话框，这里填写的是 "product"，如图 20-14 所示。

图 20-14

④ **打开表**：在左侧菜单栏中单击【表】左侧的箭头 ">" 展开，然后选中【product】表，单击鼠标右键并选择【打开表】，如图 20-15 所示。

图 20-15

⑤ **添加数据**：打开表之后，我们可以通过单击左下角的 "+" 来添加一行数据，添加完成之后，再单击 "√" 就可以完成一行数据的添加了，如图 20-16 所示。

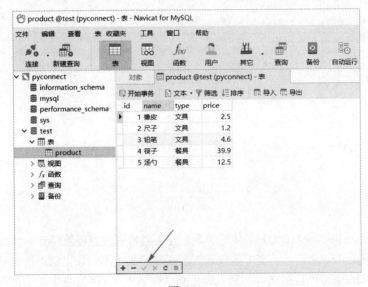

图 20-16

4. 运行代码

① **新建查询**：在 Navicat for MySQL 上方单击【新建查询】，就会打开一个代码窗口。选择你想要使用的数据库，这里选择的是【test】，如图 20-17 所示。

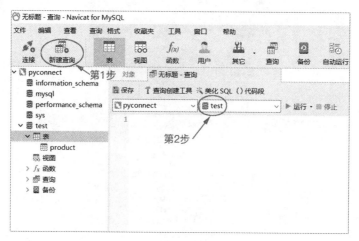

图 20-17

② **运行代码**：在打开的代码窗口中，尝试输入一句简单的 SQL 代码 "select * from product;"，然后单击上方的【运行】按钮，就会自动执行并显示结果，如图 20-18 所示。

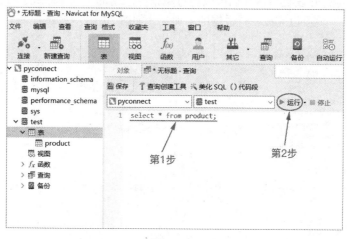

图 20-18

最后，对于 Navicat for MySQL 的使用，我们还需要特别注意以下两点。

❑ 在执行 SQL 语句之前，一定要确保选择了正确的数据库，否则就可能会报错。

❑ 所有的 SQL 语句（包括查询、插入、更新、删除等），都是在【新建查询】这个窗口执行的，而不仅仅只有查询语句才可以。

> 提示　在 MySQL 中创建数据库以及表，除了使用 Navicat for MySQL 软件界面的方式来创建之外，同样可以使用类似于 SQL 代码的方式来创建，具体步骤和 SQLite 的类似。

20.2.2　操作数据库

在 Python 中，我们可以使用 pymysql 模块来操作 MySQL。由于 pymysql 是第三方模块，在使用之前，需要执行以下命令来安装。

```
pip install pymysql
```

MySQL 和 SQLite 的操作非常相似，对数据的"增删查改"操作同样也需要以下 5 步。

① 创建连接。
② 创建游标。
③ 执行 SQL 语句。
④ 关闭游标。
⑤ 关闭连接。

▶ 示例：

```
import pymysql

# 创建连接
conn = pymysql.connect(host='localhost',
                       port=3306,
                       user='root',
                       password='123456',
                       db='test',
                       charset='utf8')
# 创建游标
cursor = conn.cursor()

# 执行 SQL 语句，增加数据
cursor.execute('insert into product (id, name, type, price) values (6, "盘子",
"餐具", 89.0)')
cursor.execute('insert into product (id, name, type, price) values (7, "衬衫",
"衣服", 69.0)')
cursor.execute('insert into product (id, name, type, price) values (8, "裙子",
"衣服", 60.0)')
cursor.execute('insert into product (id, name, type, price) values (9, "夹克",
"衣服", 79.0)')
cursor.execute('insert into product (id, name, type, price) values (10, "短裤",
"衣服", 39.9)')

# 关闭游标
cursor.close()
# 提交事务
conn.commit()
# 关闭连接
conn.close()
```

运行后打开 Navicat for MySQL，可以看到 product 表增加了 5 条记录，如图 20-19 所示。

```
# 创建连接
conn = pymysql.connect(host='localhost',
                       port=3306,
                       user='root',
                       password='123456',
                       db='test',
                       charset='utf8')
```

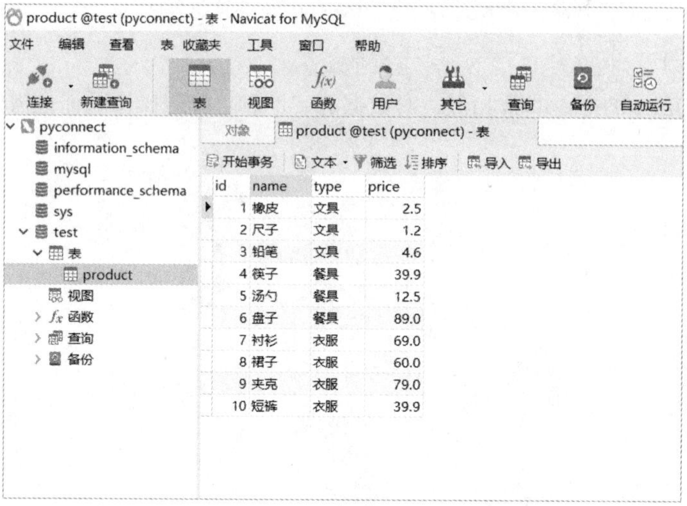

图 20-19

上面代码表示连接数据库，host 是主机地址，port 是端口号，user 是用户名，password 是密码，db 是数据库名，charset 是字符编码。需要注意的是，charset 的值不能写成 'utf-8'，而必须写成 'utf8'。

对于同时增加多条数据，pymysql 提供了更为简单的方法：excutemany()。对于这个示例来说，下面两种方式是等价的。

```
# 方式 1
cursor.execute('insert into product (id, name, type, price) values (6, "盘子",
"餐具", 89.0)')
cursor.execute('insert into product (id, name, type, price) values (7, "衬衫",
"衣服", 69.0)')
cursor.execute('insert into product (id, name, type, price) values (8, "裙子",
"衣服", 60.0)')
cursor.execute('insert into product (id, name, type, price) values (9, "夹克",
"衣服", 79.0)')
cursor.execute('insert into product (id, name, type, price) values (10, "短裤",
"衣服", 39.9)')

# 方式 2
data = [(6, '盘子', '餐具', 89.0),
        (7, '衬衫', '衣服', 69.0),
```

```
           (8, '裙子', '衣服', 60.0),
           (9, '夹克', '衣服', 79.0),
           (10, '短裤', '衣服', 39.9)]
cursor.executemany('insert into product (id, name, type, price) values (%s, %s, %s,
%s)', data)
```

使用 excutemany() 方法时，不管字段是什么类型，占位符统一使用 %s。此外，对于 MySQL 增删查改的其他操作，你可以参考一下 SQLite 的用法，这里不再赘述。

注意　excutemany() 方法只适用于 pymysql 模块，而不能用于 sqlite3 模块。

20.3　操作 MongoDB

目前大部分数据库都是"关系型数据库"，这种数据库都是通过 SQL 语句来进行操作的，比如前面介绍的 SQLite 和 MySQL。除了关系型数据库，还有一种"非关系型数据库"。这种数据库并非通过 SQL 语句来操作，因而也被称作"NoSQL 数据库"。

实际上，我们经常所说的"大数据技术"，用得最多的数据库就是 NoSQL 数据库。Python 和 NoSQL 的结合，给科学计算、大数据分析、人工智能等提供了一整套成熟的解决思路。NoSQL 数据库有非常多，包括 MongoDB、Redis、HBase 等。接下来介绍最常用的 NoSQL 数据库——MongoDB（安装步骤参见附录 F）。

20.3.1　启动 MongoDB 服务

与 MySQL 不一样，我们需要手动开启 MongoDB 服务，然后才能使用它。在启动服务之前，我们要确保重启了一次电脑。如果想要启动 MongoDB 服务，只需执行以下简单的两步即可。

① **打开 Windows 服务**：在电脑左下角的搜索框中输入"服务"，然后单击选择【服务】这一项，如图 20-20 所示。

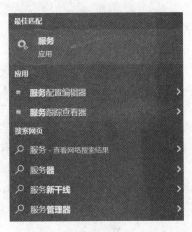

图 20-20

② **启动 MongoDB 服务**：接着单击选中【MongoDB Server】这一项，单击鼠标右键并选择【启动】，如图 20-21 所示。这样就开启了 MongoDB 服务。

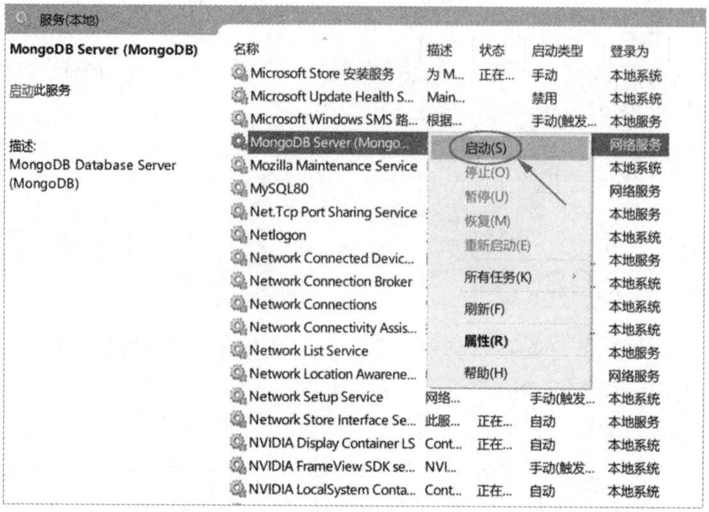

图 20-21

20.3.2 操作数据库

在 Python 中，我们可以使用 pymongo 模块来操作 MongoDB。由于 pymongo 是第三方模块，在使用之前，需要执行以下命令来安装。

```
pip install pymongo
```

▌ **示例：创建数据库**

```
import pymongo

client = pymongo.MongoClient('localhost', 27017)
db = client['test']
collection = db['product']
```

创建数据库很简单，首先使用 pymongo 模块的 MongoClient() 函数来创建一个 MongoClient 对象。'localhost' 表示使用本地服务器，27017 是端口号，这两个值一般是固定的。

client['test'] 表示使用 MongoClient 对象来创建一个名为 test 的数据库。如果 MongoDB 中已经存在 test 数据库，那么 client['test'] 就表示连接该数据库。然后，client['test'] 会返回一个 Database 对象。

db['product'] 表示使用 Database 对象来创建一个名为 product 的集合。如果 test 数据库中已经存在 product 集合，那么 db['product'] 就表示连接该集合。然后，db['product'] 会返回一个 Collection 对象。

20.3.3 增删查改

在 MongoDB 中，对于增删查改这 4 种操作，我们都是使用 Collection 对象来实现的。

1. 增

在 MongoDB 中，我们可以使用 Collection 对象的 insert_many() 方法来插入一个或多个文档。需要清楚的是，MongoDB 中的一个集合相当于一张表，而一个文档相当于一条记录。MongoDB 的层级结构如下。

database（数据库）→ collection（集合）→ document（文档）

▼ 语法：

collection.insert_many(列表)

insert_many() 方法接收一个列表作为参数，列表中每一个元素都是一个字典。实际上，这种列表本质上是 JSON 格式数据。

▼ 示例：

```
import pymongo

# 连接数据库
client = pymongo.MongoClient('localhost', 27017)
db = client['test']
collection = db['product']

# 插入文档
data = [
    {'_id': 1, 'name': '橡皮', 'type': '文具', 'price': 2.5},
    {'_id': 2, 'name': '尺子', 'type': '文具', 'price': 1.2},
    {'_id': 3, 'name': '铅笔', 'type': '文具', 'price': 4.6},
    {'_id': 4, 'name': '筷子', 'type': '餐具', 'price': 39.9},
    {'_id': 5, 'name': '汤勺', 'type': '餐具', 'price': 12.5}
]
x = collection.insert_many(data)
print(x.inserted_ids)
```

运行结果如下：

```
[1, 2, 3, 4, 5]
```

如果在插入文档时指定了 _id 字段（注意是 _id，而不是 id），那么 _id 字段就会自动成为该表的主键。如果没有指定 _id 字段，那么 MongoDB 就会为每一个文档添加一个唯一的 _id 字段。

此外，x.inserted_ids 是一个列表，表示获取插入数据的 _id 字段值。

说明　如果只是插入一个文档（即一条记录），除了使用 insert_many() 方法之外，还可以使用 insert_one() 方法。一般而言，你只需要掌握 insert_many() 这一个方法即可。

2. 查

在 MongoDB 中，我们可以使用 Collection 对象的 find() 方法来查询符合条件的数据。

▼ 语法：

```
collection.find(查询条件)
```

如果 find() 方法不加上查询条件，那么就表示查询所有数据。

▼ 示例：查询字段

```python
import pymongo

# 连接数据库
client = pymongo.MongoClient('localhost', 27017)
db = client['test']
collection = db['product']

# 查询数据
result = collection.find()

# 打印结果
for item in result:
    print(item)
```

运行结果如下：

```
{'_id': 1, 'name': '橡皮', 'type': '文具', 'price': 2.5}
{'_id': 2, 'name': '尺子', 'type': '文具', 'price': 1.2}
{'_id': 3, 'name': '铅笔', 'type': '文具', 'price': 4.6}
{'_id': 4, 'name': '筷子', 'type': '餐具', 'price': 39.9}
{'_id': 5, 'name': '汤勺', 'type': '餐具', 'price': 12.5}
```

想要获取所有字段，我们直接使用 Collection 对象的 find() 方法就可以了。find() 方法返回一个可迭代对象，然后可以使用 for 循环对其进行遍历。

如果想要查询某几个字段，比如只需要 name 和 price 这两个字段，此时可以使用下面代码来实现。将 "查询数据" 这部分的代码修改如下，再次运行后结果如图 20-22 所示。

```python
# 查询数据
result = collection.find({}, {'name': 1, 'price': 1})
```

```
{'_id': 1, 'name': '橡皮', 'price': 2.5}
{'_id': 2, 'name': '尺子', 'price': 1.2}
{'_id': 3, 'name': '铅笔', 'price': 4.6}
{'_id': 4, 'name': '筷子', 'price': 39.9}
{'_id': 5, 'name': '汤勺', 'price': 12.5}
```

图 20-22

此时的 find() 方法接收两个参数：第 1 个参数是一个空字典，第 2 个参数也是一个字典。在第 2 个参数中，如果不想要某个字段，就设置该字段为 0，如果想要某个字段，就设置该字段为 1。

默认情况下会输出 _id 字段，因此该字段需要主动取消。如果只想输出 name 和 price 这两个字段，正确写法应该是：result = collection.find({}, {'_id': 0, 'name': 1, 'price': 1})。

▶ 示例：条件查询

```
import pymongo

# 连接数据库
client = pymongo.MongoClient('localhost', 27017)
db = client['test']
collection = db['product']

# 查询数据
query = {'name': '橡皮'}
result = collection.find(query)

# 打印结果
for item in result:
    print(item)
```

运行结果如下：

```
{'_id': 1, 'name': '橡皮', 'type': '文具', 'price': 2.5}
```

想要根据某个条件来查询集合，我们需要给 find() 方法传递一个参数，该参数是一个字典。上面示例表示查询 name 值为 '橡皮' 的这条数据。

如果想要更高级的查询，比如查询 price 大于 10 的所有数据，可以写成下面这样。将"查询数据"这部分代码修改如下，再次运行结果如图 20-23 所示。

```
# 查询数据
query = {'price': {'$gt': 10}}
result = collection.find(query)
```

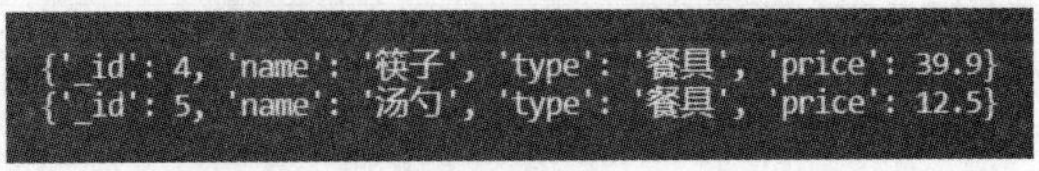

```
{'_id': 4, 'name': '筷子', 'type': '餐具', 'price': 39.9}
{'_id': 5, 'name': '汤勺', 'type': '餐具', 'price': 12.5}
```

图 20-23

{'price': {'$gt': 10}} 表示针对 price 字段，$gt 表示大于。常用的比较符号如表 20-1 所示。

表 20-1　比较符号

符　　号	含　　义
$lt	小于
$gt	大于
$lte	小于等于
$gte	大于等于
$gt	大于
$in	在范围内，如 {'price': {'$in': [10, 20]}}
$nin	不在范围内，如 {'price': {'$nin': [10, 20]}}

▼ 示例：使用正则表达式

```
import pymongo

# 连接数据库
client = pymongo.MongoClient('localhost', 27017)
db = client['test']
collection = db['product']

# 查询数据
query = {'name': {'$regex': '^橡'}}
result = collection.find(query)

# 打印结果
for item in result:
    print(item)
```

运行结果如下：

```
{'_id': 1, 'name': '橡皮', 'type': '文具', 'price': 2.5}
```

上面示例查询 name 字段以"橡"开头的数据。如果想要获取 name 字段以"子"结尾的数据，可以写成下面这样。将"查询数据"这部分的代码再次运行后，结果如图 20-24 所示。

```
# 查询数据
query = {'name': {'$regex': '子$'}}
result = collection.find(query)
```

```
{'_id': 2, 'name': '尺子', 'type': '文具', 'price': 1.2}
{'_id': 4, 'name': '筷子', 'type': '餐具', 'price': 39.9}
```

图 20-24

正则表达式是一个强有力的手段，我们可不要把它给忘了。

3. 改

在 MongoDB 中，我们可以使用 Collection 对象的 update_many() 方法修改符合条件的数据。

▼ 语法：

```
collection.update_many(查询条件, 修改数据)
```

update_many() 方法接收两个参数，第 1 个参数是查询条件，第 2 个参数是修改数据。

▼ 示例：

```
import pymongo

# 连接数据库
client = pymongo.MongoClient('localhost', 27017)
db = client['test']
collection = db['product']
```

```
# 修改数据
query = {'name': '橡皮'}
values = {'$set': {'price': 6.6}}
collection.update_many(query, values)

# 打印结果
result = collection.find()
for item in result:
    print(item)
```

运行结果如下：

```
{'_id': 1, 'name': '橡皮', 'type': '文具', 'price': 6.6}
{'_id': 2, 'name': '尺子', 'type': '文具', 'price': 1.2}
{'_id': 3, 'name': '铅笔', 'type': '文具', 'price': 4.6}
{'_id': 4, 'name': '筷子', 'type': '餐具', 'price': 39.9}
{'_id': 5, 'name': '汤勺', 'type': '餐具', 'price': 12.5}
```

上面示例表示找到 name 值为'橡皮'的数据，将其 price 修改为 6.6。从结果可以看出，橡皮的价格已经由原来的 2.5 被修改为 6.6 了。

4. 删

在 MongoDB 中，我们可以使用 Collection 对象的 delete_many() 方法删除一个或多个文档。

▶ 语法：

```
collection.delete_many(查询条件)
```

查询条件是一个字典。如果是空字典，则表示删除所有数据。

▶ 示例：

```
import pymongo

# 连接数据库
client = pymongo.MongoClient('localhost', 27017)
db = client['test']
collection = db['product']

# 删除数据
query = {'name': '橡皮'}
collection.delete_many(query)

# 打印结果
result = collection.find()
for item in result:
    print(item)
```

运行结果如下：

```
{'_id': 2, 'name': '尺子', 'type': '文具', 'price': 1.2}
{'_id': 3, 'name': '铅笔', 'type': '文具', 'price': 4.6}
{'_id': 4, 'name': '筷子', 'type': '餐具', 'price': 39.9}
{'_id': 5, 'name': '汤勺', 'type': '餐具', 'price': 12.5}
```

上面示例表示将 name 值为 ' 橡皮 ' 的这条数据删除。如果想要同时删除多条数据，比如同时删除 name 值为 ' 尺子 ' 和 ' 铅笔 ' 的数据，可能有些人会这样写：

```
# 删除数据
query = {'name': '尺子', 'name': '铅笔'}
collection.delete_many(query)
```

事实上，上面这种写法是行不通的。正确的做法是使用正则表达式来实现，代码如下。再次运行后结果如图 20-25 所示。

```
# 删除数据
query = {'name': {'$regex': '尺子|铅笔'}}
collection.delete_many(query)
```

```
{'_id': 4, 'name': '筷子', 'type': '餐具', 'price': 39.9}
{'_id': 5, 'name': '汤勺', 'type': '餐具', 'price': 12.5}
```

图 20-25

如果想要删除所有数据，只需让 delete_many() 方法接收一个空字典即可，代码如下。需要注意的是，对于删除数据，我们要特别小心才行，以免误删。

```
# 删除所有数据
query = {}
collection.delete_many(query)
```

20.4   项目：操作员工信息表

有一张数据表 employee，该表保存的是员工的基本信息，包括编号、姓名、性别、月薪、生日等。其中，employee 表的结构如表 20-2 所示，employee 表的数据如表 20-3 所示。

表20-2   employee 表的结构

字段（列名）	类　　型	是否主键	注　　释
id	int	√	编号
name	varchar(10)	×	姓名
sex	varchar(5)	×	性别
salary	int	×	月薪
birthday	date	×	生日
dept	varchar(10)	×	部门

表20-3   employee 表的数据

id	name	sex	salary	birthday	dept
1001	张三	男	27000	1987-10-08	技术部
1002	李四	男	25000	1992-05-15	技术部

（续）

id	name	sex	salary	birthday	dept
1003	郭露	女	21000	1995-07-27	技术部
1004	吴丽	女	8000	1996-09-21	设计部
1005	赵明	男	9000	1991-02-10	设计部
1006	周红	女	9000	1990-04-18	设计部
1007	邵英	女	16000	1989-11-15	人事部
1008	李力	男	11000	1997-12-09	人事部
1009	江飞	男	16000	1993-08-22	人事部
1010	马芳	女	12000	1995-05-10	人事部

当前项目下有一个 data 文件夹，整个项目结构如图 20-26 所示。接下来尝试使用 SQlite 进行数据库操作，需要实现以下功能。

❑ 创建表并插入数据。

❑ 查询所有数据。

❑ 查询月薪超过 10000 的所有员工信息。

❑ 按月薪从高到低对所有员工进行排序。

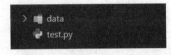

图 20-26

▶ 示例：

```python
import sqlite3

# 创建连接
conn = sqlite3.connect(r'data\test.db')
# 创建游标
cursor = conn.cursor()

# 执行 SQL 语句
cursor.execute('''create table employee (id int primary key,
                                name varchar(10),
                                sex varchar(5),
                                salary int,
                                birthday date,
                                dept varchar(10))''')
cursor.execute('insert into employee values (1001, "张三", "男", 27000, "1987-10-08",
"技术部")')
cursor.execute('insert into employee values (1002, "李四", "男", 25000, "1992-05-15",
"技术部")')
cursor.execute('insert into employee values (1003, "郭露", "女", 21000, "1995-07-27",
"技术部")')
```

```
cursor.execute('insert into employee values (1004, "吴丽", "女", 8000, "1996-09-21",
"设计部")')
cursor.execute('insert into employee values (1005, "赵明", "男", 9000, "1991-02-10",
"设计部")')
cursor.execute('insert into employee values (1006, "周红", "女", 9000, "1990-04-18",
"设计部")')
cursor.execute('insert into employee values (1007, "邵英", "女", 16000, "1989-11-15",
"人事部")')
cursor.execute('insert into employee values (1008, "李力", "男", 11000, "1997-12-09",
"人事部")')
cursor.execute('insert into employee values (1009, "江飞", "男", 16000, "1993-08-22",
"人事部")')
cursor.execute('insert into employee values (1010, "马芳", "女", 12000, "1995-05-10",
"人事部")')

# 关闭游标、提交事务、关闭连接
cursor.close()
conn.commit()
conn.close()
```

运行之后，会在 data 文件夹中创建一个 test.db 文件，如图 20-27 所示。

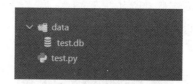

图 20-27

上面示例表示在 test.db 中创建一个名为 employee 的表，并且往该表增加了 10 条记录。需要注意的是，如果仅仅是创建表，则不需要使用 conn.commit() 提交事务。但上面除了创建表之外，还涉及增加数据操作，所以必须使用 conn.commit() 提交事务，否则数据就无法添加成功。

如果想要查询所有数据，可以将"执行 SQL 语句"这部分代码修改如下。再次运行后结果如图 20-28 所示。

```
# 执行 SQL 语句
cursor.execute('select * from employee')
result = cursor.fetchall()
print(result)
```

```
[(1001, '张三', '男', 27000, '1987-10-08', '技术部'), (1002, '李四', '男', 25000, '1992
-05-15', '技术部'), (1003, '郭蕾', '女', 21000, '1995-07-27', '技术部'), (1004, '吴丽'
, '女', 8000, '1996-09-21', '设计部'), (1005, '赵明', '男', 9000, '1991-02-10', '设计部'
), (1006, '周红', '女', 9000, '1990-04-18', '设计部'), (1007, '邵英', '女', 16000, '198
9-11-15', '人事部'), (1008, '李力', '男', 11000, '1997-12-09', '人事部'), (1009, '江飞'
, '男', 16000, '1993-08-22', '人事部'), (1010, '马芳', '女', 12000, '1995-05-10', '人事
部')]
```

图 20-28

使用 print() 函数进行输出，当数据比较多时，VSCode 控制台效果并不理想。想要更好的阅读格式，我们可以使用 Python 自带的一个格式化函数：pprint()。使用 from pprint import pprint 导入，就可以直接使用了。再次运行后结果如图 20-29 所示。此时的阅读体验就要好多了。

```python
# 导入函数（别忘了这一步）
from pprint import pprint

# 执行 SQL 语句
cursor.execute('select * from employee')
result = cursor.fetchall()
pprint(result)
```

```
[(1001, '张三', '男', 27000, '1987-10-08', '技术部'),
 (1002, '李四', '男', 25000, '1992-05-15', '技术部'),
 (1003, '郭霭', '女', 21000, '1995-07-27', '技术部'),
 (1004, '吴丽', '女', 8000, '1996-09-21', '设计部'),
 (1005, '赵明', '男', 9000, '1991-02-10', '设计部'),
 (1006, '周红', '女', 9000, '1990-04-18', '设计部'),
 (1007, '邵英', '女', 16000, '1989-11-15', '人事部'),
 (1008, '李力', '男', 11000, '1997-12-09', '人事部'),
 (1009, '江飞', '男', 16000, '1993-08-22', '人事部'),
 (1010, '马芳', '女', 12000, '1995-05-10', '人事部')]
```

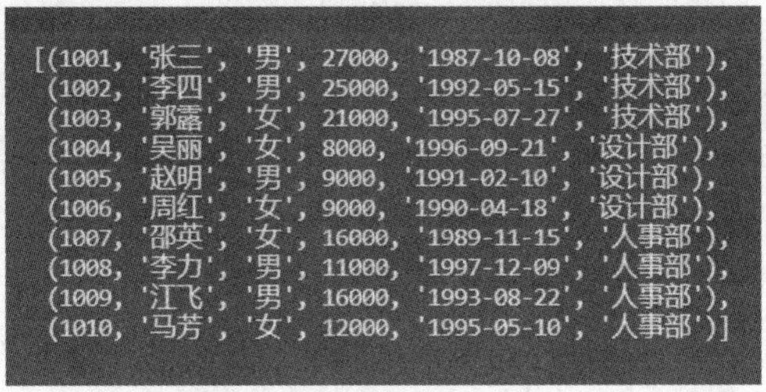

图 20-29

提示　除了 Python 自带的 pprint() 函数之外，还有很多非常好用的第三方输出格式美化库，比如 PrettyPrinter、rich、tabulate 等。

如果想要查询月薪超过 10000 的所有员工信息，可以使用 select 语句的 where 子句来实现。将"执行 SQL 语句"这部分代码修改如下，再次运行后结果如图 20-30 所示。

```python
# 执行 SQL 语句
cursor.execute('select * from employee where salary > 10000')
result = cursor.fetchall()
pprint(result)
```

```
[(1001, '张三', '男', 27000, '1987-10-08', '技术部'),
 (1002, '李四', '男', 25000, '1992-05-15', '技术部'),
 (1003, '郭霭', '女', 21000, '1995-07-27', '技术部'),
 (1007, '邵英', '女', 16000, '1989-11-15', '人事部'),
 (1008, '李力', '男', 11000, '1997-12-09', '人事部'),
 (1009, '江飞', '男', 16000, '1993-08-22', '人事部'),
 (1010, '马芳', '女', 12000, '1995-05-10', '人事部')]
```

图 20-30

如果想要按月薪从高到低对所有员工进行排序，可以使用 select 语句中的 order by 子句来实现。将"执行 SQL 语句"这部分代码修改如下，再次运行后结果如图 20-31 所示。

```python
# 执行 SQL 语句
cursor.execute('select * from employee order by salary desc')
```

```
result = cursor.fetchall()
pprint(result)
```

```
[(1001, '张三', '男', 27000, '1987-10-08', '技术部'),
 (1002, '李四', '男', 25000, '1992-05-15', '技术部'),
 (1003, '郭露', '女', 21000, '1995-07-27', '技术部'),
 (1007, '邵英', '女', 16000, '1989-11-15', '人事部'),
 (1009, '江飞', '男', 16000, '1993-08-22', '人事部'),
 (1010, '马芳', '女', 12000, '1995-05-10', '人事部'),
 (1008, '李力', '男', 11000, '1997-12-09', '人事部'),
 (1005, '赵明', '男', 9000, '1991-02-10', '设计部'),
 (1006, '周红', '女', 9000, '1990-04-18', '设计部'),
 (1004, '吴丽', '女', 8000, '1996-09-21', '设计部')]
```

图 20-31

思考   对于本章项目，如果使用 MySQL 或 MongoDB 来操作，又该如何实现呢？

第 21 章

邮件发送

电子邮件已经成为人们生活中非常重要的一种通信方式。比如上学时，一些课程作业需要通过邮件发送给老师。工作后，一些文件资料需要通过邮件发送给同事。

平常我们更多的是使用"界面式"的电子邮箱，比如 QQ 邮箱、163 邮箱、Gmail 邮箱等。这种界面式邮箱大多是商业软件。商业软件提供了便捷的操作界面，但同时也会有很多限制。

例如有一个电子表格，里面包含了很多客户记录。然后你希望根据客户的职业、年龄等信息，有针对性地给每个客户发送不同格式的邮件。显然，商业软件很难做到这一点。但是使用编程的方式却可以轻松帮你解决这个问题，从而节省大量重复复制粘贴的时间。

本章将介绍如何使用 Python 来发送电子邮件，主要包括以下 3 个方面的内容。

❑ 发送纯文本格式的邮件。

❑ 发送 HTML 格式的邮件。

❑ 发送带附件的邮件。

21.1　开发准备

我们需要事先准备至少两个电子邮箱，这里使用的是 QQ 邮箱和 163 邮箱。注意，这两个邮箱不要用同一家邮件服务商。例如，不要两个都是 QQ 邮箱或两个都是 163 邮箱。

对于 163 邮箱来说，我们需要设置【客户端授权码】，不然邮件会发送失败。首先，进入 163 邮箱主页并登录，在打开的 163 邮箱上方的菜单栏中找到【设置】→【常规设置】，然后单击左下角的【POP3/SMTP/IMAP】，最后单击开启【IMAP/SMTP 服务】和【POP3/SMTP 服务】，如图 21-1 所示。

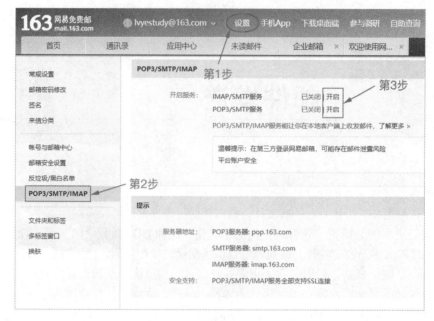

图 21-1

开启【IMAP/SMTP 服务】和【POP3/SMTP 服务】后，163 邮箱会为我们提供一个授权码（如图 21-2 所示）。这个授权码非常重要，后面必须使用它才能登录 163 邮箱，所以要记得复制下来以供后面使用。

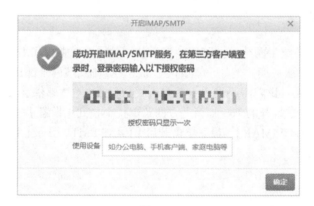

图 21-2

21.2　发送纯文本格式的邮件

电子邮件的发送是基于 SMTP 协议的。SMTP，全称"Simple Mail Transfer Protocol"（简单邮件传输协议）。你不需要了解 SMTP 协议的所有细节，而只需知道想要把一封邮件发送出去就必须要使用 SMTP 协议。

Python 内置了一个 smtplib 模块，使得我们可以使用 SMTP 协议来发送邮件。

▶ **语法：**

```
import smtplib

# 第 1 步，连接服务器
smtp = smtplib.SMTP(host, port)
smtp.ehlo()

# 第 2 步，登录服务器
smtp.login(sender, pwd)

# 第 3 步，发送邮件
smtp.sendmail(sender, receiver, message)

# 第 4 步，退出服务器
smtp.quit()
```

想要使用 smtplib 模块来发送邮件，一般需要这 4 步：① 连接服务器；② 登录服务器；③ 发送邮件；④ 退出服务器。

```
# 第 1 步，连接服务器
smtp = smtplib.SMTP_SSL(host, port)
smtp.ehlo()
```

上面表示使用 smtplib 模块的 SMTP_SSL() 函数来创建一个 SMTP 对象。参数 host 是服务器的主机，可以是域名（如 smtp.163.com），也可以是 IP 地址（如 113.215.16.189）。参数 port 是端口号，每个邮件服务器和端口都可能不同，使用前记得要查一下。表 21-1 是常用邮箱的域名和端口号。

表21-1　常用邮箱的域名和端口号

邮　　箱	域　　名	SSL端口	非SSL端口
QQ 邮箱	smtp.qq.com	465	25
163 邮箱	smtp.163.com	465	25

除了 SMTP_SSL() 函数之外，还有一个 SMTP() 函数。SMTP_SSL() 函数使用的是 SSL 端口，并且采用 SSL 加密。而 SMTP() 函数使用的是非 SSL 端口，不采用任何加密。在实际项目开发中，建议使用 SMTP_SSL() 而不是 SMTP()，这是因为加密传输比不加密传输更加安全。

SMTP 对象创建成功后，我们需要调用 SMTP 对象的 ehlo() 方法向服务器"打个招呼"。打完招呼后，就表示成功连接上了服务器。

```
# 第 2 步，登录服务器
smtp.login(sender, pwd)
```

连接服务器之后，接着需要使用 SMTP 对象的 login() 方法来登录服务器。参数 sender 是你的邮箱名，pwd 是你的授权码。就像平常使用邮箱一样，如果想要发送邮件，肯定得先登录邮箱才能进行接下来的操作，对吧？只不过需要注意的是，使用界面登录邮箱时，使用的是"登录密码"，而使用代码登录邮箱时，使用的是"授权码"。

其实，使用 Python 来发送邮件跟平常发送邮件是一样的，只不过它是使用代码来实现的，必要的"流程"还是不能少的。

```
# 第 3 步, 发送邮件
smtp.sendmail(sender, receiver, message)
```

登录服务器后，接着就可以发送邮件了。我们可以使用 SMTP 对象的 sendmail() 方法来发送邮件。sendmail() 方法需要提供 3 个参数：sender 表示发件人的邮箱，receiver 是收件人的邮箱，message 是邮件内容。

```
# 第 4 步, 退出服务器
smtp.quit()
```

邮件发送成功后，需要使用 SMTP 对象的 quit() 方法，使得程序退出服务器。

▌ 示例：

```python
import smtplib
from email.mime.text import MIMEText
from email.header import Header

# 发件人
sender = 'lvyestudy@163.com'
# 授权码
pwd = 'ABCDEFG'
# 收件人
receiver = 'lvyestudy@qq.com'

# 构建邮件
message = MIMEText('这是邮件正文', 'plain', 'utf-8')
message['Subject'] = Header('这是邮件主题', 'utf-8')
message['From'] = Header(sender, 'utf-8')
message['To'] = Header(receiver, 'utf-8')

# 发送邮件
try:
    smtp = smtplib.SMTP_SSL('smtp.163.com', 465)
    smtp.ehlo('smtp.163.com')
    smtp.login(sender, pwd)
    smtp.sendmail(sender, receiver, message.as_string())
    print('邮件发送成功! ')
except smtplib.SMTPException as reason:
    print('邮件发送失败! 原因是: \n', reason)

# 退出服务器
smtp.quit()
```

运行之后，VSCode 控制台输出"邮件发送成功！"，并且打开 QQ 邮箱可以发现收到如图 21-3 所示的邮件。

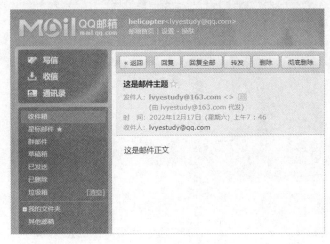

图 21-3

```
import smtplib
from email.mime.text import MIMEText
from email.header import Header
```

上面这段代码表示导入 smtplib 模块，并导入 email 模块中的 MIMEText 和 Header 这两个类。这两个类用于构建邮件内容，后面的程序中会用到。

准确来说，想要使用 Python 发送邮件，需要用到两个模块：一个是 email 模块，另一个是 smtplib 模块。email 模块用于构建邮件，smtplib 模块用于发送邮件。

```
sender = 'lvyestudy@163.com'
pwd = 'ABCDEFG'
receiver = 'lvyestudy@qq.com'
```

sender 是发件人邮箱，pwd 是授权码，receiver 是收件人邮箱。如果你想要亲自测试，那么这里的 sender 要换成你的 163 邮箱，pwd 要换成你的 163 授权码，receiver 要换成你的 QQ 邮箱。再次特别强调，pwd 是 163 邮箱提供的授权码，而不是你的登录密码。如果使用登录密码，则会报出这样的错误：(535, b'Error: authentication failed')。

```
message = MIMEText('这是邮件正文', 'plain', 'utf-8')
message['Subject'] = Header('这是邮件主题', 'utf-8')
message['From'] = Header(sender, 'utf-8')
message['To'] = Header(receiver, 'utf-8')
```

上面这段代码用于构建整个邮件。构建邮件需要借助 MIMEText 和 Header 这两个类来实现。一封邮件需要包含 4 个方面：主题（Subject）、发件者（From）、收件者（To）、正文，这从图 21-4 可以直观地看出来。

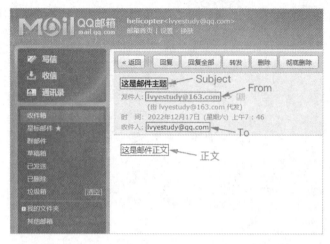

图 21-4

MIMEText(' 这是邮件正文 ', 'plain', 'utf-8') 用于创建邮件的正文部分，MIMEText() 函数包含 3 个参数。

 □ 第 1 个参数是邮件正文，如果正文内容比较多，则可以使用多行字符串来实现。
 □ 第 2 个参数表示邮件类型，'plain' 表示纯文本。
 □ 第 3 个参数表示编码规则，一般是 'utf-8'。

```
try:
    smtp = smtplib.SMTP_SSL('smtp.163.com', 465)
    smtp.ehlo('smtp.163.com')
    smtp.login(sender, pwd)
    smtp.sendmail(sender, receiver, message.as_string())
    print(' 邮件发送成功! ')
except smtplib.SMTPException as reason:
    print(' 邮件发送失败! 原因是: \n', reason)
```

最后，我们使用 try-except 语句来实现异常处理。如果你按照上面的步骤进行操作，却发现没能成功发送邮件，多半是其他原因导致的，请根据报错信息搜索一下失败的原因。

21.3　发送 HTML 格式的邮件

上一节例子发送的是纯文本格式的邮件，纯文本格式的邮件外观比较简陋，阅读体验并不是很好。如果想让发送的邮件更美观，我们可以发送 HTML 格式的邮件。

▼ 语法：

```
message = MIMEText(' 正文内容 ', 'html', 'utf-8')
```

想要发送 HTML 格式的邮件，方法很简单，只需把 MIMEText() 中的第 2 个参数改为 'html' 即可。

▶ **示例：**

```python
import smtplib
from email.mime.text import MIMEText
from email.header import Header

# 发件人
sender = '换成你的163邮箱'
# 授权码
pwd = '换成你的授权码'
# 收件人
receiver = '换成你的QQ邮箱'

# 构建邮件
msg = '''
<div style='color:red'><strong>Life is short, you need Python!</strong></div>
'''
message = MIMEText(msg, 'html', 'utf-8')
message['Subject'] = Header('Zen of Python', 'utf-8')
message['From'] = Header(sender, 'utf-8')
message['To'] = Header(receiver, 'utf-8')

# 发送邮件
try:
    smtp = smtplib.SMTP_SSL('smtp.163.com', 465)
    smtp.ehlo('smtp.163.com')
    smtp.login(sender, pwd)
    smtp.sendmail(sender, receiver, message.as_string())
    print('邮件发送成功！')
except smtplib.SMTPException as reason:
    print('邮件发送失败！原因是：\n', reason)

# 退出服务器
smtp.quit()
```

运行之后，VSCode 控制台输出"邮件发送成功！"，并且我们能收到如图 21-5 所示的邮件。

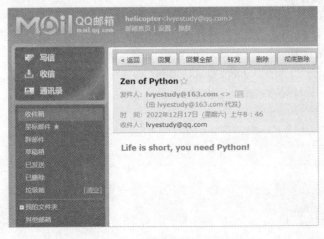

图 21-5

如果想要制作更为精美的 HTML 格式邮件，则需要具备过硬的前端开发基础才行。

21.4　发送带附件的邮件

如果想要往邮件中添加附件，该怎么办呢？你可以这样去理解：带附件的邮件 = 邮件正文 + 各个附件。邮件正文使用的是 MIMEText 对象，附件内容使用的是 MIMEApplication 对象，然后再使用一个 MIMEMultipart 对象把这两个对象包含进去。也就是说：

```
MIMEMultipart = MIMEText + MIMEApplication
```

由于附件文件类型的不同，语法也不相同，因此需要分两种情况来考虑：一种是"附件为纯文本类型"，另一种是"附件为二进制类型"。

21.4.1　附件为"纯文本类型"

当附件为纯文本类型（比如 TXT 文件、CSV 文件等）时，我们只需要使用 email 模块的 MIMEMultipart 这一个类即可。

▼ **语法：**

```
from email.mime.multipart import MIMEMultipart
message = MIMEMultipart()

atta = MIMEText(open(文件路径, 'r').read(), 'base64', 'utf-8')
atta['Content-Type'] = 'application/octet-stream'
atta['Content-Disposition'] = 'attachment; filename=文件名'

message.attach(atta)
```

message = MIMEMultipart() 表示创建一个 MIMEMultipart 对象。

MIMEText() 表示创建一个 MIMEText 对象，MIMEText() 函数有 3 个参数：第 1 个参数是读取文件的内容，第 2 个参数是网络传输的编码方式，第 3 个参数是 Unicode 编码方式。

open(文件路径, 'r').read() 这句代码表示打开并读取纯文本文件。如果想要打开并读取二进制文件，需要将 'r' 改为 'rb'。

atta['Content-Type'] 和 atta['Content-Disposition'] 这两个取值都是固定的，这里不需要深究。不过需要清楚的是，下面两种方式是等价的。

```
# 方式1
atta['Content-Type'] = 'application/octet-stream'
atta['Content-Disposition'] = 'attachment; filename=文件名'

# 方式2
atta.add_header('Content-Type', 'application/octet-stream' )
atta.add_header('Content-Disposition', 'attachment', filename=(文件名))
```

最后，使用 MIMEMultipart 对象的 attach() 方法将附件添加到 MIMEMultipart 对象中。发送邮件的代码一般"又长又臭"，如果你记不住也没有关系，可以将其封装成一个模块来使用。

在当前项目下创建一个名为 files 的文件夹，然后放入 6 个不同类型的文件，项目结构如图 21-6 所示。

图 21-6

▶ **示例：**

```python
import smtplib
from email.mime.text import MIMEText
from email.header import Header
from email.mime.multipart import MIMEMultipart

# 发件人
sender = '换成你的 163 邮箱'
# 授权码
pwd = '换成你的授权码'
# 收件人
receiver = '换成你的 QQ 邮箱'

# 构建邮件
message = MIMEMultipart()
message['Subject'] = Header('带附件的邮件 ', 'utf-8')
message['From'] = Header(sender, 'utf-8')
message['To'] = Header(receiver, 'utf-8')
msg = 'Life is short, you need Python!'
message.attach(MIMEText(msg, 'plain', 'utf-8'))

# 添加附件：test.txt
atta = MIMEText(open(r'files\test.txt', 'r').read(), 'base64', 'utf-8')
atta.add_header('Content-Type', 'application/octet-stream')
atta.add_header('Content-Disposition', 'attachment', filename=('test.txt'))
message.attach(atta)

# 发送邮件
try:
    smtp = smtplib.SMTP_SSL('smtp.163.com', 465)
    smtp.ehlo('smtp.163.com')
    smtp.login(sender, pwd)
    smtp.sendmail(sender, receiver, message.as_string())
    print('邮件发送成功! ')
except smtplib.SMTPException as reason:
    print('邮件发送失败! 原因是: \n', reason)

# 退出服务器
smtp.quit()
```

运行之后，VSCode 控制台输出"邮件发送成功！"，并且我们能收到一个如图 21-7 所示的邮件。

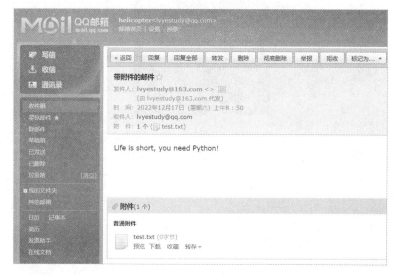

图 21-7

这里还存在一个问题，如果使用上面的代码来发送"带有中文名的附件"可能会出现乱码。想要解决这个问题，我们可以将 atta.add_header('Content-Disposition', 'attachment', filename=('test.txt')) 这句代码修改为：

```
atta.add_header('Content-Disposition', 'attachment', filename=('gbk', '', 'test.txt'))
```

'gbk' 是一个汉字编码字符集，一般用于使得软件或网页能够正常显示中文汉字。

21.4.2   附件为"二进制类型"

当附件为二进制类型（如 JPG、Excel、Word、PDF、ZIP 等）时，我们需要使用 email 模块的两个类：MIMEMultipart 类和 MIMEApplication 类。

▼ 语法：

```
from email.mime.multipart import MIMEMultipart
from email.mime.application import MIMEApplication
message = MIMEMultipart()

atta = MIMEApplication(open(文件路径, 'rb').read())
atta.add_header('Content-Disposition', 'attachment', filename=文件名)
message.attach(atta)
```

MIMEApplication() 函数用于创建 MIMEApplication 对象，它只有一个参数，该参数用于读取文件的内容。

atta.add_header() 表示调用 MIMEApplication 对象的 add_header() 方法，该方法用于设置必要的一些信息。

最后，我们需要使用 MIMEMultipart 对象的 attach() 方法将附件添加到 MIMEMultipart 对象中去。

▶ **示例：**

```python
import smtplib
from email.mime.text import MIMEText
from email.header import Header
from email.mime.multipart import MIMEMultipart
from email.mime.application import MIMEApplication

# 发件人
sender = '换成你的 163 邮箱'
# 授权码
pwd = '换成你的授权码'
# 收件人
receiver = '换成你的 QQ 邮箱'

# 构建邮件
message = MIMEMultipart()
message['Subject'] = Header('带附件的邮件', 'utf-8')
message['From'] = Header(sender, 'utf-8')
message['To'] = Header(receiver, 'utf-8')
msg = 'Life is short, you need Python!'
message.attach(MIMEText(msg, 'plain', 'utf-8'))

# 添加附件：图片
atta1 = MIMEApplication(open(r'files\test.jpg', 'rb').read())
atta1.add_header('Content-Disposition', 'attachment', filename='test.jpg')
message.attach(atta1)

# 添加附件：Word 文件
atta2 = MIMEApplication(open(r'files\test.docx', 'rb').read())
atta2.add_header('Content-Disposition', 'attachment', filename='test.docx')
message.attach(atta2)

# 添加附件：Excel 文件
atta3 = MIMEApplication(open(r'files\test.xlsx', 'rb').read())
atta3.add_header('Content-Disposition', 'attachment', filename='test.xlsx')
message.attach(atta3)

# 添加附件：PDF 文件
atta4 = MIMEApplication(open(r'files\test.pdf', 'rb').read())
atta4.add_header('Content-Disposition', 'attachment', filename='test.pdf')
message.attach(atta4)

# 添加附件：压缩文件
atta5 = MIMEApplication(open(r'D:\test.zip', 'rb').read())
atta5.add_header('Content-Disposition', 'attachment', filename='test.zip')
message.attach(atta5)
```

```
# 发送邮件
try:
    smtp = smtplib.SMTP_SSL('smtp.163.com', 465)
    smtp.ehlo('smtp.163.com')
    smtp.login(sender, pwd)
    smtp.sendmail(sender, receiver, message.as_string())
    print('邮件发送成功！')
except smtplib.SMTPException as reason:
    print('邮件发送失败！原因是：\n', reason)

# 退出服务器
smtp.quit()
```

运行之后，VSCode 控制台输出"邮件发送成功！"，并且我们能收到一个类似图 21-8 所示的邮件。

图 21-8

提示　邮件发送的代码都比较复杂，你可以将这些功能封装成模块或类，以方便以后使用。

21.5　项目：给会员发送邮件

给会员发送邮件是产品推广的一个重要渠道，它具有远超社交媒体推广的高点击率、高转化率特点，并且可以大大提高用户黏度。比如电商平台经常需要将打折、促销、新品等信息及时传递给会员，此时就可以通过邮件的方式来实现。

在当前项目下有两个文件夹，data 文件夹包含一个 Excel 文件 users.xlsx，imgs 文件夹包含一张图片 book.jpg，整个项目结构如图 21-9 所示。其中，users.xlsx 文件保存的是用户的信息，包括 ID、昵称、邮箱等，内容如图 21-10 所示。

	A	B	C	D
1	id	name	email	
2	1001	Jack	aaa@qq.com	
3	1002	Lucy	bbb@qq.com	
4	1003	Tony	ccc@qq.com	
5	1004	Lily	ddd@qq.com	
6	1005	Tim	eee@qq.com	
7				

图 21-9　　　　　　　　　　　　　　图 21-10

注意　users.xlsx 中的邮箱都是虚拟邮箱，你在测试代码时，请使用真实邮箱代替。

接下来尝试读取 users.xlsx 中的用户名以及邮箱地址，然后给每位用户发送一个新书推荐的邮件。

▼ 示例：

```python
import pandas as pd
import smtplib
from email.mime.text import MIMEText
from email.header import Header

# 定义函数，用于发送邮件
def send_email(sender, pwd, receiver, name):
    # 构建邮件
    msg = f'''
<div style='color:red;'>
    <p><strong>{name}</strong>，早上好！</p>
    <p>新书已上架，请访问官网首页。</p>
</div>
'''
    message = MIMEText(msg, 'html', 'utf-8')
    message['Subject'] = Header('【新书推荐】', 'utf-8')
    message['From'] = Header(sender, 'utf-8')
    message['To'] = Header(receiver, 'utf-8')

    # 发送邮件
    try:
        smtp = smtplib.SMTP_SSL('smtp.163.com', 465)
        smtp.ehlo('smtp.163.com')
        smtp.login(sender, pwd)
        smtp.sendmail(sender, receiver, message.as_string())
        print('邮件发送成功！')
    except smtplib.SMTPException as reason:
        print('邮件发送失败！原因是：\n', reason)
```

```
    # 退出服务器
    smtp.quit()

if __name__ == '__main__':
    # 读取 Excel 文件
    df = pd.read_excel(r'data\users.xlsx')
    names = df['name']
    receivers = df['email']

    # 发件人
    sender = '换成你的 163 邮箱'
    # 授权码
    pwd = '换成你的授权码'

    # 给每个会员发邮件
    for i in range(len(names)):
        send_email(sender, pwd, receivers[i], names[i])
```

运行之后，VSCode 控制台输出"邮件发送成功！"，并且所有用户都能收到类似图 21-11 所示的邮件。

图 21-11

上面示例将发送邮件的功能封装成了一个模块，该模块包含了一个名为 send_email() 的函数，该函数的功能是给某一个用户发送一封邮件。在模块的 if __name__=='__main__': 部分，我们使用 Pandas 读取 users.xlsx 文件，然后给所有用户发送一封邮件。

上面只是发送了一封 HTML 格式的邮件。在发送邮件时，我们还可以把新书图片添加到附件中，以供用户查看，这样可以达到更好的推广效果。

▶ 示例：添加图片附件

```
import pandas as pd
import smtplib
from email.mime.text import MIMEText
```

```python
from email.header import Header
from email.mime.multipart import MIMEMultipart
from email.mime.application import MIMEApplication

# 定义函数，用于发送邮件
def send_email(sender, pwd, receiver, name):
    # 构建邮件
    message = MIMEMultipart()
    message['Subject'] = Header('【新书推荐】', 'utf-8')
    message['From'] = sender
    message['To'] = receiver
    msg = f'''
<div style='color:red;'>
    <p><strong>{name}</strong>，早上好！</p>
    <p>新书已上架，请查看附件图片。</p>
</div>
'''
    message.attach(MIMEText(msg, 'html', 'utf-8'))

    # 添加附件：图片
    atta = MIMEApplication(open(r'imgs\book.jpg', 'rb').read())
    atta.add_header('Content-Disposition', 'attachment', filename='test.jpg')
    message.attach(atta)

    # 发送邮件
    try:
        smtp = smtplib.SMTP_SSL('smtp.163.com', 465)
        smtp.ehlo('smtp.163.com')
        smtp.login(sender, pwd)
        smtp.sendmail(sender, receiver, message.as_string())
        print('邮件发送成功！')
    except smtplib.SMTPException as reason:
        print('邮件发送失败！原因是：\n', reason)

    # 退出服务器
    smtp.quit()

if __name__ == '__main__':
    # 读取 Excel 文件
    df = pd.read_excel(r'data\users.xlsx')
    names = df['name']
    receivers = df['email']

    # 发件人
    sender = '换成你的163邮箱'
    # 授权码
    pwd = '换成你的授权码'

    # 给每个会员发邮件
    for i in range(len(names)):
        send_email(sender, pwd, receivers[i], names[i])
```

运行之后，VSCode 控制台输出"邮件发送成功！"，并且所有用户都能收到类似图 21-12 所示的邮件。

图 21-12

对于上面的示例来说，我们需要特别注意发件人和收件人。如果使用方式 2，则可能会报错。

```
# 方式1：正确
message['From'] = sender
message['To'] = receiver

# 方式2：错误
message['From'] = Header(sender, 'utf-8')
message['To'] = Header(receiver, 'utf-8')
```

这里再进一步思考：将图片放在附件中，有些用户可能会忽略。假如希望在正文里面显示图片，该怎么办呢？我们可以采用这样的思路：将图片添加到附件中，然后在正文中插入该附件图片。请看下面示例。

▶ 示例：在正文中显示图片

```
import pandas as pd
import smtplib
from email.mime.text import MIMEText
from email.header import Header
from email.mime.multipart import MIMEMultipart
from email.mime.image import MIMEImage

# 定义函数，用于发送邮件
def send_email(sender, pwd, receiver, name):
    # 构建邮件
    message = MIMEMultipart()
    message['Subject'] = Header('【新书推荐】', 'utf-8')
```

```python
message['From'] = sender
message['To'] = receiver

# 将图片添加到附件
f = open(r'imgs\book.jpg', 'rb')
img = MIMEImage(f.read())
f.close()
img.add_header('Content-ID', '<image1>')
message.attach(img)

# 构建正文部分，将附件图片插入到正文中
msg = f'''
<div style='color:red;'>
    <p><strong>{name}</strong>，早上好！</p>
    <p>新书已上架，请查看下图：</p>
    <p><img src="cid:image1"></p>
</div>
'''
message.attach(MIMEText(msg, 'html', 'utf-8'))   # 添加到邮件正文

# 发送邮件
try:
    smtp = smtplib.SMTP_SSL('smtp.163.com', 465)
    smtp.ehlo('smtp.163.com')
    smtp.login(sender, pwd)
    smtp.sendmail(sender, receiver, message.as_string())
    print('邮件发送成功！')
except smtplib.SMTPException as reason:
    print('邮件发送失败！原因是：\n', reason)

# 退出服务器
smtp.quit()


if __name__ == '__main__':
    # 读取 Excel 文件
    df = pd.read_excel(r'data\users.xlsx')
    names = df['name']
    receivers = df['email']

    # 发件人
    sender = '换成你的 163 邮箱'
    # 授权码
    pwd = '换成你的授权码'

    # 给每个会员发送邮件
    for i in range(len(names)):
        send_email(sender, pwd, receivers[i], names[i])
```

　　运行之后，VSCode 控制台输出"邮件发送成功！"，并且所有用户都能收到类似图 21-13 所示的邮件。此时图片就是在正文中显示的，而不是作为附件显示了。

图 21-13

如果邮件无法显示图片，可能是邮件服务器屏蔽了图片，此时单击【显示图片】即可让图片正常显示出来，如图 21-14 所示。

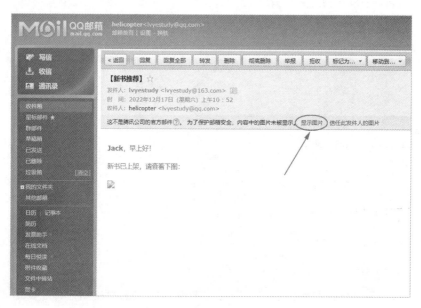

图 21-14

```
f = open(r'imgs\book.jpg', 'rb')
img = MIMEImage(f.read())
f.close()
img.add_header('Content-ID', '<image1>')
message.attach(img)
```

上面这段代码表示使用 MIMEImage() 函数创建一个 MIMEImage 对象，然后使用该对象的 add_header() 方法来设置一个标记，最后将这个 MIMEImage 对象作为参数传递给 message.attach() 方法。由于图片已经被设置了一个标记，接着就可以在 HTML 代码中通过该标记（也就是 <img src="cid:image1">）来显示图片。

如果你希望用户单击该图片就能跳转到相应的产品页面，可以在 img 标签外面套上一个 a 标签（超链接），修改后的代码如下。

```
msg = f'''
<div style='color:red;'>
    <p><strong>{name}</strong>，早上好! </p>
    <p> 新书已上架，请查看下图: </p>
    <p><a href='http://www.lvyesutyd.com' target="_blank"><img src="cid:image1"></a></p>
</div>
'''
```

思考　对于 users.xlsx 文件，如果不是使用 pandas 模块来读取，而是使用 openpyxl 模块来读取，又该如何操作呢？

使用 Python 发送短信

对于大多数人来说，使用手机查看信息比使用电脑更加方便。与邮件这种方式相比，使用短信给用户推送信息更直接、更可靠。此外，短信的长度较短，用户阅读的概率也会更大。

如果想要使用 Python 来发送短信，可以注册一个免费的 Twillo 账号，然后通过它对应的 Twillo 模块来实现。Twillo 是一个 SMS 网关服务，这意味着它是一种服务，你可以通过程序的方式来发送短信。

第 22 章

GUI 编程

到目前为止，大多数示例的代码运行后，都是在命令行窗口（VSCode 控制台本身就是一个命令行窗口）中输出结果，这种操作难免让人感觉有些枯燥。在本章中，我们将学习如何使用 Python 来设计各种图形界面，也就是常说的 "GUI 编程"。

GUI，指的是 "Graphical User Interface（图形用户界面）"。Python 的 GUI 工具库很多，常见的有 tkinter、wxPython、PyQT、PyGTK、PySide 等。在众多 GUI 工具中，tkinter 是最易上手，也是最适合初学者学习的一个。

tkinter 是 Python 官方自带的 GUI 工具库，成熟完善，功能强大，并且跨平台（包括 Windows、macOS、Linux 等）。其中，大名鼎鼎的 IDLE 就是使用它来开发的。

说明　Python 2.x 版本使用的库名为 Tkinter（即首字母大写），而 Python 3.x 版本使用的库名为 tkinter（纯小写）。

22.1　tkinter 概述

Python 本身就自带了 tkinter 模块，你不需要另外安装就可以直接使用它。想要使用 tkinter 进行开发，只需执行以下简单的 3 步。

① 导入模块。
② 创建窗口。
③ 进入循环。

▶ 示例：

```
# 导入模块
import tkinter as tk

# 创建窗口
root = tk.Tk()
root.title('This is tkinter!')
root.geometry('300x200')
root.resizable(0, 0)
```

```
# 进入循环（进入消息循环）
root.mainloop()
```

运行之后，效果如图 22-1 所示。

图 22-1

tk.Tk() 表示调用 tkinter 模块的 Tk() 函数来创建一个窗口对象，root.title() 表示使用窗口对象的 title() 方法来设置标题。

root.geometry('300x200') 表示使用窗口对象的 geometry() 方法来定义一个宽度为 300 像素、高度为 200 像素的窗口。需要注意的是，'300x200' 中的"x"是英文小写字母"x"，而不是数学中的乘号"×"。

tkinter 窗口默认允许使用鼠标改变其大小，而 root.resizable(0, 0) 表示使用 resizable() 方法来设置窗口的大小是固定的。其中，root.resizable(0, 0) 等价于 root.resizable(False, False)。

最后需要清楚的是，root.title()、root.geometry() 和 root.resizable() 这 3 部分的设置都是可选的。

22.2 标签（Label）

Label 组件是 tkinter 中最常用的组件之一，它可以用于显示文本或图片。下面将介绍 Label 组件的基本用法以及一些常用的开发技巧。

22.2.1 基本语法

在 tkinter 中，我们可以使用 Label 组件来显示一段文本或一张图片。

▶ 语法：

```
# 显示文本
label = tk.Label(root, text=文本内容)
label.pack()

# 显示图片
label = tk.Label(root, image=图片对象)
label.pack()
```

Label() 函数用于创建一个 Label 对象，该函数有两个参数：第 1 个参数是窗口对象，第 2 个参数是想要显示的文本或图片。label.pack() 表示使用组件对象的 pack() 方法来将组件显示在窗口中。

▼ 示例：显示文本

```
import tkinter as tk

# 创建窗口
root = tk.Tk()
root.title('显示文本')
root.geometry('300x200')

# 创建 Lable 组件
label = tk.Label(root, text='Python tutorial')
label.pack()

# 进入循环
root.mainloop()
```

运行之后，效果如图 22-2 所示。

图 22-2

组件的创建以及调用，可以使用链式调用的语法，此时只需一行代码即可实现。对于上面示例来说，下面两种方式是等价的。

```
# 常规方式
label = tk.Label(root, text='Python tutorial')
label.pack()

# 链式调用
tk.Label(root, text='Python tutorial').pack()
```

接下来在当前项目创建一个名为 imgs 的文件夹，该文件夹中包含两张图片：frog.png 和 goat.png，整个项目结构如图 22-3 所示。

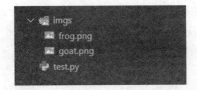

图 22-3

▼ 示例：显示图片

```
import tkinter as tk

# 创建窗口
root = tk.Tk()
root.title(' 显示图片 ')

# 创建图片对象
img = tk.PhotoImage(file=r'imgs\goat.png')
label = tk.Label(root, image=img)
label.pack()

# 进入循环
root.mainloop()
```

运行之后，效果如图 22-4 所示。

图 22-4

使用 Label 组件显示一张图片，需要提供一个图片对象作为参数，因此这里使用 PhotoImage() 函数来创建一个图片对象。

注意 tkinter 仅支持 PNG、GIF 等几种图片格式，如果使用其他图片格式（如 JPG、webp 等），则会报错。

如果想要在一个 Label 组件中同时显示文本和图片，此时需要同时设置 text 和 image 这两个参数，并且还要设置 compound 参数才行。compound 参数用于定义图片相对于文本的位置，常用取值如表 22-1 所示。

表 22-1　compound 参数的取值

取　　值	说　　明
top	图片在上
bottom	图片在下
left	图片在左
right	图片在右
center	图片在中间

▌ 示例：同时显示文本和图片

```
import tkinter as tk

# 创建窗口
root = tk.Tk()
root.title(' 显示文本和图片 ')

# 创建组件
photo = tk.PhotoImage(file=r'imgs\goat.png')
label = tk.Label(root,
                text='This is a goat!',
                image=photo,
                compound='top')
label.pack()

# 进入循环
root.mainloop()
```

运行之后，效果如图 22-5 所示。

图 22-5

22.2.2 使用内置图片

对于 Label 组件来说，它还可以使用 tkinter 内置的图片。

▶ **语法：**

```
tk.Label(root, bitmap=' 取值 ')
```

参数 bitmap 表示使用哪一种内置图片，它常用的取值如表 22-2 所示。

表22-2 bitmap 参数取值

取 值	效 果
error	
hourglass	
info	
questhead	
question	
warning	
gray12	
gray25	
gray50	
gray75	

▶ **示例：**

```
import tkinter as tk

# 创建窗口
root = tk.Tk()
root.geometry('300x200')

# 创建组件
label = tk.Label(root,
                text=' 你觉得这本书怎么样？ ',
                bitmap='question',
                compound='left')
label.pack()

# 进入循环
root.mainloop()
```

运行之后，效果如图 22-6 所示。

图 22-6

22.3　普通按钮（Button）

在 tkinter 中，我们可以使用 Button 组件来定义一个普通按钮。

▼ **语法：**

```
tk.Button(root, text=文本内容 , command=函数名 )
```

参数 command 可以用于指定一个函数。当用户单击按钮时，tkinter 就会自动调用该函数。绝大多数组件都可以使用 command 这个参数。

▼ **示例：基本用法**

```python
import tkinter as tk

# 创建窗口
root = tk.Tk()
root.geometry('300x200')

# 定义函数
def fn():
    print('欢迎学习 Python！')

# 创建组件
button = tk.Button(root, text=' 欢迎 ', command=fn)
button.pack()

# 进入循环
root.mainloop()
```

运行之后，效果如图 22-7 所示。单击【欢迎】按钮后，Button 组件就会调用 fn() 函数，然后 VSCode 控制台会输出"欢迎学习 Python!"，如图 22-8 所示。

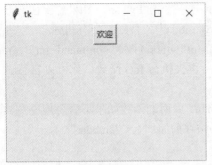

图 22-7   图 22-8

如果想要给参数 command 后面接的函数传递一个值，此时该怎么办呢？我们需要使用 lambda 函数来实现，请看下面示例。

▶ 示例：传递参数

```python
import tkinter as tk

# 创建窗口
root = tk.Tk()
root.geometry('300x200')

# 定义函数
def fn(val):
    print(f' 欢迎学习 {val}！ ')

# 创建组件
button = tk.Button(root, text=' 欢迎 ', command=lambda: fn('Python'))
button.pack()

root.mainloop()
```

运行之后，效果如图 22-9 所示。单击【欢迎】按钮后，Button 组件就会调用 fn() 函数，然后 VSCode 控制台会输出 "欢迎学习 Python!"，如图 22-10 所示。

图 22-9   图 22-10

command=lambda: fn('Python') 表示给 fn() 函数传递一个值 'Python'。如果想要往参数 command 后面的函数传递一个值，则必须在函数前面加上"lambda:"，否则就会有问题。

对于上面示例来说，如果将 command=lambda: fn('Python') 改为 command=fn('Python')，再次运行后直接就执行了 fn() 函数，而不是单击按钮后再去执行 fn() 函数。你可以自行试一下看看效果。

总而言之：对于大多数组件来说，参数 command 后面的函数如果不需要传递参数，则不能在前面加上"lambda:"；如果需要传递参数，则必须在前面加上"lambda:"。

� ▼ 示例：退出窗口

```python
import tkinter as tk

# 创建窗口
root = tk.Tk()
root.geometry('300x200')

# 创建组件
button = tk.Button(root, text=' 退出 ', command=root.quit)
button.pack()

root.mainloop()
```

运行之后，效果如图 22-11 所示。

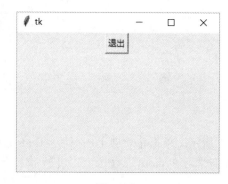

图 22-11

command=root.quit 表示给 command 参数绑定 root.quit 函数。root.quit 是系统内置的回调函数，用于退出消息循环（即退出整个程序）。单击【退出】按钮后，就会退出主窗口。

22.4 通用设置

在介绍其他组件用法之前，先来介绍一些通用的设置。这些设置不仅可以用于 Label 组件，同样也适用于后面介绍的组件。

22.4.1 样式定义

大多组件的默认样式都比较简单，不过为了更好的用户体验，它们都提供了很多用于定义样式的参数，常用的如表 22-3 所示。

表 22-3 样式参数

参　数	说　明
height	组件的高度（所占字符个数）
width	组件的宽度（所占字符个数）
font	字体样式（类型、大小）
fg	字体颜色（前景色）
bg	背景颜色（背景色）
activeforeground	当鼠标指针放上去时，组件的前景色
activebackground	当鼠标指针放上去时，组件的背景色
padx	文本左右两侧的空格数（默认为 1）
pady	文本上下两侧的空格数（默认为 1）
justify	多行文本的对齐方式，可选参数：left、center、right

fg、bg、activeforeground、activebackground 这几个参数的取值可以是关键字，比如 'red'、'green'、'blue' 等；也可以是十六进制颜色值，比如 '#000000'、'#FFFFFF'、'#BE1C7D' 等。

▶ 示例：Label 美化

```
import tkinter as tk

# 创建窗口
root = tk.Tk()
root.geometry('300x200')

# 创建组件
label = tk.Label(root,
                 text='Python tutorial',
                 height=2,
                 width=12,
                 fg='white',
                 bg='red',
                 font=('Verdana', 16))
label.pack()

# 进入循环
root.mainloop()
```

运行之后，效果如图 22-12 所示。

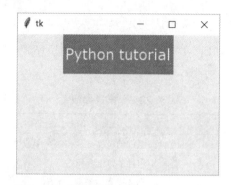

图 22-12

fg='white' 表示设置前景色为 white（白色），所谓前景色，也就是文本颜色。bg='red' 表示定义背景色为 red（红色）。font=('Verdana', 16) 表示设置 Labe 组件的文本字体类型为 Verdana、字体大小为 16 像素。

▚ 示例：Button 美化

```python
import tkinter as tk

# 创建窗口
root = tk.Tk()
root.geometry('300x200')

# 创建组件
button = tk.Button(root,
                   text='Welcome',
                   fg='white',
                   bg='#1CBDC5')
button.pack()

# 进入循环
root.mainloop()
```

运行之后，效果如图 22-13 所示。

图 22-13

手动编写代码来美化按钮是一件非常麻烦的事。幸运的是，有一种简单好用的方式，那就是借助第三方主题包——ttkbootstrap。ttkbootstrap 是基于 Boostrap 样式实现的，它是一个第三方模块，在使用之前，需要手动执行下面命令安装。

```
pip install ttkbootstrap
```

安装完成之后，执行下面命令可以查看 demo 程序的运行效果，如图 22-14 所示。

```
python -m ttkbootstrap
```

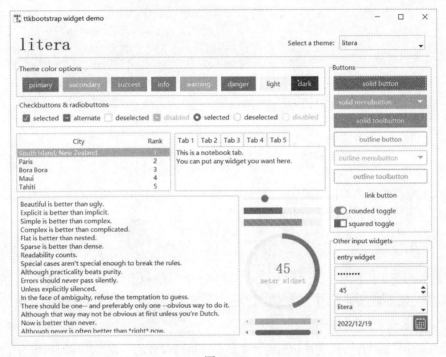

图 22-14

▼ 示例：

```
import tkinter as tk
import ttkbootstrap as ttk
from ttkbootstrap.constants import *

# 创建窗口
root = tk.Tk()
root.geometry('300x200')

# 创建组件
b1 = ttk.Button(root, text='Button1', bootstyle='success')
b1.pack()
b2 = ttk.Button(root, text='Button2', bootstyle='warning')
```

```
b2.pack()
b3 = ttk.Button(root, text='Button3', bootstyle='danger')
b3.pack()

# 进入循环
root.mainloop()
```

运行之后，效果如图 22-15 所示。

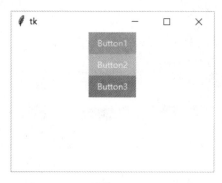

图 22-15

ttkbootstrap 功能强大而内容复杂，它包含非常多部件，每一种部件又有数十种预定义样式。你可以查阅一下官方文档或搜索一下相关的资料。

22.4.2   布局位置

GUI 编程相当于搭积木，每个积木块显示为多大？每块积木块应该放在哪里？这些都是需要管理的。tkinter 提供了 3 种用于管理组件布局位置的方法：pack()、grid() 和 place()。

1. pack() 方法

在 tkinter 中，pack() 方法是按照组件的先后顺序进行放置的，先后顺序对结果有很大影响。

▌ 语法：

```
pack(side, anchor, fill, padx/pady, ipadx/ipady, expand)
```

参数 side 用于定义组件停靠的方向，常用取值如表 22-4 所示。

表 22-4   参数 side 的取值

取　　值	说　　明
top	向上停靠（默认值）
bottom	向下停靠
left	向左停靠
right	向右停靠

参数 anchor 用于定义组件停靠的位置，常用取值如表 22-5 所示。不同参数对应的位置如图 22-16 所示。相信地理学得不错的你，应该很快能反应过来。

表 22-5 参数 anchor 的取值

取 值	说 明
center	中间（默认值）
e	右边中间（东方）
s	下边中间（南方）
w	左边中间（西方）
n	上边中间（北方）
ne	右上方（东北）
se	右下方（东南）
sw	左下方（西南）
nw	左上方（西北）

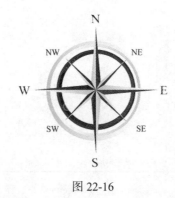

图 22-16

参数 fill 用于定义组件是否填充以及填充方向，取值如表 22-6 所示。

表 22-6 参数 fill 的取值

取 值	说 明
none	不填充（默认值）
x	横向填充
y	纵向填充
both	横向纵向都填充

参数 padx 和 pady 用于定义组件外部，组件与相邻组件或窗口的距离（即外边距），默认值为 0。

参数 ipadx 和 ipady 用于定义组件内部，文本与组件边框之间的距离（即内边距），默认值为 0。

参数 expand 表示组件的"势力范围"是否扩大到"扩展范围",默认值为 False。

▶ 示例:参数 side 和 anchor

```
import tkinter as tk

# 创建窗口
root = tk.Tk()
root.geometry('300x200')

# 创建组件
label = tk.Label(root,
                 text='Python tutorial',
                 bg='lightskyblue')
label.pack()

# 进入循环
root.mainloop()
```

运行之后,效果如图 22-17 所示。

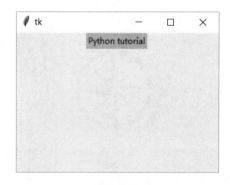

图 22-17

label.pack() 等价于 label.pack(side='top', anchor='center'),因此 Label 组件在窗口的位置是"靠上、居中"。如果改为 label.pack(side='bottom', anchor='sw'),再次运行后效果如图 22-18 所示。

图 22-18

▶ 示例：参数 fill

```
import tkinter as tk

# 创建窗口
root = tk.Tk()
root.geometry('300x200')

# 创建组件
label = tk.Label(root,
                 text='Python tutorial',
                 bg='lightskyblue')
label.pack(fill='x')

# 进入循环
root.mainloop()
```

运行之后，效果如图 22-19 所示。

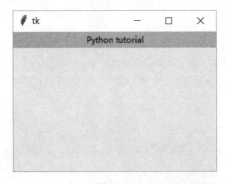

图 22-19

fill='x' 表示横向填充，此时 Label 组件就会横向扩展。如果将 fill='x' 改为 fill='y'，再次运行后效果如图 22-20 所示。

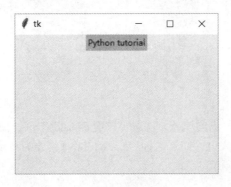

图 22-20

　　很奇怪，为什么设置了 fill='y' 之后，组件并没有纵向扩展呢？这是因为在默认情况下，参数 expand 的取值为 False，也就是不允许组件的"势力范围"是否扩大到"扩展范围"。

　　怎样理解"势力范围"和"扩展范围"呢？这两个范围其实是由组件的位置（即 side 和 anchor）来决定的。当 side='top' 和 anchor='center' 时，这两个范围如图 22-21 所示。

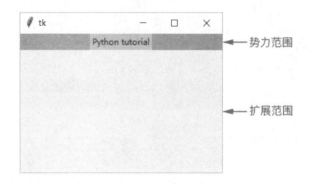

图 22-21

　　当 side='left' 和 anchor='center' 时，这两个范围如图 22-22 所示。

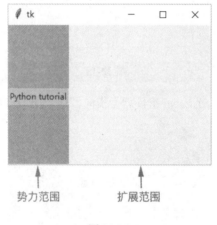

图 22-22

　　如果想要使得 Label 组件纵向填充，就需要设置 expand=True，使得它的"势力范围"扩大到"扩展范围"。对于上面示例来说，如果将 label.pack(fill='x') 修改为 label.pack(fill='y', expand=True)，再次运行后效果如图 22-23 所示。

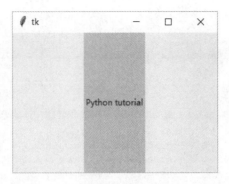

图 22-23

不管是横向扩展，还是纵向扩展，扩展之后 Label 的文本都会居中显示。比如图 22-23 实现了纵向扩展后，Label 的文本会在区域中心显示。

2. grid()方法

在 tkinter 中，grid() 方法允许你使用表格的方式来管理组件的位置。grid() 方法本质上是将窗口分割成一个表格（二维列表），如图 22-24 所示。

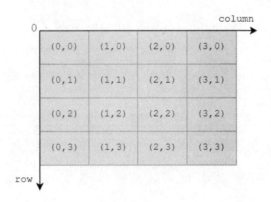

图 22-24

▶ **语法：**

```
grid(row, column, rowspan, columnspan, padx/pady, ipadx/ipady)
```

row 表示行号，column 表示列号，这两个参数的取值都是从 0 开始的整数。比如 grid(row=1, column=2) 表示第 2 行第 3 列。

rowspan 表示跨域的行数，比如 rownspan=2 表示该组件在纵向上占据了 2 行的位置。columnspan 表示跨域的列数，比如 columnspan=2 表示该组件在横向上占据了 2 列的位置。

此外，grid() 方法还可以使用 padx/pady 来定义外边距，以及使用 ipadx/ipady 来定义内边距。

示例：row 和 column

```
import tkinter as tk

# 创建窗口
root = tk.Tk()
root.geometry('300x200')

# 创建组件
tk.Button(root, text='按钮1').grid(row=0, column=0)
tk.Button(root, text='按钮2').grid(row=0, column=1)
tk.Button(root, text='按钮3').grid(row=1, column=0)
tk.Button(root, text='按钮4').grid(row=1, column=1)

# 进入循环
root.mainloop()
```

运行之后，效果如图 22-25 所示。

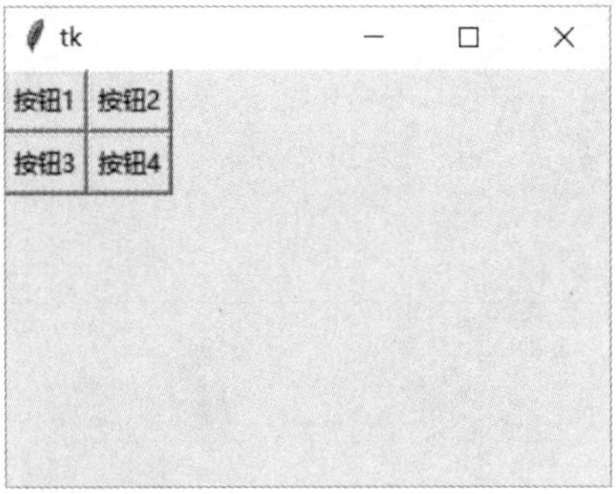

图 22-25

示例：rowspan 和 columnspan

```
import tkinter as tk

# 创建窗口
root = tk.Tk()
root.geometry('300x200')

# 创建组件
tk.Button(root, text='按钮1').grid(row=0, column=0, rowspan=2)
tk.Button(root, text='按钮2').grid(row=0, column=1)
tk.Button(root, text='按钮3').grid(row=1, column=1)

# 进入循环
root.mainloop()
```

运行之后，效果如图 22-26 所示。

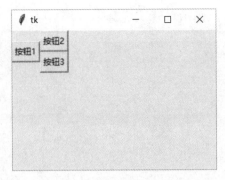

图 22-26

grid(row=0, column=0, rowspan=2) 表示该按钮开始于第 1 行第 1 列, 纵向占据 2 行位置。虽然从视觉上来看,"按钮 1"的高度并没有占满 2 行。但这 2 行的位置已经被"按钮 1"占据了, 此时不允许其他组件和它"抢位置"。

3. place()方法

place() 方法可以用于精确地定义组件的位置。该方法一般用于实现组件的水平居中或垂直居中。

▼ **语法**:

```
place(x, y, anchor, relx, rely)
```

x 用于定义组件的水平偏移距离 (像素), y 用于定义组件的垂直偏移距离 (像素)。anchor 用于定义组件在分配空间中的位置, 用法和 pack() 方法的 anchor 参数一样。

relx 用于定义相对于父组件的水平位置, 取值范围为 0.0~1.0 之间的小数。如果 anchor='center' 以及 relx=0.5 时, 表示该组件相对于父组件水平居中。

rely 用于定义相对于父组件的垂直位置, 取值范围为 0.0~1.0 之间的小数。如果 anchor='center' 以及 rely=0.5 时, 表示该组件相对于父组件垂直居中。

▼ **示例**:

```
import tkinter as tk

# 创建窗口
root = tk.Tk()
root.geometry('300x200')

# 创建组件
b1 = tk.Button(root, text=' 按钮 ')
b1.place(relx=0.5, rely=0.5, anchor='center')

# 进入循环
root.mainloop()
```

运行之后，效果如图 22-27 所示。

图 22-27

对于 Button 组件来说，它的父组件是整个窗口。b1.place(relx=0.5, rely=0.5, anchor='center')
表示设置按钮在窗口的水平方向以及垂直方向上同时居中。

说明   pack()、grid() 和 place() 这 3 种方法适用于 tkinter 所有组件。

22.5 复选按钮（Checkbutton）

在 tkinter 中，我们可以使用 Checkbutton 组件来定义一个复选按钮。复选按钮通常用于"二
选一"，也就是表示"开"或"关"的状态。

▼ 语法：

```
tk.Checkbutton(root, text=文本, variable=取值)
```

参数 text 表示显示的文本，参数 variable 表示复选按钮的值。使用 Checkbutton 组件，你必
须创建一个 tkinter 变量来存放它的值。

▼ 示例：

```
import tkinter as tk

# 创建窗口
root = tk.Tk()
root.geometry('300x200')

# 创建组件
var = tk.IntVar()
tk.Checkbutton(root, text='选中', variable=var).pack()
tk.Label(root, textvariable=var).pack()

# 进入循环
root.mainloop()
```

运行之后，效果如图 22-28 所示。当勾选复选按钮后，效果如图 22-29 所示。

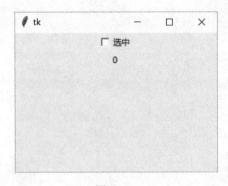

图 22-28

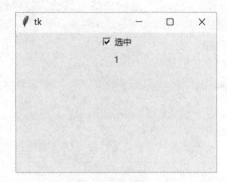

图 22-29

var=tk.IntVar() 表示创建一个 Int 类型的 tkinter 变量（本质上是一个对象），该变量用于表示该按钮是否被选中。对于复选按钮，"被选中状态"用 1（即 True）表示，"未选中状态"用 0（即 False）表示。因此，如果复选按钮被选中，那么变量 var 就被赋值为 1，否则为 0。

此外，创建整数类型的 tkinter 变量使用的是 IntVar() 函数，而创建字符串类型的 tkinter 变量使用的是 StringVar() 函数。

上面示例中，Checkbutton 组件中的 variable 参数以及 Label 组件中的 textvariable 参数，这两个同时绑定了 var 这个变量。因此只要 Checkbutton 组件的 variable 值发生变化，Label 组件的 textvariable 值也会跟着变化。

如果想要使得复选按钮一开始就是被选中状态，我们可以使用 set() 方法来设置 tkinter 变量的初始值。将"创建组件"这部分的代码修改如下，再次运行后效果如图 22-30 所示。

```
# 创建组件
var = tk.IntVar()
var.set(1)
tk.Checkbutton(root, text=' 选中 ', variable=var).pack()
tk.Label(root, textvariable=var).pack()
```

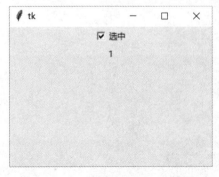

图 22-30

对于 Checkbutton 组件来说，我们还可以使用 onvalue 和 offvalue 这两个参数来分别设置 "被选中" 和 "未选中" 这两种状态的值。将 "创建组件" 这部分的代码修改如下，再次运行后效果如图 22-31 所示。

```python
# 创建组件
var = tk.IntVar()
var.set('Yes')
tk.Checkbutton(root,
               text=' 选中 ',
               onvalue='Yes',
               offvalue='No',
               variable=var).pack()
tk.Label(root, textvariable=var).pack()
```

图 22-31

由于 Checkbutton 和 Label 这两个组件都绑定了 var 这个 tkinter 变量，所以 Checkbutton 组件中 onvalue 和 offvalue 这两个参数的值，会影响到 Label 组件中 textvariable 的值。

▎ 示例：command 参数

```python
import tkinter as tk

# 创建窗口
root = tk.Tk()
root.geometry('300x200')

# 定义函数，获取组件值
def getval():
    print(var.get())

# 创建组件
var = tk.StringVar()
var.set(0)
tk.Checkbutton(root,
               onvalue='Yes',
               offvalue='No',
               text=' 选中 ',
               variable=var,
               command=getval).pack()
```

```
# 进入循环
root.mainloop()
```

运行之后，效果如图 22-32 所示。当选中复选按钮后，VSCode 控制台输出结果如图 22-33 所示。

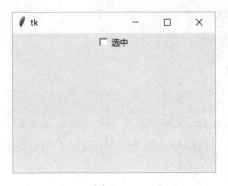

图 22-32   图 22-33

var=tk.StringVar() 表示创建一个字符串类型的 tkinter 变量。上面示例中 Checkbutton 的 command 参数绑定了一个 getval() 函数，在该函数中使用 get() 方法来获取 tkinter 变量的值。

我们总结一下 tkinter 变量的用法，主要包括以下两点。

❑ 创建整数类型的 tkinter 变量，使用的是 IntVar() 函数；创建字符串类型的 tkinter 变量，使用的是 StringVar() 函数。

❑ 想要获取 tkinter 变量的值，可以使用 get() 方法；想要设置 tkinter 变量的值，可以使用 set() 方法。

▶ 示例：多个复选按钮

```
import tkinter as tk

# 创建窗口
root = tk.Tk()
root.geometry('300x200')

# 创建组件
tk.Label(root, text='Q: 你喜欢哪些水果？').pack()
fruits = ['苹果', '香蕉', '雪梨', '西瓜']
var = []
for fruit in fruits:
    var.append(tk.IntVar())
    tk.Checkbutton(root, text=fruit, variable=var[-1]).pack()

# 进入循环
root.mainloop()
```

运行之后，效果如图 22-34 所示。

图 22-34

如果复选按钮比较多，可以使用列表结合 for 循环来实现。特别要注意，这里 Checkbutton 组件 variable 的值是 var[-1]。其中，var 是一个列表，而 var[-1] 表示获取 var 的最后一个值。

22.6　单选按钮（Radiobutton）

我们可以使用 tkinter 中的 Radiobutton 组件来定义单选按钮。单选按钮主要用于实现"多选一"的效果。

▌ 语法：

```
tk.Radiobutton(root, text='', value='', variable=取值)
```

参数 text 表示显示的文本，参数 value 表示值。这两个参数的取值一般是相同的，但它们的功能略有不同：text 的值是给用户看的，而 value 的值是给程序处理的。

variable 用于动态存储 value 的值，也就是说：改变 value 的值，variable 也会跟着改变。

▌ 示例：

```
import tkinter as tk

# 创建窗口
root = tk.Tk()
root.geometry('300x200')

# 创建组件
tk.Label(root, text='Q: 你的性别是？').pack()
var = tk.StringVar()
var.set('（未选中）')
tk.Radiobutton(root, text='男', value='男', variable=var).pack()
tk.Radiobutton(root, text='女', value='女', variable=var).pack()
tk.Label(root, textvariable=var).pack()

# 进入循环
root.mainloop()
```

运行之后，效果如图 22-35 所示。

图 22-35

可以发现，对于这一组单选按钮，你只能选中其中一项，而不能同时选中两项，这就是所谓的"单选按钮"。此外需要注意，对于同一组的多个复选按钮来说，每个复选按钮需要独立一个 tkinter 变量来保存。但对同一组的多个单选按钮来说，所有单选按钮是共享一个 tkinter 变量的。

▉ 示例：command 参数

```
import tkinter as tk

# 创建窗口
root = tk.Tk()
root.geometry('300x200')

# 定义函数
def getval(var):
    print(var.get())

# 创建组件
tk.Label(root, text='Q: 你的性别？').pack()
var = tk.StringVar()
var.set('男')
tk.Radiobutton(root, text='男', value='男', variable=var, command=lambda:
getval(var)).pack()
tk.Radiobutton(root, text='女', value='女', variable=var, command=lambda:
getval(var)).pack()

# 进入循环
root.mainloop()
```

运行之后，效果如图 22-36 所示。

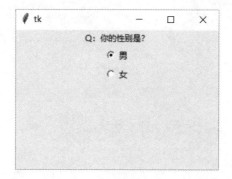

图 22-36

与复选按钮一样，选中或取消单选按钮时，会触发 command 参数后面接的函数，并向该函数传递单选按钮的 value 值。

22.7　分组框（LabelFrame）

在 tkinter 中，我们可以使用 LabelFrame 组件来对单选按钮或复选按钮进行分组。

▷ 语法：

```
tk.LabelFrame(root, text=文本内容)
```

▷ 示例：

```
import tkinter as tk

# 创建窗口
root = tk.Tk()
root.geometry('300x200')

# 创建分组框
group = tk.LabelFrame(root, text='你最喜欢的编程语言是？', padx=5, pady=5)
group.pack(padx=10, pady=10)

# 创建单选按钮
var = tk.StringVar()
var.set('Python')
items = ['Python', 'Java', 'C++', 'Go', 'Ruby']
for item in items:
    tk.Radiobutton(group, text=item, value=item, variable=var).pack(anchor='w')

# 进入循环
root.mainloop()
```

运行之后，效果如图 22-37 所示。

图 22-37

22.8 文本框（Entry）

在 tkinter 中，与文本框相关的组件有两个：Entry 和 Text。其中，Entry 组件用于创建单行文本框，而 Text 组件用于创建多行文本框。

▼ **语法：**

```
tk.Entry(root)
tk.Text(root)
```

Entry 和 Text 这两个组件的操作基本一样，你只要学会使用其中一个即可。tk.Entry() 会返回一个 Entry 对象，该对象有很多常用的方法，如表 22-7 所示。

表22-7   Entry 对象的方法

方　　法	说　　明
get()	获取文本框的值
insert()	往文本框插入内容
delete()	删除文本框的内容

▼ **示例：创建文本框**

```
import tkinter as tk

# 创建窗口
root = tk.Tk()
root.geometry('300x200')

# 创建 Label 组件
tk.Label(root, text=' 账号: ').grid(row=0)
tk.Label(root, text=' 密码: ').grid(row=1)

# 创建 Entry 组件
tk.Entry(root).grid(row=0, column=1, padx=10, pady=5)
```

```
tk.Entry(root).grid(row=1, column=1, padx=10, pady=5)

# 进入循环
root.mainloop()
```

运行之后，效果如图 22-38 所示。

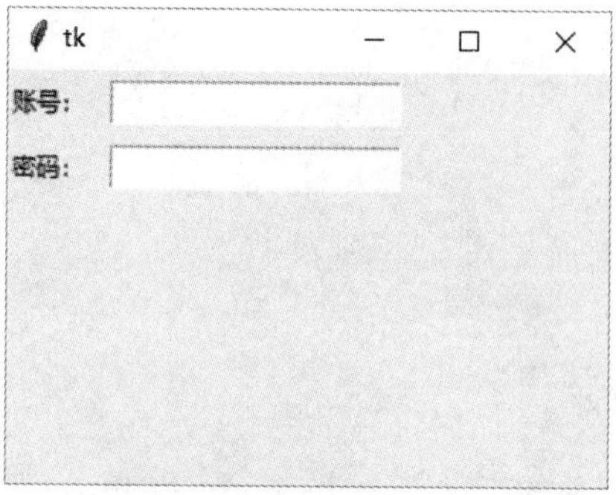

图 22-38

上面示例已经创建了两个文本框，那么如何在程序中获取文本框中的数据呢？Entry 组件与其他组件不一样，它自带了一个 get() 方法。通过 get() 方法可以获取文本框中输入的数据。

注意　tkinter 变量对象有一个 get() 方法，而 Entry 组件对象也有一个 get() 方法，这两个是不同的东西。此外，只有 Entry 和 Text 这两个组件才有 get() 方法，其他组件是没有的。

▶ **示例：获取文本框的数据**

```
import tkinter as tk

# 创建窗口
root = tk.Tk()
root.geometry('300x200')

# 定义函数
def getval():
    print('账号是: ', e1.get())
    print('密码是: ', e2.get())

# 创建 Label 组件
tk.Label(root, text='账号: ').grid(row=0)
tk.Label(root, text='密码: ').grid(row=1)

# 创建 Entry 组件
e1 = tk.Entry(root)
e1.grid(row=0, column=1, padx=10, pady=5)
e2 = tk.Entry(root)
e2.grid(row=1, column=1, padx=10, pady=5)
```

```
# 创建按钮
tk.Button(root, text=' 获取 ', command=getval).grid(row=2)

# 进入循环
root.mainloop()
```

运行之后，效果如图 22-39 所示。当往文本框输入内容，然后单击【获取】按钮后，VSCode 控制台就会输出内容，如图 22-40 所示。

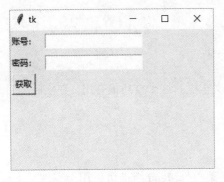

图 22-39

图 22-40

▍示例：清空文本框

```
import tkinter as tk

# 创建窗口
root = tk.Tk()
root.geometry('300x200')

# 创建组件
e1 = tk.Entry(root)
e1.pack()

# 定义函数
def clear():
    e1.delete(0, 'end')

# 创建按钮
tk.Button(root, text=' 清空 ', command=clear).pack()

# 进入循环
root.mainloop()
```

运行之后，效果如图 22-41 所示。当往文本框输入内容后，单击【清空】按钮，文本框中的内容就会被清空。

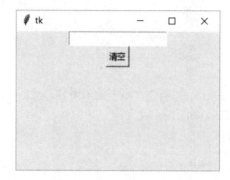

图 22-41

在上面示例中，e1.delete(0, 'end') 表示清空文本框。这个技巧很有用，在实际项目开发中经常用到。

22.9 菜单（Menu）

我们可以使用 tkinter 中的 Menu 组件来定义菜单。Menu 组件可以用于实现"下拉式菜单"或"弹出式菜单"，单击菜单后会弹出一个选项列表，用户可以从中进行选择。

▼ 语法：

```
menubar = tk.menu(root)
menubar.add_command(label= 文本内容 )
root.config(menu=menubar)
```

Menu 组件与其他组件有所不同，需要使用窗口对象的 config() 方法来将其添加到窗口中。

▼ 示例：下拉菜单

```
import tkinter as tk

# 创建窗口
root = tk.Tk()
root.geometry('300x200')

# 创建一个菜单栏，这里可以理解为一个容器
menubar = tk.Menu(root)
# 创建一个选项栏
itembar = tk.Menu(menubar, tearoff=False)
# 将菜单栏命名为"开始"，然后将"选项栏"绑定到"菜单栏"
menubar.add_cascade(label=' 开始 ', menu=itembar)
# 添加选项
itembar.add_command(label=' 创建文件 ')
itembar.add_command(label=' 打开文件 ')
itembar.add_command(label=' 保存文件 ')
# 配置菜单栏
root.config(menu=menubar)
```

```
# 进入循环
root.mainloop()
```

运行之后，单击【开始】处就会弹出下拉菜单，效果如图 22-42 所示。

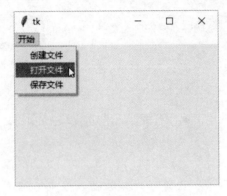

图 22-42

在 itembar=tk.Menu(menubar, tearoff=False) 这句代码中，tearoff=0 表示关闭菜单独立功能。如果把 tearoff=False 去掉（也就是使用默认值 True），则表示开启菜单独立功能，此时菜单上面会显示一条虚线，如图 22-43 所示。单击该虚线，可以让整个菜单独立悬浮显示，如图 22-44 所示。

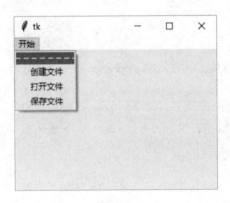

图 22-43

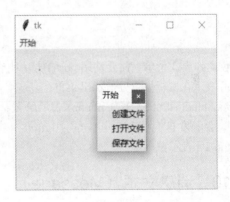

图 22-44

▶ 示例：弹出菜单

```
import tkinter as tk

# 创建窗口
root = tk.Tk()
root.geometry('300x200')

# 创建菜单栏
menubar = tk.Menu(root, tearoff=False)
```

```
# 添加选项
menubar.add_command(label=' 剪切 ')
menubar.add_command(label=' 复制 ')
menubar.add_command(label=' 粘贴 ')
# 定义弹出菜单
def popup(event):
    menubar.post(event.x_root, event.y_root)
# 绑定到鼠标右键
root.bind('<Button-3>', popup)

# 进入循环
root.mainloop()
```

运行之后，在窗口空白处单击鼠标右键，效果如图 22-45 所示。

图 22-45

创建弹出式菜单，需要使用 post() 方法明确地将其显示出来。menubar.post(event.x_root, event.y_root) 表示在鼠标位置处显示出菜单栏。

root.bind('<Button-3>', popup) 表示给鼠标右键绑定一个自定义的 popup 函数，当单击鼠标右键时会触发这个函数。其中的 <Button-3> 表示鼠标右键。另外，<Button-1> 表示鼠标左键，<Button-2> 表示鼠标中键。

22.10　消息文本（Message）

我们可以使用 tkinter 中的 Message 组件来定义消息文本。Message 组件是 Label 组件的变体，它主要用于显示短消息，但是比 Label 组件更加灵活，主要包括以下 3 个方面。

❑ Message 组件可以使用多种字体，而 Label 组件只能使用一种字体。

❑ Message 组件内的文本能够自动换行，使得文本可以多行显示，而 Label 组件只能在一行内显示文本。

❑ Message 组件在代码中可读性更强，它所展示的文本的语义也更明确。

▶ **语法：**

```
tk.Message(root)
```

▶ 示例：

```
import tkinter as tk

# 创建窗口
root = tk.Tk()
root.geometry('300x200')

# 创建消息框
content = '不要用战术上的勤奋，去掩盖战略上的懒惰。'
msg = tk.Message(root, text=content)
msg.config(bg='lightskyblue', font=('苹方', 16))
msg.pack()

# 进入循环
root.mainloop()
```

运行之后，效果如图 22-46 所示。

图 22-46

▶ 示例：弹出新窗口

```
import tkinter as tk

# 创建窗口
root = tk.Tk()
root.title('旧窗口')
root.geometry('300x200')

# 定义函数，弹出新窗口
def create():
    top = tk.Toplevel()
    top.title('新窗口')
    top.geometry('150x100')
    tk.Message(top, text='欢迎光临').pack()

# 创建组件
tk.Button(root, text='欢迎', command=create).pack()
```

```
# 进入循环
root.mainloop()
```

运行之后,效果如图 22-47 所示。当点击【欢迎】按钮后,会弹出一个新窗口,如图 22-48 所示。

图 22-47

图 22-48

想要打开一个新窗口,需要使用 tkinter 的 Toplevel() 函数来实现。实际上,像上面这种弹出一个新窗口来提示内容,最好的实现方式还是使用接下来介绍的提示框。

22.11 提示框

如果想要弹出提示框,我们并不是使用组件的方式来实现的,而是使用 tkinter 的子模块 messagebox 来实现的。

▷ **语法:**

```
from tkinter.messagebox import *
函数名 (title= 标题 , message= 内容 )
```

messagebox 模块提供的函数有很多,这些函数都拥有 title 和 message 这两个参数。常用的函数如表 22-8 所示。

表 22-8 提示框函数

函 数	说 明
showinfo()	内容提示框
showwarning()	警告提示框
showerror()	错误提示框
askquestion()	疑问提示框
askokcancel()	带 "确定" 和 "取消" 按钮的疑问提示框
askretrycancel()	带 "重试" 和 "取消" 按钮的疑问提示框

▼ 示例：内容提示框

```
from tkinter.messagebox import *
showinfo(title=' 提示 ', message=' 欢迎光临 ')
```

运行之后，效果如图 22-49 所示。

图 22-49

▼ 示例：警告提示框

```
from tkinter.messagebox import *
showwarning(title=' 提示 ', message=' 请输入密码 ')
```

运行之后，效果如图 22-50 所示。

图 22-50

▼ 示例：错误提示框

```
from tkinter.messagebox import *
showerror(title=' 提示 ', message=' 密码错误 ')
```

运行之后，效果如图 22-51 所示。

图 22-51

提示   除了前面介绍的组件之外，tkinter 还提供了一个绘图组件：Canvas。该组件可以用于绘制
　　　各种图形，包括直线、圆形、多边形等。

22.12   项目：简易计算器

至此，我们已经把 tkinter 常用的组件都学完了，接下来将使用 tkinter 来开发如图 22-52 所示
的简易计算器。

图 22-52

实现思路很简单：所有数字（0~9）和运算符号使用按钮来展现。如果单击"CE"按钮，
则清空文本框；如果单击"="按钮，则计算文本框中的表达式；如果单击其他按钮，则往文本
框末尾处插入对应的数字或符号。

需要注意的是，当第一个数是 0 的时候，需要将这个 0 从输入框中进行删除，再输入其他
数字或符号。

▶ 示例：

```python
import tkinter as tk

# 创建窗口
root = tk.Tk()
root.title(' 简易计算器 ')
root.resizable(0, 0)

# 创建文本框
e1 = tk.Entry(root, font=('Arial', 20), width=18)
e1.grid(row=0, columnspan=4, ipady=12)
e1.insert('end', '0')

# 定义函数，当单击 "CE" 按钮时触发
def clear():
```

```
    # 清空文本框
    e1.delete('0', 'end')
    # 插入 "0"
    e1.insert('end', '0')

# 定义函数，当单击 "=" 按钮时触发
def calcuate():
    if e1.get():
        try:
            # 计算文本框中的表达式
            result = eval(e1.get())
            # 清空文本框
            e1.delete('0', 'end')
            # 插入运算结果
            e1.insert('end', result)
        except Exception as e:
            print(e)
    else:
        # 插入 "0"
        e1.insert('end', '0')

# 定义函数，获取按钮对应的数字或字符
def getval(val):
    if e1.get() != '0':
        # 插入当前按钮值
        e1.insert('end', val)
    else:
        # 清空文本框
        e1.delete('0', 'end')
        # 插入当前按钮值
        e1.insert('end', val)

# 创建按钮 "7"
b1 = tk.Button(root, text='7', font=('Arial', 15), bg='lightskyblue', width=4,
command=lambda: getval('7'))
b1.grid(row=1, column=0, pady=(0, 10))
# 创建按钮 "8"
b2 = tk.Button(root, text='8', font=('Arial', 15), bg='lightskyblue', width=4,
command=lambda: getval('8'))
b2.grid(row=1, column=1, pady=(0, 10))
# 创建按钮 "9"
b3 = tk.Button(root, text='9', font=('Arial', 15), bg='lightskyblue', width=4,
command=lambda: getval('9'))
b3.grid(row=1, column=2, pady=(0, 10))
# 创建按钮 "/"
b1 = tk.Button(root, text='/', font=('Arial', 15), bg='orange', width=4,
command=lambda: getval('/'))
b1.grid(row=1, column=3, pady=(0, 10))

# 创建按钮 "4"
b1 = tk.Button(root, text='4', font=('Arial', 15), bg='lightskyblue', width=4,
command=lambda: getval('4'))
b1.grid(row=2, column=0, pady=(0, 10))
# 创建按钮 "5"
b1 = tk.Button(root, text='5', font=('Arial', 15), bg='lightskyblue', width=4,
command=lambda: getval('5'))
b1.grid(row=2, column=1, pady=(0, 10))
```

```python
# 创建按钮 "6"
b1 = tk.Button(root, text='6', font=('Arial', 15), bg='lightskyblue', width=4,
command=lambda: getval('6'))
b1.grid(row=2, column=2, pady=(0, 10))
# 创建按钮 "*"
b1 = tk.Button(root, text='*', font=('Arial', 15), bg='orange', width=4,
command=lambda: getval('*'))
b1.grid(row=2, column=3, pady=(0, 10))

# 创建按钮 "1"
b1 = tk.Button(root, text='1', font=('Arial', 15), bg='lightskyblue', width=4,
command=lambda: getval('1'))
b1.grid(row=3, column=0, pady=(0, 10))
# 创建按钮 "2"
b1 = tk.Button(root, text='2', font=('Arial', 15), bg='lightskyblue', width=4,
command=lambda: getval('2'))
b1.grid(row=3, column=1, pady=(0, 10))
# 创建按钮 "3"
b1 = tk.Button(root, text='3', font=('Arial', 15), bg='lightskyblue', width=4,
command=lambda: getval('3'))
b1.grid(row=3, column=2, pady=(0, 10))
# 创建按钮 "-"
b1 = tk.Button(root, text='-', font=('Arial', 15), bg='orange', width=4,
command=lambda: getval('-'))
b1.grid(row=3, column=3, pady=(0, 10))

# 创建按钮 "0"
b1 = tk.Button(root, text='0', font=('Arial', 15), bg='lightskyblue', width=4,
command=lambda: getval('0'))
b1.grid(row=4, column=0, pady=(0, 10))
# 创建按钮 "."
b1 = tk.Button(root, text='.', font=('Arial', 15), bg='lightskyblue', width=4,
command=lambda: getval('.'))
b1.grid(row=4, column=1, pady=(0, 10))
# 创建按钮 "+"
b1 = tk.Button(root, text='+', font=('Arial', 15), bg='orange', width=4,
command=lambda: getval('+'))
b1.grid(row=4, column=2, pady=(0, 10))

# 创建按钮 "("
b1 = tk.Button(root, text='(', font=('Arial', 15), bg='orange', width=4,
command=lambda: getval('('))
b1.grid(row=5, column=0, pady=(0, 10))
# 创建按钮 ")"
b1 = tk.Button(root, text=')', font=('Arial', 15), bg='orange', width=4,
command=lambda: getval(')'))
b1.grid(row=5, column=1, pady=(0, 10))
# 创建按钮 "CE"
b1 = tk.Button(root, text='CE', font=('Arial', 15), bg='orange', width=4,
command=clear)
b1.grid(row=5, column=2, pady=(0, 10))

# 创建按钮 "="
b1 = tk.Button(root, text='=', font=('Arial', 15), bg='orange', width=4, height=3,
command=calcuate)
b1.grid(row=4, column=3, rowspan=2)
```

```
# 进入循环
root.mainloop()
```

运行之后，效果如图 22-53 所示。

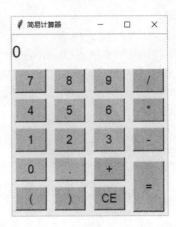

图 22-53

计算器的设计更适合使用表格布局的方式，也就是使用 grid() 方法来实现。在上面示例中，我们定义了 3 个函数：clear()、calculate() 和 getval()。

❑ clear() 函数用于清空文本框，当单击 "CE" 按钮时触发。

❑ calculate() 函数用于计算表达式，当单击 "=" 按钮时触发。

❑ getval() 函数用于获取单击某个按钮时传递的值，并且往文本框末尾处插入该值。

```
# 定义函数，当单击 "=" 按钮时触发
def calcuate():
    if e1.get():
        try:
            # 执行文本框的表达式
            result = eval(e1.get())
            # 清空文本框
            e1.delete('0', 'end')
            # 插入运算结果
            e1.insert('end', result)
        except Exception as e:
            print(e)
    else:
        # 插入 "0"
        e1.insert('end', '0')
```

在 calculate() 函数中，eval(e1.get()) 表示使用 eval() 函数来计算文本框中的表达式。eval() 是 Python 内置的函数，用于计算字符串中有效的表达式，并返回运算结果。比如 eval('10+20') 会返回 30，注意 '10+20' 是一个字符串。

上面使用了 try-except 语句来进行异常处理，如果发生异常，则使用 print() 函数输出报错信息。但种报错提示的效果并不是很理想。比较好的方式是，如果发生异常，就使用提示框的方

式把错误展示出来，修改后的代码如下。注意别忘了使用 import 语句导入 messagebox 模块。

```
# 导入 messagebox 模块（别忘了这一步）
from tkinter.messagebox import *

# 定义函数，当单击 "=" 按钮时触发
def calcuate():
    if e1.get():
        try:
            # 执行文本框的表达式
            result = eval(e1.get())
            # 清空文本框
            e1.delete('0', 'end')
            # 插入运算结果
            e1.insert('end', result)
        except Exception as e:
            showerror(title=' 提示 ', message=e)
    else:
        # 插入 "0"
        e1.insert('end', '0')
```

当在文本框输入"66/0"，然后单击"="按钮，此时就会弹出一个错误提示框，如图 22-54
所示。

图 22-54

思考 对于本章项目，如果使用 ttkbootstrap 来定义按钮外观，又该如何实现呢？

PyQt

　　尽管 tkinter 使用起来比较简单，但它更适用于开发一些小型的工具。想要做出界面美观、功能强大的商业级软件，tkinter 就显得力不从心了，此时需要借助更加专业的 GUI 扩展库才行，而 PyQt 就是其中最常用的 GUI 扩展库之一。

　　Qt 是一个非常强大的跨平台 C++ GUI 框架，被广泛用于各行各业的应用程序开发。像 WPS Office、Google Earth 等著名软件，都是使用 Qt 开发出来的。PyQt 则是 Python 语言和 Qt 库的成功融合，使得开发者可以在 Python 语言中使用 Qt 库。

## 第 23 章

鼠标键盘自动化

23

通过前面的学习，我们已经掌握了很多 Python 自动化操作的技巧，包括办公软件自动化、邮件发送自动化等，但还有很多具有界面的软件无法自动化，比如使用微信群发消息、在网页表单中输入信息等，像这样的菜单式操作非常烦琐，需要不断地单击鼠标或频繁地敲击键盘。

本章将介绍如何使用 Python 来控制鼠标和键盘，从而实现自动化操作，解放你的双手，节省大量重复操作的时间。

23.1 必备基础

PyAutoGUI，也就是 "Python Auto GUI（Python 自动化图形界面库）"。它是一个纯 Python 的 GUI 自动化工具，可以轻松地控制鼠标和键盘操作，从而实现各种自动化操作。从此，我们再也不用担心重复枯燥的任务了。

PyAutoGUI 最大的优点就是简单易上手，可以快速构建一个可用的自动化脚本。毕竟，很多数据处理任务本身就比较急迫，并没有太多时间使用复杂知识来构建一个完善的脚本。

由于 PyAutoGUI 是第三方库，在使用之前，需要执行以下命令进行安装。

```
pip install pyautogui
```

在学习 PyAutoGUI 的用法之前，我们需要了解关于计算机屏幕的一些基础知识。

提示 PyAutoGUI 更适合用于桌面软件的自动化操作，如果想要实现浏览器页面的自动化操作，
可以使用更专业的库——Selenium。

23.1.1 屏幕坐标

计算机屏幕的任意位置都可以使用坐标系来定位，这里使用的是图像坐标系（也就是 y 轴正方向向下）。对于一个分辨率为 1920×1080 的屏幕而言，其左上角坐标为 (0, 0)，右下角坐标为 (1919, 1079)，如图 23-1 所示。

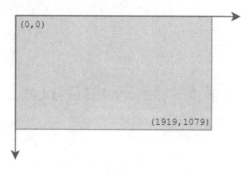

图 23-1

23.1.2　鼠标与键盘

在使用计算机的过程中，离不开鼠标与键盘的操作。对于鼠标而言，它的组成包含 3 部分：左键、右键、中键（滚轮），它的操作包含 4 种：单击、移动、拖拽、滚动（中键才有滚动）。

而对于键盘而言，则是通过对按键的敲击（包含普通字符键以及功能键）来录入对应的信息。

23.2　控制鼠标

很多时候，要进行鼠标操作，则需要获取屏幕大小以及鼠标指针当前位置。我们可以使用 PyAutoGUI 中的 size() 函数来获取屏幕的大小，使用其中的 position() 函数来获取鼠标指针当前位置。

� **语法：**

```
pyautogui.size()
pyautogui.position()
```

▼ **示例：**

```
import pyautogui

# 获取屏幕大小
screen_size = pyautogui.size()
print(screen_size)

# 获取鼠标指针当前位置
while True:
    mouse_position = pyautogui.position()
    print(mouse_position)
```

运行结果如下：

```
Size(width=1920, height=1080)
Point(x=1088, y=851)
```

相比于整个计算机屏幕而言，鼠标指针每时每刻都有一个它当时所处的坐标位置。上面使用 while True 构建了一个无限循环，循环体内一直调用 position() 函数来获取鼠标指针当前坐标并将其输出。如果想要结束无限循环的程序，可以打开 VSCode 控制台，按下 "Ctrl+C" 组合键。

由于程序会快速持续地输出鼠标指针当前坐标，我们可以在循环体内使用 time 模块的 sleep() 函数，来使得程序每次暂停若干秒后再输出。

▶ **示例:**

```python
import time
import pyautogui

# 获取鼠标指针当前位置
while True:
    time.sleep(2)
    mouse_position = pyautogui.position()
    print(mouse_position)
```

运行之后，缓慢地移动鼠标指针，然后 VSCode 控制台会不断输出鼠标指针当前坐标，结果如下:

```
Point(x=981, y=754)
Point(x=1239, y=740)
Point(x=772, y=712)
```

time.sleep(2) 表示让程序暂停 2 秒，然后再执行 time.sleep(2) 后面的代码。

了解如何获取屏幕大小以及鼠标指针当前位置之后，下面将介绍鼠标相关的操作。对于 PyAutoGUI 来说，涉及鼠标操作的函数有很多，常用的如表 23-1 所示。

表 23-1 鼠标操作函数

函　　数	说　　明
moveTo()	将鼠标指针移到屏幕指定坐标
move()	相对于鼠标指针当前位置移动
click()	单击鼠标
mouseDown()	按下鼠标
mouseUp()	松开鼠标
dragTo()	将鼠标拖拽到屏幕指定坐标
drag()	相对于鼠标指针当前位置拖动
scroll()	滚动鼠标中键（滚轮）

23.2.1 移动鼠标

在 PyAutoGUI 中，移动鼠标有两个函数: moveTo() 和 move()。moveTo() 用于将鼠标指针移到屏幕指定位置，而 move() 是相对于鼠标指针当前位置进行移动。

▌ 语法：

```
pyautogui.moveTo(x, y, duration)
pyautogui.move(x, y, duration)
```

moveTo() 和 move() 的参数相同，这 3 个参数都是可选的。x 表示横轴坐标，y 表示纵轴坐标，如果这两个参数省略，则表示不移动。

duration 表示移动持续时间，单位为秒。如果 duration 省略，鼠标指针就会一瞬间移到指定位置。

▌ 示例：moveTo()

```
import pyautogui

pyautogui.moveTo(500, 500)
```

运行后仔细观察，可以看到鼠标指针一瞬间就移到了屏幕的 (500, 500) 处。如果改为 pyautogui.moveTo(500, 500, 2)，则会在 2 秒内将鼠标指针移动到屏幕的 (500, 500) 处。

▌ 示例：move()

```
import pyautogui

pyautogui.move(-300, -400)
```

运行后仔细观察，可以看到鼠标指针相对于当前位置往左上角移动。-300 表示往 x 轴负方向移动 300 像素，-400 表示往 y 轴负方向移动 400 像素。

23.2.2　单击鼠标

在 PyAutoGUI 中，单击鼠标相关的函数有 3 个：click()、mouseDown() 和 mouseUp()。click() 用于实现鼠标单击效果，也就是一次完整的"鼠标按下"和"鼠标松开"操作。mouseDown() 用于实现鼠标按下效果，而 mouseUp() 用于实现鼠标松开效果。

▌ 语法：

```
pyautogui.click(button, x, y, clicks, interval, duration)
pyautogui.mouseDown(button, x, y)
pyautogui.mouseUp(button)
```

click() 函数所有参数都是可选的，详细说明如下。其中，mouseDown() 和 mouseUp() 的几个参数同 click() 函数。

❑ button：用于定义使用鼠标的哪个键，默认值为 'left'。button='left' 表示使用鼠标左键；button='middle' 表示使用鼠标中键（即滚轮）；button='right' 表示使用鼠标右键。

❑ clicks：用于定义鼠标单击多少次，默认值为 1（即单击 1 次）。clicks=2 表示单击两次，以此类推。

❑ x 和 y：用于定义鼠标在哪个坐标位置单击。如果 x 和 y 省略，则表示让鼠标在当前位置单击。

❑ interval：用于定义每次单击之间等待的时间，单位为秒。如果 interval 省略，则表示连续快速单击。

❑ duration：用于定义移动持续的时间，单位为秒。如果 duration 省略，则表示一瞬间将鼠标移动到指定位置。

我们都知道，只有鼠标按下之后才有"鼠标松开"这种说法，所以 mouseUp() 之前必须调用 mouseDown()。另外，mouseUp() 是不需要传递坐标参数的。

▶ 示例：click()

```
import pyautogui

# 单击鼠标左键
pyautogui.click()

# 在 (500, 500) 处单击鼠标左键
pyautogui.click(500, 500)

# 在当前位置单击鼠标左键 2 次，每次单击间隔为 0.25s
pyautogui.click(clicks=2, interval=0.25)

# 单击鼠标右键
pyautogui.click(button='right')

# 单击鼠标中键（滚轮）
pyautogui.click(button='middle')
```

如果想要达到长按鼠标的效果，可以使用 mouseDown() 函数，该函数会模拟按下鼠标不松开的操作。如果仅调用 mouseDown() 函数，则鼠标会一直处于按下状态。想要取消按下状态，可以使用 mouseUp() 函数来实现。

▶ 示例：mouseDown() 和 mouseUp()

```
import pyautogui

# 按下鼠标右键
pyautogui.mouseDown(button='right', x=500, y=500)
# 松开鼠标右键
pyautogui.mouseUp(button='right')
```

上面代码连续调用了 mouseDown() 和 mouseUp() 函数，其效果与单独使用 click() 函数相同。下面两种方式是等价的。

```
# 方式1
pyautogui.click(button='right', x=500, y=500)

# 方式2
pyautogui.mouseDown(button='right', x=500, y=500)
pyautogui.mouseUp(button='right')
```

23.2.3　拖曳鼠标

拖曳鼠标，指的是长按鼠标左键并发生移动，比如将桌面上的软件图标拖拽到桌面的其他位置。拖曳鼠标的过程，其实可以拆解成以下 3 步。

① 按住鼠标左键不放。

② 拖动到指定位置。

③ 松开鼠标左键。

在 PyAutoGUI 中，拖拽鼠标也有两个函数：dragTo() 和 drag()。dragTo() 函数用于拖拽鼠标到屏幕指定位置，而 drag() 函数是相对于鼠标指针当前位置进行拖拽。

▧ **语法：**

```
pyautogui.dragTo(button, x, y, duration)
pyautogui.drag(button, x, y, duration)
```

与 click() 函数不一样，dragTo() 和 drag() 这两个函数的 button、x、y 这 3 个参数是必选的。button 定义使用鼠标的哪个键，x 和 y 定义拖动到哪一个坐标。duration 参数是可选的，表示拖动持续的时间。

▧ **示例：**

```
import time
import pyautogui

time.sleep(5)
pyautogui.dragTo(button='left', x=1000, y=100, duration=1)
```

为了展示效果，我们需要打开一个记事本窗口（如图 23-2），然后再去运行代码。代码运行的效果应该是这样的：在 5 秒内将鼠标指针移动到记事本窗口上方，接下来在 1 秒内将该记事本拖拽到 (1000，100) 坐标处。

图 23-2

23.2.4 滚动鼠标

在浏览某一个比较长的网页时，通常需要滚动鼠标来浏览下方的内容。滚动鼠标指的是滚动鼠标中键（滚轮）。在 PyAutoGUI 中，我们可以使用 scroll() 函数来实现鼠标的滚动操作。

▶ **语法：**

```
scroll(clicks, x, y)
```

clicks 是必选参数，表示滚动的距离，clicks 代表的滚动量因平台而异。当 clicks 为正数时，表示向上滚动；当 clicks 为负数时，表示向下滚动。

x 和 y 是可选参数，表示将鼠标指针移到指定坐标位置。如果 x 和 y 省略，则表示在当前位置开始滚动。

▶ **示例：**

```
import pyautogui

# 向上滚动 10 个 clicks 量
pyautogui.scroll(10)

# 向下滚动 10 个 clicks 量
pyautogui.scroll(-10)

# 移动到 (500, 500) 坐标处，向上滚动 10 个 clicks 量
pyautogui.scroll(10, x=500, y=500)
```

提示 在 macOS 或 Linux 系统中，还可以使用 PyAutoGUI 的 hscroll() 函数实现水平滚动。

23.3 键盘操作

PyAutoGUI 还可以控制键盘操作，此时它会接管键盘的控制权，为了避免自动化程序在执行过程中出现错误，不建议在程序运行期间使用键盘。对于 PyAutoGUI 来说，常用的键盘操作函数如表 23-2 所示。

表 23-2 键盘操作函数

函　　数	说　　明
write()	输入文本
press()	按下一个键并松开
keyDown()	按下一个键
keyUp()	松开一个键
hotkey()	按下组合键

23.3.1   输入文本

在 PyAutoGUI 中，我们可以使用 write() 函数来控制键盘输入文本。

▶ **语法：**

```
pyautogui.write(text, interval)
```

text 表示文本内容，它可以是一个字符串，也可以是一个列表。当 text 是一个字符串时，表示一次性输入该字符串；当 text 是一个列表时，列表每个元素只能是包含一个字符的字符串，然后 write() 函数会依次输入列表的每一个元素。interval 表示每次敲击的时间间隔。

需要注意的是，PyAutoGUI 不支持中文写入，所以在执行程序之前，请一定要记得将本地输入法切换为英文状态。

▶ **示例：字符串**

```
import time
import pyautogui

time.sleep(5)
pyautogui.write('hello')
```

为了展示效果，我们需要先打开一个记事本窗口，然后再运行程序。这里调用 time.sleep(5)，让程序暂停 5 秒。请在 5 秒之内，将鼠标指针移动到记事本窗口内。然后程序会在记事本中输入 'hello' 这个字符串，结果如图 23-3 所示。

图 23-3

▶ **示例：列表**

```
import time
import pyautogui

time.sleep(5)
pyautogui.write(['h', 'e', 'l', 'l', 'o'], interval=0.5)
```

为了展示效果,我们同样需要打开一个记事本窗口,然后再运行程序。这里调用 time.sleep(5),让程序暂停 5 秒。请在 5 秒之内,将鼠标指针移动到记事本窗口内,然后程序会每隔 0.5 秒输入一个字符。运行结果如图 23-4 所示。虽然上面两个示例的结果一样,但是它们的过程效果是不一样的。

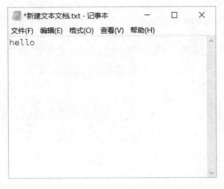

图 23-4

提示　不一定要使用记事本窗口,任意可输入窗口都可以,比如 QQ 聊天框、Word 窗口、浏览器搜索框等。

23.3.2　敲击按键

键盘上除了 26 个英文字符的按键之外,还有其他按键,比如 "Ctrl" 键或 "Shift" 键。在 PyAutoGUI 中,我们可以使用 press() 函数来敲击按键。

▶ **语法:**

```
pyautogui.press(keys, presses, interval)
```

keys 表示键盘字符,它可以是一个列表,也可以是一个字符串。当 keys 是一个列表时,要求列表每一个元素都是一个字符,然后会依次敲击所有字符作为输入文本,比如 pyautogui. press(['y', 'e', 's']) 表示输入 'yes'。当 keys 是一个字符串时,表示敲击功能键,比如 pyautogui. press('ctrl') 表示敲击 Ctrl 键,而 pyautogui.press('shift') 表示敲击 Shift 键。常见的功能键及对应的字符串如表所示。

表23-3　功能键及对应字符串

功　能　键	字　符　串
Enter 键	'enter'
Ctrl 键	'ctrl'
Shift 键	'shift'

（续）

功　能　键	字　符　串
Alt 键	'alt'
↑键	'up'
↓键	'down'
←键	'left'
→键	'right'

presses 表示按键的次数，而 interval 表示按键的间隔时间。

▶ 示例：输入文本

```
import time
import pyautogui

time.sleep(5)
pyautogui.press(['h', 'e', 'l', 'l', 'o'], presses=2, interval=1)
```

为了展示效果，我们需要打开一个记事本窗口，然后再运行该程序。请在该程序运行后 5
秒之内将鼠标指针移到记事本窗口内。然后，该程序会在记事本中输入两次 'hello'，两次输入的
时间间隔为 1 秒。

注意，此时 press() 函数的第一个参数必须是一个列表，而不能是一个字符串。如果使用方
式 2，则代表是按下"hello"这个功能键。但事实上键盘并不存在"hello"这样的功能键，所
以就不会有任何效果。

```
# 方式 1：正确
pyautogui.press(['h', 'e', 'l', 'l', 'o'], presses=2, interval=1)

# 方式 2：错误
pyautogui.press('hello', presses=2, interval=1)
```

▶ 示例：敲击功能键

```
import pyautogui

pyautogui.press('enter')
```

press() 函数会完整地模拟"按下按键"和"松开按键"这两个操作。pyautogui.press('enter')
等价于：

```
pyautogui.keyDown('enter')
pyautogui.keyUp('enter')
```

如果想要使用组合键"Ctrl+C"，则可以使用下面代码来实现。

```
pyautogui.keyDown('ctrl')
pyautogui.keyDown('c')
pyautogui.keyUp('c')
pyautogui.keyUp('ctrl')
```

23.3.3　使用组合键

虽然 keyDown() 和 keyUp() 这两个函数配合使用能模拟按下组合键，但过程会显得比较繁琐。使用 hotkey() 函数可以更方便地模拟组合键操作。

▼ **语法：**

```
pyautogui.hotkey(key1, key2, ..., keyN)
```

上面语法表示同时按下 key1、key2、...、keyN 这几个键，然后再松开。

▼ **示例：**

```
import time
import pyautogui

time.sleep(5)
pyautogui.hotkey('ctrl', 'a')
pyautogui.hotkey('ctrl', 'c')
time.sleep(5)
pyautogui.hotkey('ctrl', 'v')
```

准备两个记事本，记事本 A 包含文本，记事本 B 是空白的。执行程序后 5 秒内，将鼠标指针移到记事本 A 中，然后在接下来 5 秒内将鼠标指针移到记事本 B 中。此时程序就会将记事本 A 的内容复制到记事本 B 中。

23.3.4　输入中文

为了解决 PyAutoGUI 无法输入中文的问题，我们需要搭配 pyperclip 模块来使用。pyperclip 是第三方模块，在使用之前，需要执行以下命令来安装。

```
pip install pyperclip
```

▼ **示例：**

```
import time
import pyautogui
import pyperclip

time.sleep(5)
pyperclip.copy('存在即合理')
pyautogui.hotkey('ctrl', 'v')
```

为了展示效果，我们需要打开一个记事本窗口，然后再运行程序。请在 5 秒之内，将鼠标指针移到记事本窗口内。然后程序会在记事本中输入 '存在即合理' 这个字符串。

实现原理很简单，首先使用 pyperclip 模块的 copy() 函数来复制一段中文文本，然后再调用 pyautogui.hotkey('ctrl', 'v') 把文本粘贴出来。

23.4　其他功能

除了可以控制鼠标和键盘操作之外，PyAutoGUI 还有一些其他比较强大的功能，比如屏幕截图、提示框、图片定位等。

23.4.1　屏幕截图

在实际项目开发中，有时需要截取计算机屏幕的指定区域，然后将截取的图片保存下来。在 PyAutoGUI 中，我们可以使用 screenshot() 函数来进行屏幕截图。

▼ **语法：**

```
pyautogui.screenshot(region, imageFilename)
```

region 是一个可选参数，表示截图的范围。如果 region 省略，则表示全屏截图。imageFilename 也是一个可选参数，表示截图保存的路径。如果 imageFilename 省略，则表示不保存截图。

在当前项目目录下创建 imgs 文件夹，项目结构如图 23-5 所示。

图 23-5

▼ **示例：**

```
import pyautogui

pyautogui.screenshot(region=(200, 200, 500, 400), imageFilename=r'imgs\test.png')
```

运行之后，可以发现 imgs 文件夹中多了一个 test.png，如图 23-6 所示。

图 23-6

上面示例表示截图的范围是，以 (200，200) 为起始坐标（即左上角坐标），宽度为 500 像素、高度为 400 像素。

23.4.2　提示框

PyAutoGUI 中的提示框和普通程序的提示框并无太大的区别，常用的提示框函数如表 23-4 所示。

表23-4 提示框函数

函　　数	说　　明
alert()	警告提示框
confirm()	确认提示框
prompt()	输入提示框
password()	密码提示框

▶ 示例：alert()

```
import pyautogui

pyautogui.alert(title=' 提示 ', text='Are you OK?', button='OK')
```

运行之后，效果如图 23-7 所示。

图 23-7

对于 alert() 函数来说，用户只能单击该按钮。然后 alert() 函数会返回 button 的值，你可以使用一个变量来接收它。

```
result = pyautogui.alert(title=' 提示 ', text='Are you OK?', button='OK')
print(result)                    # 输出 "OK"
```

▶ 示例：confirm()

```
import pyautogui

result = pyautogui.confirm(title=' 提示 ', text='Are you OK?', buttons=['YES', 'NO'])
print(result)
```

运行之后，效果如图 23-8 所示。

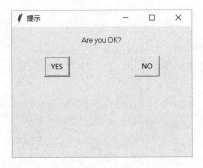

图 23-8

confirm() 函数的 buttons 参数接收一个列表，这样可以让提示框具有多个按钮。根据你单击的按钮不同，返回的值也会不同。然后你可以使用 if 语句来判断，根据判断结果执行不同的操作。

▧ 示例：prompt()

```
import pyautogui

result = pyautogui.prompt(title=' 提示 ', text=' 你最喜欢的编程语言是？ ', default=' 请输入内容 ')
print(result)
```

运行之后，效果如图 23-9 所示。

图 23-9

prompt() 函数可以接收用户输入的字符串并且返回。参数 default 用于定义输入框中默认显示的文本。单击"OK"按钮，会返回用户输入的内容。单击"Cancel"按钮，会返回一个空字符串。

▧ 示例：password()

```
import pyautogui

result = pyautogui.password(title=' 提示 ', text=' 请输入密码 ', mask='*')
print(result)
```

运行之后，效果如图 23-10 所示。当输入内容后，效果如图 23-11 所示。

图 23-10

图 23-11

可以使用 password() 函数定义密码输入框，输入的内容将会以密文的形式显示。参数 mask 表示使用什么符号来隐藏你输入的内容。

23.4.3 图片定位

在使用社交软件（如 QQ）时，我们需要单击"发送"按钮来发送消息（这里不考虑使用快捷键 Enter 或 Ctrl+Enter）。如果想要实现自动发送消息，需要先找到"发送"按钮的坐标位置，然后使用 PyAutoGUI 将鼠标指针移动到该坐标位置，再执行单击操作。

上面的思路是正确的，但存在一个比较大的问题，那就是 QQ 聊天对话框是会移动的。也就是说，"发送"按钮的位置是不定的。此时我们可以使用 PyAutoGUI 提供的图片定位功能，来识别"发送"按钮的位置。然后无论 QQ 聊天对话框移动到屏幕哪个地方，都可以轻松定位出"发送"按钮的位置。

想要使用 PyAutoGUI 的图片定位功能，首先需要准备好需要被识别的图片（可以手动截图来获取），然后使用 locateOnScreen() 函数传入被识别的图片，最后使用 center() 函数来获取"被识别图片的中心"在屏幕的坐标位置。

在当前项目下创建 imgs 文件夹，并往该文件夹放入一张 QQ "发送"按钮的图片 send.png（如图 23-12），整个项目结构如图 23-13 所示。

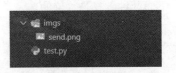

图 23-12   图 23-13

▶ 示例：

```python
import time
import pyautogui

time.sleep(5)
# 传入图片
location = pyautogui.locateOnScreen(r'imgs\send.png')
# 获取中心位置
center = pyautogui.center(location)
print(center)
```

运行结果如下：

```
Point(x=1580, y=908)
```

为了展示效果，运行程序之后，请在 5 秒内打开任意一个 QQ 聊天对话框（如图 23-14）。然后等到几秒，程序就会获取"发送"按钮中心在屏幕的坐标位置。

图 23-14

为了避免操作位置偏移，通常会使用 center() 函数来获取被传入图片的中心对应的坐标，然后再通过 moveTo()、click() 等函数进行操作。实际上，我们还可以使用 locateCenterOnScreen() 函数来简化步骤，下面两种方式是等价的。

```
# 方式 1
center = pyautogui.locateCenterOnScreen(r'imgs\send.png')

# 方式 2
location = pyautogui.locateOnScreen(r'imgs\send.png')
center = pyautogui.center(location)
```

如果 locateOnScreen() 或 locateCenterOnScreen() 函数无法准确定位传入图片的位置，此时可以使用 confidence 参数，该参数可以设置识别屏幕截图时使用的精度。confidence 参数值越小，定位出图片的可能性就越高。

```
location = pyautogui.locateOnScreen(r'imgs\send.png', confidence=0.8)
```

不过 confidence 参数的功能需要借助 OpenCV 库才能实现。OpenCV 是第三方库，在使用之前，需要执行下面命令来安装。安装好 OpenCV 之后，不需要导入 OpenCV，confidence 参数会自动生效。

```
pip install opencv-python
```

23.5　项目：微信批量发送消息

日常工作时，可能要批量给目标用户群发推广信息。逢年过节时，经常需要给亲朋好友群发祝福消息。如果手动一个个发送消息，这样会花费大量的时间。此时我们可以使用 PyAutoGUI 来自动给微信用户群发消息。

使用电脑端微信软件群发消息（如图23-15），主要分为以下4个步骤。

① 定位搜索框，并单击搜索框。

② 输入手机号，并进行搜索。

③ 单击好友头像，切换到聊天对话框。

④ 输入内容，单击"Enter"键发送消息。

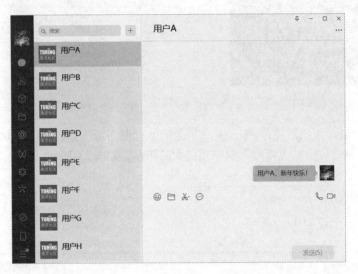

图 23-15

需要注意的是，第②步如果使用 ID 或备注名进行搜索，则可能无法搜索出结果。比较准确的方式是使用手机号进行搜索。当使用手机号搜索时，结果会出现如图23-16所示的效果。

图 23-16

搜索结果一般会包含"网络查找手机 /QQ 号"和"搜一搜 xxx"这两部分。我们只需要单击"网络查找手机 /QQ 号"这一项，就可以打开对应用户的聊天对话框了。

当前项目目录包含两个文件夹：data 和 imgs，项目结构如图 23-17 所示。data 文件夹包含一个 friends.xlsx 文件，friends.xlsx 保存的是亲朋好友的 ID、备注名和手机号，如图 23-18 所示。

图 23-17

	A	B	C
1	id	name	phone
2	1001	Jack	13211111111
3	1002	Lucy	13222222222
4	1003	Tony	13233333333
5	1004	Lily	13244444444
6	1005	Tim	13255555555

图 23-18

imgs 文件夹包含两张图片，search.png 是微信搜索框图标，如图 23-19 所示。而 contact 是搜索结果中"网络查找手机 /QQ 号"这一项前面的图标，如图 23-20 所示。

| Q 搜索 |

图 23-19

图 23-20

注意　friends.xlsx 中的 id、备注名和手机号都是虚拟的，你在测试代码时，请使用真实数据代替。

▶ 示例：

```python
import time
import pandas as pd
import pyautogui
import pyperclip

# 定义函数，发送消息
def send_mes(name, phone):
    # 定位搜索框
    search_center = pyautogui.locateCenterOnScreen(r'imgs\search.png',
confidence=0.5)
    # 单击搜索框
    pyautogui.click(search_center[0], search_center[1])
    # 输入手机号
    pyautogui.write(str(phone))
    # 等待 2 秒的反应时间
    time.sleep(2)

    # 定位联系人
    contact_center = pyautogui.locateCenterOnScreen(r'imgs\contact.png',
confidence=0.5)
```

```
                # 单击联系人
                pyautogui.click(contact_center[0], contact_center[1])
                # 等待 2 秒的反应时间
                time.sleep(2)

                # 复制祝福语
                pyperclip.copy(f'{name}，新年快乐！')
                # 粘贴祝福语
                pyautogui.hotkey('ctrl', 'v')
                # 按下 Enter 键
                pyautogui.press('enter')
                # 等待 2 秒的反应时间
                time.sleep(2)

        if __name__ == '__main__':
                # 读取文件
                df = pd.read_excel(r'data\friends.xlsx')
                names = list(df['name'])
                phones = list(df['phone'])
                # 请在运行程序后 5 秒内打开微信软件界面
                time.sleep(5)
                # 给每个用户发送消息
                for i in range(len(names)):
                        send_mes(names[i], phones[i])
```

运行程序之后，请在 5 秒之内手动打开微信软件界面。然后程序会自动给目标联系人发送一个祝福文本。

上面示例将发送消息功能封装成了一个模块，该模块包含了一个名为 send_mes() 的函数，该函数的功能是给每一个微信用户发送消息。在模块的 if __name__ =='__main__': 部分，我们使用 Pandas 读取 friends.xlsx 文件，从而获取每一个用户的备注名以及手机号。

在使用 locateCenterOnScreen() 函数定位图片时，可能会出现无法识别而导致报错的情况，此时别忘了设置 confidence 参数。confidence 参数的值越小，越能准确识别图片。

最后需要说明的是，任何网站和软件都会改版更新，微信同样也会。如果你发现上面步骤对不上，可以自行摸索一下，毕竟最重要的思路已经提供给大家了。无论微信如何改版，操作起来都是大同小异的。

思考　如何使用微信批量发送图片消息、表情包消息以及文件？

第 24 章

程序打包

Python 社区崇尚开源自由，所以很多好用的 Python 程序都以"包"的形式发布在 PyPI 这样的包管理网站上。使用者默认已经具备了 Python 的运行环境，此时只需要使用 pip 工具，就可以下载与安装这些包。

但在生产环境中，不管是公司开发项目，还是个人开发项目，我们不能总是指望用户已经安装了 Python 环境，而且直接将 Python 源代码文件发给用户也不是一个好主意。况且，我们也不想编写的代码被其他人看到。此时比较好的解决方法是，将程序打包成 exe 文件，然后再发给用户使用。

24.1 PyInstaller 概述

exe 是可执行文件的文件扩展名（后缀名）。大多数情况下，软件的使用者都是 Windows 用户。通常我们只需把软件打包成一个 exe 文件，然后用户在 Windows 系统下就可以直接运行，从而降低使用难度。

在 Python 中，我们可以使用 PyInstaller 来将程序打包成一个 exe 文件。由于 PyInstaller 是第三方库，在使用之前，需要执行下面命令来安装。

```
pip install pyinstaller
```

说明 将程序打包，除了使用 PyInstaller 库之外，还可以使用 Nuitka 库。不过这里更推荐使用 PyInstaller，因为它上手比 Nuitka 更为简单，文档也更加丰富。

24.2 PyInstaller 的用法

首先在当前项目目录下创建一个文件 hello.py，整个项目只有这一个文件，如图 24-1 所示。然后在 hello.py 中编写一小段代码（如下所示），其功能是使用 PyAutoGUI 来弹出一个提示框。

```
import pyautogui
pyautogui.alert(title='提示', text='Hello Python!', button='OK')
```

图 24-1

在 VSCode 控制台中，运行以下 pyinstaller 打包命令。运行过程中会产生很多提示信息，我们不需要做额外设置，只需耐心等待打包完成即可。打包完成后，会在当前目录下自动生成两个文件夹：build 和 dist，项目结构如图 24-2 所示。

```
pyinstaller hello.py
```

图 24-2

其中，dist 文件夹下有一个 hello 文件夹。打开该文件夹，可以看到里面包含很多文件，里面就有我们的目标文件 hello.exe，如图 24-3 所示。

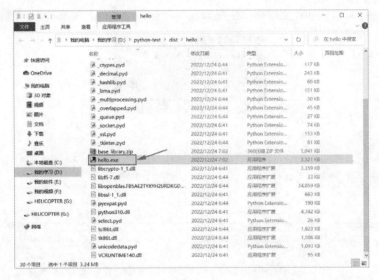

图 24-3

双击 hello.exe 文件，就可以直接运行程序，此时会弹出一个提示框，如图 24-4 所示。

图 24-4

需要注意的是，在 VSCode 中双击 exe 文件打开是无效的，而必须先打开包含 exe 文件的文件夹（即 dist），然后双击 exe 文件才行。

24.3　高级打包

虽然上面的打包已经达到了预期目的，但仍然存在一个很大的缺陷，那就是打包后生成的文件过多。hello.py 只有两行代码，结果却生成了数十个文件。这是因为 PyInstaller 在打包时，会把需要用到的各种模块都放进去。如果希望最终只会生成一个 exe 文件，可以使用下面步骤来实现。

首先重新整理一下项目结构，使得整个项目目录只有 hello.py 一个文件，如图 24-5 所示。

图 24-5

然后在执行 pyinstaller 命令打包时，使用 -F 参数，也就是在 VSCode 控制台中执行以下命令。

```
pyinstaller -F hello.py
```

打包完成后，只会在 dist 文件夹中生成 hello.exe 这一个文件，如图 24-6 所示。

图 24-6

上面其实是把整个 Python 运行环境、目标源码以及使用到的模块都压缩在 hello.exe 这一个文件中，这也导致该文件有 24MB 左右的大小，如图 24-7 所示。

图 24-7

24.4　自定义图标

使用 PyInstaller 打包生成的 exe 文件，使用的都是默认的图标，此时用户体验并不是很好。如果希望使用自定义的图标，我们可以使用下面步骤来实现。

首先制作一个 ICO 格式的图标 hello.ico，如图 24-8 所示。把 hello.ico 和 hello.py 放到同一级目录下，项目结构如图 24-9 所示。

图 24-8　　　　　　　　　　　　　　　　　　图 24-9

然后使用 pyinstaller 命令打包时，同时使用 -F 和 -i 这两个参数，也就是在 VSCode 控制台中执行以下命令。注意在该命令中，hello.ico 要放在 hello.py 前面，如果顺序相反，则会打包失败。

```
pyinstaller -F -i hello.ico hello.py
```

接下来打开生成的 dist 文件夹，可以看到 hello.exe 使用了自定义的图标，如图 24-10 所示。

图 24-10

> **ICO 格式图标**
>
> ICO 是一种图标文件格式，可以存储单个图案、多尺寸、多色板的图标，并且还包含了一定的透明区域。ICO 格式经常用于自定义浏览器地址栏的小图标和桌面软件的图标。
>
> ICO 格式图标的宽度和高度一般是相等的，常用尺寸有 16×16、32×32、48×48、64×64、128×128 等。由于计算机操作系统和显示设备的多样性，所以想要在大多数设备中正常显示，同一个图标往往需要同时提供多种尺寸大小。
>
> 想要制作 ICO 格式图标，可以先制作一个 PNG 格式的透明图片，然后借助设计软件或在线工具将其转换成 ICO 格式图标。

24.5　去掉命令行窗口

前面打包生成的 exe 文件，双击打开后，都会打开一个命令行窗口，如图 24-11 所示。

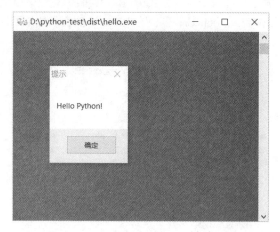

图 24-11

在实际项目开发中，弹出命令行窗口，这种用户体验非常差。如果想要去掉命令行窗口，在执行 pyinstaller 命令打包时，我们需要在命令末尾使用 -w 参数，比如：

```
pyinstaller -F -i hello.ico hello.py -w
```

此时生成的 exe 文件在双击打开之后就不会弹出命令行窗口了。

24.6　项目：将简易计算器程序打包

在第 22 章的最后，我们使用 tkinter 开发了一个简易计算器。该简易计算器本身就是一个图形界面程序，现在尝试把它打包成带图标的 exe 可执行文件。

首先制作一个 ICO 图标（如图 24-12 所示），然后将其放到项目目录下。然后创建文件 calculator.py，该文件保存的是简易计算器的程序代码，整个项目结构如 24-13 所示。

图 24-12　　　　　　　　　　　图 24-13

接下来使用 pyinstaller 命令进行打包，也就是在 VSCode 控制台中执行下面命令。

```
pyinstaller -F -i calculator.ico calculator.py -w
```

生成的项目结构如图 24-14 所示。打开 dist 文件夹，如图 24-15 所示。然后双击 calculator.exe，就会打开计算器了，如图 24-16 所示。

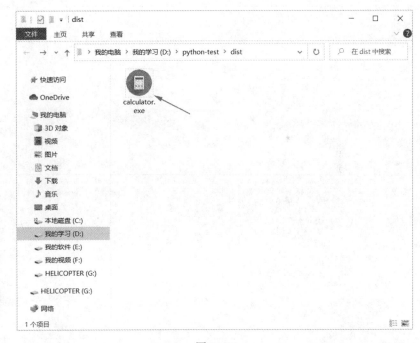

图 24-14　　　　　　　　　　　　　　　　　　　图 24-15

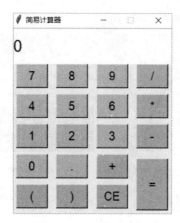

图 24-16

思考 如何把"第 19 章 数据可视化"中的项目打包成 exe 文件?